职业教育智能制造领域高素质技术技能人才培养系列教材

西门子 S7-1200 PLC 项目化教程

余攀峰　主　编
韩玉铭　吴森林　钟　诚　副主编
张瑞清　赵传蕾　常　虹　参　编

机械工业出版社

本书以行动导向教学理念为基础，采用项目化方式，由浅入深地介绍西门子 S7-1200 PLC 的软硬件结构、工作原理、指令系统、组态技术和以太网通信技术等。以项目为载体，从电气图设计到产品安装调试，基于工作过程使学生快速掌握项目所需理论知识及操作技能，培养学生的实际动手能力和精益求精的工匠精神。每个项目同时提供梯形图（LAD）和结构化控制语言（SCL）两种编程语言实现方式，拓展语言的开发技巧以更快响应项目的开发需求。

本书在“学银在线”“超星学习通”平台上配有在线课程，提供微课、电子课件及在线题库等丰富的教学资源，并为每个项目提供工作手册式的实训指导书和仿真工程文件，有利于开展混合式协作教学。

本书可作为职业院校、应用型本科机电设备类、自动化类相关课程教材，也可作为社会培训及行业从业人员的参考用书。

为方便教学，本书植入二维码视频，配有电子课件、电子教案、习题答案、工程文件、模拟试卷及答案等，凡选用本书作为授课教材的教师可登录机械工业出版社教育服务网（www. cmpedu. com）注册后下载配套资源。本书咨询电话：010-88379564。

图书在版编目（CIP）数据

西门子 S7-1200 PLC 项目化教程/余攀峰主编. —北京：机械工业出版社，2022. 6（2024. 6 重印）

职业教育智能制造领域高素质技术技能人才培养系列教材

ISBN 978-7-111-70739-4

Ⅰ. ①西…　Ⅱ. ①余…　Ⅲ. ①PLC 技术-职业教育-教材　Ⅳ. ①TM571. 61

中国版本图书馆 CIP 数据核字（2022）第 078288 号

机械工业出版社（北京市百万庄大街 22 号　邮政编码 100037）
策划编辑：冯睿娟　　　　责任编辑：冯睿娟　张　丽
责任校对：郑　婕　贾立萍　封面设计：鞠　杨
责任印制：李　昂
河北宝昌佳彩印刷有限公司印刷
2024 年 6 月第 1 版第 6 次印刷
184mm×260mm · 14. 5 印张 · 406 千字
标准书号：ISBN 978-7-111-70739-4
定价：54. 00 元

电话服务　　　　　　　　网络服务
客服电话：010-88361066　机　工　官　网：www. cmpbook. com
　　　　　010-88379833　机　工　官　博：weibo. com/cmp1952
　　　　　010-68326294　金　　书　　网：www. golden-book. com
封底无防伪标均为盗版　机工教育服务网：www. cmpedu. com

前言 / PREFACE

随着智能制造产业的升级，控制对象的组成也变得复杂，可编程序逻辑控制器从单一的逻辑控制，逐步发展到网络联网控制，对智能制造行业从业人员也提出了更高的要求。本书以西门子 S7-1200 系列 PLC 在工业机器人自动组装线中的应用为项目背景，以面向对象程序设计方式讲述控制器程序为设计思路，基于工作过程系统化方式为每个项目提供电气图、梯形图（LAD）程序或结构化控制语言（SCL）程序，以及触摸屏程序和仿真程序，让读者由浅入深逐渐掌握 PLC 系统开发的技能。

本书具有下列特点：

1. 产教融合，应用为先

本书以可编程序逻辑控制器应用为主，简化控制理论方面的论述，除设有梯形图编程方式外，根据工业控制行业发展特点加强 SCL 语言的应用内容，提高产品的结构化特点，为今后跨平台学习提供更好的基础。同时介绍了 Modbus、TCP、OPC 等多种开放式通信协议，以及西门子 S7 通信、PROFINET、PROFIdrive 等协议的应用方式，符合当前工业 4.0 的发展特点。

2. 项目式教学，工学结合

本书打破传统知识体系，实施项目式教学，从分析控制系统要求，到控制系统电气设计，再到软硬件安装调试，项目设置由简到难，提高读者问题解决能力。项目 1 以直流电动机为控制对象，介绍 PLC 控制系统的基本使用方法，以及 LAD 语言和 SCL 语言的基本编程方式。项目 2 介绍 PLC 中实现面向对象程序设计（OOP）的方法，掌握 PLC 的工作原理和程序结构。项目 3 以步进电动机为应用背景介绍定时器和计数器的使用方式，并实现 HMI 动画展示。项目 4 对比 USS 通信控制和模拟量控制变频器方式的不同，讲解 PID 控制及整定方法，并实现 HMI 的用户管理。项目 5 以分布式 I/O 及 PROFIdrive 为基础讲解伺服电动机控制，以及如何利用报表功能查看当前设备状态。项目 6 介绍 PLC 所支持的多种数据通信方式，为 PLC 系统网络功能扩展奠定基础。

3. 混合协作式学习，动态升级教学资源

本书在“学银在线”“超星学习通”上提供配套在线课程，结合德国职业教育行动导向教学理念，利用协作式学习模式组织内容，形成线上线下混合教学模式，构建新形态立体化课程体系。通过六步法组织教学，建立起以学生为中心的多元化的教学内容，让学生在学习专业技能的同时，提升职业化规范意识和岗位素养。学生学习课程配套微课的同时，还可通过在线课程所提供的配套电子实训工作手册，系统地完成项目内容。在线课程将针对行业及工艺上的技术革新持续更新，并不断优化项目教学内容，培养学生终身学习的理念。

本书由余攀峰担任主编，韩玉铭、吴森林、钟诚担任副主编，参与编写的有张瑞清、赵传蕾、常虹。其中余攀峰制定编写大纲并编写项目 1 至项目 3（除项目 3 任务 2），吴森林编写项目 4，韩玉铭编写项目 5，余攀峰和钟诚编写项目 6，常虹编写项目 3 任务 2。教材配套微课及在线课程为校企合作双元开发，并由双元职业教育（北京）有限公司张瑞清和赵传蕾参与制作及维护。

由于编者专业和学术水平有限，不足之处在所难免，敬请各位专家、学者不吝赐教，欢迎广大读者批评指正。

编　者

二维码索引

（续）

名称	二维码	页码	名称	二维码	页码
程序调试方法		46	PLC 控制步进电动机		73
FC 程序块的应用		49	S7-1200 系列 PLC 定时器		85
FB 程序块的应用		52	定时器 ET		88
RETURN 语句		55	S7-1200 系列 PLC 计数器		90
多重实例		55	步进电动机程序控制		92
CASE 指令		55	自动控制程序结构		98
组织块		59	HMI 变量显示		108
HMI 入门		62	HMI 旋转动画		110

（续）

（续）

名称	二维码	页码	名称	二维码	页码
Modbus TCP 主站配置		196	OPC 通信		206
Modbus TCP 数据通信		198	HMI 趋势图		216
标准 TCP Socket 通信		203			

目录 / CONTENTS

项目 1

安全门直流电动机控制系统

可编程序逻辑控制器（Programmable Logic Controller，PLC）是以软件编程方式实现输入/输出信号的逻辑控制，以代替传统继电器-接触器的硬件接线逻辑控制。西门子 S7-1200 系列 PLC 具有编程简单、可靠性高、模块化结构以及联网通信等特点，适合于控制对安全性及可靠性要求较高、工艺复杂的中小型工业自控系统。

项目情景

在高速加工中，冷却液在降低加工温度保护刀具的同时，还可以清理切屑、防止侵蚀，通常使用安全门防止冷却液喷洒到设备外，以避免污染现场生产环境。安全门由直流电动机以正反转方式控制开关门，当产品加工完毕后开启安全门并发送取料信号，取料完毕且安装完新的被加工工件后，则关闭安全门直到工件加工完毕。

古语有云

“纸上谈兵”比喻空谈理论，不能解决实际问题。编程语言的语法有限，程序设计者须根据工艺要求灵活设计程序，通过练习掌握编程技巧，切不可照本宣科，纸上谈兵。

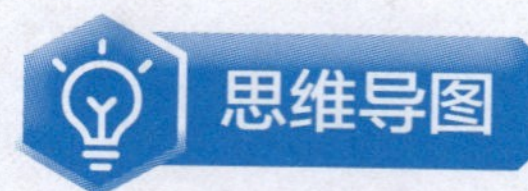
思维导图

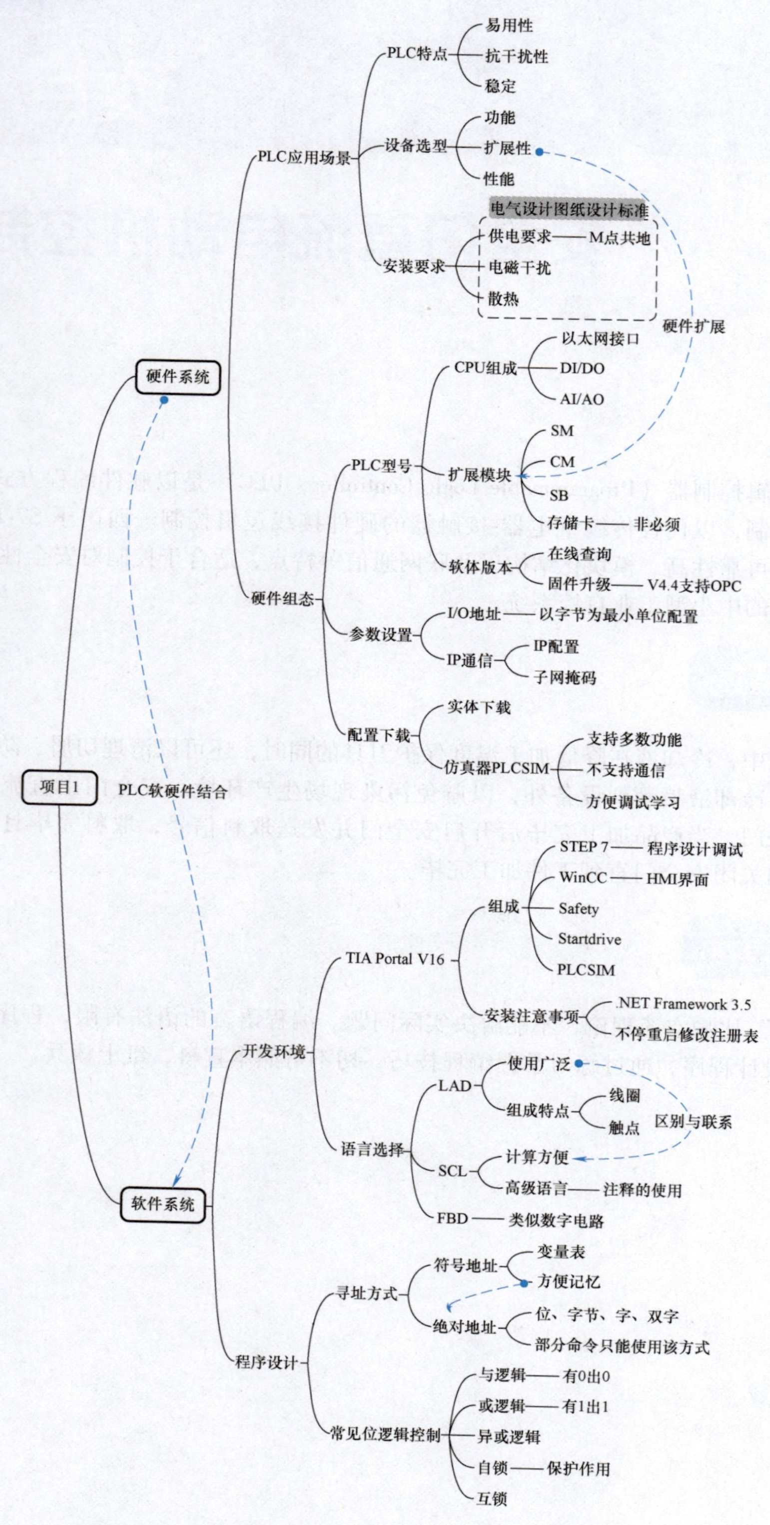
项目1
PLC软硬件结合
硬件系统
PLC应用场景
PLC特点
易用性
抗干扰性
稳定
设备选型
功能
扩展性
性能
安装要求
电气设计图纸设计标准
供电要求
M点共地
电磁干扰
散热
硬件扩展
硬件组态
PLC型号
CPU组成
以太网接口
DI/DO
AI/AO
扩展模块
SM
CM
SB
存储卡
非必须
软体版本
在线查询
固件升级
V4.4支持OPC
参数设置
I/O地址
以字节为最小单位配置
IP通信
IP配置
子网掩码
配置下载
实体下载
仿真器PLCSIM
支持多数功能
不支持通信
方便调试学习
软件系统
开发环境
TIA Portal V16
组成
STEP 7
程序设计调试
WinCC
HMI界面
Safety
Startdrive
PLCSIM
安装注意事项
.NET Framework 3.5
不停重启修改注册表
语言选择
LAD
使用广泛
组成特点
线圈
触点
区别与联系
SCL
计算方便
高级语言
注释的使用
FBD
类似数字电路
程序设计
寻址方式
符号地址
变量表
方便记忆
绝对地址
位、字节、字、双字
部分命令只能使用该方式
常见位逻辑控制
与逻辑
有0出0
或逻辑
有1出1
异或逻辑
自锁
保护作用
互锁

任务 1　PLC 控制系统电气设计及调试

任务描述

根据控制系统要求及 S7-1200 系列 PLC 硬件组成特点，设计 PLC 控制系统电气原理图，完成电气安装并调试。

任务目标

1. 掌握 S7-1200 系列 PLC 基本组成及其功能特点。
2. 掌握 S7-1200 系列 PLC 的基本电气安装与调试方式及安全规范。

知识储备

1. S7-1200 系列 PLC 硬件构成

可编程序逻辑控制器概述

西门子 S7-1200 小型可编程序逻辑控制器可无缝整合并高效协调系统、控制器、人机界面和软件，具有 PROFINET 接口、强大的集成工艺功能和灵活的可扩展性等特点，紧凑的结构使得安装简单方便，可拆卸的端子板简化了硬件组件的更换过程。典型的 S7-1200 硬件包括 CPU 模块、通信模块（CM）、信号模块（SM）以及信号板（SB），并可根据项目需求灵活配置人机接口等外部设备，典型硬件结构如图 1-1 所示。

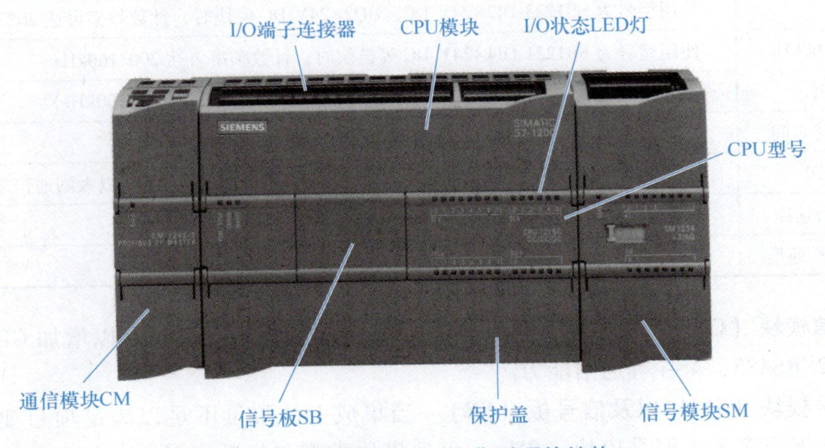

图 1-1　S7-1200 PLC 的典型硬件结构

（1）**CPU 模块**　S7-1200 的 CPU 模块以微处理器为逻辑运算核心，整合有电源、数字量输入/输出（Digital Input/Digital Output）电路、模拟量输入/输出（Analog Input/Analog Output）电路、PROFINET 接口、高速运动控制 I/O 以及存储卡插槽（位于保护盖下方）等。CPU 模块依据用户设定的逻辑关系，基于输入信号状态实现输出信号的控制，CPU 模块的 LED 灯显示集成I/O 的工作状态。

不同型号 CPU 集成的 I/O 数量、供电方式及功能不同，具体见表 1-1。

表 1-1 S7-1200 系列 CPU 参数一览

型号		CPU 1211C	CPU 1212C	CPU 1214C	CPU 1215C	CPU 1217C
标准 CPU		DC/DC/DC，AC/DC/RLY，DC/DC/RLY 上述格式定义内容为：CPU 供电类型/输入电源类型/输出形式，各缩写含义如下： DC：直流电源供电，范围是 DC 20.4~28.8V AC：交流电源供电，范围是 AC 120~240V RLY：继电器输出				DC/DC/DC
物理尺寸		90mm×100mm×75mm		110mm×100mm×75mm	130mm×100mm×75mm	150mm×100mm×75mm
用户存储器	工作存储器	50KB	75KB	100KB	125KB	150KB
	装载存储器	1MB	2MB	4MB		
	保持性存储器	10KB				
集成 I/O	数字量	6DI/4DO	8DI/6DO	14DI/10DO		
	模拟量	2AI			2AI/2AO	
位存储器		4096B		8192B		
信号模块		0 个	2 个	8 个		
信号板		1 个				
通信模块		3 个（左侧扩展）				
高速计数器	总计	最多可组态 6 个使用任意内置输入或 SB 输入的高速计数器				
	100/80kHz	Ia.0 到 Ia.5				
	30/20kHz	—		Ia.6 到 Ia.7	Ia.6 到 Ib.5	Ia.6 到 Ib.1
		使用型号为 SB1223 DI2×24V DC，DQ2×24V DC 模块时，计数频率可达 30/20kHz				
	200/160kHz	使用型号为 SB1221 DI4×24V DC 等模块时，计数频率可达 200/160kHz				
脉冲输出		最多 4 路（CPU 本体输出脉冲频率最高可达 100kHz）				
实时时钟保持时间		通常为 20 天，40℃时最少为 12 天				
PROFINET		1 个以太网通信端口			2 个以太网通信端口	
实时运算执行速度		2.3μs/指令				
BOOL 运算执行速度		0.08μs/指令				

（2）**通信模块（CM）** 最多在 CPU 左侧扩展 3 个通信模块（CM），以增加 GPRS、PROFIBUS、RSR232/RS485、AS-i 等通信能力。

（3）**信号模块（SM）以及信号板（SB）** 当集成 I/O 数量不足以满足项目要求时，可在 CPU 的右侧扩展至多 8 个信号模块（SM），可选模块类型包括数字量 I/O 模块、模拟量 I/O 模块、RTD 和热电偶模块等。

信号板（SB）可在不改变 S7-1200 系列 PLC 体积基础上扩展数字量或模拟量输入/输出端口数。

2. 与其他西门子 PLC 的区别

S7-1200 系列 PLC 在经济和功能方面能达到较好的平衡，主要用于代替 S7-200 系列，但不具有 S7-1500 系列 PLC 的运算能力和扩展性能。西门子 PLC 产品定位如图 1-2 所示。

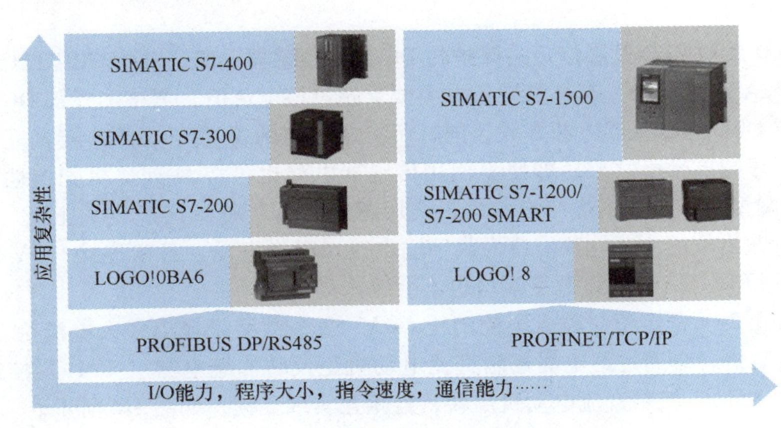

图 1-2　西门子 PLC 产品定位

与西门子 S7-300 系列 PLC 必须使用存储卡存储运行程序有所不同，S7-1200 系列 PLC 存储卡为非必须配置，可用于 CPU 预装载存储区、清除 CPU 内部项目文件和密码、更新 CPU 版本等，但当用户项目文件仅存储在存储卡中时，离开存储卡将无法运行。

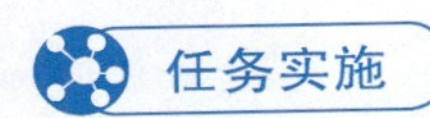
任务实施

1. 设计控制系统电气原理图

控制系统电气安装与调试

控制系统根据外围设备信号控制直流电动机正反转，以打开或关闭安全门，并支持手动开门及急停控制。PLC 控制部分电气原理图如图 1-3 所示，其中“-V1”为 24V 开关电源模块（或使用西门子 PM1207 电源模块），为 CPU 及传感器提供 24V 电源。按下急停开关“-S1”后安全门停止运行，且红色指示灯“-H1”点亮；开关“-S2”断开时安全门由自锁按钮“-S3”手动控制安全门开关，限位开关“-1B1”及“-1B2”检测安全打开到位及关闭到位；插座“-X1”在开关“-S2”闭合时接收外部设备发送的开门信号，插座“-X2”

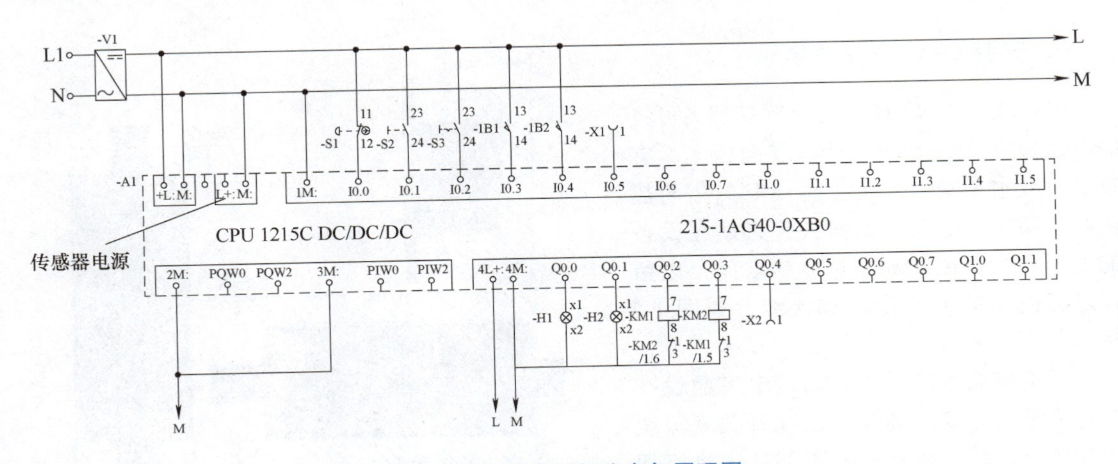

图 1-3　PLC 控制部分电气原理图

注：本书中电气原理图采用 Eplan 软件绘制，元器件符号不一定为国标符号。

发送安全门开关门到位信号到外部设备；当安全门由外部信号控制时，绿色指示灯“-H2”点亮。

所有 S7-1200 系列 PLC 提供带短路保护的 DC 24V 传感器电源，其中 CPU 1215C 可为外部设备提供最大 400mA 直流电源，若外部设备电源要求超过该电流值，需增加外部 DC 24V 电源，并确保该电源不与 CPU 的传感器电源并联，同时所有非隔离的 M 端子必须连接到同一个外部参考点位，为获得更好的抗噪声效果，即使不使用传感器电源也可将 M 连接机壳接地。本案例中将 M 连接 0V 实现漏型输入，即高电平有效，若使用源型输入，则 M 连接 24V 正极。

CPU 数字量输出侧的 4L+电源接口为数字输出接口提供电源，若未连接+24V 则即使数字输出端口 I/O 状态 LED 灯点亮，该数字端口也不会输出高电平。

每个数字量在 24V 额定值时输入电流消耗 4mA，每个数字量输出最大电流为 0.5A，且无法直接驱动直流电动机，需通过继电器控制直流电动机正反转。继电器“-KM1”控制直流电动机正转，继电器“-KM2”控制直流电动机反转，且相互实现互锁，如图 1-4 所示。

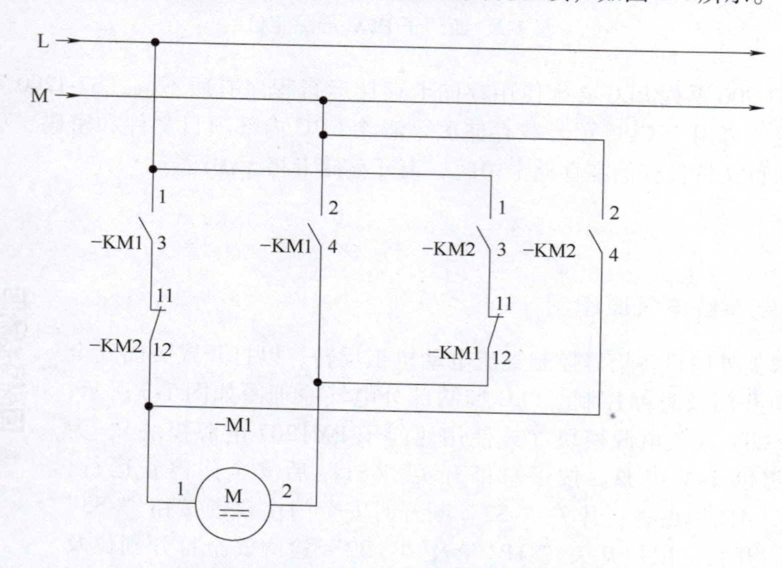

图 1-4 直流电动机控制系统电气原理图

2. 安装 CPU 及注意事项

SIMATIC S7-1200 系列内置安装夹可将 CPU 安装于 35mm DIN 导轨或面板上，支持竖直或水平安装。在安装 CPU 时需与热辐射、高压和电噪声隔离，且必须在设备的上下方各留出 25mm 的散热空间，以留有足够的空隙便于冷却和接线，如图 1-5 所示。

避免将低压信号线与通信电缆敷设在具有交流动力线和高能量快速开关直流线的线槽中，并且在通电时不能从中央机架中插入或拔出模块。

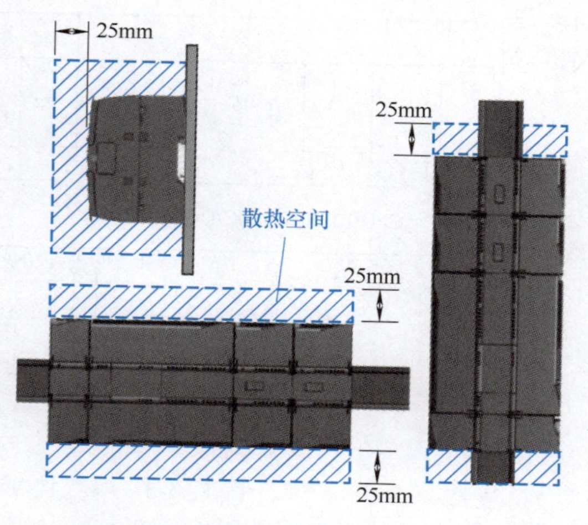

图 1-5 CPU 安装要求规范

任务 2 PLC 硬件组态

任务描述

根据实际硬件配置，在 TIA 设备视图和网络视图中，设置工程文件中设备模块组合方式和网络通信方式，使得硬件与软件保持一致并正常工作。

任务目标

1. 了解 TIA Portal V16 功能特点及软件安装方式。
2. 掌握 S7-1200 系列 PLC 基本硬件组态方法。
3. 掌握 S7-1200 系列 PLC 存储器及数据类型。

知识储备

1. TIA Portal V16 简介

TIA（Totally Integrated Automation，全集成自动化）Portal V16 软件是由西门子公司于 2019 年 11 月发布，将自动化项目的所有重要组件（例如 PLC 安全设置、HMI、驱动器、开关设备、分布式外围设备、运动控制、配电和电源）集成到一个框架中，凭借创新的模拟工具以及软件协同化操作缩短产品上市时间，有效提高生产力和效率。TIA 主要包括 STEP 7、WinCC、Safety、Startdrive 以及 PLCSIM 等模块。

1）STEP7 工程组态软件用于组态 SIMATIC 控制器，其中 Basic 版本仅支持 S7-1200 系列，Professional 版本还支持 S7-300/400 系列、S7-1200 系列。

2）WinCC 是用于西门子的 HMI、工业 PC 和标准 PC 的组态软件，其中包含在每款 STEP 7 中的 Basic 版本用于组态精简系列面板，Comfort 版本用于组态包括精智面板和移动面板在内的所有面板，Advanced 版本可组态 PC 单站，Professional 版本则可构建组态多站系统，以及标准客户端或 Web 客户端。

3）Safety 属于高性能选件包，用于故障安全 S7 控制器的编程。TIA Portal V16 版本已将 STEP7、WinCC 和 Safety 集成在同一个安装程序中交付，使得安装步骤更简单、安装速度更快。

4）Startdrive 用于西门子驱动装置和控制器的工程组态，可实现硬件组态、参数设置、调试和诊断功能。

5）PLCSIM 支持在不使用实际硬件的情况下调试和验证单个 PLC 程序，并且允许用户使用所有 STEP 7 调试工具，其中包括监视表、程序状态、在线与诊断功能以及其他工具，但不含计数、通信控制、PID 控制以及运动控制。

2. TIA Portal V16 软件安装方法

TIA Portal V16 的安装

TIA Portal V16 版本安装硬件推荐配置：Core i5-6440EQ 3. 4GHz 或者相当配置的处理器，内存 16GB 或者更多，并配备至少 50GB 存储空间的 SSD 硬盘。TIA Portal V16 可在 64 位的 Windows 7 SP1、Windows 10 和 Windows

Server 操作系统下安装，在安装过程中建议暂时关闭或卸载杀毒软件及防火墙等软件，并在安装过程中给予管理员权限，本项目以安装 STEP 7、Startdrive 以及仿真 PLCSIM 为例。

（1）安装 STEP 7　在安装 ITA 软件之前需首先安装 .NET 3.5 SP1，进入 Windows 操作系统的控制面板后单击“程序”选项，在图 1-6 所示窗口下单击“启用或关闭 Windows 功能”选项进入“Windows 功能”对话框，再选中“.NET Framework 3.5（包括 .NET 2.0 和 3.0）”复选按钮并单击“确定”按钮，在联网情况下系统可自动完成程序安装。

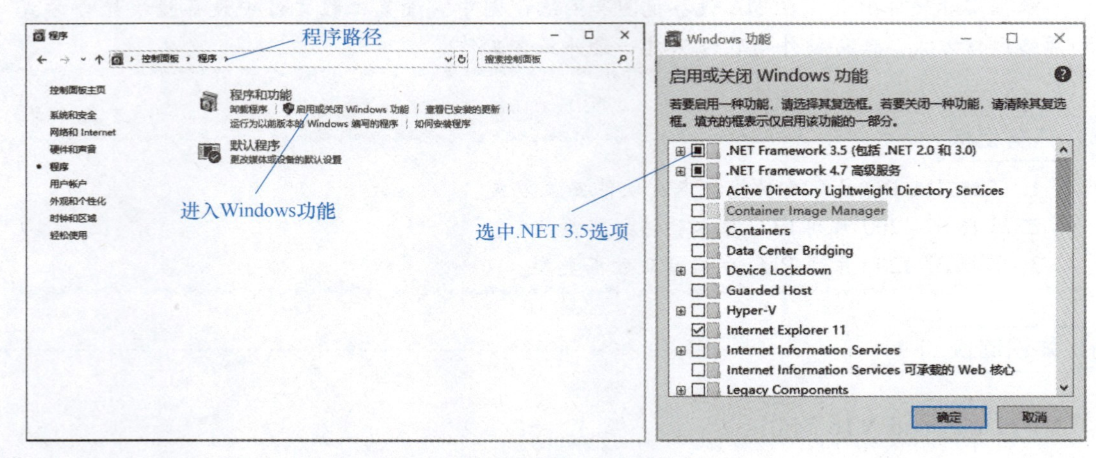

图 1-6　安装 .NET Framework 3.5

安装完毕后，双击“TIA_Portal_STEP7_Prof_Safety_WINCC_Prof_V16.exe”文件进入 TIA 安装程序解压缩对话框，如图 1-7 所示。

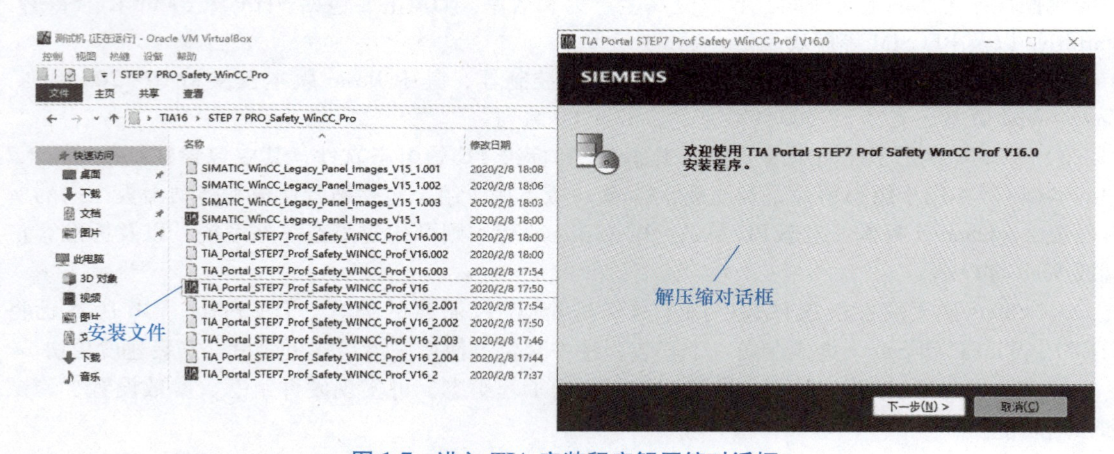

图 1-7　进入 TIA 安装程序解压缩对话框

单击“下一步（N）”按钮选择安装语言，此处以选择“简体中文（H）”为例，如图 1-8 所示。再单击“下一步（N）”按钮选择解压缩文件，在解压缩对话框中单击“浏览（R）...”按钮选择解压缩路径，建议修改默认解压缩路径，将其设置为易于查找的文件路径。

解压缩完毕后，若在上述步骤中未选中“解压缩安装程序文件，但不进行安装（E）”选项，则系统自动开始 TIA 软件安装，或进入已解压缩的文件夹双击“Start.exe”运行安装程序。若进入安装程序之前系统不断提示重启，则需删除注册表“HKEY_LOCAL_MACHINE\System\CurrentControlSet\Control\Session Manager\”中注册表值“PendingFileRenameOperations”后再安装。

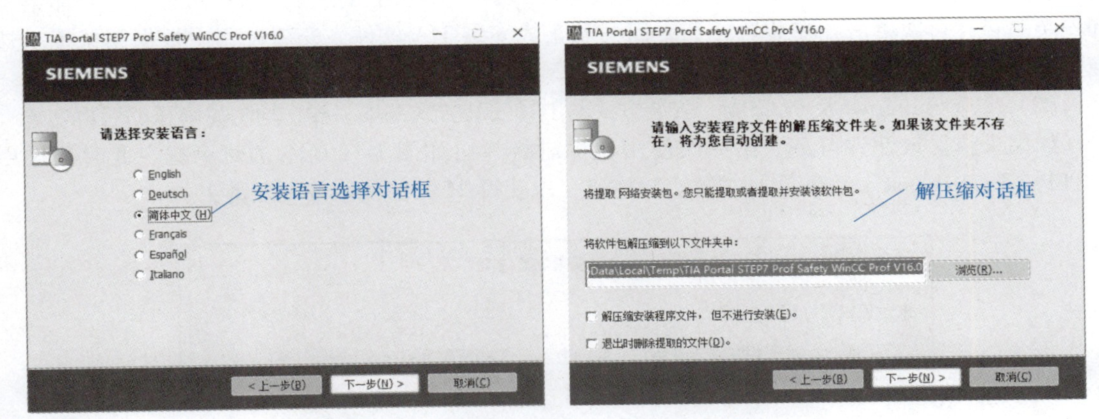

图 1-8　安装语言及解压缩路径的选择

进入安装程序后需根据需要设置安装语言、组件及安装路径，如图 1-9 所示，本项目中选择默认方式。

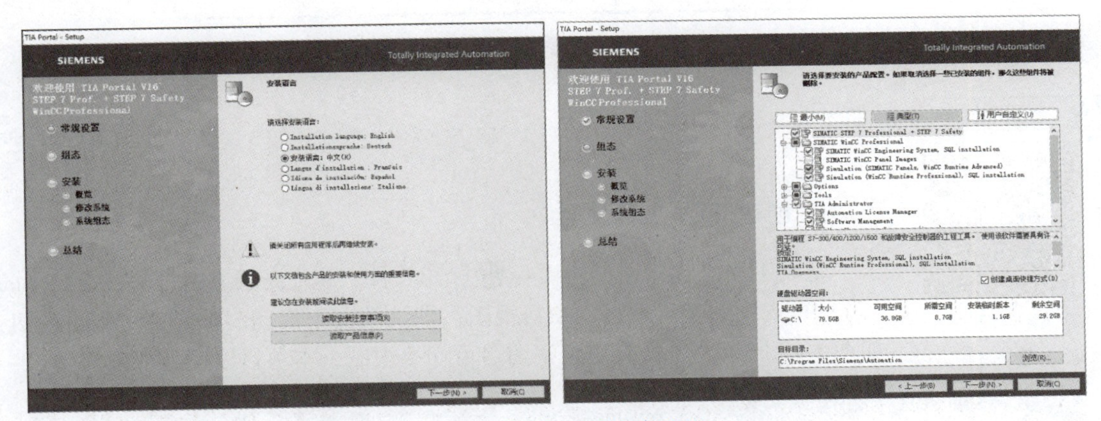

图 1-9　TIA Portal 软件安装

勾选所有许可条款以及允许安全设置后方可继续安装，如图 1-10 所示。

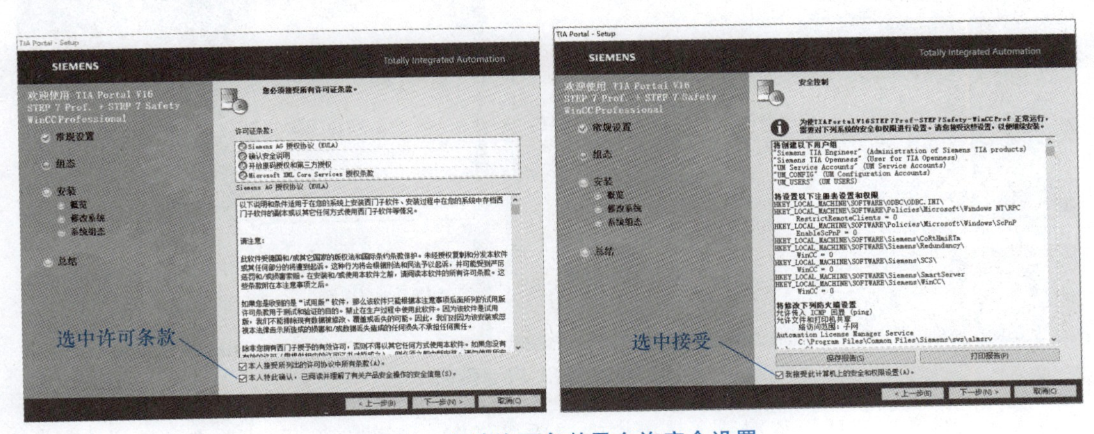

图 1-10　勾选许可条款及允许安全设置

最后再单击“下一步（N）”按钮，在概览对话框中将列出当前设置的产品配置、产品语言和安装路径，再次单击“安装”按钮，即开始正式安装 TIA 软件，安装过程中根据系统提示选择重启，直到系统完成安装。

（2）安装 Startdrive 及 PLCSIM　安装方式与上述安装方式基本一样，均需先解压缩后再安装。

如果未获得软件许可证，第一次使用软件时将弹出如图 1-11 所示的对话框，此时须选中“STEP 7 Professional”后再单击“激活”按钮，以获得 21 天的使用许可证密钥。

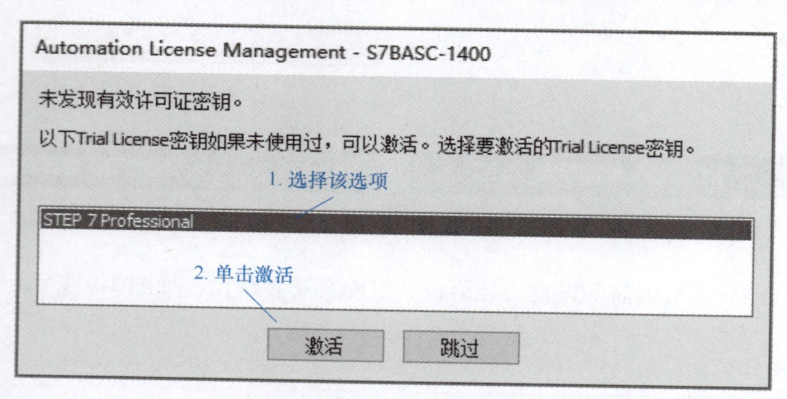

图 1-11　激活许可证密钥

硬件组态及下载

1. 创建 TIA 工程文件

完成 TIA 安装后，双击图标打开软件。TIA 提供有基于任务的 Protal（门户）视图和基于项目的项目视图，默认情况下启动时显示为 Protal 视图，如图 1-12 所示，单击左下角视图名可切换视图，本项目以项目视图为例。

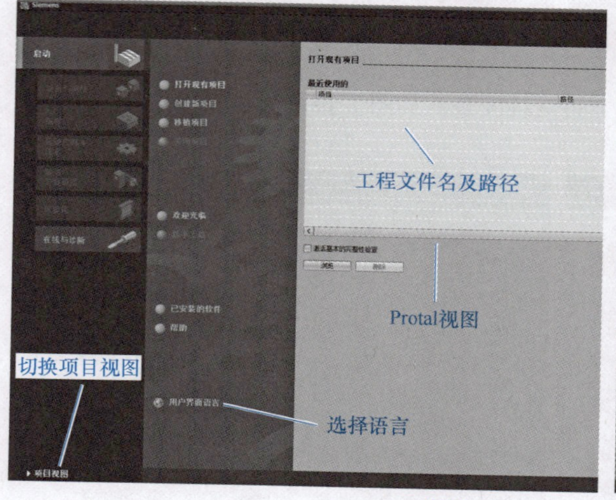

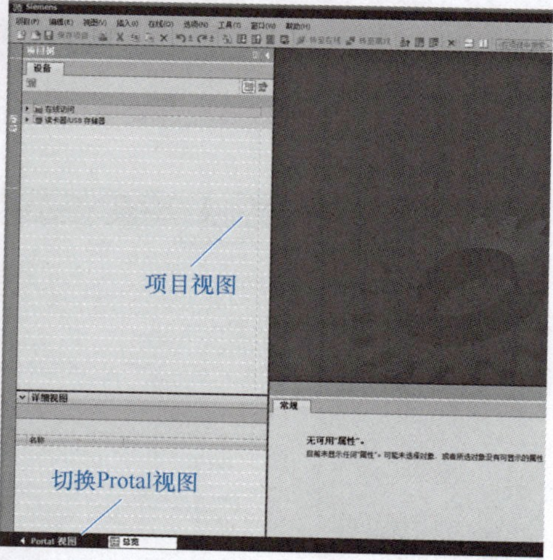

图 1-12　TIA 启动画面

进入项目视图窗口后，依次单击菜单栏中“项目（P）→新建（N）”或单击快捷栏中的符号，即可创建项目工程文件，如图 1-13 所示。

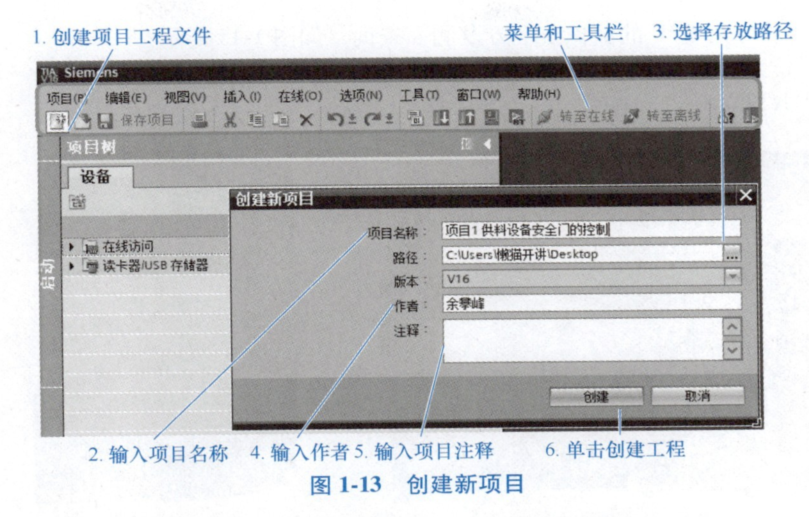

图 1-13　创建新项目

TIA 将在路径所指定的目录下，以项目名称创建文件夹存储工程文件，版本号为 V16 且无法更改，根据项目要求输入作者及注释后单击“创建”按钮即可创建新的工程文件。

2. 添加控制器

工程视图下需先添加控制器，在项目工程文件夹下单击“添加新设备”→“控制器”选项后根据所添加的 PLC 型号及订货号选择 CPU 型号，如图 1-14 所示。其中，设备名称本项目中采用默认名称“PLC_1”。

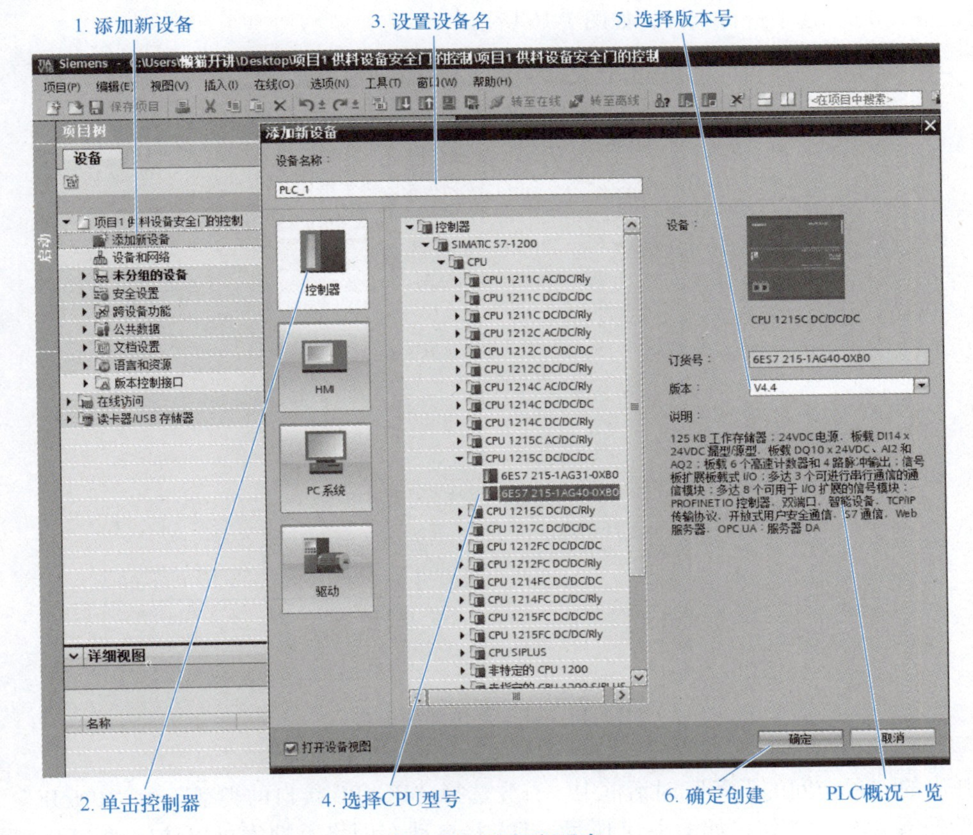

图 1-14　添加新设备

PLC 的订货号可在 CPU 的保护盖下方及侧面查询，如图 1-15 所示。

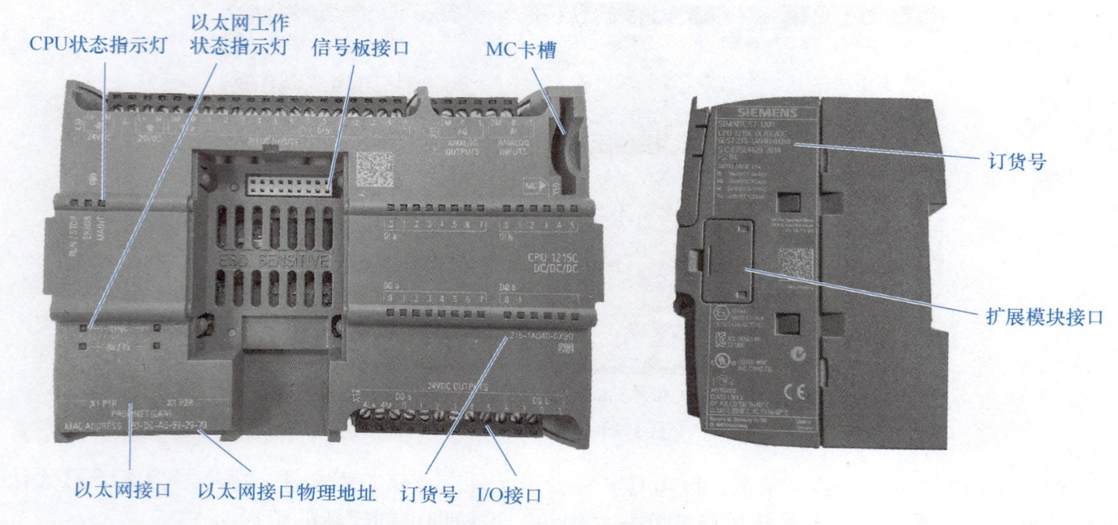

图 1-15　PLC 订货号位置

CPU 版本是指 PLC 固件版本号，工程文件中设置的版本号须小于或等于 PLC 固件版本号，否则无法上传或下载程序，且固件版本号 V4. 4 以上需安装 TIA Protal V16 以上版本。若版本号未知，则可先使用网线连接 PC 与 PLC 以太网接口（S7-1215C PLC 两个以太网接口具有交换功能，连接其中任意一个即可），然后在 TIA 中通过以太网连接 PLC 后依次单击“在线（O）→可访问的设备（B）”选项进行查询，如图 1-16 所示。

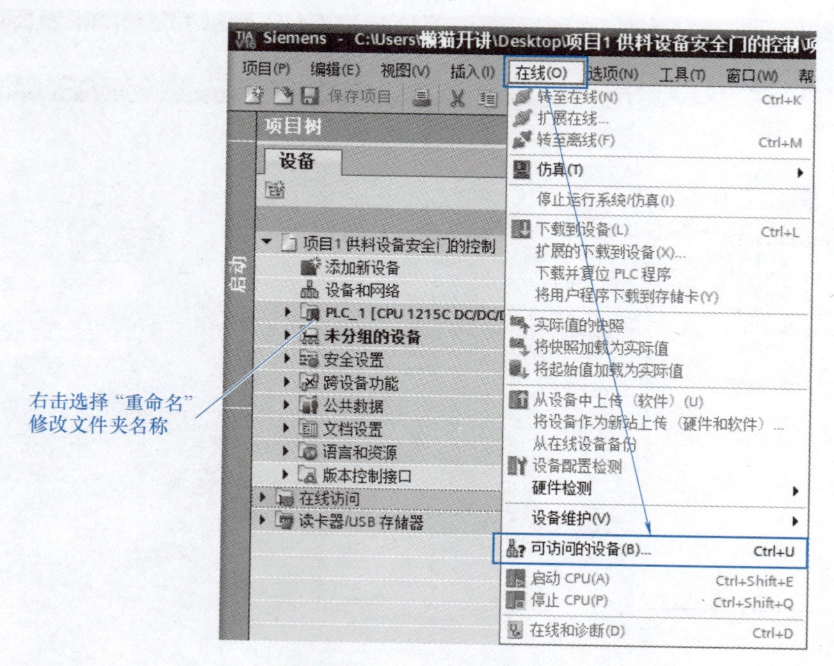

图 1-16　进入可访问的设备

在弹出的“可访问的设备”对话框中，首先选择“PG/PC 接口的类型”为“PN/IE”，再单击“开始搜索（S）”按钮，如图 1-17 所示，TIA 将自动在网络上搜索可以访问的 PLC，若是第一次连接 PLC 则建议直接使用网线连接 PLC，而不经过路由器等网络通信设备。

图 1-17　“可访问的设备”对话框

TIA 软件查找到 PLC 后会将 PLC 的设备类型等信息显示在可访问节点列表中，若查找到多个 PLC 设备，可选择列表中其中一个节点，单击“闪烁 LED”选项框后，所选择的 PLC 指示灯则会闪烁，辅助判断 PLC 选择是否正确。若所选择的 PLC 与 PC 不在同一个子网，TIA 软件会自动提示是否添加分配 IP 地址，此时单击“是”按钮。

确认无误后单击“显示”按钮，在如图 1-18 所示界面下的“项目浏览器”中选择被访问 PLC 目录下的“在线和诊断”，进入诊断中“常规”后即可查看当前 PLC 固件及 TIA 项目版本。任务卡中“CPU 操作面板”显示当前选中 CPU 工作状态，并支持在线控制功能，存储器面板则显示 PLC 当前存储空间利用情况。TIA 界面下方编辑器栏的标签可快速选择已打开的显示界面。

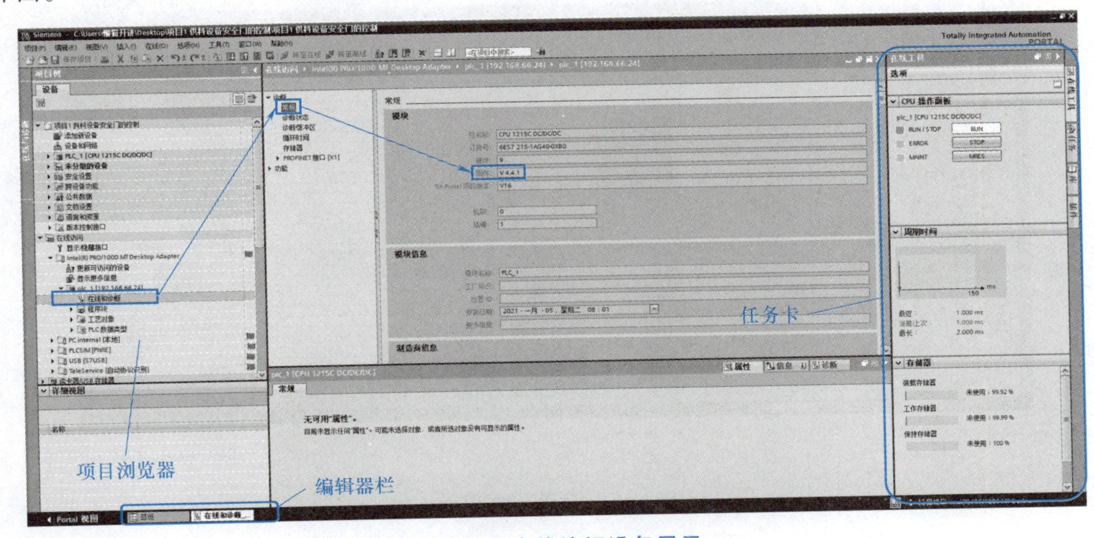

图 1-18　在线访问设备显示

当 PLC 出现可 IP 访问查询但无法下载组态或者程序时，在如图 1-19 所示页面下根据需要选择是否保留 IP 地址后，单击“重置”按钮复位 PLC。

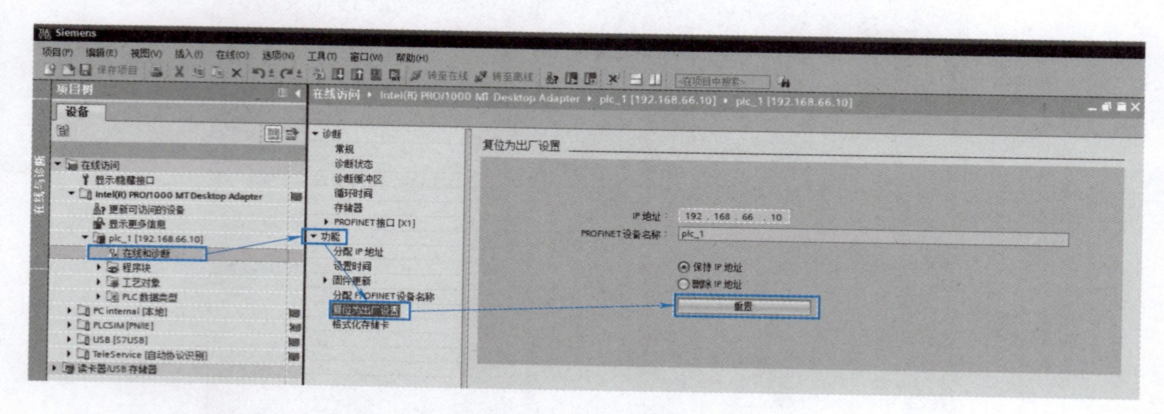

图 1-19 复位 PLC

3. 配置组态参数

添加完硬件后则需设置硬件参数，即硬件组态。硬件组态包括系统硬件配置、I/O 配置以及以太网 IP 设置等内容，需根据项目要求单独设置，多数情况下可选择默认设置。本项目以 I/O 配置及以太网配置为例做介绍，添加完硬件后 STEP 7 软件会自动创建如图 1-20 所示的硬件组态界面，其中 CPU 位于中央机架 Rack_0 上插槽 1。单击设备概览视图中 PLC 以太网接口后，选择“以太网地址”选项，因为 CPU 没有预组态 IP 地址，所以须选中“在项目中设置 IP 地址”单选按钮，手动根据实际网络架构设置 IP 地址和子网掩码。

数制与数据类型

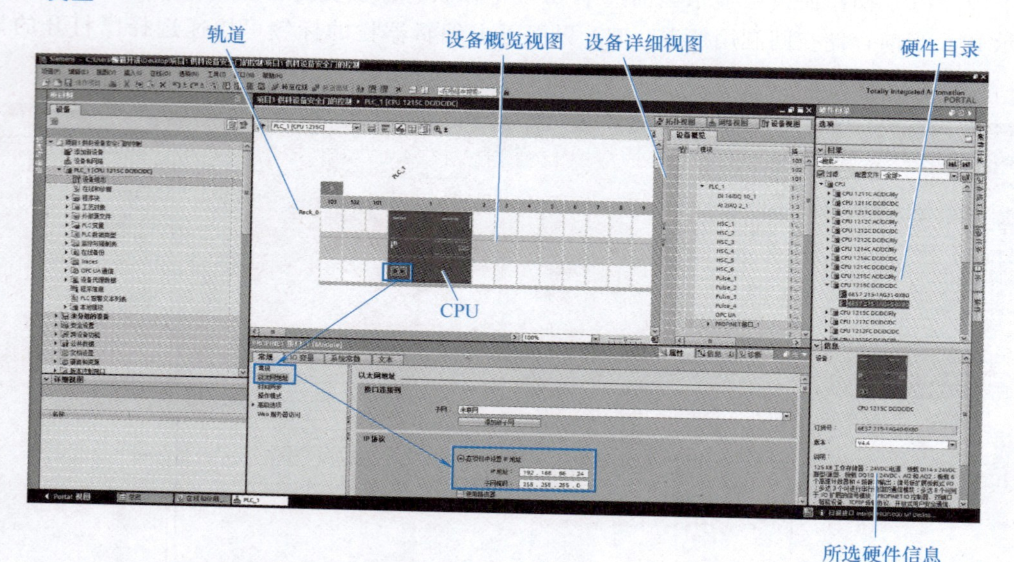

图 1-20 硬件组态界面

在硬件组态环节中，单击设备概览视图中 CPU I/O 指示灯部分，单击“I/O 地址”选项后设置物理端口所分配的绝对地址，且每个物理地址只能绑定一个绝对地址，不能重复。将形如 I0.0 数字方式建立起的绝对地址与物理地址之间的一一对应关系称为绝对寻址，在 STEP 7中使用该方式时须在地址前添加“%”符号。本项目中只设置数字 I/O 的输入存储区 I 和输出存储区 Q，保持默认设置不做修改，如图 1-21a 所示，其与 PLC 的部分对应关系如图 1-21b 所示。

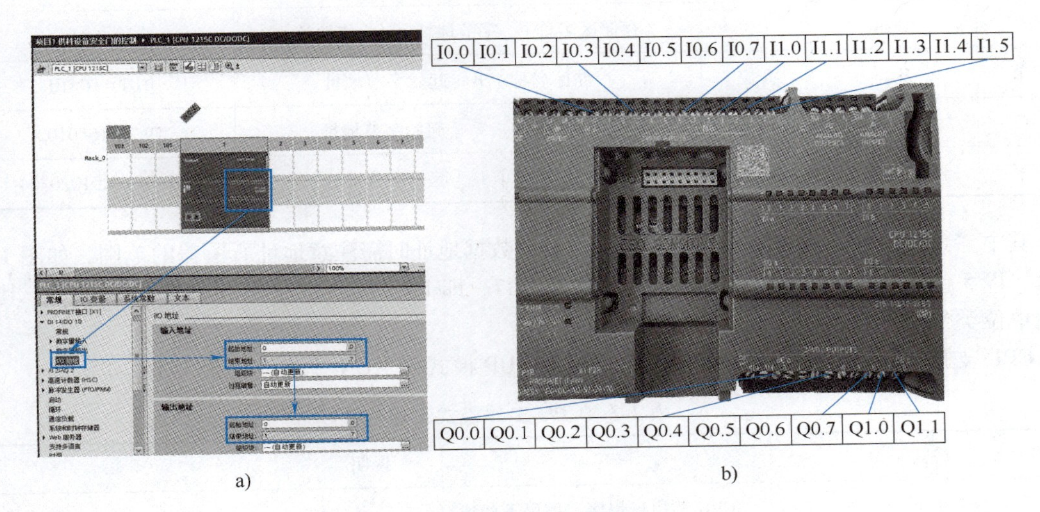

图 1-21　设置 I/O 地址

STEP 7 按每组 8 个点（即字节大小）分配数字量逻辑地址，无论是否使用全部的点，每个 I/O 模块均至少以组为单位分配，且每组端口起始序号为 0。以 I3. 2 为例，其中字母为存储单元所在存储区标识符，分隔符“.”前的数字代表字节地址 3，分隔符后的数字为表位的位置值 2。绝对地址命名方式如图 1-22 所示。

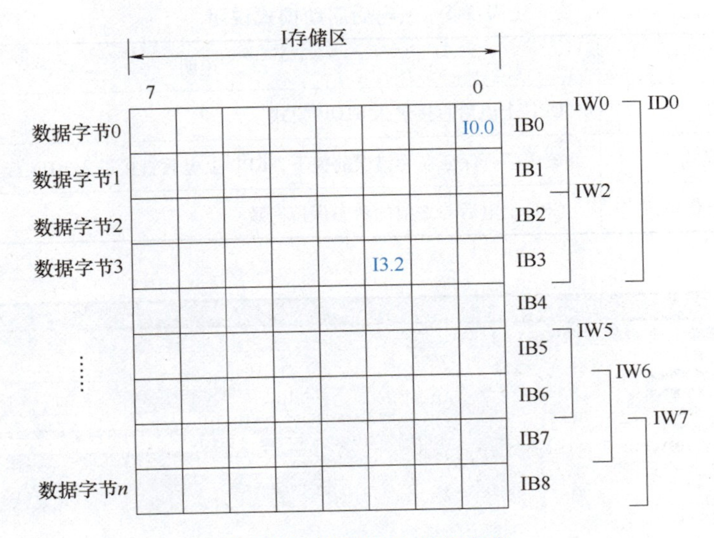

图 1-22　绝对地址命名方式

若后续在本项目上增加扩展 I/O 模块，在现有配置保持不变的情况下，新增数字 I/O 序号只能从 Q2.0 开始，而不能使用之前分配的但未曾使用的 Q1.2 等。

STEP 7 还支持“存储区、大小和偏移量”的访问方式，见表 1-2。

表 1-2　绝对地址访问方式

存储单位		长度	访问地址	赋值例子
名称	关键字			
位	Bool	1 位	[存储区名称] [字节地址] . [位地址]	I0.1=0
字节	Byte	8 位	[存储区名称] B [起始字节地址]	IB1=16#10
字	Word	16 位	[存储区名称] W [起始字节地址]	IW2=16#0102
双字	Double Word	32 位	[存储区名称] D [起始字节地址]	ID4=16#01020304

其中“16#”代表 16 进制，同时在赋值或读取数据地址时需注意地址所覆盖的范围，如图 1-22 所示，IW5 包括 IB5 和 IB6，而 IW6 包括 IB6 和 IB7，即 IW5 和 IW6 之间有重复存储空间，其他存储单位类似。

CPU 支持三种工作模式：STOP 模式、STARTUP 模式和 RUN 模式，见表 1-3。

表 1-3　CPU 工作模式说明

模式	说明
STOP 模式	CPU 不执行程序，但可下载项目
STARTUP 模式	执行一次启动程序块 OB（如果存在），该模式下 CPU 不处理中断
RUN 模式	程序周期性循环执行，并处理中断

在如图 1-23 所示页面单击“启动”选项后根据项目要求设置上电后启动模式，模式说明见表 1-4。

表 1-4　上电后启动模式说明

启动模式	说明
不重新启动	CPU 上电后直接进入 STOP 模式
软启动-RUN 模式	该选项可保证在无错误前提下，CPU 上电后直接进入 RUN 模式
软启动-断电前的操作模式	CPU 上电后与之前的状态保持一致

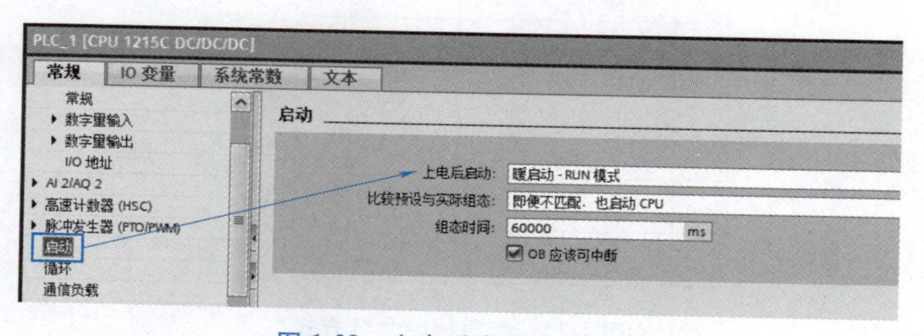

图 1-23　上电后启动模式设定

建议在“比较预设与实际组态”下拉列表中选择“仅在兼容时，才启动 CPU”选项，以避免用户程序无法正常运行。在硬件组态或程序下载之前，均建议首先单击工具栏中的编译按钮，以检查配置或程序是否存在错误，无误后再下载到 PLC 中。

4. 实体及仿真下载

（1）**PLC 实体下载**　完成硬件组态后需下载配置到 PLC 使得配置生效，单击轨道中 CPU 后可依次单击菜单栏中“在线（O）→下载到设备（L）”或直接单击按钮将硬件组态下载到实体 PLC 中，如图 1-24a 所示。在图 1-24b 所示对话框中，设置 PG/PC 接口类型为“PN/IE”，PG/PC 接口根据实际网络连接方式选择后，单击“开始搜索（S）”按钮，若网络通信正常则在目标设备列表中显示对应的 PLC，选择目标 PLC 后单击“下载（L）”按钮完成硬件组态配置下载。

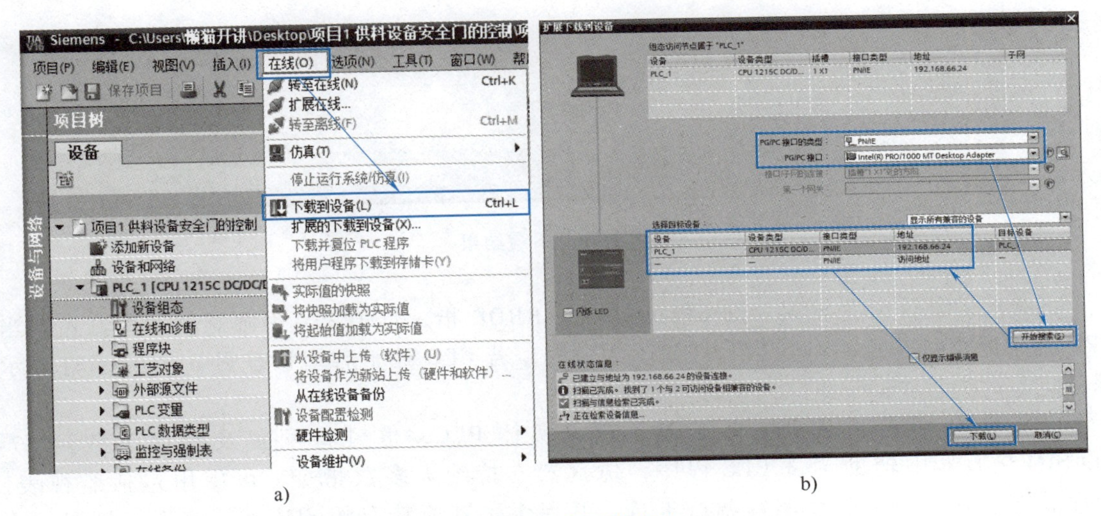

a)　　　　b)

图 1-24　下载硬件组态

若配置无误，则可在如图 1-25 所示“下载预览”对话框中，单击“装载”按钮开始配置下载，操作内容或步骤不同时该对话框显示不同的内容。

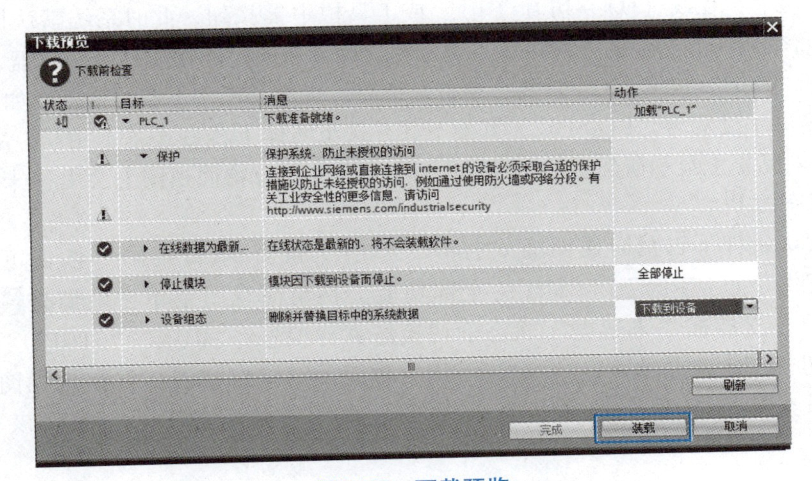

图 1-25　下载预览

下载完成后在如图 1-26 所示“下载结果”对话框中，根据需要选择“启动模块”选项，再单击“完成”按钮完成硬件组态配置。

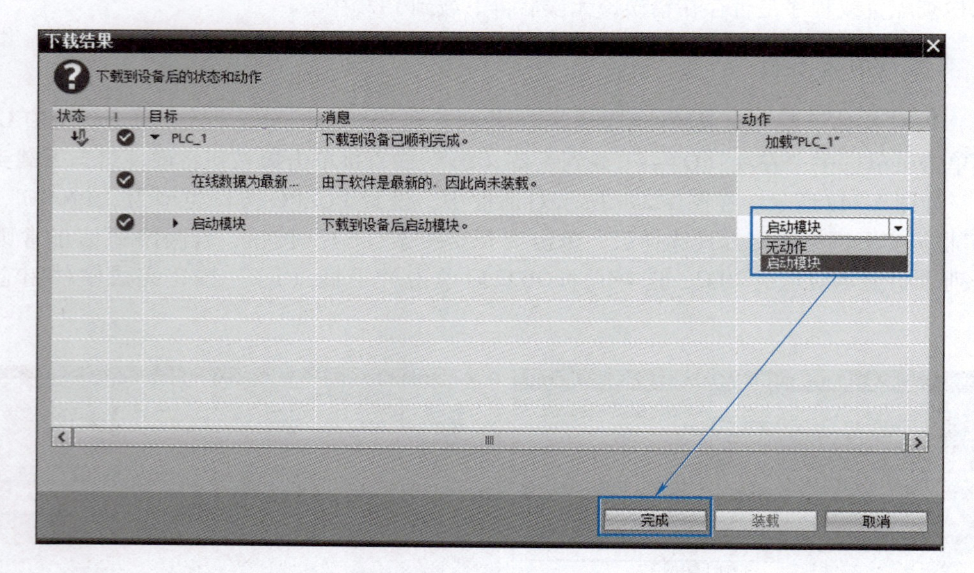

图 1-26　下载结果

下载后若硬件配置无误，则 CPU 面板上 ERROR 指示灯熄灭，否则灯显示为红色。当 CPU 处于停止状态时，RUN 指示灯显示为黄色，若 CPU 处于启动状态则 RUN 指示灯显示绿色。

（2）**使用 S7-PLCSIM 仿真下载**　若无实体 PLC，也可将配置及程序下载到 S7-PLCSIM 仿真器中辅助调试 PLC 程序，仿真器支持绝大多数指令，可使用包括监视表、程序状态、在线与诊断功能等调试工具，并提供了其所特有的 SIM 表、序列编辑器、事件编辑器和扫描控制工具。S7-PLCSIM V16 支持 S7-1200 版本 4.0 至 4.4 固件版本，并提供事件表实现对仿真机架或站故障、硬件中断、拔出或插入模块、诊断错误等中断事件仿真调试。

单击菜单栏中“在线（O）→仿真（T）”或工具栏中按钮，此时系统默认情况下会显示“启用仿真后将禁用所有其他的在线接口”提示框，即无法同时连接实体及仿真器，若确定使用仿真器则单击“确定”按钮，TIA 软件自动打开精简仿真器及程序下载对话框，如图 1-27 所示。将“PG/PC 接口”设置为“PLCSIM”，其他下载方式与实体下载方式基本相同，配置下载成功后会在仿真器对话框上显示所配置的 IP 地址，同时仿真 PLC 精简视图上会由“未组态的 PLC”切换为“已组态的 PLC”。

仿真器默认条件下以精简视图模式打开，单击“精简/项目视图”按钮可切换显示模式，在项目视图下可使用 S7-PLCSIM 的全部功能。在精简视图下单击电源键打开或关闭仿真 PLC 电源，支持在“未通电”状态下切换仿真器型号，“RUN”“STOP”“PAUSE”及“MRES”按钮分别控制仿真 PLC 运行、停止、暂停及清除存储器，并在该视图下显示 PLC 当前工作状态。PLCSIM 程序开启状态下无法下载程序到实体 PLC，关闭该程序后才可下载。

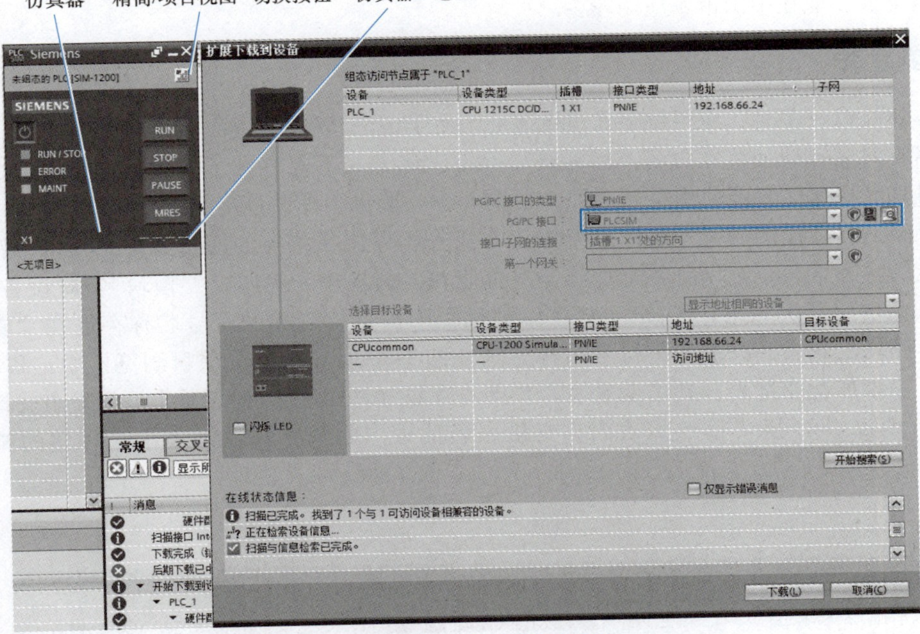

图 1-27　虚拟仿真配置下载

任务 3　PLC 程序设计与调试

任务描述

根据系统控制要求及硬件配置，在 TIA 中使用 LAD 或 SCL 两种不同的编程语言实现控制要求，并完成程序下载及调试。

任务目标

1. 掌握 LAD 和 SCL 基本组成特点及程序编辑方式。
2. 掌握绝对地址和符号地址的区别与联系。
3. 掌握基本位逻辑控制程序。

知识储备

1. 用户程序

用户程序是实现自动化任务的基础，S7-1200 支持梯形图 LAD、功能块图 FBD 和结构化控制语言 SCL 三种标准编程语言，用户程序可使用上述任意语言创建代码块。梯形图是 PLC 中最常见的图形化编程语言，其信号流向清楚、简单，是与电气控制电路相呼应的图形语言。SCL 语言在复杂编程方面有着无可比拟的优越性，并且易于跨平台移植，避免了与硬件挂钩时在理解上的困难，同时可自编辑库函数而不使用某种 PLC 的独有函数，是未来发展的方向。FBD 与数字逻辑电路类似，但在中国市场应用较少。

2. 变量表

当 I/O 端口较多时，使用数字式逻辑地址不便于记忆其控制对象，而变量表可使用具有具体含义的名称对逻辑地址符号命名，称为符号寻址，该方式不仅有利于编程时调用对应的 I/O 端口，而且临时存储区只能使用符号寻址，在 SCL 中一般也不允许直接使用绝对地址。

建议将所有新添加的符号名称以模块化方式分类存放在单独的变量表中，且每个符号名称具有一定的实际含义，实际命名时需结合本行业和公司规范，例如以“模块名称_设备名称_功能”方式命名。默认情况下 STEP 7 将在编程过程中由系统创建的符号名称存放在“默认变量表”中。新增变量表及添加变量符号名称方式如图 1-28 所示，单击项目浏览器中“PLC 变量”文件夹下“添加新变量表”新增变量表，并自动命名为“变量表_1”，单击该变量表选择“重命名（N）”或按<F2>键可修改该表名，变量表名括号内的数字代表该表中已创建的符号名称数量。

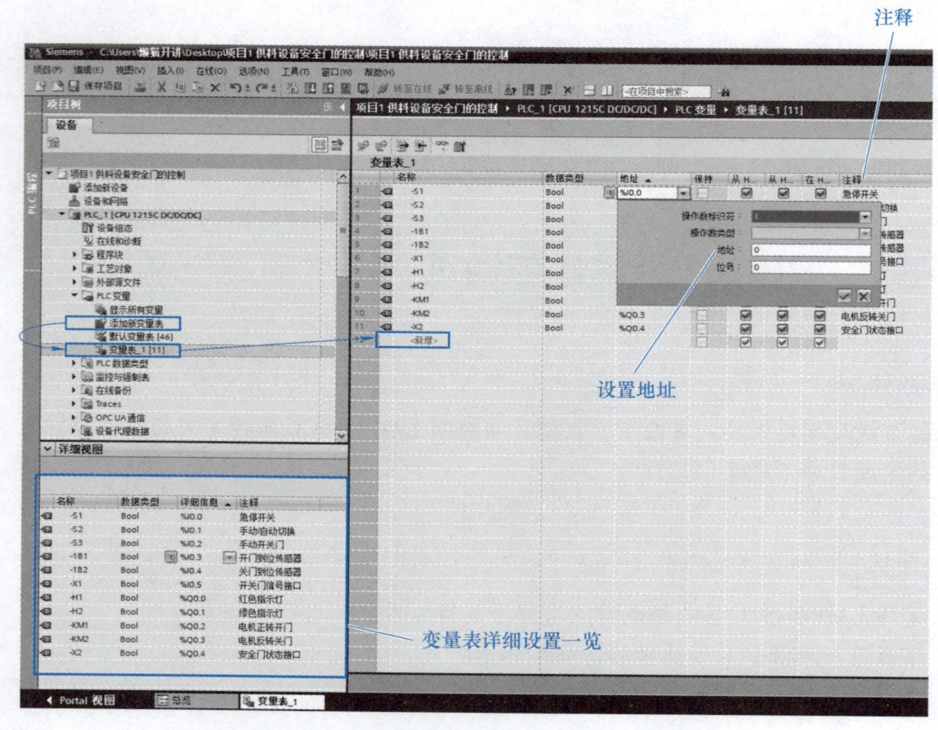

图 1-28　新增变量表及添加变量符号名称

在变量表中单击“<新增>”命令添加符号名称，依次输入名称，选择“数据类型”为布尔类型“Bool”，在地址栏中直接输入地址，可在“注释”列输入符号备注帮助记忆，输入完毕后即建立起了符号名称与逻辑地址的联系。本项目中涉及的所有 I/O 符号名称参见图 1-28 中变量表详细设置一览。

3. LAD 与 SCL

PLC 用户程序通常由多个程序块组成，每种语言均包括位逻辑运算指令、定时器指令、计数器指令、比较指令、数学函数指令、移动操作指令等指令类型。

梯形图组成及调试方法

（1）**梯形图（LAD）组成及程序输入方式**　梯形图输入方式如图 1-29 所示，双击程序块文件夹下“Main［OB1］”打开主程序编辑界面，从指令任务卡中选择所需的指令后双击该指令或按住鼠标左键直接将指令拖入到对应程序段中，当程序段“梯级”上的方框由灰色变为绿色时即可添加该指令，也可选择程序段所需添加指令置位后，单击收藏夹工具栏中图标插入指令。

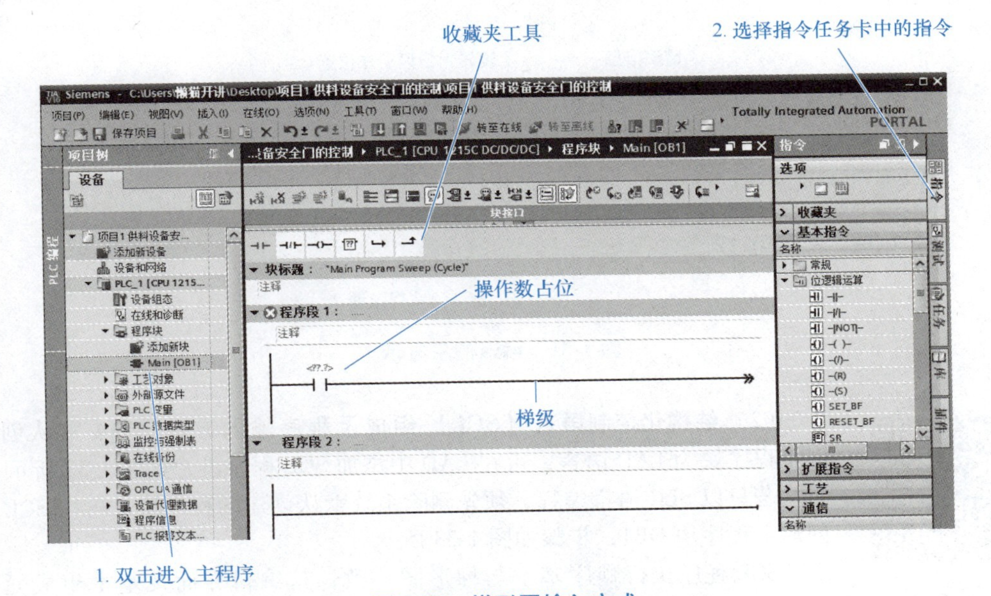

图 1-29　梯形图输入方式

如图 1-30 所示，梯形图主要由触点、线圈和功能框组成。图形符号上方的操作数占位符填

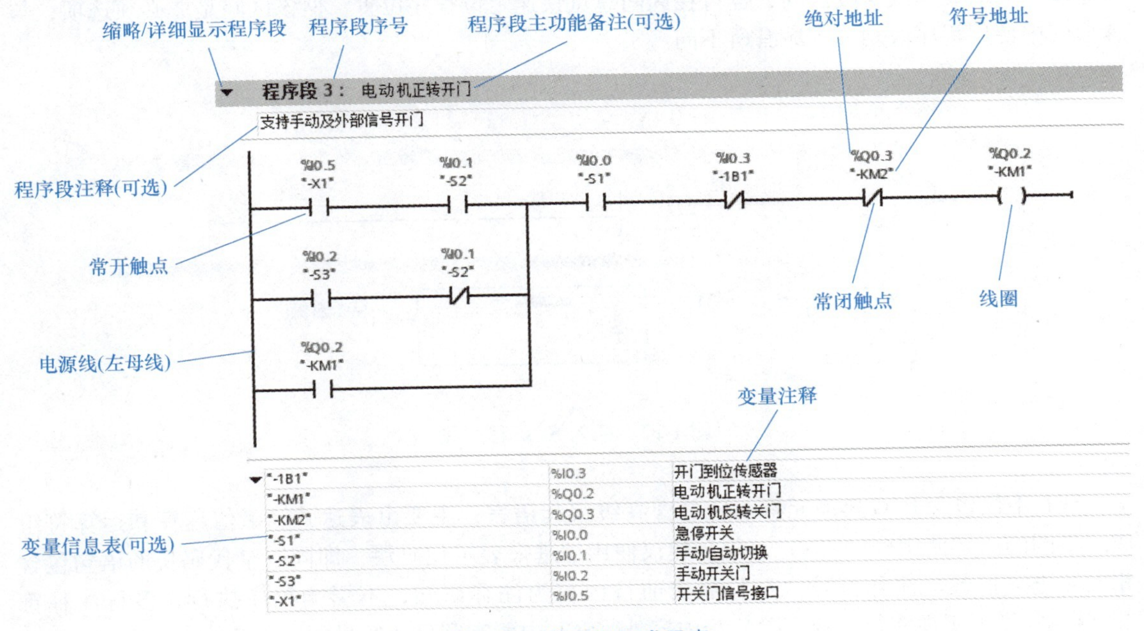

图 1-30　梯形图组成元素

入绝对地址或符号地址，可在 TIA 菜单选择“视图（V）”→“显示（S）”→“操作数表示（O）”设置显示地址方式。当程序段内程序输入完毕且无语法错误时，程序段前错误提示符消失。每个程序块至少包含一个程序段，程序段以线圈或者功能块输出作为划分。梯形图按照程序段序号周期循环执行程序，程序段内按照从左到右、从上至下顺序排列及执行程序。

程序输入后可随时单击菜单栏“编译（E）”→“编译 CTRL+B”或工具栏编译按钮执行程序编译，以检查程序是否存在语法错误，若存在错误可单击信息框中按钮快速跳转到错误所在处，或单击按钮查询错误帮助文件，如图 1-31 所示。

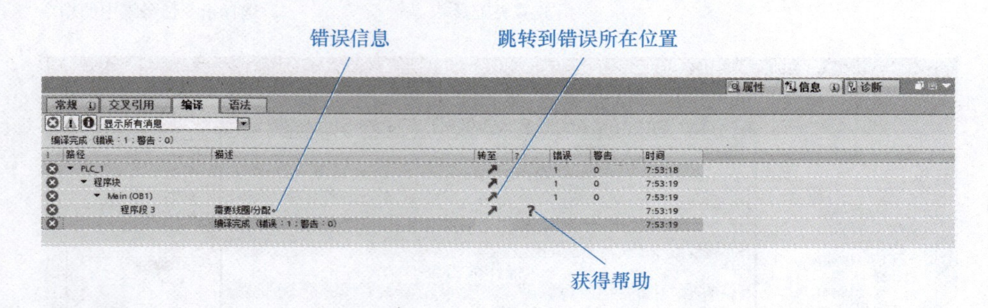

图 1-31　编译信息显示

SCL 程序及调试方法

（2）**结构化控制语言（SCL）组成及程序输入方式**　TIA 默认创建的 OB1 程序块为 LAD 语言，可在 LAD 中添加 SCL 程序段，如图 1-32 所示。

若只以 SLC 语言编程，须先删除系统默认创建的程序块，再以 SCL 语言创建主程序块 OB1，步骤如图 1-33 所示。

SCL 程序执行顺序基本与梯形图一致，其编辑界面及基本组成元素如图 1-34 所示。SLC 中使用区间关键字（关键字：SCL 中已定义具有特殊含义的标识符）REGION 和 END_REGION 对程序段进行功能性区域划分，实现在程序块中灵活展开或折叠区间，也可在区间总览快速定位程序位置，但该区间是非必须选项，与梯形图中使用程序段划分程序有所不同。

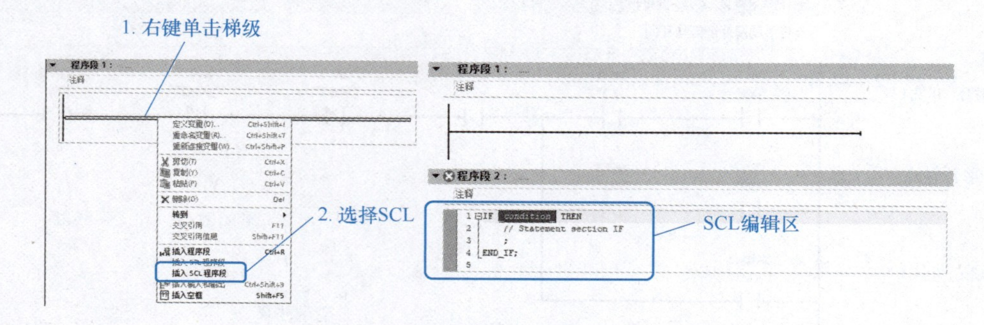

图 1-32　插入 SCL 程序段

SCL 不仅包含 PLC 典型元素，还包含高级编程语言，主要由表达式、赋值运算和运算符组成。不同的语句使用分号（;）分隔，建议使用缩进来表示代码块，即同一个代码块的语句包含相同缩进空格数。注释符号“//”后当前行内容为注释语句，不影响程序执行，多行注释符“（* *）”可实现跨行注释。除注释内容外，SCL 中所有字母或符号须为半角。

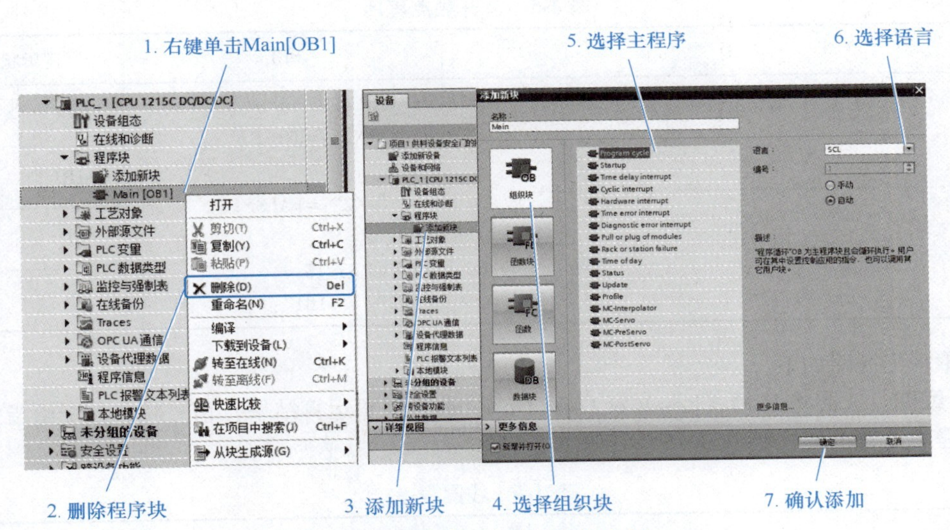

图 1-33　创建 SCL 语言主程序

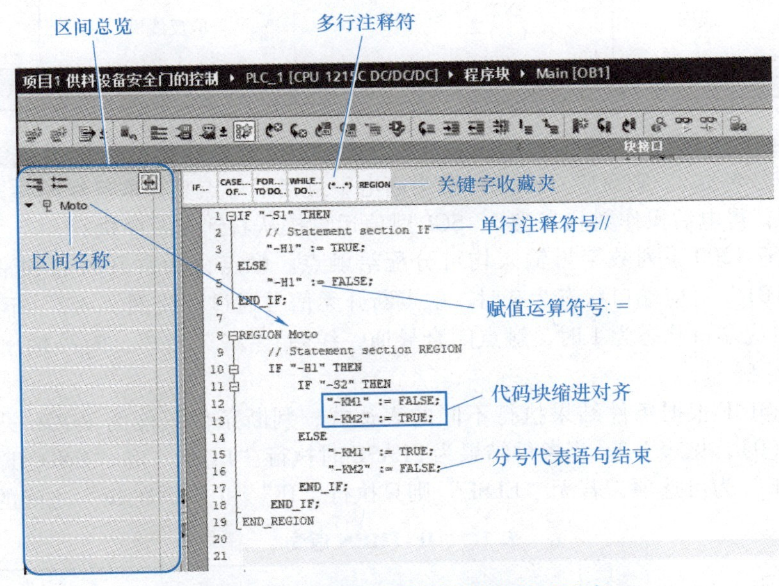

图 1-34　SCL 编辑界面及基本组成元素

4. 位逻辑控制

基本位逻辑控制

LAD 和 SCL 均可实现“与”“或”“非”三种逻辑控制，并以此为基础实现自锁、互锁等控制方式。

（1）**位逻辑控制**　当开门到位后传感器“-1B1”有信号，连接外部设备的数字输出接口“-X2”输出高电平信号，程序见表 1-5，表格中分别列出 LAD 和 SCL 语言实现该程序功能，本书中后续内容多采用两种语言实现相同程序以方便读者学习。

表 1-5　常开触点程序

LAD	SCL	逻辑状态	
		输入	输出
%I0.3 "-1B1" —| |—————( )— 常开触点　　　线圈 %Q0.4 "-X2"	IF"-1B1"THEN "-X2":=TRUE; ELSE "-X2":=FALSE; END_IF; 或者如下运算: "-X2":="-1B1";	-1B1	-X2
		0	0
		1	1

表中程序说明如下：

1）**线圈**。线圈将 RLO（Result of Logic Operation，逻辑运算结果）信号状态分配给指定操作数，其程序见表 1-6。

表 1-6　线圈程序

语言	程序表示			
LAD	名称	图形符号	名称	图形符号
	线圈	"-X2" —( )— 操作数	取反线圈	"-KM2" —(/)—
SCL	"-X2":=<布尔表达式>		"-KM2":=NOT<布尔表达式>	

当线圈得电后，其分配的操作数状态为 1，否则为 0，例如操作数分配为数字量输出 Q0.4（"-X2" 为其符号名称），则对应 Q 点端口置为高电平且指示灯点亮。取反线圈在未得电状态下，操作数状态为 1，得电后操作数状态为 0。SCL 赋值运算按从右到左顺序执行。

2）**触点**。S7-1200 系列数字量输入均可分配给触点。触点分为常开触点和常闭触点两种。当常开触点 "-1B1" 对应端口状态为 0 时，触点断开无信号通过，线圈 "-X2" 不得电；当常开触点 "-1B1" 对应端口状态为 1 时，触点闭合导通，线圈 "-X2" 得电，对外输出高电平，CPU 上对应指示灯点亮。

SCL 条件语句 IF 根据条件结果执行不同的表达式，判断条件只能为 BOOL 类型，即 TURE（1）或 FALSE（0），见表 1-7。当条件结果为 FLASE 时执行 "ELSE" 和 "END_IF" 之间的代码块，其中 "ELSE" 为可选项，若无 "ELSE" 则只执行 "IF" 和 "END_IF" 之间的语句。

表 1-7　IF-THEN 语句

SCL	说明
IF_condition_THEN code one;	当条件结果 "_condition_" 为 TURE 时执行本代码段 code one，否则不执行
[ELSIF_condition_n_THEN code two;]	可选项，当 IF 条件 "_condition_" 为 FALSE 而当前条件 "_condition_n_" 为 TRUE 时执行本代码段 code two，且 ELSIF 可添加多个并依次判断条件值，执行 ELSIF 时具有时序性
[ELSE code three;]	可选项，当所有条件均为 FALSE 时执行本代码段 code three
END_IF;	用于终止 IF-THEN 语句

常闭触点在相同输入状态下与常开触点相反，因急停按钮“-S1”使用常闭触点，所以输入端口连接急停按钮时该端口一直有信号，只有当按下急停后红色显示灯“-H1”才能点亮，程序见表 1-8。

表 1-8　常闭触点程序

LAD	SCL	逻辑状态	

%I0.0 “-S1” —|/|— (常闭触点) —— %Q0.0 “-H1” —( )—	IF NOT“-S1” THEN
	“-H1”: =TRUE;
	ELSE
	“-H1”: =FALSE;
	END_IF;
	或者:
	“-H1”: =NOT “-S1”
		输入	输出

		-S1	-H1
		0	1
		1	0

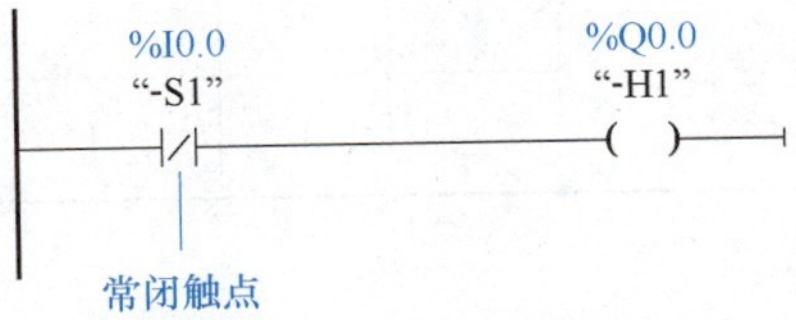

3）**置位/复位线圈**。置位/复位线圈与普通线圈的区别在于命令有效后，需使用置位或复位指令改变其逻辑状态，普通线圈无法改变其状态，见表 1-9。

表 1-9　置位/复位线圈程序

语言	LAD	SCL	逻辑状态		
代码	“-S1” —| |— “-H1” —(S)— 置位线圈 “-S2” —| |— “-H1” —(R)— 复位线圈	IF“-S1”THEN “-H1”: =TRUE; END_IF; IF“-S2”THEN “-H1”: =FALSE; END_IF;	输入		输出
	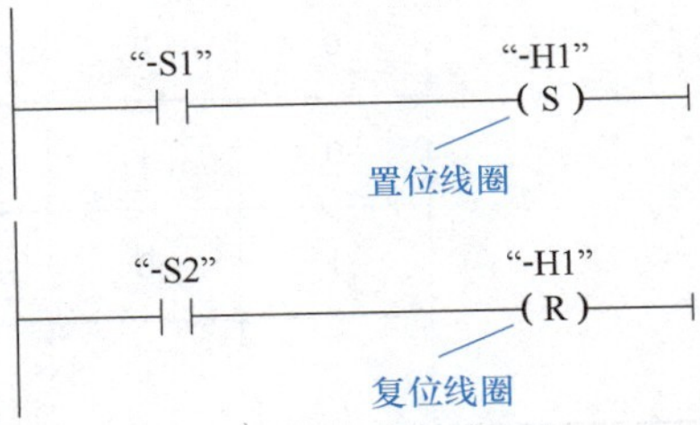		-S1	-S2	-H1
			0	0	0
			1	0	1
			0	0	1
			0	1	0
			0	0	0

注：表中的逻辑状态因输入状态顺序的不同，其逻辑结果可能与表中结果有所不同。

4）**置位/复位触发器和复位/置位触发器**。梯形图中该类型触发器有两个不同优先级的输入，见表 1-10。

表 1-10　置位/复位触发器和复位/置位触发器

LAD	SCL	逻辑状态			
“-H1” (操作数) SR 块：“-S1” —| |— S，Q —( )— “-H2”；“-S2” —| |— R1 置位/复位触发器	IF“-S1”THEN “-H1”: =TRUE; “-H2”: =TRUE; END_IF; IF“-S2”THEN “-H1”: =FALSE; “-H2”: =FALSE; END_IF;	输入		输出	
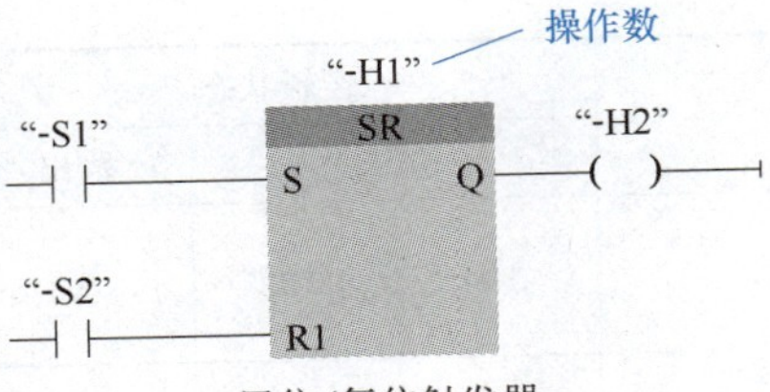		-S1	-S2	-H1	-H2
		0	0	状态保持不变	
		1	0	1	1
		0	1	0	0
		1	1	0	0

（续）

LAD	SCL	逻辑状态			
		-S1	-S2	-H1	-H2
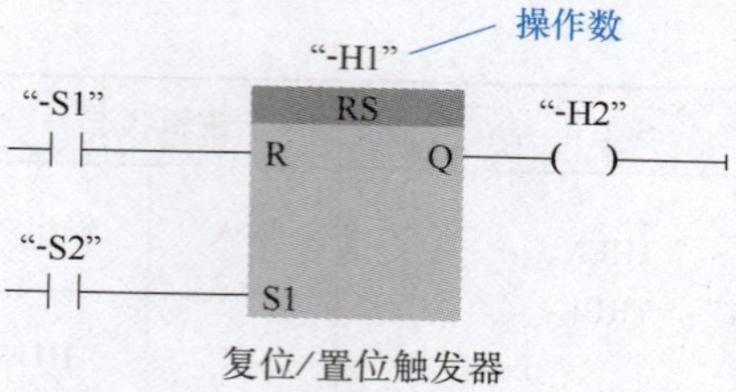 “-H1” 操作数 RS “-S1” R Q “-H2” “-S2” S1 复位/置位触发器	IF“-S1”THEN “-H1”:=FALSE; “-H2”:=FALSE; END_IF; IF“-S2”THEN “-H1”:=TRUE; “-H2”:=TRUE; END_IF;	0	0	状态保持不变	
		1	0	0	0
		0	1	1	1
		1	1	1	1

注：表中“-S1”“-S2”“-H1”“-H2”与项目中符号定义无关。

（2）**与逻辑（AND）运算** 当急停无效且自动运行时绿色指示灯“-H2”点亮，即当需同时满足多个条件时使用与逻辑运算，运算程序见表 1-11。

表 1-11 与逻辑运算程序

语言	程序	逻辑状态		
		输入		输出
LAD	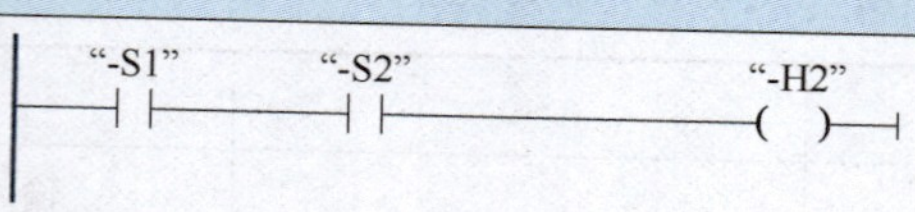 “-S1” “-S2” “-H2” ( )	-S1	-S2	-H2

SCL	IF(“-S1”AND“-S2”)THEN
	“-H2”:=TRUE;
	ELSE
	“-H2”:=FALSE;
	END_IF;
	或者:
	“-H2”:=“-S1”AND“-S2”;
		0	0	0

		0	1	0
		1	0	0
		1	1	1

SCL 通过运算符可将表达式连接在一起或相互嵌套，其运算顺序取决于运算符的优先级和括号。其中算术运算符优先于关系运算符，关系运算符优先于逻辑运算符，括号中的运算优先级最高，建议使用小括号确定逻辑运算关系。

逻辑运算符可处理当前 CPU 所支持的所有数据类型，建议只使用相同数据类型参与运算，以避免隐式转换时数据精度丢失导致系统不稳定，不同数据类型运算结果由最高操作数类型决定。

（3）**或逻辑（OR）运算** 安全门打开到位或关闭到位时接口“-X2”均对外输出高电平，即满足任意条件就执行的逻辑关系使用或逻辑运算，运算程序见表 1-12。

表 1-12 或逻辑运算程序

语言	程序	逻辑状态		
		输入		输出
LAD	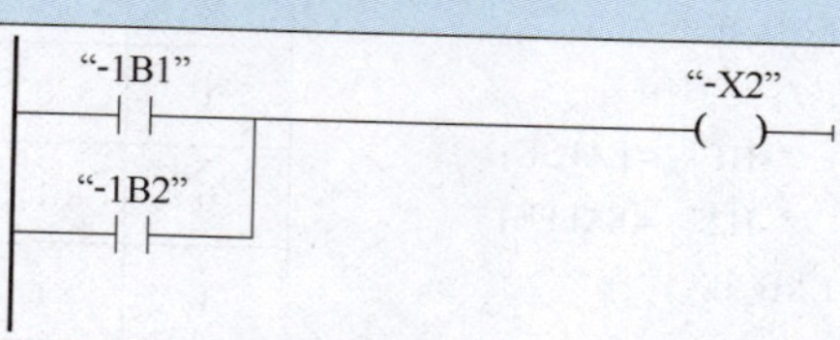 “-1B1” “-X2” ( ) “-1B2”	-1B1	-1B2	-X2
		0	0	0

（续）

语言	程序	逻辑状态		
		输入		输出

SCL	IF(“-1B1”OR“-1B2”)THEN
	　　“-X2”:=TRUE;
	ELSE
	　　“-X2”:=FALSE;
	END_IF;
	或者:
	“-X2”:=“-1B1”OR“-1B2”;
		0	1	1

		1	0	1
		1	1	1

（4）**自锁逻辑运算**　与数字量输入只能由外部硬件决定，即只能分配给触点有所不同，数字量输出可分配给线圈或者触点，以实现灵活控制。按下手动按钮后安全门自动打开直到传感器“-1B1”有信号，即利用自身的常开触点使线圈持续保持通电，运算程序见表 1-13。

表 1-13　自锁逻辑运算程序

语言	程序	逻辑状态		
		输入		输出
LAD	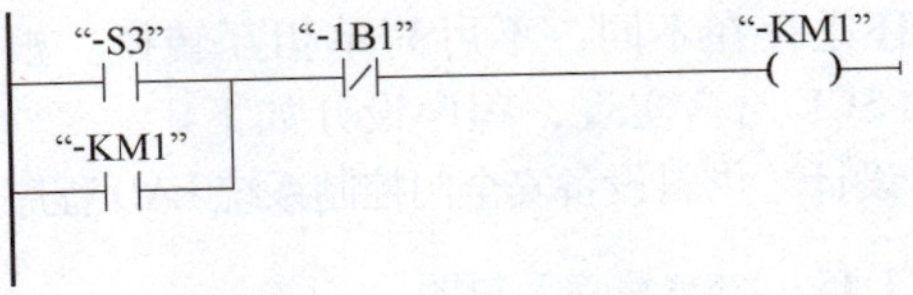 “-S3”　“-1B1”　“-KM1” “-KM1”	-S3	-1B1	-KM1
		0	0	0

SCL	IF “-S3” THEN
	　　“-KM1”:=TRUE;
	END_IF;
	IF “-1B1” THEN
	　　“-KM1”:=FALSE;
	END_IF;
	或者:
	“-KM1”:=(“-S3”OR“-KM1”)AND(NOT “-1B1”);
		1	0	1

		0	0	1
		0	1	0

根据梯形图运行特点可知，当常闭触点“-1B1”未得电时该触点一直处于导通状态，当触点“-S3”导通后线圈“-KM1”得电。因触点“-KM1”和线圈“-KM1”为同一操作对象，所以当系统执行第二行梯形图时，触点“-KM1”处于得电状态，形成自锁逻辑关系，此时无论触点“-S3”状态如何，线圈“-KM1”始终得电。当常闭触点“-1B1”得电时，线圈“-KM1”才失电。

（5）**互锁逻辑运算**　控制安全门电动机正反转的继电器不能同时导通，否则将形成电路短路，即利用两个或多个常闭触点保证线圈不会同时通电以实现互锁，运算程序见表 1-14。

因 PLC 互锁只相差一个扫描周期，而外部硬件接触器触点的断开时间往往大于一个扫描周期，来不及响应，所以电路中还必须使用“-KM1”“-KM2”的常闭触点硬件互锁。

表 1-14　互锁逻辑运算程序

语言	程序	逻辑状态			
		输入		输出	
		-S1	-S2	-KM1	-KM2
LAD	"-S1" "-KM2" "-KM1" "-S2" "-KM1" "-KM2"	0	0	0	0
SCL	"-KM1":="-S1" AND(NOT "-KM2"); "-KM2":="-S2" AND(NOT "-KM1");	1	0	1	0
		1	1	1	0
		0	1	0	1

注：表中"-S1""-S2"与本项目中功能符号定义无关，且逻辑状态因输入状态顺序的不同，其逻辑结果可能与表中结果有所不同。

任务实施

安全门用户程序设计

1. 设计用户程序

LAD 与 SCL 虽然可实现相互转换，但从程序运行效率及维护性上考虑，其编程方式及思路还是存在不同，不可简单相互转换。根据任务要求，用户程序分别用 LAD 和 SCL 语言实现，程序设计如下。

（1）**LAD 程序设计**　供料设备安全门控制系统 LAD 程序及说明见表 1-15。

表 1-15　LAD 程序及说明

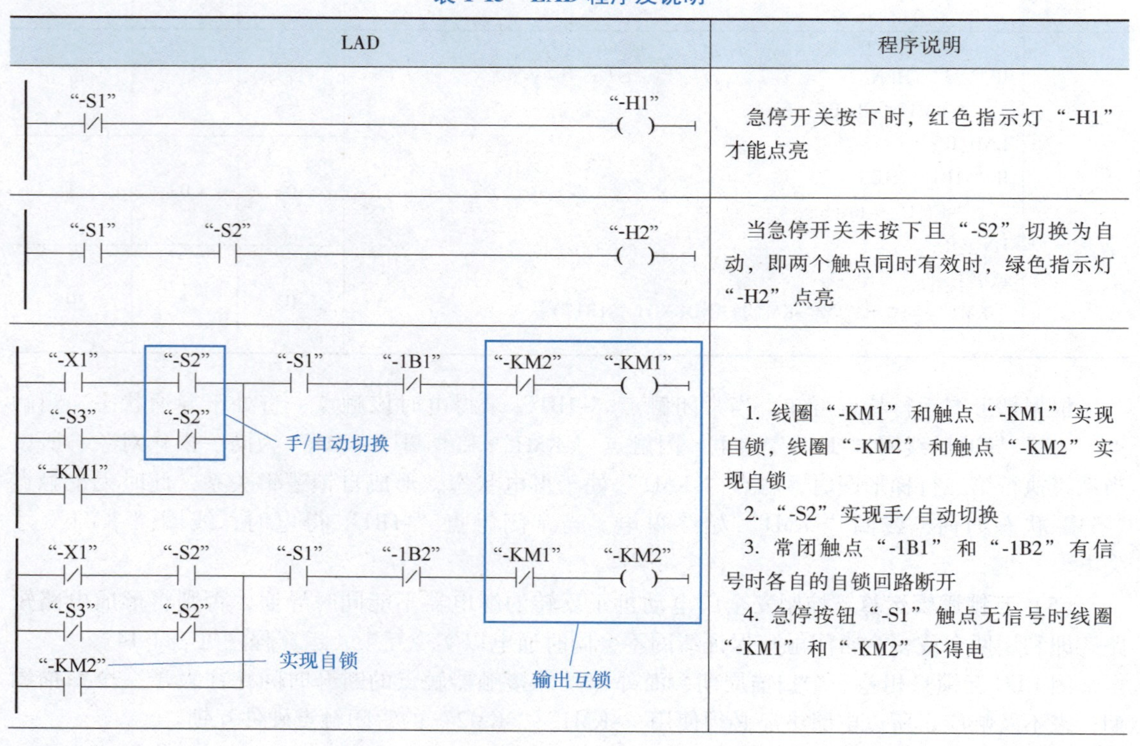

LAD	程序说明
"-S1" "-H1"	急停开关按下时，红色指示灯"-H1"才能点亮
"-S1" "-S2" "-H2"	当急停开关未按下且"-S2"切换为自动，即两个触点同时有效时，绿色指示灯"-H2"点亮
"-X1" "-S2" "-S1" "-1B1" "-KM2" "-KM1" "-S3" "-S2" "–KM1" "-X1" "-S2" "-S1" "-1B2" "-KM1" "-KM2" "-S3" "-S2" "-KM2" 手/自动切换　实现自锁　输出互锁	1. 线圈"-KM1"和触点"-KM1"实现自锁，线圈"-KM2"和触点"-KM2"实现自锁 2. "-S2"实现手/自动切换 3. 常闭触点"-1B1"和"-1B2"有信号时各自的自锁回路断开 4. 急停按钮"-S1"触点无信号时线圈"-KM1"和"-KM2"不得电

（续）

LAD	程序说明
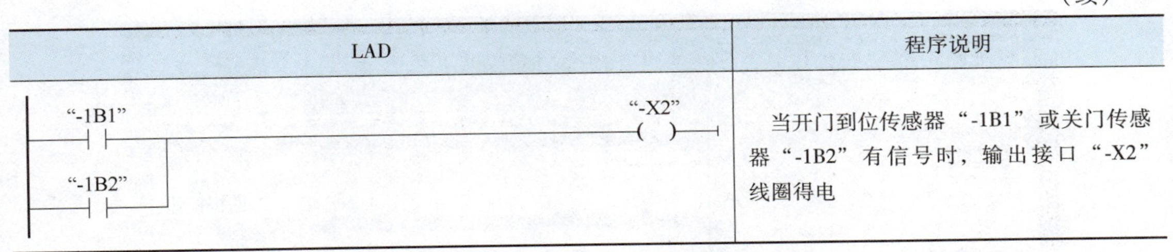	当开门到位传感器“-1B1”或关门传感器“-1B2”有信号时，输出接口“-X2”线圈得电

（2）**SCL 程序设计**　SCL 程序采用自顶向下的设计思路，对输入状态使用分支结构，其实现互锁方式与 LAD 有所不同，SCL 程序及说明如图 1-35 所示，其中区间名称后的注释（单行或多行）可显示在区间总览的区间名称后，辅助程序调试。

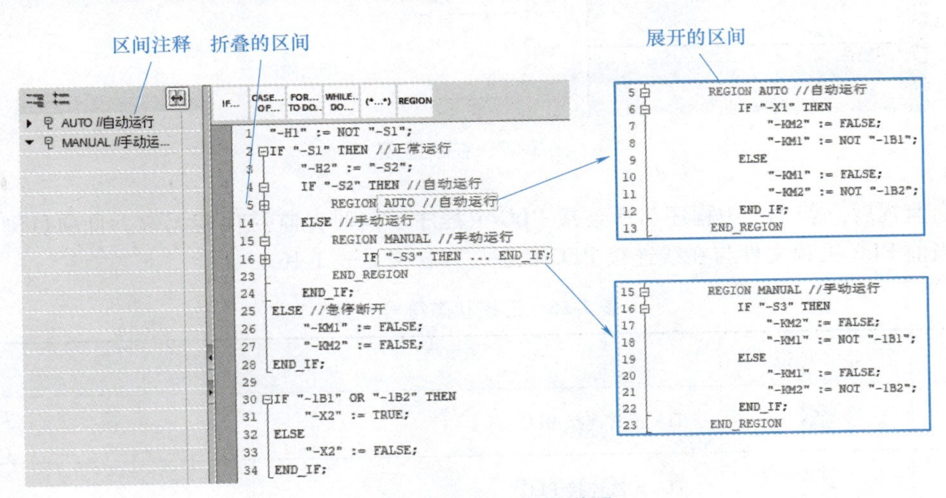

图 1-35　SCL 程序及说明

2. 程序调试与仿真

用户程序下载方式与硬件组态配置下载方式一致，建议下载时先编译全部程序，确保程序无语法错误，单击 PLC 工程文件夹“PLC_1［CPU 1215C DC/DC/DC］”或 PLC 程序块文件夹“程序块”后再下载程序，如图 1-36 所示，将所有程序块和硬件组态一起下载，因为当工程文件存在多个程序块时，在程序编辑界面只会下载当前程序块，若同时修改了多个程序块容易造成 PLC 程序与 TIA 中程序不同步。

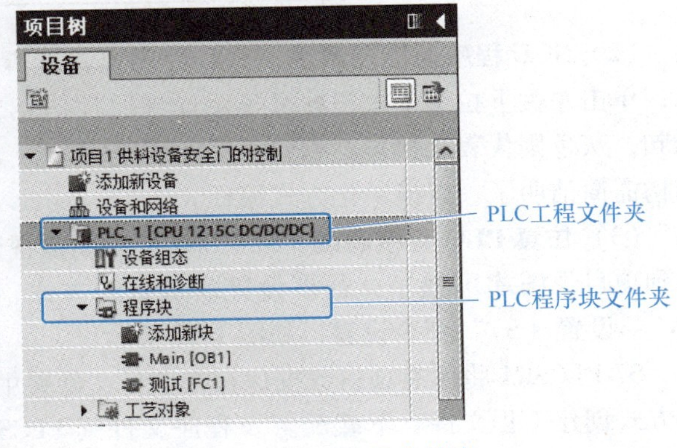

图 1-36　PLC 文件夹

（1）**LAD 程序监控及调试**　程序下载完毕后且 PLC 处于 RUN 状态时，单击菜单栏“在线（O）→监视（M）Ctrl+T”或监视按钮开启在线监视功能，监视程序执行情况以及数据信息以辅助程序调试，但不会改变程序执行顺序。如图 1-37 所示，开启监视后 LAD 程序中能流流通的触点和得电线圈显示为绿色，能流流过的路径显示为绿色实线，否则显示为蓝色虚线。

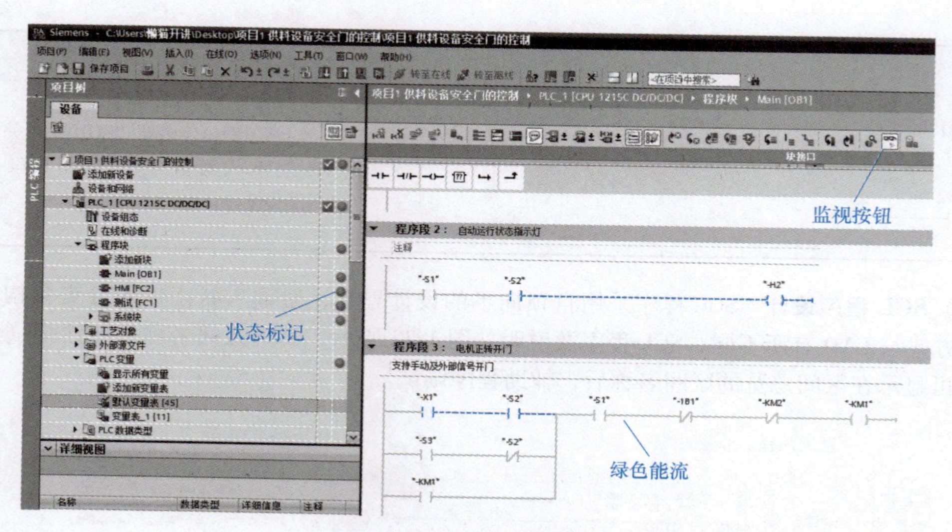

图 1-37　在线监控

开启监视后，若 TIA 中程序与所连接 PLC 中程序不同时，监控功能无效，且项目浏览器中会显示当前 PLC 工程文件与在线连接 PLC 状态，其含义见表 1-16。

表 1-16　连接状态符号一览

序号	状态标记	说明
1		TIA 正常连接 PLC
2		TIA 无法连接 PLC
3		TIA 中配置与所连接 PLC 保持一致
4		TIA 文件夹下的配置与所连接 PLC 不相同
5		TIA 无法连接 PLC，有错误发生
6		TIA 中当前程序块与所连接 PLC 的程序块不同，需重新下载程序

（2）**SCL 程序监控及调试**　SCL 程序监控步骤与 LAD 程序相同，其监控界面如图 1-38 所示，单击左侧下拉菜单按钮▶可显示详细监控信息，黑色显示的变量代表正在执行该变量相关语句，灰色则代表未执行。相较于 LAD 程序调试，SCL 程序监控内容较为单一，因此 SCL 程序结构需简洁明了，以模块化方式编程。

（3）**仿真 PLC 程序调试**　S7-PLCSIM 在精简视图下无法执行项目操作或运行序列，必须切换到项目视图才可使用，若需设置默认打开方式，可单击 S7-PLCSIM 项目视图菜单栏“选项（N）→设置（S）”命令设置，如图 1-39 所示。

S7-PLCSIM 将所有项目数据保存在项目文件夹中，切换为项目视图后采用与 STEP 7 中相类似方式创建工程文件。下载配置及程序文件到 PLCSIM 时须选中工程属性中“块编译时支持仿真”，否则程序无法下载到 PLCSIM，如图 1-40 所示。

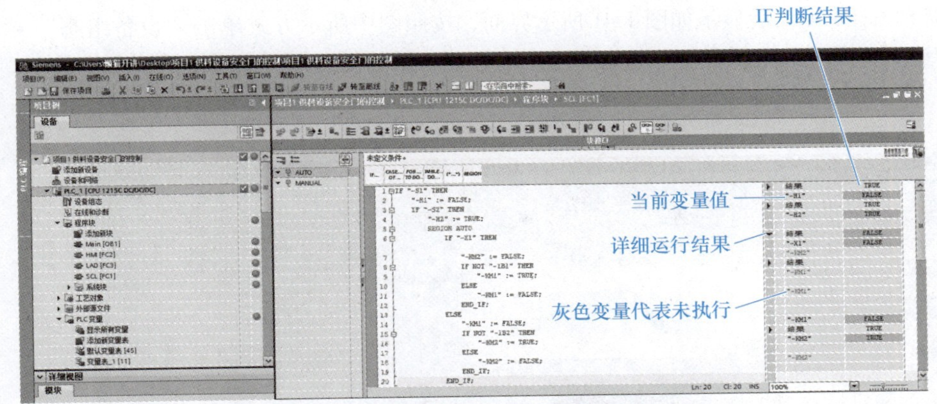

图 1-38　SCL 程序在线监控

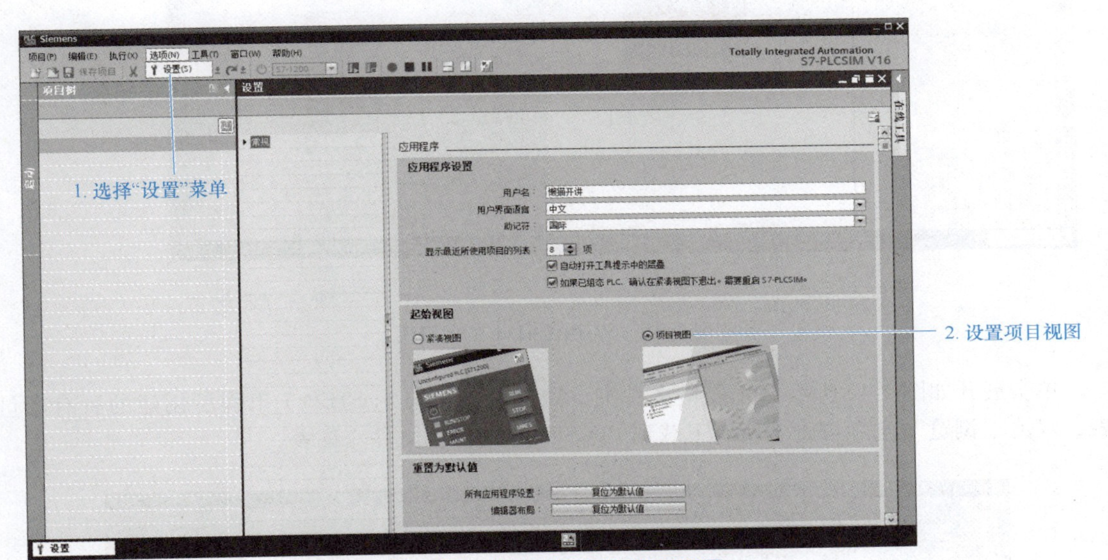

图 1-39　仿真程序起始视图设置

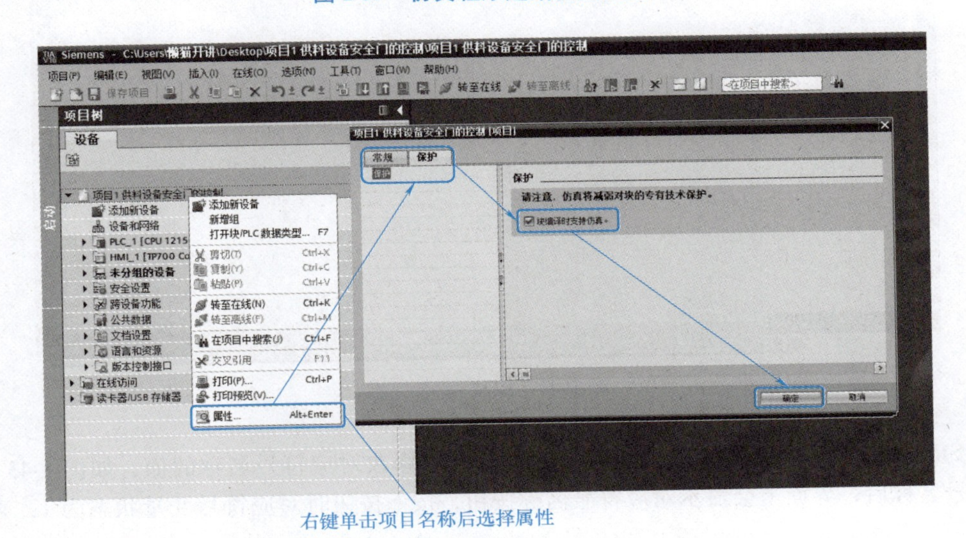

图 1-40　工程仿真支持设置

连接 PLCSIM 无误后显示如图 1-41 所示界面，按照图中所示方式单击“设备组态”→“CPU”→“地址”选项卡即可监视所有 I/O 状态，选中输入地址后的复选框可实现模拟输入信号。

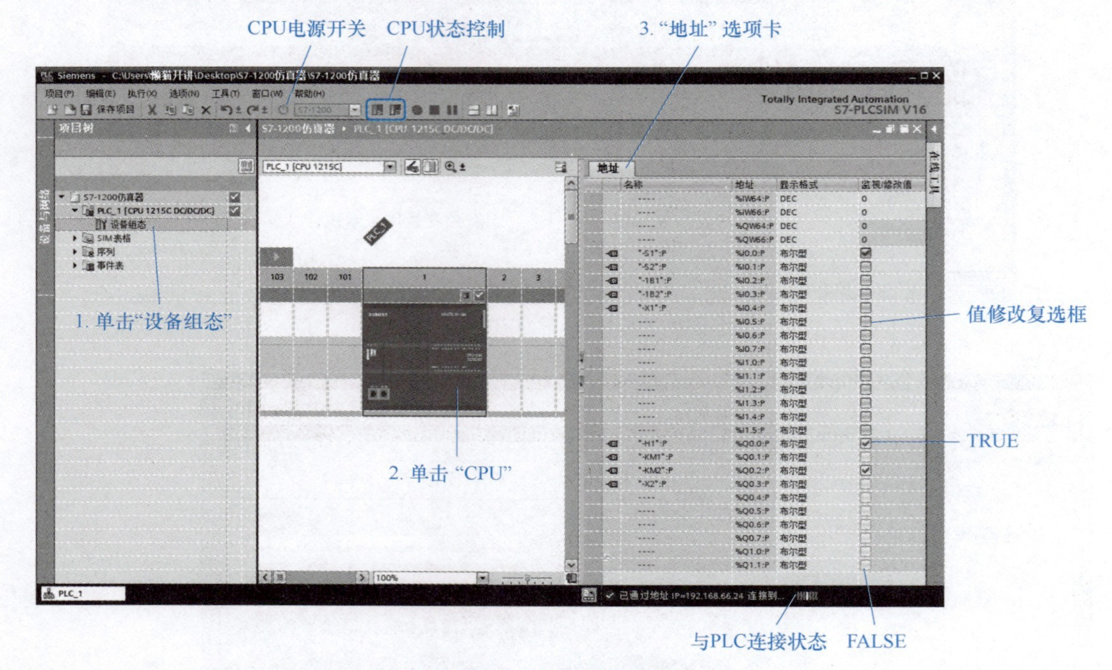

图 1-41　S7-PLCSIM 工程视图

单击展开如图 1-42 所示 SIM 表格文件夹，该文件夹下显示 STEP 7 工程所创建的所有变量表，双击“浏览”选项可查看所有下载到 PLCSIM 中的工程文件变量表。

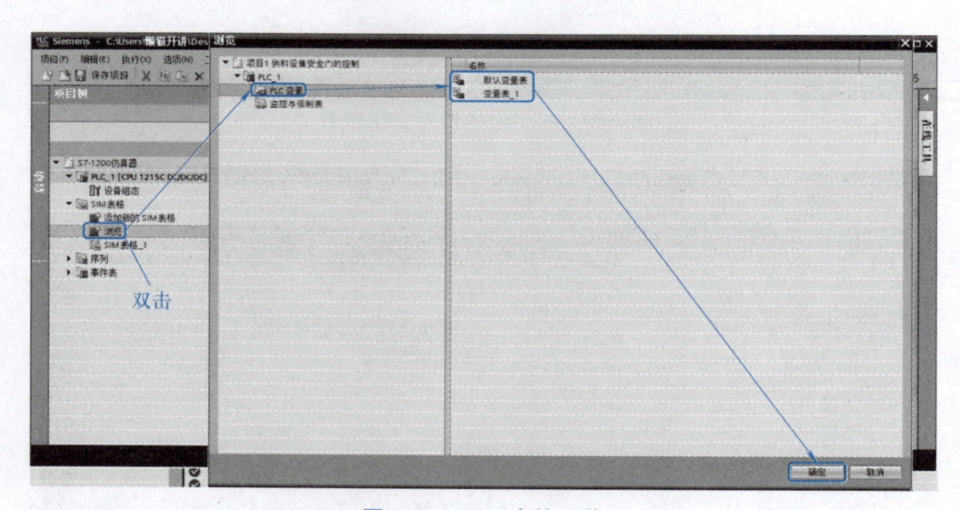

图 1-42　SIM 表格一览

在 SIM 表格界面下，单击“位”列中的复选框可修改对应符号名称的值，如图 1-43 所示。选择符号名称后，界面上会显示对应符号名称按钮，按下按钮时对应符号变量状态为 1，否则状态为 0。

若是以桌面图标或开始菜单方式创建/启动 PLCSIM 工程文件，则需手动单击 CPU 电源开关开启仿真 CPU 界面。

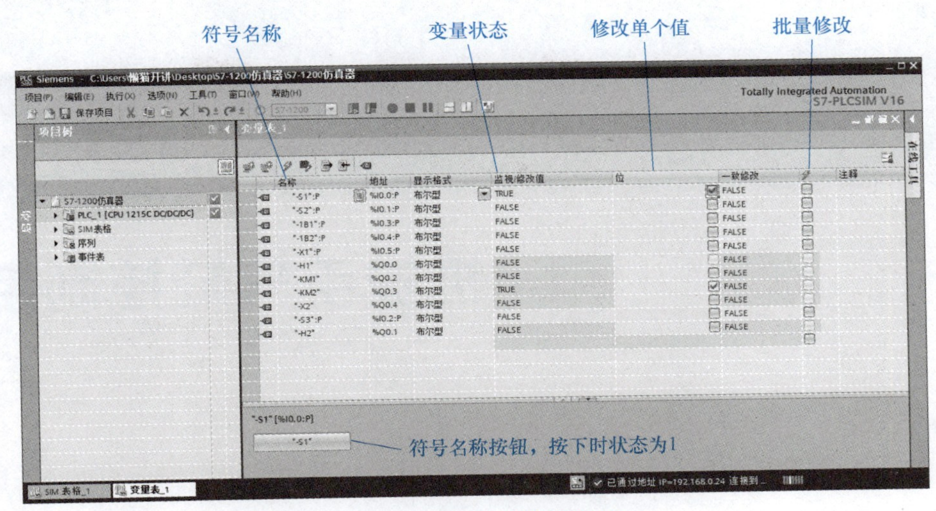

图 1-43　SIM 表格仿真调试

1. 项目总结

（1）西门子 S7-1200 系列可编程序逻辑控制器是自带以太网通信接口的小型 PLC，固件版本 4.4V 以上时需配合 TIA Protal V16 以上版本使用。

（2）PLC 硬件安装时须留有散热空间，且控制信号线路须与强电动力线分开布线，并确保外部 24V 电源不与 CPU 的传感器电源并联，但非隔离 M 端子须连接同一个外部参考点位。

（3）PLC 用户程序以从左至右、从上至下、周期性循环方式执行程序，LAD 和 SCL 均可实现布尔逻辑控制，但其编程思路存在不同，不能简单翻译转换。

2. 扩展任务

请利用 S7-1200 系列 PLC 设计车库卷闸门自动控制系统，要求当检测到有车辆即将进入车库时卷闸门自动升起；当车辆停入车库后，在确保人员及车辆安全的前提下自动下降以关闭卷闸门。根据上述要求设计并调试控制系统，分别用 LAD 和 SCL 语言实现逻辑控制。

项目 2

机械手气缸控制系统

小型 PLC 以周期性顺序扫描和信号集中批处理工作方式实现自动化控制，在面向对象程序设计（Object-Oriented Programming，OOP）下将控制对象抽象化，结合函数（FC）或函数块（FB），将数据封装在数据块（DB）中，实现标准化快速项目开发，且程序具有较好的重用性和易管理特点，并可降低常用于工业生产过程监控和控制的人机界面（Human Machine Interface，HMI）软件点数授权成本。

项目情景

机械手常用于自动生产线中搬运物料工件，根据不同的搬运精度要求可选用气动设备、步进电动机或者伺服电动机，其本质特点是实现工件在不同位置的抓取或放置。系统可使用按钮或触摸屏控制设备的起停，后者在操作上更直观且可实现状态监控，被广泛应用于控制系统中。

古语有云

“凡物各自有根本，种禾终不生豆苗”指规律是事物运动过程中本质固有的必然联系，了解 PLC 工作原理是程序设计的基础，也只有掌握控制对象内在属性以及与外界的联系才能合理实现面向对象程序设计。

思维导图

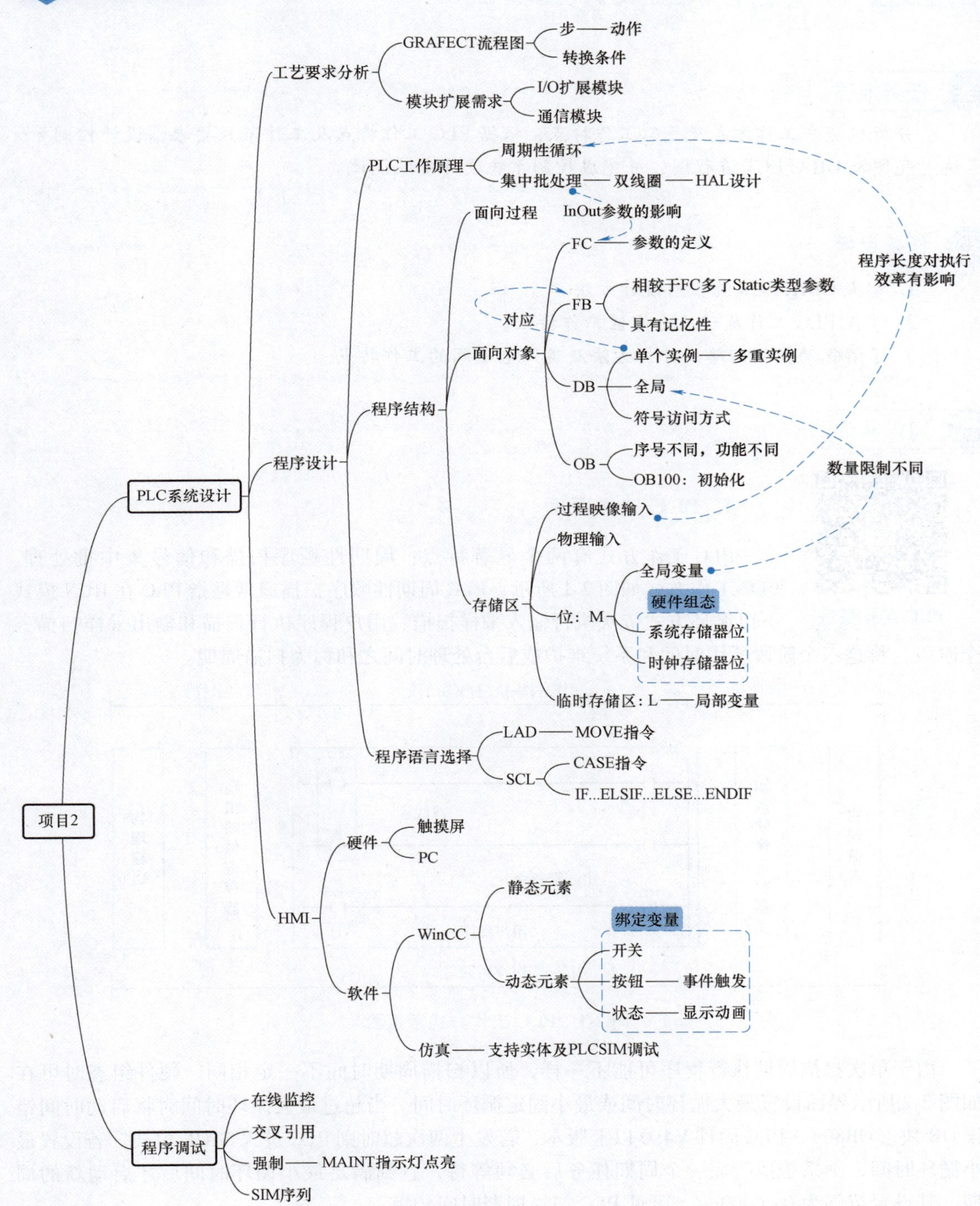
项目2
PLC系统设计
工艺要求分析
GRAFECT流程图
步——动作
转换条件
模块扩展需求
I/O扩展模块
通信模块
程序设计
PLC工作原理
周期性循环
集中批处理——双线圈——HAL设计
程序长度对执行效率有影响
程序结构
面向过程
InOut参数的影响
FC——参数的定义
FB
相较于FC多了Static类型参数
具有记忆性
对应
面向对象
单个实例——多重实例
DB
全局
符号访问方式
OB
序号不同，功能不同
OB100：初始化
数量限制不同
存储区
过程映像输入
物理输入
全局变量
硬件组态
位：M
系统存储器位
时钟存储器位
临时存储区：L——局部变量
程序语言选择
LAD——MOVE指令
SCL
CASE指令
IF...ELSIF...ELSE...ENDIF
HMI
硬件
触摸屏
PC
软件
WinCC
静态元素
动态元素
绑定变量
开关
按钮——事件触发
状态——显示动画
仿真——支持实体及PLCSIM调试
程序调试
在线监控
交叉引用
强制——MAINT指示灯点亮
SIM序列

任务 1　控制系统设计及调试

任务描述

分析机械手工作方式及气缸工作特点，根据 PLC 工作特点及工作流程要求，设计控制系统电气图及 GRAFECT 流程图，并完成控制系统硬件安装调试。

任务目标

1. 掌握 GRAFECT 流程图设计方法。
2. 掌握 PLC 工作原理及存储区工作特点。
3. 了解气动控制回路的分析方法及不同电磁阀的工作特点。

知识储备

PLC 工作原理

1. PLC 工作原理

PLC 工作方式有两个显著特点：周期性顺序扫描和信号集中批处理。PLC 工作方式如图 2-1 所示，PLC 周期性顺序扫描通常是指 PLC 在 RUN 模式下以循环方式依次执行输入采样扫描、用户程序执行扫描和输出采样扫描三个阶段，将这三个阶段所用时间和系统维护或后台处理时间之和称为扫描周期。

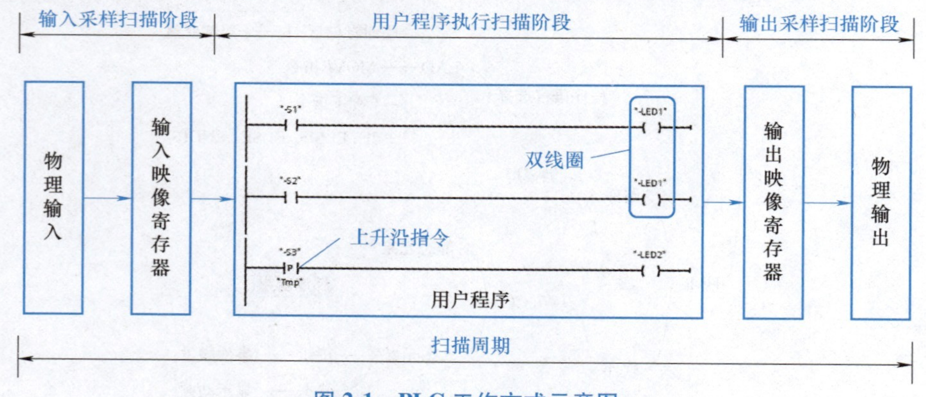

图 2-1　PLC 工作方式示意图

由于单次扫描周期执行程序可能不一样，所以扫描周期时间不一定相同，硬件组态时可在如图 2-2 所示界面设置最大循环时间或最小固定循环时间。当超过最大循环时间时将启动时间错误 OB 块（OB80），PLC 固件 V4.0 以上版本，若发生两次超时则 PLC 进入 STOP 模式。若设置最小循环时间，则系统执行完一个周期任务后必须等待，直到满足最小循环时间后才启动新的周期，其设置范围为 0~6000ms，可见 PLC 扫描周期时间较短。

在如图 2-3 所示“在线和诊断”状态界面下可监控 PLC 循环时间，辅助程序调试。

集中批处理是指在一个时间段内只完成指定任务，错过该时间段则不再响应该任务。在一个循环周期内，PLC 首先在输入采样扫描阶段将所有物理输入端子状态保存在输入映像寄存器

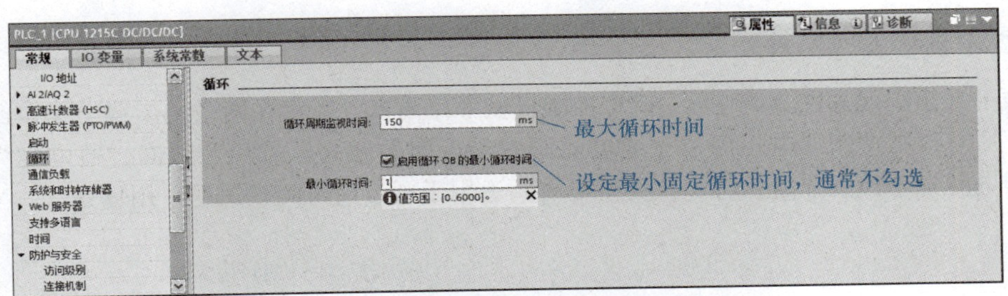

图 2-2　硬件组态循环时间设置

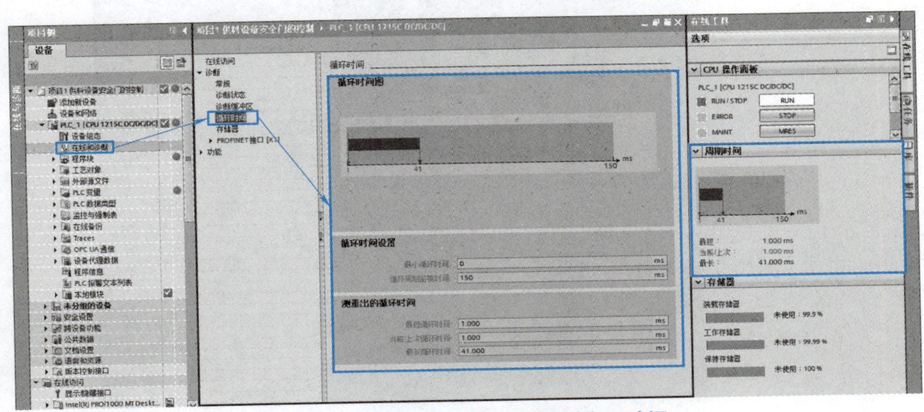

图 2-3　在线和诊断状态监控循环时间

中，然后在用户程序执行扫描阶段将输入映像寄存器中的状态值全部读入到用户程序中，并根据已读入的状态值处理程序，即在本阶段即使外部输入信号发生变化，程序也不会响应。当用户程序执行完毕后，将所有的处理结果保存在输出映像寄存器中，在输出采样扫描阶段 PLC 才会将输出映像寄存器中的值输出到物理输出端子，使用该方式可防止物理输出端子在输出映像寄存器中多次改变状态而出现输出抖动。

（1）**避免出现双线圈**　双线圈是指同一个元件的普通线圈被使用了两次或者多次。如图 2-1 所示，因 PLC 集中批处理方式最终保存在输出寄存器的值为最后一个线圈的状态，若触点“-S2”不导通则无论触点“-S1”状态如何，线圈“-LED1”不得电；同理当触点“-S2”导通，无论触点“-S1”状态如何，线圈“-LED1”均得电，所以在程序编程过程中须避免双线圈，但置位/复位线圈指令不受影响。

（2）**梯形图边沿指令**　信号发生跳变时间较短，不能确保在输入采样阶段捕捉，因此 PLC 是比较相邻两个周期内信号的变化以确定边沿信号类型，边沿信号指令说明见表 2-1。

表 2-1　边沿信号指令

信号类别	梯形图符号	说明
上升沿 下降沿 1 0 t	<??.?> 操作数1 ─┤P├─ <??.?> 操作数2	上升沿指令，操作数 2 中保存的是上一个周期操作数 1 的布尔值，当操作数 1 中的值大于操作数 2 时，该触点仅导通一个周期
	<??.?> 操作数1 ─┤N├─ <??.?> 操作数2	下降沿指令，操作数 2 中保存的是上一个周期操作数 1 的布尔值，当操作数 1 中的值小于操作数 2 时，该触点仅导通一个周期

2. 控制系统电气设计

机械手系统组成如图 2-4 所示，PLC 控制机械手使用真空吸盘在两条生产线上抓取或放置物料工件，所有气缸使用单电控两位五通电磁阀控制，即电磁阀只有一个线圈，通电时为一种状态，不通电时自动回到原始状态，该类型电磁阀适用于阀换向时间较短的应用场景。

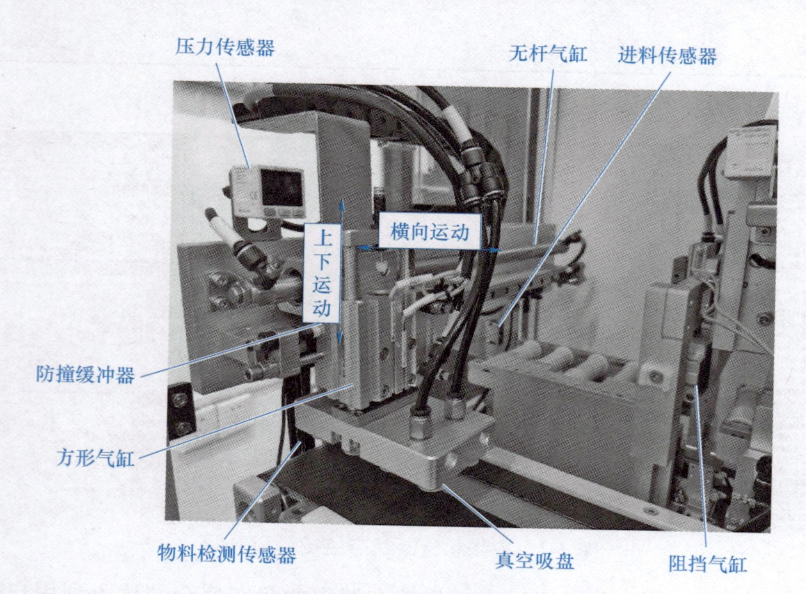

图 2-4 机械手系统组成

无杆气缸“-1A1”控制机械手横向运动，方形气缸“-2A1”控制机械手上下运动，并安装防撞头以缓冲运动过程中发生的碰撞，当机械手真空吸盘“-3A1”得电且真空吸盘抓取工件物料时，压力传感器“-3B1”输出信号。进料传感器“-4B1”检测到物料到达指定位置后，阻挡气缸“-4A1”伸出以阻挡其他物料进入抓取位置，随后机械手将物料抓取到指定位置，物料检测传感器“-5B1”输出信号，机械手电气控制电路图如图 2-5 和图 2-6 所示，其中 X1、X2 为端子排。

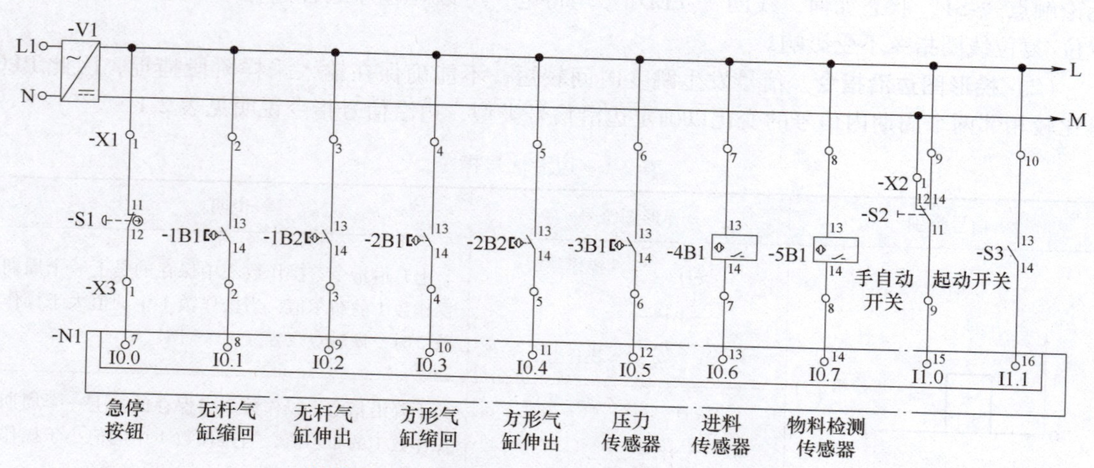

图 2-5 机械手电气控制电路图（输入部分）

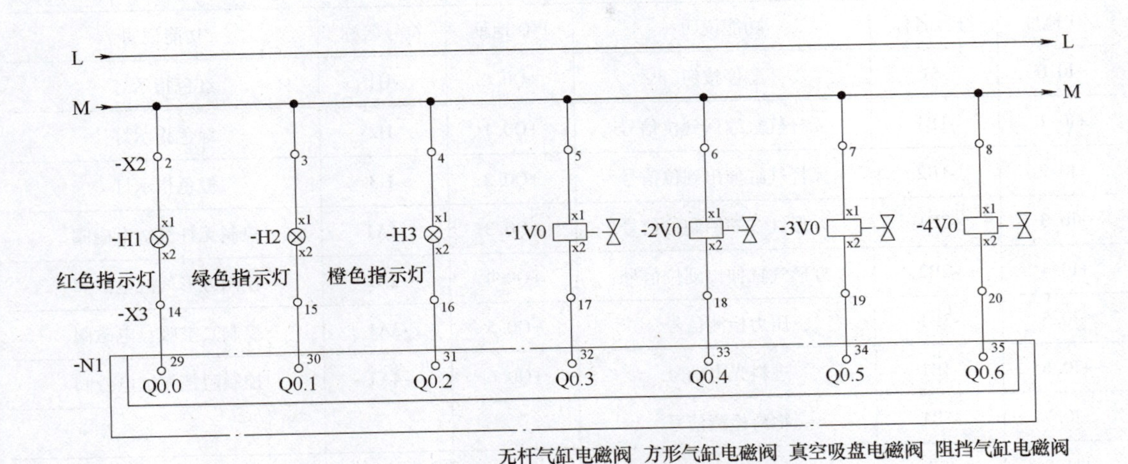

图 2-6　机械手电气控制电路图（输出部分）

机械手气动控制回路如图 2-7 所示。

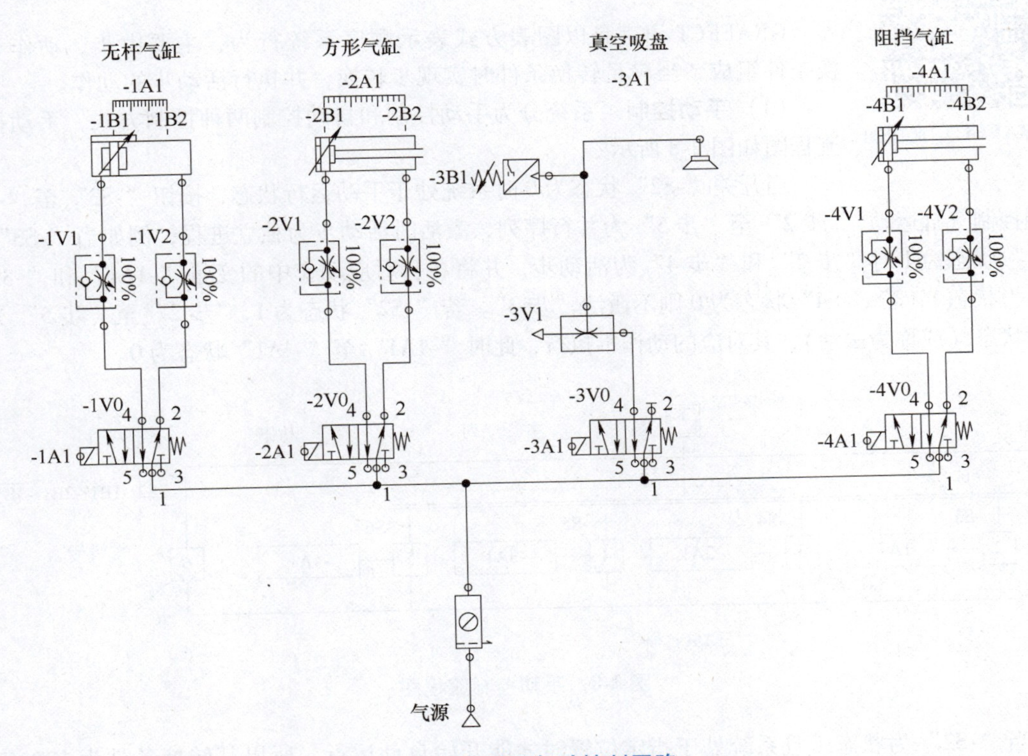

图 2-7　机械手气动控制回路

根据控制系统组成及控制要求，PLC 程序 I/O 地址分配见表 2-2。

表 2-2 PLC I/O 地址分配表

输入			输出		
I/O 地址	符号名称	功能说明	I/O 地址	符号名称	功能说明
+I0.0	-S1	急停按钮	+Q0.0	-H1	红色指示灯
+I0.1	-1B1	无杆气缸缩回到位信号	+Q0.1	-H2	绿色指示灯
+I0.2	-1B2	无杆气缸伸出到位信号	+Q0.2	-H3	橙色指示灯
+I0.3	-2B1	方形气缸缩回到位信号	+Q0.3	-1A1	控制无杆气缸电磁阀
+I0.4	-2B2	方形气缸伸出到位信号	+Q0.4	-2A1	控制方形气缸电磁阀
+I0.5	-3B1	压力检测信号	+Q0.5	-3A1	控制真空吸盘电磁阀
+I0.6	-4B1	进料光电信号	+Q0.6	-4A1	控制阻挡气缸电磁阀
+I0.7	-5B1	物料检测信号			
+I1.0	-S2	手/自动切换开关			
+I1.1	-S3	自动状态下起动开关			

GRAFECT 流程图

3. GRAFECT 流程图

GRAFECT 语言是以图表方式表示顺序系统行为，主要由步、动作和转换条件组成，当满足转换条件时实现步转换，并执行活动步的动作。

（1）**手动控制** 系统分为手动控制和自动控制两种控制方式，手动控制流程图如图 2-8 所示。

当开关“-S2”状态为 0 时系统处于手动运行状态，按钮“-S3”至“-S6”分别控制气缸运动，“步 2”至“步 5”为并行序列，激活时活动步为独立进程，例如当“-S3”和“-S5”状态为 1 时“步 2”和“步 4”为活动步，并将各自对应动作中的变量“-1A1”和“-3A1”设置为状态 1；若“-S4”状态为 0 则不激活“步 3”。若“-S2”状态为 1，“步 2”至“步 5”为非活动状态（或称为去活），其对应的动作不执行，此时“-1A1”至“-4A1”状态为 0。

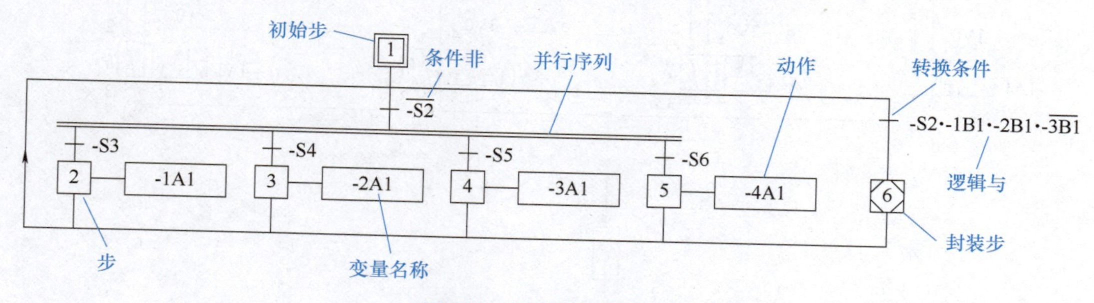

图 2-8 手动控制流程图

当“-S2”为状态 1 且系统处于指定位置时才能开始自动运行，所以其转换条件为多个条件的逻辑或运算。封装步表示该步中封装了其他步，该方式有利于实现结构化表示方式。

（2）**自动控制** 自动控制流程图如图 2-9 所示，该流程由封装步所对应的封装图形表示，当“封装步 6”激活时执行该流程，其中封装标记可用任意字母标注。步激活后可同时执行活动步

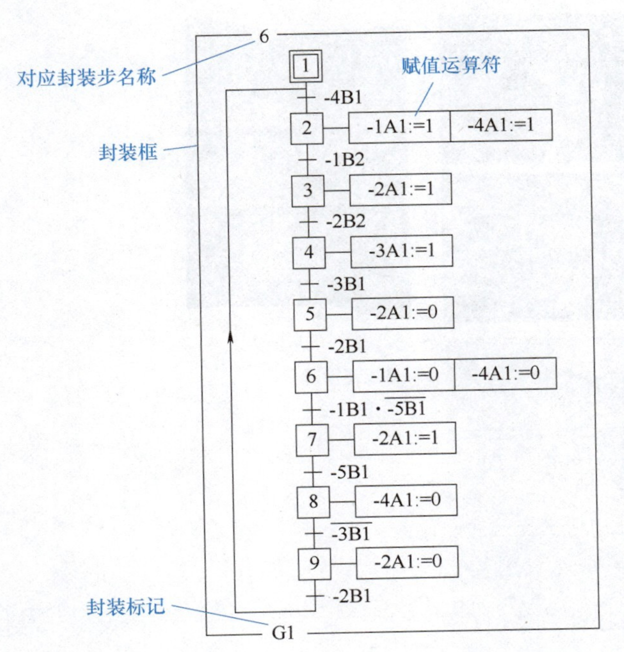

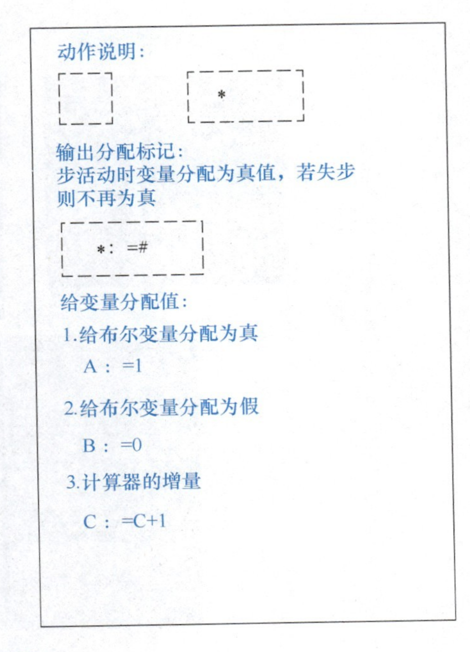

图 2-9　自动控制流程图

的多个动作，通常一个动作中只包含一个变量运算。

当反射式传感器“-4B1”检测到供料线上的工件时，“步 2”激活并执行对应的动作，因单电控电磁阀在不得电情况下会自动复位，例如当控制无杆气缸的电磁阀“-1V0”得电时无杆气缸伸出，一旦电磁阀失电则无杆气缸缩回，所以需使用赋值运算设置变量“-1A1”为 1，即使当前步失活，该变量值也不会发生改变，除非重新将其值赋值为 0。

任务实施

1. 扩展 PLC 硬件模块

当 CPU 主机集成 I/O 端口数量无法满足控制对象需求时，须在 CPU 右侧扩展 I/O 模块，并可根据现场需求在 CPU 左侧配置通信模块。

（1）**扩展 I/O 模块**　以数字量直流输入/输出模块 SM1223 DC/DC 为例，硬件安装方式如图 2-10 所示。安装模块时须确保 CPU 与所有设备电源均断开，使用螺钉旋具撬开 CPU 右侧连接器盖，将 CPU 和 SM 模块安装在 DIN 导轨上后，将小接头向左推出使得 SM 总线连接器与 CPU 相连完成硬件连接。

更换扩展模块时，须断电后使用螺钉旋具将按压点按下使得卡钩与 CPU 连接器脱离，再将小接头向右推方可拆下模块。

（2）**扩展通信模块**　与安装扩展 SM 模块相似，在此以安装通信模块 CM1241 为例，将通信模块 CM 与拆开左侧总线盖的 CPU 安装在 DIN 导轨上，将通信模块 CM 总线连接器与 CPU 接口对齐后，再压紧两个模块，直到卡入到位，如图 2-11 所示。

拆除时须断电后将 CM 模块和 CPU 作为整体单元从 DIN 导轨或面板上拆下，再用力将其分离。

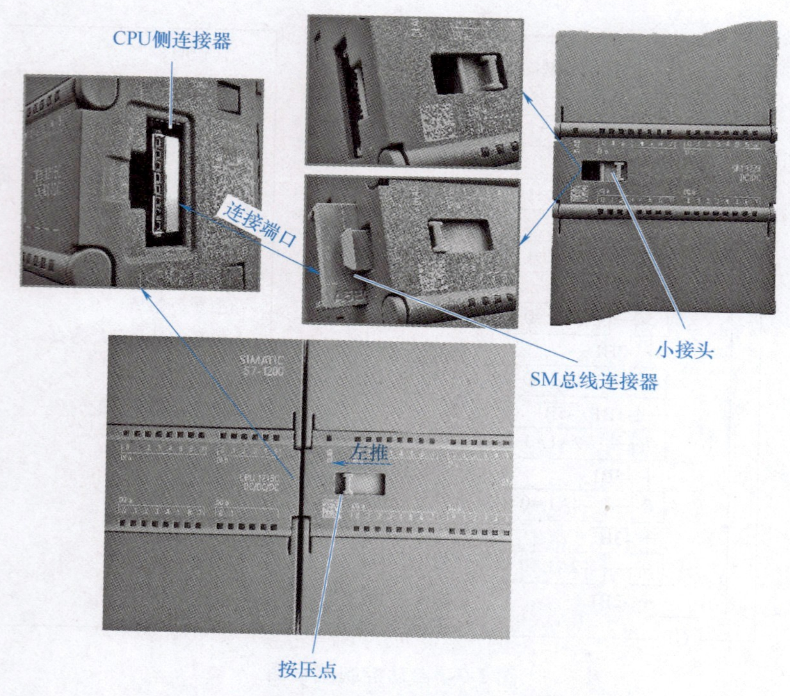

图 2-10　扩展 I/O 硬件连接方式

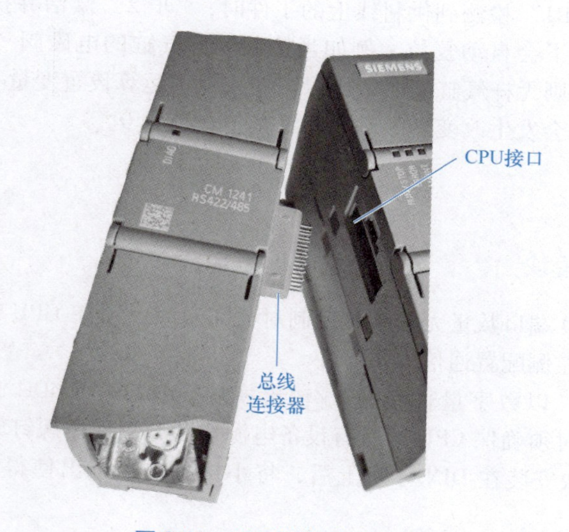

图 2-11　CM 模块安装示意图

2. 配置存储区

按照如图 2-12 所示方式组态，将 SM 模块添加到 CPU 右侧后单击该模块，再设置“常规”选项卡下的“I/O 地址”，可在“设备概览”中查阅当前所有模块设置。

CM 模块只能添加到 CPU 左侧，使用默认配置即可。若硬件组态错误，则模块诊断灯 DIAG 闪烁，无错误则常亮。

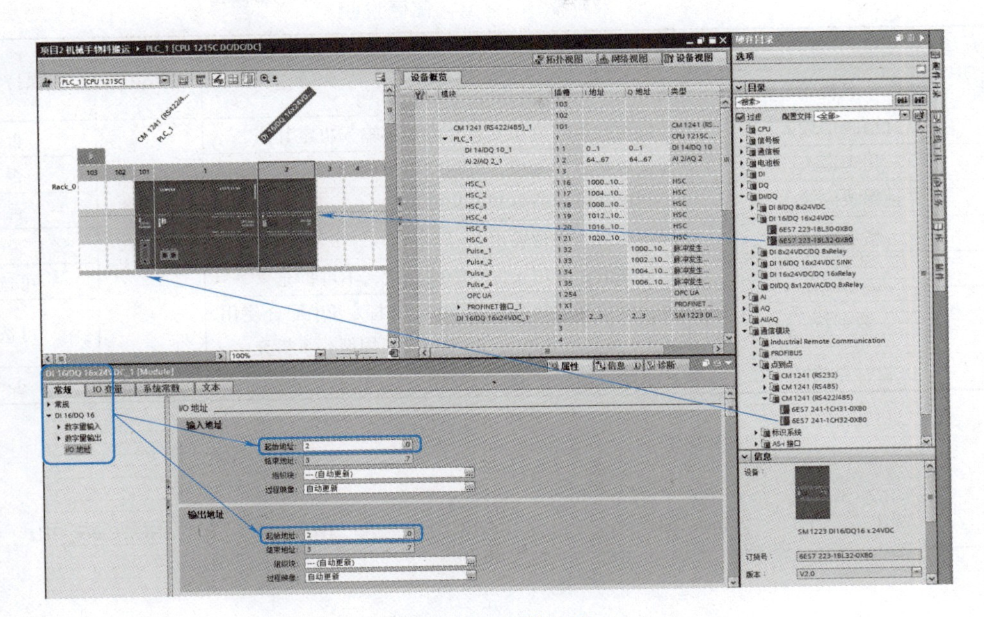

图 2-12　硬件组态

单击硬件组态下的“系统和时钟存储器”标签，可设置具有固定功能的存储器，如图 2-13 所示，选中复选按钮启动该功能时需使用位存储器 M（或称为中间继电器 M）。

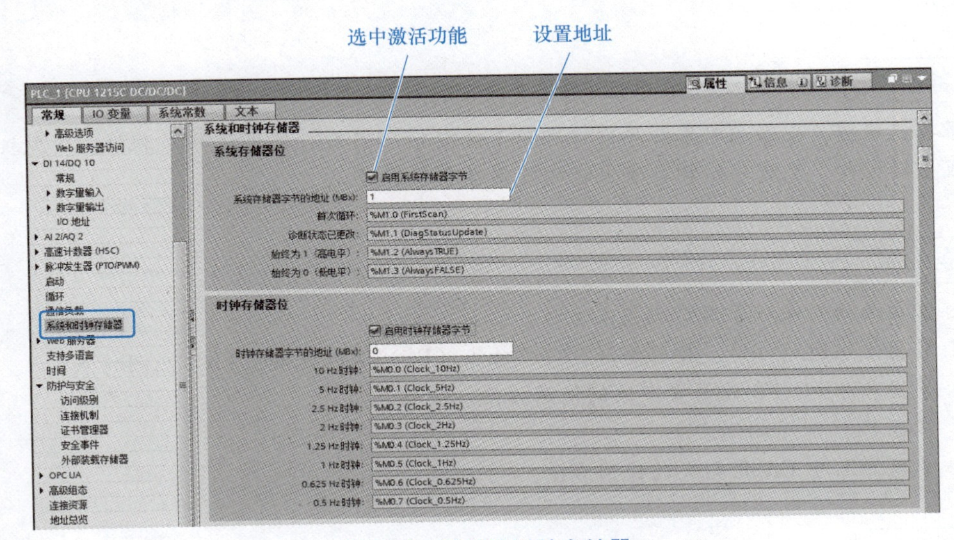

图 2-13　系统和时钟存储器

PLC 常见存储区说明见表 2-3。

系统存储器是指带有指定值的存储器，选中复选按钮激活该功能后，可设置该功能所使用的地址。时钟存储器位可提供指定频率的方波时钟信号，每位所提供的频率如图 2-13 所示，使用时钟信号可简化程序编辑，如图 2-14 所示。

例如设置 M0. 3 产生 2Hz 方波，当按下急停开关“-S1”或系统异常时，红色指示灯“-H1”周期性闪烁。注意设置为系统存储器位和时钟存储器位地址的存储区域不得再用于存储数据。

表 2-3 PLC 常见存储区说明

存储区		说明	访问范围	保持性
符号	名称			
I	过程映像输入	PLC 每次扫描时自动更新，由外部输入决定其值	全局	否
I_:P	物理输入	立即读取物理输入值，可强制输入值		否
Q	过程映像输出	PLC 周期性将其值复制到物理输出		否
Q_:P	物理输出	立即将值写入物理输出		否
M	位	存储数据值，常用于保存中间变量，不可扩充		可选
DB	数据块	保存一般数据时称为全局 DB，与特定 FB 配合使用以存储 FB 参数时称为实例 DB，可使用储存卡扩充		可选
L	临时存储区	仅在本地范围内存储临时数据	局部	否

SCL程序

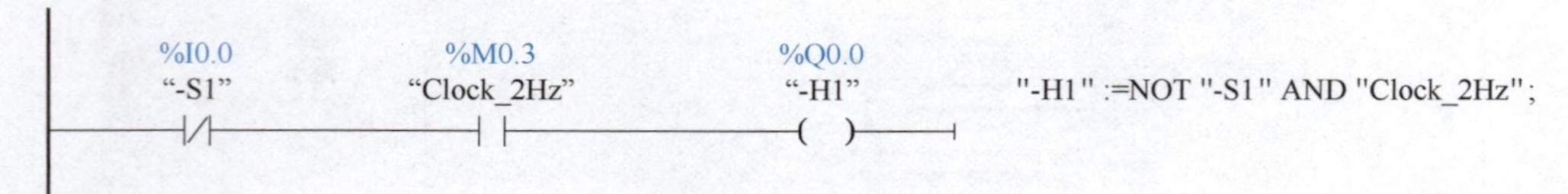

图 2-14 自动状态下指示灯闪烁程序

任务 2　面向对象程序框架设计

任务描述

根据流程图，在面向对象程序设计思想下使用 FC/FB 设计并调试 PLC 程序，实现机械手自动或手动控制，且程序结构具有较好的重用性和扩展性。

任务目标

1. 掌握面向对象程序设计思想及方法。
2. 掌握组织块（OB）、数据块（DB）、功能（FC）和功能块（FB）应用特点。
3. 掌握含参 FC/FB 及多重实例的使用方法。
4. 掌握 PLC 程序调试方法。
5. 掌握 SCL 中 CASE 指令的使用方法。

知识储备

面向对象编程

1. 面向对象程序设计

面向过程编程是分析解决问题的步骤，是根据工艺流程逐步实现的。面向对象编程则是将解决问题的事物分解，将控制对象的方法抽象为模型，再描述对象之间的关系。以机械手控制为例，在面向过程思想下编程是控制气缸将吸盘运动到指定位置 1 后，再控制气缸继续移动吸盘到指定位置 2，直到吸盘满足抓取工件条件后开始吸取动作；而在面向对象程序设计下则是将气缸的运动控制方式抽象为模型，即为“类”，将每个气缸的具体控制方式转化为“对象”。在编程时可定义两个部分，一是每个气缸的实例“对象”，二则是各气缸位置控制系统。这样在更换控制气缸电磁阀类型后，只需要调整气缸控制方式的“类”，而无须像面向过程思想编程下去调整每一步动作，两种编程方式的逻辑关系示意如图 2-15 所示。

S7-1200 系列 PLC 可采用面向过程和面向对象两种编程方式，虽然现在 S7-1200 系列 PLC 无法像面向对象程序设计语言那样完全支持面向对象程序设计的封装、多态和继承三大特点，但使用该方式编程有利于标准化，提高重用性，且易管理。

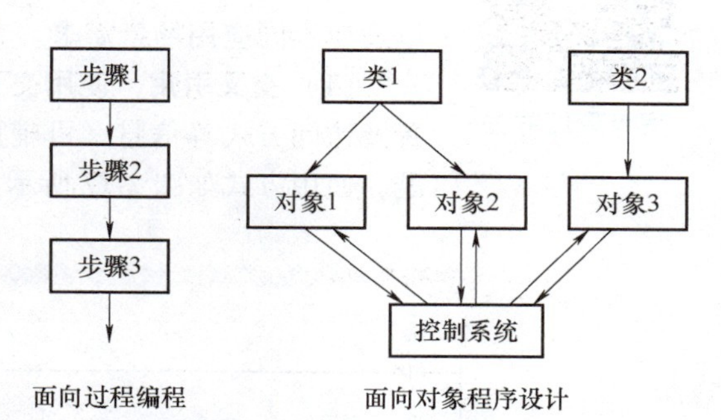

图 2-15　面向过程编程和面向对象编程逻辑关系示意图

2. PLC 程序结构

西门子 PLC 将程序分为系统程序和用户程序两大类，其中系统程序是用于维护用户程序与系统硬件的操作系统，而用户程序根据功能的不同分为组织块（OB）、数据块（DB）、功能（FC）和功能块（FB）。

（1）**组织块**　组织块（Organization block，OB）是 CPU 系统和用户程序之间的接口，不同序号的组织块功能不同，例如组织块 OB1（Program Cycle）是整个 PLC 用户程序的主程序块，一直处于循环执行状态，减少 OB1 组织块中所包含的程序可减少程序单次扫描时间。组织块 OB100（Startup）用于系统初始化，该组织块当 PLC 由“STOP”转为“RUN”状态时执行一次。

（2）**数据块**　数据块（Data Block，DB）用于存储用户数据，可全局访问且支持自定义结构。S7-1200 系列 PLC 提供以符号名称方式访问数据元素的可优化访问数据块，以及以固定地址方式访问数据元素的标准访问数据块两种方式。

（3）**功能（FC）与功能块（FB）**　功能（Function，FC）是可自定义输入（Input）参数、输出（Output）参数、输入输出（InOut）参数和返回（Return）值等的代码块，可将经常重复使用的程序以合适的编程语言封装在块中，提高效率的同时细化程序结构功能。

功能块（Function Block，FB）可理解为 FC 和 DB 的组合，不仅可实现 FC 的功能，并且将程序运行过程中的参数（Input 参数、Output 参数、InOut 参数）和静态数据保存在 DB 中，使得其具有记忆性。将与 FB 同时调用的 DB 称为实例数据块（也称为背景 DB）。

功能块之间的调用关系如图 2-16 所示，FB 与实例 DB 一一对应，不同 FB、FC 之间可相互

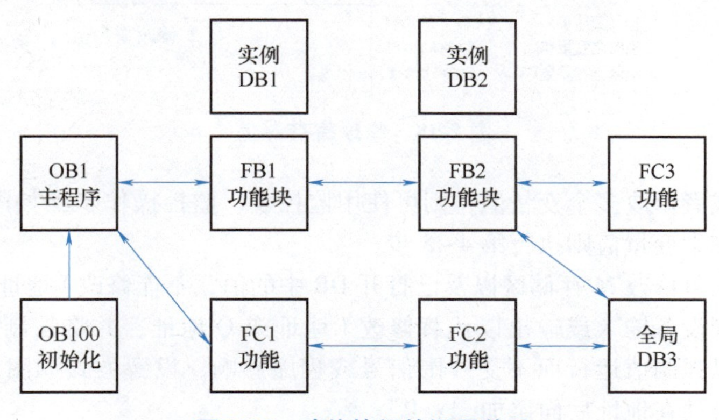

图 2-16　功能块间的调用关系

调用，且均可访问全局 DB 和实例 DB，但无法设置私有数据，因此在面向对象程序设计思想下避免调用非对应 FB 的实例 DB。

程序调试方法

3. 程序调试方法

S7-1200 系列 PLC 提供了交叉引用、监控与强制、SIM 序列等调试手段以适应不同应用场景需求。

（1）**交叉引用** 使用交叉引用功能可显示所选对象在整个项目中所在位置及访问方式等信息，可辅助快速定位是否存在多个写入造成双线圈等问题，使用方式如图 2-17 所示。

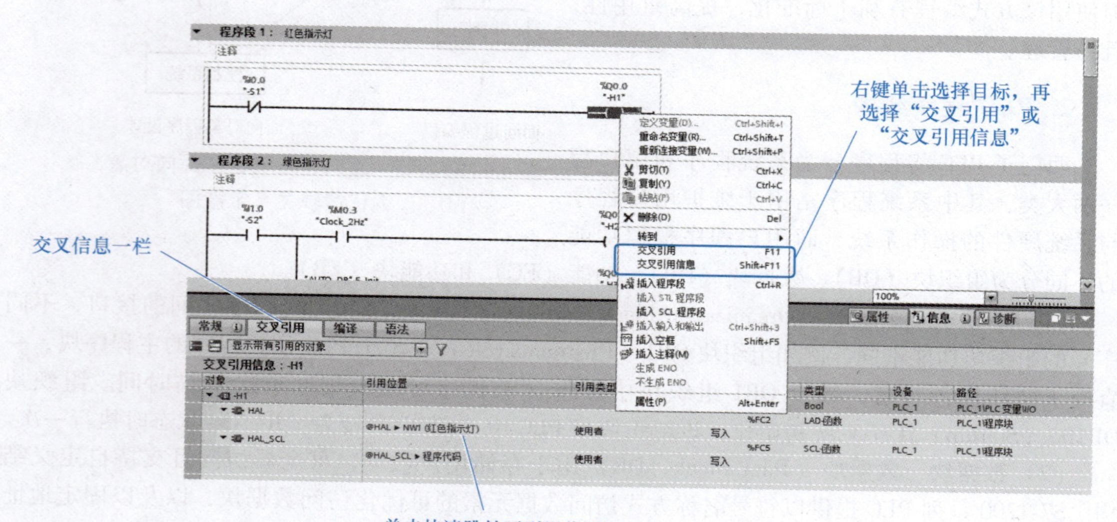

图 2-17 交叉引用

（2）**监控与强制** 调试程序时可在监视状态下修改部分类型变量的当前值，如图 2-18 所示。

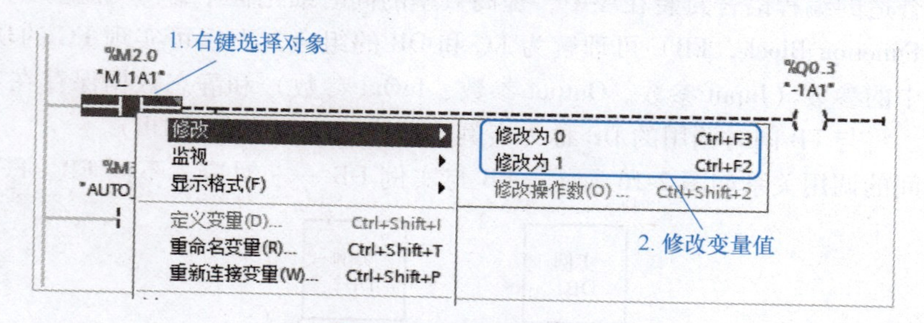

图 2-18 修改寄存器值

若需同时监控或者修改多个变量值，则可使用监控表，监控操作步骤如图 2-19 中第 1~3 步所示，若需修改监控中变量值则执行第 4~5 步。

使用上述方式仅可修改 M 存储区以及已打开 DB 中的值，不能修改 I 地址值，若需修改可使用强制功能修改外围设备输入或输出以代替修改 I 地址或 Q 地址，并将强制设定值存储在 CPU 中，程序运行时则以强制值运行而不受外围信号或程序影响，设置方式如图 2-20 所示。使用该方式后，强制表会自动在地址后面添加“：P”。

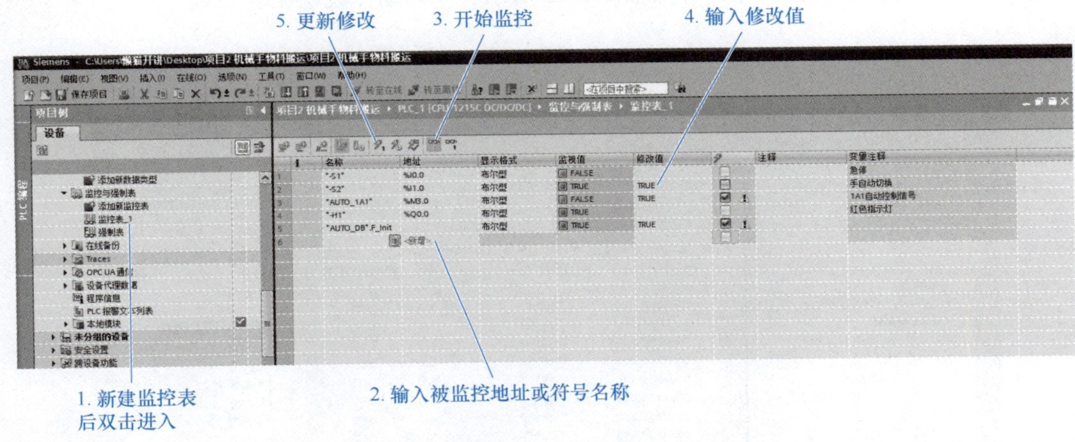

图 2-19　监控表

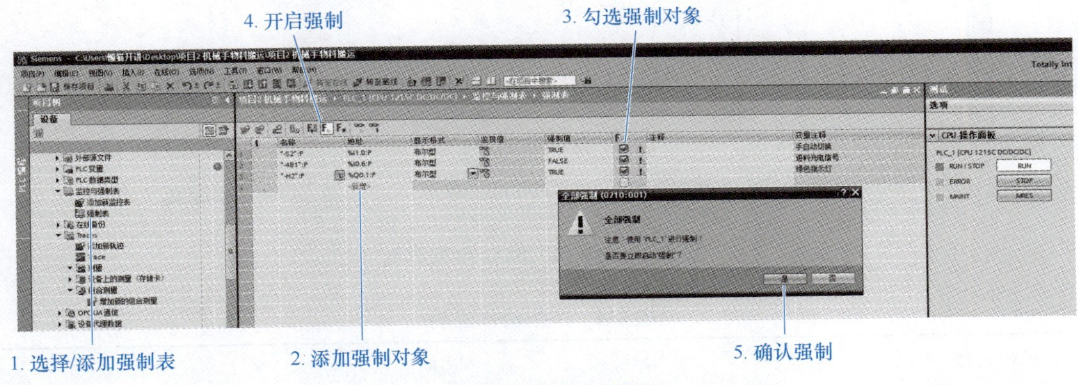

图 2-20　强制表设置

强制功能开启后，CPU 面板上 MAINT 指示灯点亮，如图 2-21 所示。强制后的值会一直保存在 CPU 中，除非在 STEP 7 中取消强制。在强制过程中可在 STEP 7 中随时修改强制值，修改强制值后单击更新强制按钮 F 后生效。

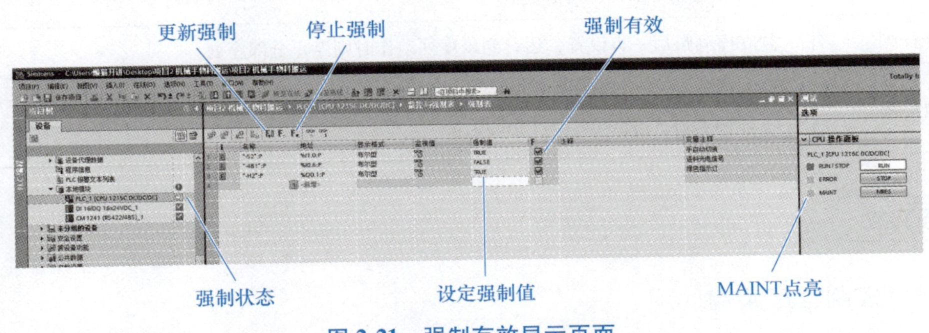

图 2-21　强制有效显示页面

（3）**SIM 序列**　使用 S7-PLCSIM SIM 表格调试程序时，单击工具栏中录制按键 可将操作过程记录为序列，或者新建序列手动添加操作步骤。在后续调试时可使用该序列模拟仿真信号输入过程，以实现自动调试，序列界面如图 2-22 所示，序列动作说明见表 2-4。

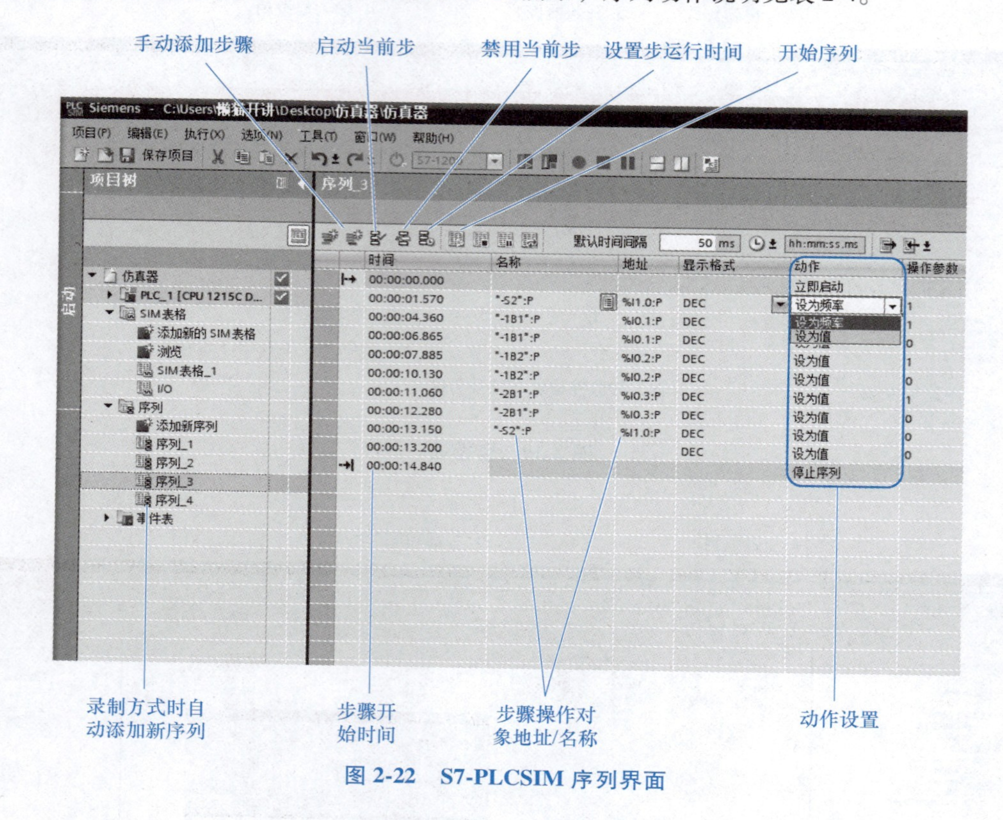

图 2-22 S7-PLCSIM 序列界面

表 2-4 序列动作说明

动作名称	说明
立即启动	须在序列第一行设置，单击启动序列按钮后，即开始执行当前全部序列
触发条件	须在序列第一行设置，启动序列后只有满足触发条件才执行后续序列
设为频率	以位为操作对象产生固定频率的周期性方波信号，直到全部序列停止
设置为值	将当前地址变量设置为指定值
停止序列	须在序列最后一行设置，运行到该序列动作时则停止全部序列
重复序列	须在序列最后一行设置，运行到该序列动作后则从第一行重新执行序列，选择该行后单击实现重复序列，或单击以停止序列运行

任务实施

1. 设计控制程序架构

采用自顶向下的程序设计方式，将控制对象抽象后封装成 FC 或者 FB，在控制具体对象时分配 DB 实现实例化，可在创建 FC 或者 FB 时选择不同的编程语言，通常使用梯形图在 OB1 中构建程序架构，再调用不同的功能块实现系统控制，常见用户程序架构示例如图 2-23 所示。

使用互斥条件实现手动和自动模式切换，例如当开关“-S2”对应的端口输入状态为 0 时常闭触点“-S2”导通，用户自定义的手动控制程序块 FC（MANUAL）的 EN 输入端口为 1，执行手动控制程序块 FC；反之，当端口输入状态为 1 时常开触点“-S2”闭合导通，常闭触点“-S2”断开，自动控制程序块 FB（AUTO）的 EN 输入端口为 1，执行自动控制程序块 FB。

将不同 FC 或 FB 中对物理输出 Q 点的控制信号集中在 FC 中处理，可有效避免双线圈的影响。例如将 MANUAL 程序块和 AUTO 程序块的输出结果保存在存储区 M 中，在命名为“HAL”的 FC 中将同一个输出 Q 点控制信号并联。

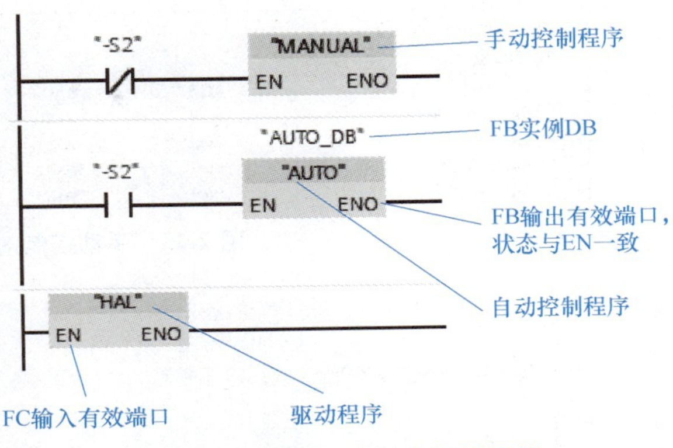

图 2-23　常见用户程序架构示例

2. 创建手动控制 FC

FC 程序块的应用

以 FC 方式添加新块，如图 2-24 所示，可选择 LAD、SCL、FBD 中的任意一种编程语言，编号为所选择块的序号，通常选中“自动”单选按钮由 TIA 根据当前项目进度自动编号。

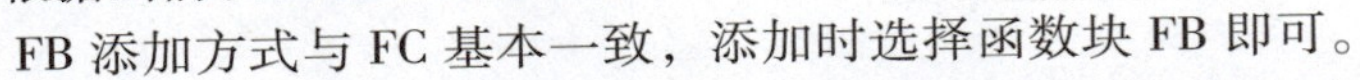

FB 添加方式与 FC 基本一致，添加时选择函数块 FB 即可。

（1）**手动控制 FC 程序设计**　手动控制仅存在逻辑控制关系，根据手动控制对象特点以 FC 创建程序。以如图 2-25 所示变量表创建手动控制对象所使用到的变量，建议以“模块名称_控制对象名称”方式命名变量名称。

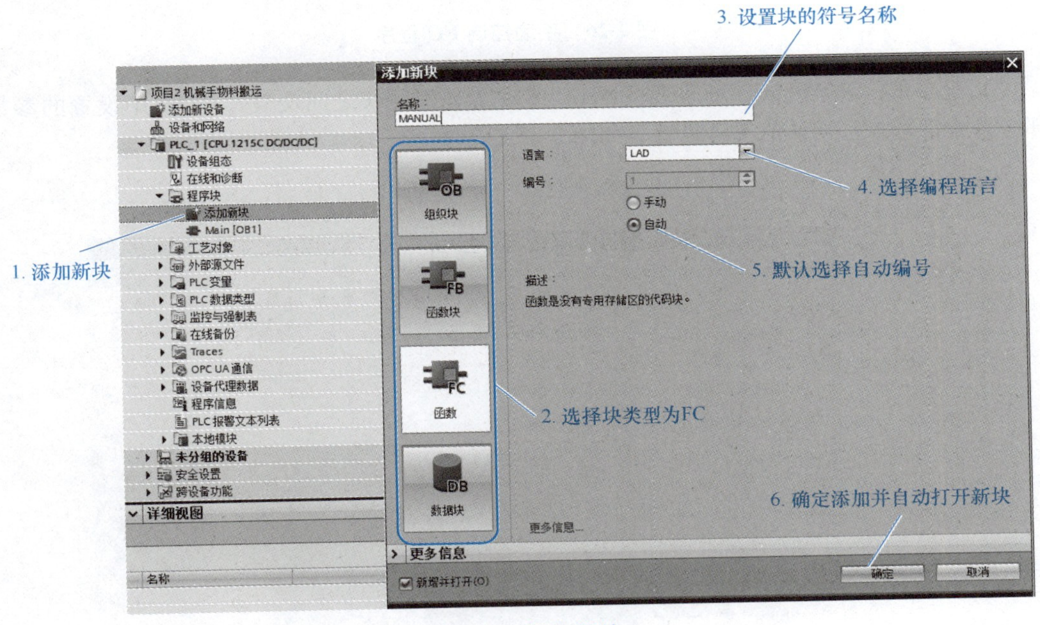

图 2-24　添加新块

手动控制 FC 程序由按钮分别控制对应的位存储器，LAD 和 SCL 程序如图 2-26 所示。FC 创建后需被调用且 EN 有效才能运行，调用 FC 方式如图 2-23 所示。

MANUAL

	名称	数据类型	地址	保持	从 H...	从 H...	在 H...	注释
1	M_1A1	Bool	%M2.0	☐	☑	☑	☑	1A1手动控制信号
2	M_2A1	Bool	%M2.1	☐	☑	☑	☑	2A1手动控制信号
3	M_3A1	Bool	%M2.2	☐	☑	☑	☑	3A1手动控制信号
4	M_4A1	Bool	%M2.3	☐	☑	☑	☑	4A1手动控制信号

图 2-25 手动控制对象变量表

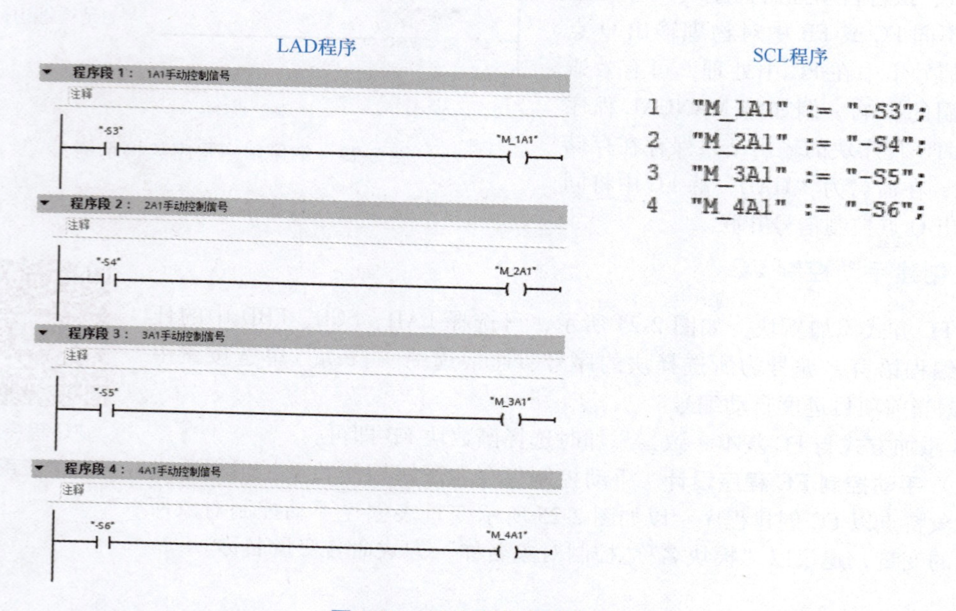

图 2-26 手动控制 FC 程序

（2）**含参 FC 程序设计** 可通过设置 FC 参数实现程序块之间交互，在 FC 中设置的参数为局部变量或常量，且默认值不可设置，如图 2-27 所示。

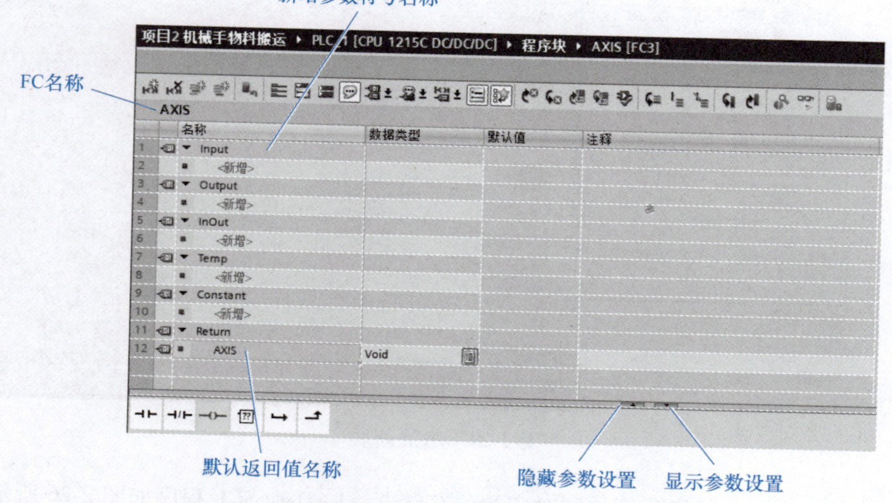

图 2-27 FC 参数定义

使用 FC 内定义的参数符号名称时需在符号名称前添加“#”符号以区别全局定义，参数类型说明见表 2-5。

表 2-5　FC 参数类型说明

参数名称	参数类型	说明
Input	输入参数	由程序块读取参数值，参数名称可作为触点符号名称
Output	输出参数	由程序块写入参数值，参数名称可作为线圈符号名称
InOut	输入/输出参数	调用时由程序块读取参数值，执行后再写入参数，既作为触点又作为线圈的变量须采用该类型
Temp	临时局部数据	只保留一个周期的临时数据，可能为随机数，须初始化后使用
Constant	常量	具有符号名称的常量
Return	返回值	返回到调用块的值

以控制机械手每个轴的运动为例，采用气缸或者电动机均可实现机械手轴运动，但每个轴的控制逻辑一样，将其抽象为以 FC 所实现的“类”，使得程序设计者只需关注控制信号，而具体的控制方法则可采用多种方式实现，即使后期更换控制方式时也只需修改程序块中的内容，无须修改主程序，使得程序具有更好的可移植性。电磁阀控制气缸程序见表 2-6，使用三种方式实现相同的功能，参数类型的定义方式会影响程序设计，其中输入参数符号名称“FWD”为气缸伸出控制信号，符号名称“BWD”为气缸缩回控制信号。

表 2-6　电磁阀控制气缸程序

		SCL 程序		梯形图程序 1		梯形图程序 2	
参数定义	参数类型	名称	数据类型	名称	数据类型	名称	数据类型
	Input	FWD	BOOL	FWD	BOOL	FWD	BOOL
		BWD	BOOL	BWD	BOOL	BWD	BOOL
	Output	AXIS	BOOL	AXIS	BOOL	—	—
	InOut	—	—	—	—	AXIS	BOOL
	Temp	—	—	Tmp	BOOL	—	—
FC 形式		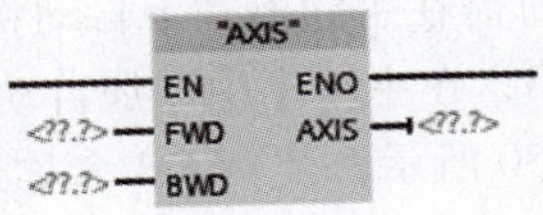 "AXIS" EN ENO <??.?> FWD AXIS <??.?> <??.?> BWD		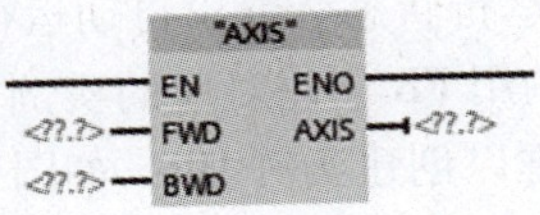 "AXIS" EN ENO <??.?> FWD AXIS <??.?> <??.?> BWD		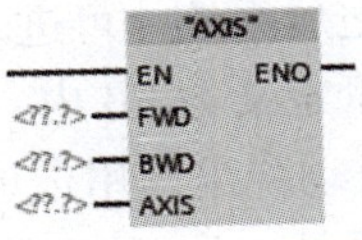 "AXIS" EN ENO <??.?> FWD <??.?> BWD <??.?> AXIS	
FC 程序		1 IF #FWD THEN 2 #AXIS := TRUE; 3 END_IF; 4 5 IF #BWD THEN 6 #AXIS := FALSE; 7 END_IF;		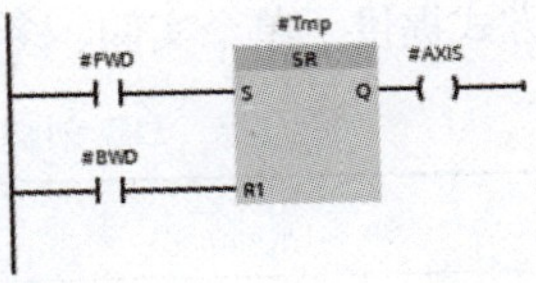 #FWD, #BWD, #Tmp, SR, S, Q, R1, #AXIS		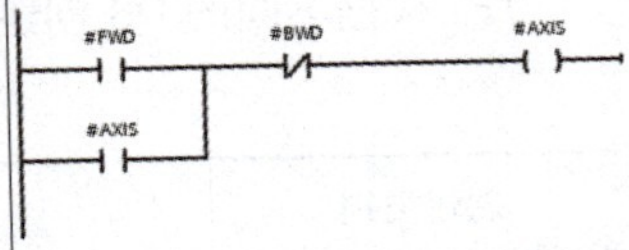 #FWD, #BWD, #AXIS, #AXIS	
程序说明		程序功能设计如下： 1. 当 FWD 状态为 1 时，AXIS 状态为 1；当 BWD 状态为 1 时，AXIS 状态为 0；当 FWD 和 BWD 状态同时为 1 时，AXIS 状态为 0 2. 当 FC 中所定义的变量既作为输出又作为输入使用时，须设置为 InOut 类型，否则系统提示错误 3. 真空吸盘电磁阀控制逻辑也可使用此 FC 控制					

FB 程序块的应用

3. 创建自动控制 FB

自动程序存在时序逻辑控制时可使用 FB 创建程序，若后期修改 FB/FC 接口参数则需重新调用 FB/FC，因此建议在设置完参数后再调用 FB，自动控制程序块 FB 参数设置如图 2-28 所示。

FB 相较于 FC 参数增加了静态参数类型（Static），该类型参数初始化后除非对其修改，否则其值一直保持不变。例如本项目中设置布尔类型的“F_Init”静态变量用于判断系统是否满足初始化条件，机械手位于初始位置且按下起动按钮“-S3”后才能开始自动运行，梯形图程序如图 2-29 所示。

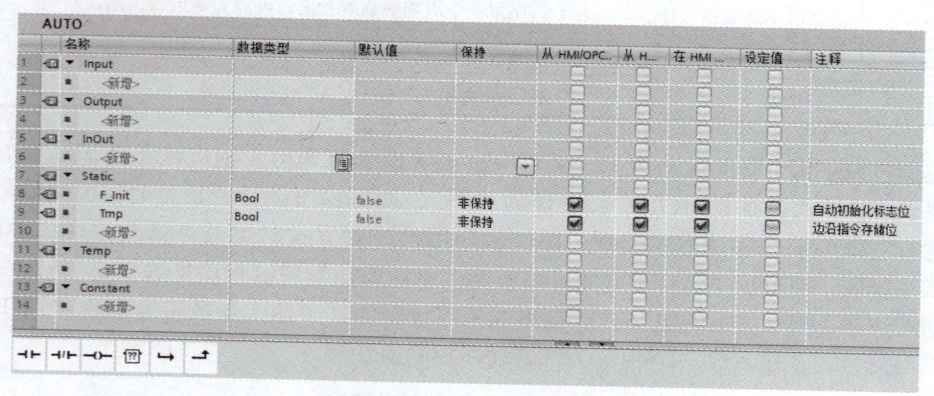

图 2-28 FB 参数设置

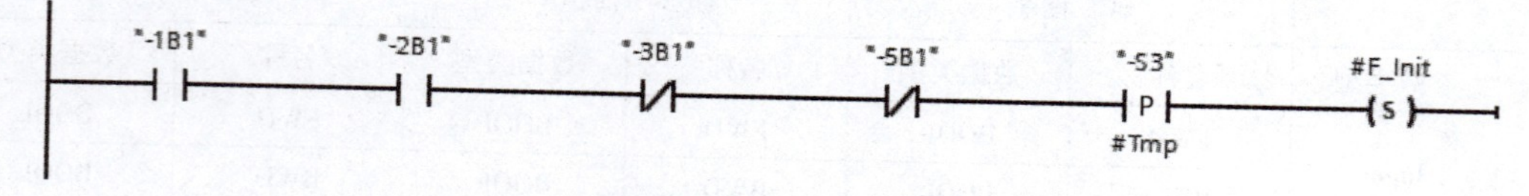

图 2-29 自动运行初始化标志位

手动控制机械手的无杆气缸及方形气缸缩回到位（传感器“-1B1”和“-2B1”有信号），且出料口无工件（“-5B1”无信号），真空吸盘不工作时（“-3B1”无信号）满足自动运行初始条件，之后系统才可进入自动运行状态。退出自动运行时需在手动模式下自动将该标志位复位，因该变量定义在 FB 内，需先调用 FB 创建对应的实例 DB，在主程序中添加自动控制程序块 FB 时，TIA 自动弹出调用选项对话框以创建实例 DB，如图 2-30 所示，实例 DB 名称通常与所匹配的 FB 名称保持一致，DB 编号选择自动方式。

TIA 根据不同的 DB 创建方式提供了单个实例、多重实例以及参数实例三种方式，详见表 2-7。

表 2-7 DB 创建方式说明

创建类别	说明
单个实例	与函数块 FB 匹配的数据块，用于存储 FB 中所定义的参数，可理解为作为 FB“类”所创建的“对象”，同一个 FB 可创建多个 DB 以实现控制不同对象
多重实例	将调用 FB 时所需的实例 DB 以静态变量形式保存在单个实例中，实现多个被调用 FB 共享实例，使用该方式可减少 DB 数据块个数，使得程序便于管理
参数实例	将待使用块实例作为 InOut 参数传送到调用块中

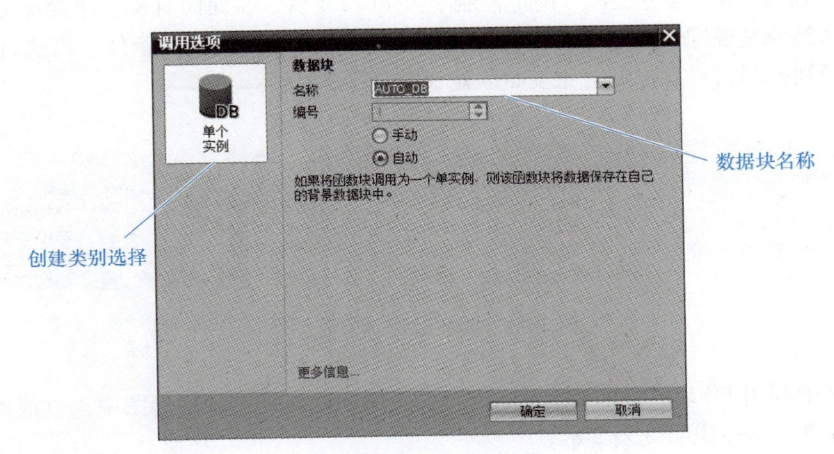

图 2-30　创建 DB 设置

TIA 会在程序块中显示所添加的数据块，且默认为“优化的块访问”，即只能使用“［DB 符号名称］.［变量符号名称］”方式访问，如图 2-31 所示。

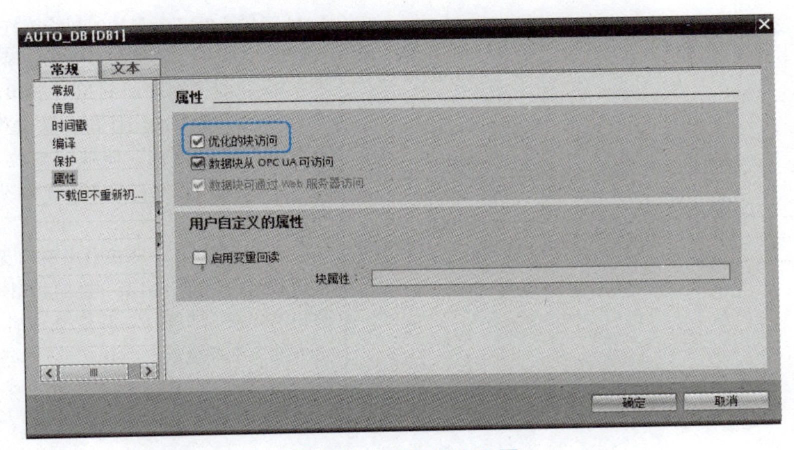

图 2-31　DB 属性设置

如图 2-32 所示，在主程序中调用自动控制程序块 FB，当输入 EN 有效时执行 FB1，EN 无效时不执行该程序块，因此需利用 DB 可全局访问的特点，在手动模式下复位初始化标志位“F_Init”，LAD 程序和 SCL 程序如图 2-33 所示。

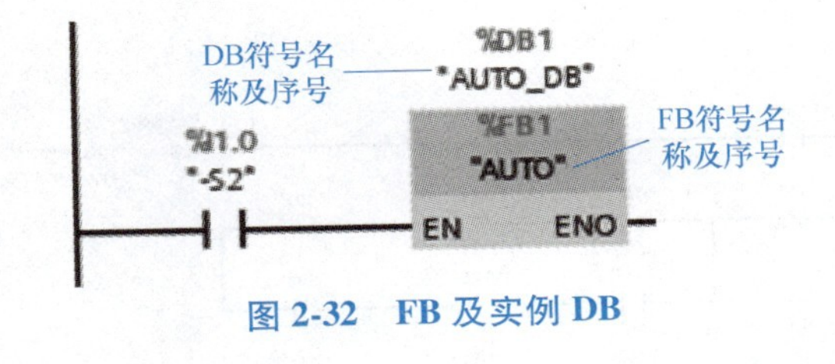

图 2-32　FB 及实例 DB

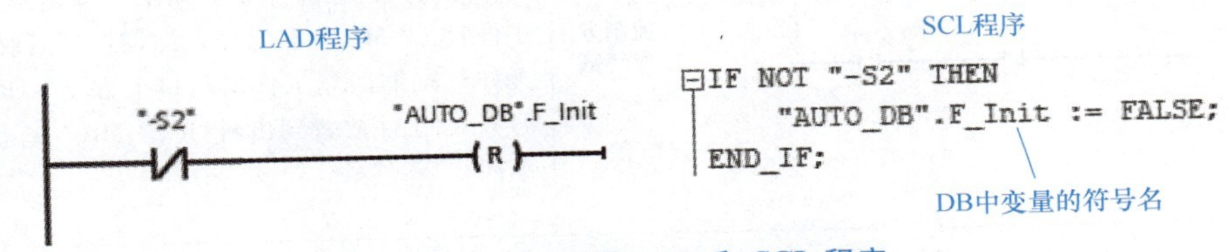

图 2-33　DB 赋值 LAD 和 SCL 程序

（1）**自动控制 LAD 程序设计**　确定控制对象 FC/FB 后，在面向对象程序设计思想下就需设定各模块之间的控制规则。在自动控制程序块 FB 下设定各气缸的执行条件，当执行条件无冲突时即可实现规则控制，自动控制对象变量表定义如图 2-34 所示。

AUTO

	名称	数据类型	地址	保持	从 H...	从 H...	在 H...	注释
1	AUTO_1A1	Bool	%M3.0	☐	☑	☑	☑	1A1自动控制信号
2	AUTO_2A1	Bool	%M3.1	☐	☑	☑	☑	2A1自动控制信号
3	AUTO_3A1	Bool	%M3.2	☐	☑	☑	☑	3A1自动控制信号
4	AUTO_4A1	Bool	%M3.3	☐	☑	☑	☑	4A1自动控制信号

图 2-34　自动控制对象变量表

LAD 程序中调用 FC 块时只需将已定义的 FC 块使用鼠标拖拉到梯形图中，再根据 FC 参数定义设置对应变量，程序说明见表 2-8。

表 2-8　LAD 控制程序

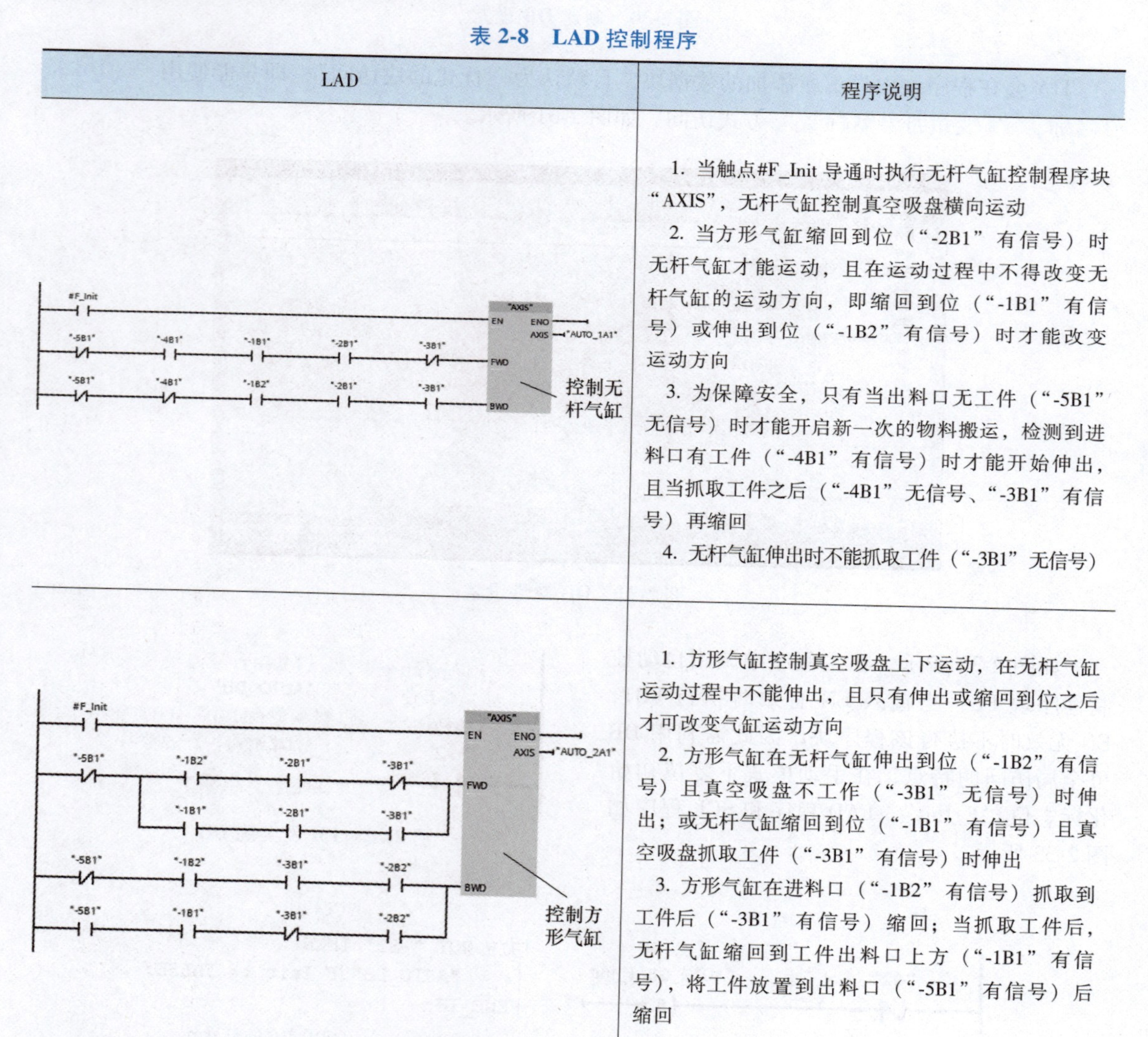

LAD	程序说明
控制无杆气缸	1. 当触点#F_Init 导通时执行无杆气缸控制程序块“AXIS”，无杆气缸控制真空吸盘横向运动 2. 当方形气缸缩回到位（“-2B1”有信号）时无杆气缸才能运动，且在运动过程中不得改变无杆气缸的运动方向，即缩回到位（“-1B1”有信号）或伸出到位（“-1B2”有信号）时才能改变运动方向 3. 为保障安全，只有当出料口无工件（“-5B1”无信号）时才能开启新一次的物料搬运，检测到进料口有工件（“-4B1”有信号）时才能开始伸出，且当抓取工件之后（“-4B1”无信号、“-3B1”有信号）再缩回 4. 无杆气缸伸出时不能抓取工件（“-3B1”无信号）
控制方形气缸	1. 方形气缸控制真空吸盘上下运动，在无杆气缸运动过程中不能伸出，且只有伸出或缩回到位之后才可改变气缸运动方向 2. 方形气缸在无杆气缸伸出到位（“-1B2”有信号）且真空吸盘不工作（“-3B1”无信号）时伸出；或无杆气缸缩回到位（“-1B1”有信号）且真空吸盘抓取工件（“-3B1”有信号）时伸出 3. 方形气缸在进料口（“-1B2”有信号）抓取到工件后（“-3B1”有信号）缩回；当抓取工件后，无杆气缸缩回到工件出料口上方（“-1B1”有信号），将工件放置到出料口（“-5B1”有信号）后缩回

（续）

LAD	程序说明
#F_Init; "AXIS"; EN; ENO; AXIS; "AUTO_3A1"; "-5B1"; "-1B2"; "-2B2"; FWD; "-5B1"; "-1B1"; "-2B2"; BWD; 控制真空气缸	1. 无杆气缸及方形气缸均伸出到位（“-1B2”“-2B2”有信号），且出料口无工件（“-5B1”无信号）时才能抓取新的工件 2. 当无杆气缸缩回到位（“-1B1”有信号），方形气缸伸出到位（“-2B2”有信号），将工件放到出料口后（“-5B1”有信号），真空吸盘停止工作
#F_Init; "AXIS"; EN; ENO; AXIS; "AUTO_4A1"; "-4B1"; FWD; "-4B1"; BWD; 控制阻挡气缸	1. 进料口检测到有工件（“-4B1”有信号）时阻挡气缸伸出，阻止新工件进入抓取位置 2. 进料口工件被移走（“-4B1”无信号）后阻挡气缸缩回，可以进新工件

（2）**自动控制 SCL 程序设计**

SCL 中调用已定义的 FC/FB 的说明见表 2-9。

RETURN 语句

多重实例

1）**多重实例的应用**。将多个实例数据块合并为一个多重实例数据块可减少 DB 数据块个数，提高程序可读性的同时也可避免超过最大 DB 支持数量。在 SCL 语言中使用边沿指令须与 DB 数据块配合使用，将其匹配的 DB 设置为多重实例以减少实例 DB 使用，其调用过程如图 2-35 所示，其中接口参数中的名称为默认设置。

表 2-9　SCL 调用 FC/FB 方式

	FC 调用	FB 调用
调用形式	<FC 名称>（参数列表）;	单个实例：<DB 名称>（参数列表）; 多重实例：<#实例名称>（参数列表）;
说明	1. 以 FC 符号名称作为函数名调用 2. 已定义参数必须填写，Input、InOut 参数使用赋值符号输入参数，Output 参数使用“=>”符号输出参数值	1. 以 FB 对应的 DB 符号名称作为函数名调用 2. 与 FC 一样，Input、InOut 参数使用赋值符号输入参数，Output 使用“=>”符号输出参数值 3. 已定义参数若未输入，则保留上一次的值
案例	FC名称　Input参数 "AXIS"(FWD:=TRUE, BWD:=FALSE, 返回值　AXIS=>#Tmp);	DB名称　Output参数 "AUTO_SCL_DB"(Start:=false, Done=>_bool_out_, InOut参数　test:=_bool_inout_);

CASE 指令

创建后的多重实例 DB 将以 Static 类型保存在所调用的 FB 中，数据类型为对应 FB 的名称，调用时须在 DB 符号名称前添加“#”符号，如图 2-36 所示。

2）**CASE 指令**。SCL 程序中同时处理多个条件的与或逻辑时，若 IF 语句判断条件过多则不利于程序编辑调试，例如将表 2-8 中控制无杆气缸梯形

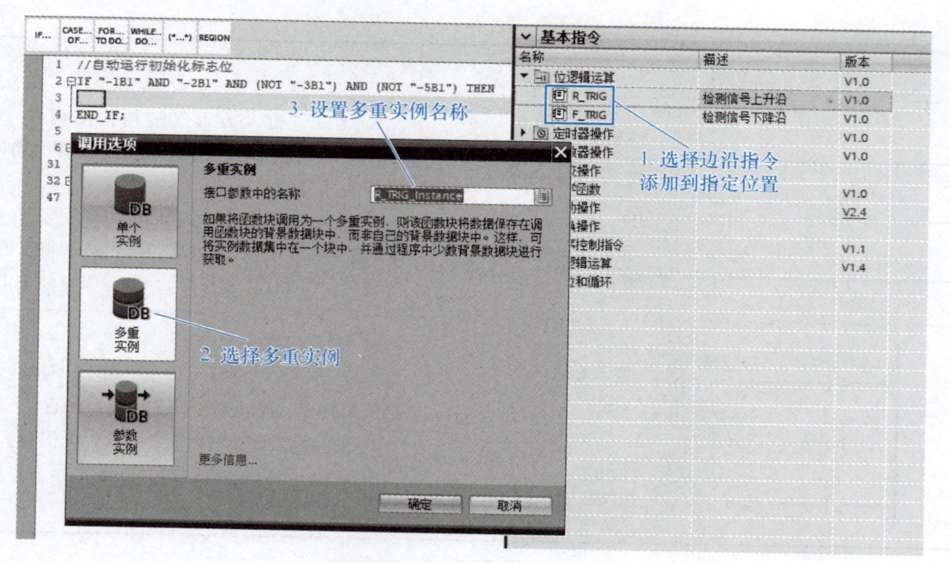

图 2-35 设置多重实例

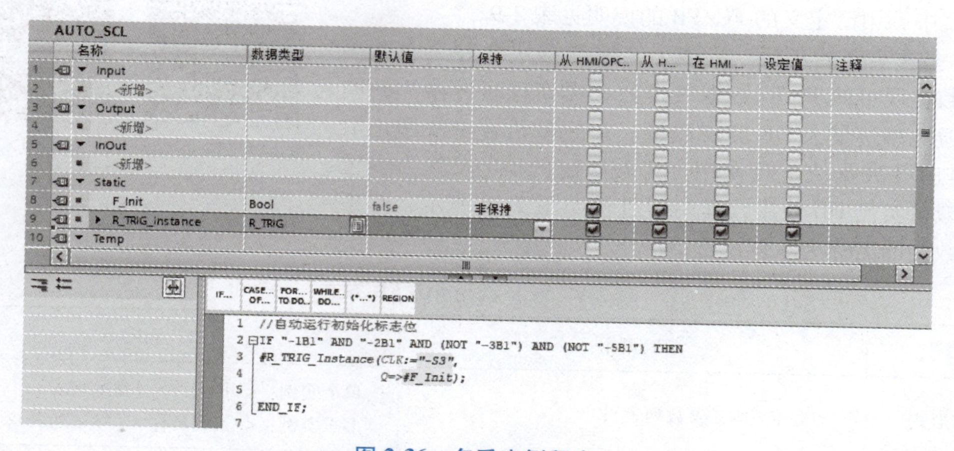

图 2-36 多重实例程序

图以 SCL 实现，过长的判断条件不仅降低程序的可阅读性，且后续修改较为烦琐，如图 2-37 所示。

```
IF NOT "-5B1" AND "-4B1" AND "-1B1" AND "-2B1" AND NOT "-3B1" THEN
    "AXIS"(FWD:=TRUE,
           BWD:=FALSE,
           AXIS=>#Tmp);
END_IF;

IF NOT "-5B1" AND NOT "-4B1" AND "-1B2" AND "-2B1" AND  "-3B1" THEN
    "AXIS"(FWD:=FALSE,
           BWD:=TRUE,
           AXIS=>#Tmp);
END_IF;
```

图 2-37 无杆气缸自动控制 SCL 程序

使用“创建多路分支”指令 CASE，以表达式的值执行对应的指令序列，可有效降低程序结构复杂度，指令格式及说明见表 2-10。

表 2-10　CASE 指令说明

CASE 指令	说明
CASE　<Tag>　OF 　<Constant1>: 　　<Instructions1>; 　<Constant2>, 　<Constant3>: 　　<Instructions2>; ELSE 　<Instructions0>; END_CASE;	1. Tag 为整型或字符串型 2. 当 Tag 值与某个常量值（Constant）相同时，仅执行紧跟该常量的指令段（Instruction），然后退出 CASE 指令 3. 多个常量值连续排列，若 Tag 值与其中任一常量值相同，则执行最近的指令段，例如表格中若 Tag 值与常量 Constant2 或常量 Constant3 值相同，则均执行指令段 Instructions2 4. 若 CASE 语句中没有与 Tag 相同的常量值，则执行 ELSE 所对应的指令

因 CASE 指令中只能使用整型或字符串型，因此为方便计算，本项目中将地址“%IB0”的符号名称设置为“Sensor”，即将连接传感器的数字输入 I 点作为整体参与运算，如图 2-38 所示。

项目2 机械手物料搬运 ▸ PLC_1 [CPU 1215C DC/DC/DC] ▸ PLC 变量 ▸ I/O [21]

I/O

	名称	数据类型	地址 ▲	保持	从 H...	从 H...	在 H...	注释
1	Sensor	Byte	%IB0	☐	☑	☑	☑	
2	-S1	Bool	%I0.0	☐	☑	☑	☑	急停
3	-1B1	Bool	%I0.1	☐	☑	☑	☑	无杆气缸缩回到位信号
4	-1B2	Bool	%I0.2	☐	☑	☑	☑	无杆气缸伸出到位信号
5	-2B1	Bool	%I0.3	☐	☑	☑	☑	方形气缸缩回到位信号
6	-2B2	Bool	%I0.4	☐	☑	☑	☑	方形气缸伸出到位信号
7	-3B1	Bool	%I0.5	☐	☑	☑	☑	真空检测信号
8	-4B1	Bool	%I0.6	☐	☑	☑	☑	进料光电信号
9	-5B1	Bool	%I0.7	☐	☑	☑	☑	物料检测信号

图 2-38　PLC 数字量输入变量定义

若参与运算变量中某几位的状态不影响程序运行，则可使用与或逻辑运算屏蔽该位状态。急停有效时可在驱动模块中将输出切断实现保护，但若想在 CASE 指令中屏蔽急停“-S1”状态对逻辑运算的影响，可将变量“Sensor”与常量 16#FE 相与（AND）后的结果作为 CASE 指令的表达式值。参考表 2-8 LAD 程序，以字节为长度设定每个气缸运动的控制条件，并在 FB 中将其设置为常量，方便程序调试及理解，如图 2-39 所示。

项目2 机械手物料搬运 ▸ PLC_1 [CPU 1215C DC/DC/DC] ▸ 程序块 ▸ AUTO_SCL [FB2]

AUTO_SCL

	名称	数据类型	默认值	保持	从 HMI/OPC...	从 H...	在 HMI ...	设定值	注释
7	▾ Static								
8	F_Init	Bool	false	非保持	☑	☑	☑	☐	
9	▾ Temp								
10	<新增>								
11	▾ Constant								
12	1A1_FWD	Byte	16#4A						1A1伸出条件常数
13	1A1_BWD	Byte	16#2C						1A1缩回条件常数
14	2A1_FWD_1	Byte	16#8C						2A1伸出条件常数1
15	2A1_FWD_2	Byte	16#0C						2A1伸出条件常数2
16	2A1_FWD_3	Byte	16#8A						2A1伸出条件常数3
17	2A1_FWD_4	Byte	16#0A						2A1伸出条件常数4
18	2A1_BWD_1	Byte	16#34						2A1缩回条件常数1
19	2A1_BWD_2	Byte	16#74						2A1缩回条件常数2
20	2A1_BWD_3	Byte	16#92						2A1缩回条件常数3
21	2A1_BWD_4	Byte	16#D2						2A1缩回条件常数4

16#开头代表十六进制

因“-4B1”状态不影响控制“AUTO_2A1”伸出，常量中须分别设置“-4B1”状态0和状态1的值

图 2-39　触发条件常量定义

使用 CASE 语句实现自动运行控制如图 2-40 所示，其中阻挡气缸“AUTO_4A1”的控制条件只有传感器“-4B1”，若使用 CASE 语句则需同时列举其他所有传感器状态，不利于程序调试，因此程序设计时需根据实际工艺要求灵活选择程序结构。

```
1   //自动运行初始化标志位
2   IF "-1B1" AND "-2B1" AND (NOT "-3B1") AND (NOT "-5B1") THEN
3       #F_Init := TRUE;
4   END_IF;
5
6   IF #F_Init THEN
7       CASE "Sensor" AND (16#FE) OF
8           #"1A1_FWD":
9               "AUTO_1A1" := TRUE;
10          #"1A1_BWD":
11              "AUTO_1A1" := FALSE;
12          #"2A1_FWD_1", //使用逗号分隔多个并列条件
13          #"2A1_FWD_2", //符合其中任意一个条件时候
14          #"2A1_FWD_3", //执行紧接着的一条指令
15          #"2A1_FWD_4":
16              "AUTO_2A1" := TRUE;
17          #"2A1_BWD_1",
18          #"2A1_BWD_2",
19          #"2A1_BWD_3",
20          #"2A1_BWD_4":
21              "AUTO_2A1" := FALSE;
22          ELSE  // 不满足上述常量条件时执行
23              "AXIS"(FWD := (NOT "-5B1") AND "-1B2" AND "-2B2",
24                     BWD := "-5B1" AND "-1B1" AND "-2B2",
25                     AXIS => "AUTO_3A1");
26              "AXIS"(FWD := "-4B1",
27                     BWD := NOT "-4B1",
28                     AXIS => "AUTO_4A1");
29      END_CASE;
30  END_IF;
```

图 2-40　SCL 自动运行控制程序

4. 设计驱动程序

硬件抽象层（Hardware Abstraction Layer，HAL）是接口层，使得操作系统在逻辑层而不是硬件层与硬件设备交互，基于该方式也可将每个程序块对 I/O 的控制集中在一个模块内，让程序设计者注重逻辑控制设计，本项目驱动程序分别如图 2-41（LAD）和图 2-42（SCL）所示。

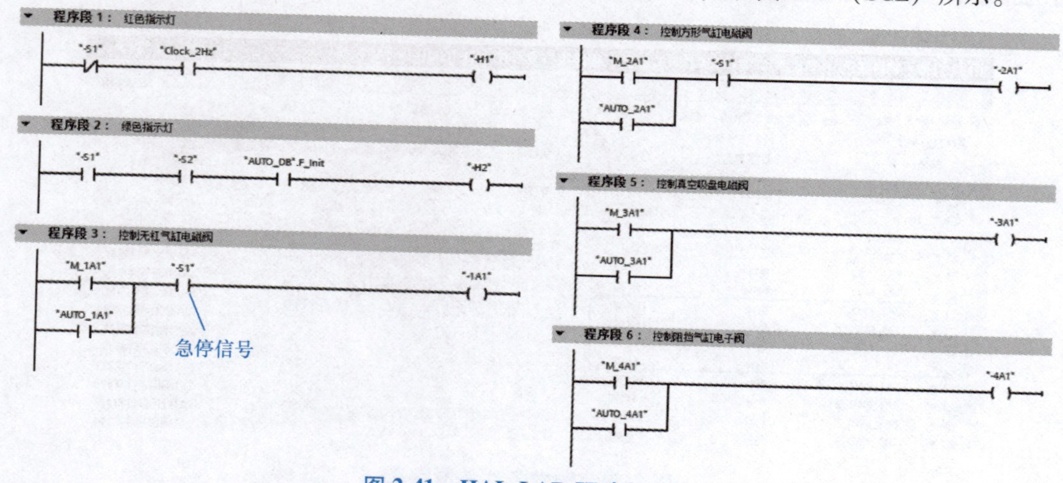

图 2-41　HAL LAD 驱动程序块

```
1   "-H1" := NOT "-S1" AND "Clock_2Hz";
2   "-H2" := "-S1" AND "-S2" AND "AUTO_DB".F_Init;
3 ⊟IF "-S1" THEN
4       "-1A1" := "M_1A1" OR "AUTO_1A1";
5       "-2A1" := "M_2A1" OR "AUTO_2A1";
6   ELSE
7       "-1A1" := 0;
8       "-2A1" := 0;
9   END_IF;
10  "-3A1" := "M_3A1" OR "AUTO_3A1";
11  "-4A1" := "M_4A1" OR "AUTO_4A1";
```

图 2-42　HAL SCL 驱动程序块

当修改程序需要添加驱动条件时，只需将控制条件并联到输出 Q 点即可，减少了因双线圈造成的程序错误。

组织块

5. 设计初始化程序

当 PLC 的工作模式由“STOP”转为“RUN”，或者由异常恢复时，通常需对变量初始化。OB100 组织块的添加方式如图 2-43 所示。

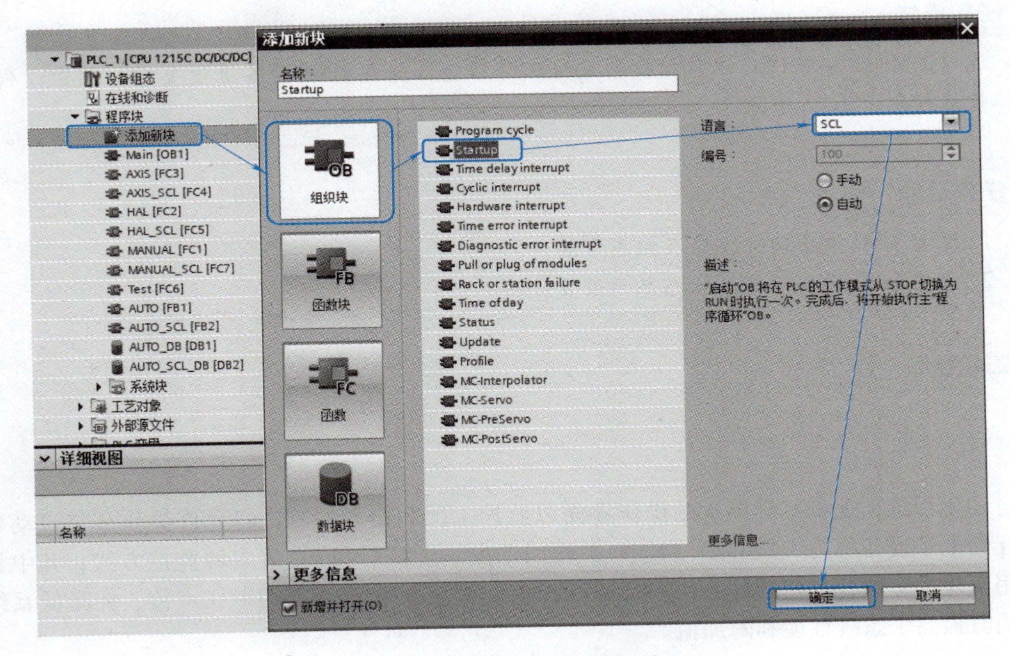

图 2-43　添加 OB100 组织块

初始化程序如图 2-44 所示。

MOVE 移动值指令工作特点是当 EN 有效时，将相同数据类型的输入参数 IN 值赋值给 OUT 所对应的变量，单击梯形图 MOVE 指令上的 ✳ 图标，可添加多个输出端子，以实现多个变量的同时赋值，当 EN 为 0 或者 IN 与 OUT 数据类型不匹配时 ENO 输出为 0。

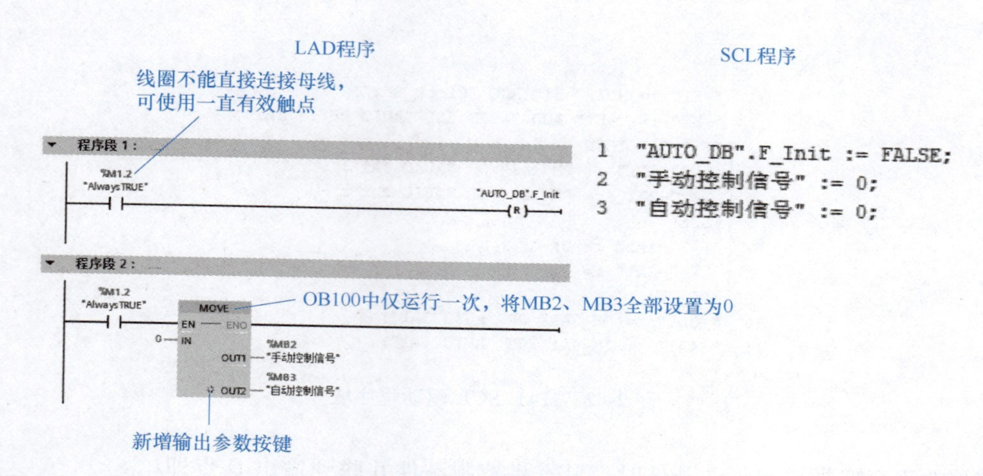

图 2-44 初始化程序

任务 3 HMI 程序设计

任务描述

连接 HMI 设备与 PLC 以监控控制系统工作状态，并在 HMI 设备上设置虚拟按钮以代替实体按钮控制 PLC 程序运行。

任务目标

1. 掌握 HMI 设备硬件安装及组态方法。
2. 掌握 HMI 设备按钮及状态显示设置方法。

知识储备

HMI 设备

自动化系统须提供某种形式的操作界面以监控工况和协调控制，将允许操作员与自动化系统交互的电子设备称为人机界面（HMI）。西门子提供触摸屏和 PC 等多种监控方式，其中触摸屏使用直观、方便，且在画面上使用按钮和指示灯可减少 PLC 需要的 I/O 点数，在降低系统成本的同时提高了系统性能和附加值。

不同 PLC 型号支持的触摸屏及组态软件有所不同，用于面板组态的 WinCC（TIA Protal）软件有 4 种不同版本，具体说明见表 2-11。

表 2-11 WinCC 版本说明

WinCC 版本	说明
Basic	用于组态精简系列面板，该版本包含在每款 STEP 7 软件中。精简系列面板主要与 S7-1200 系列 PLC 配套使用，具有报警、配方管理、趋势图及用户管理等功能

（续）

WinCC 版本	说明
Comfort	用于组态所有面板，包括精智面板和移动面板
Advanced	支持所有面板和基于 PC 的单站系统，本项目使用该版本
Professional	除 Advanced 支持的功能外，还支持 SCADA 系统，实现单站系统到多站系统组态

TP700 Comfort 精智面板是 7 寸（1 寸 = 3.33cm）的触摸型面板，其外观及接口如图 2-45 所示。

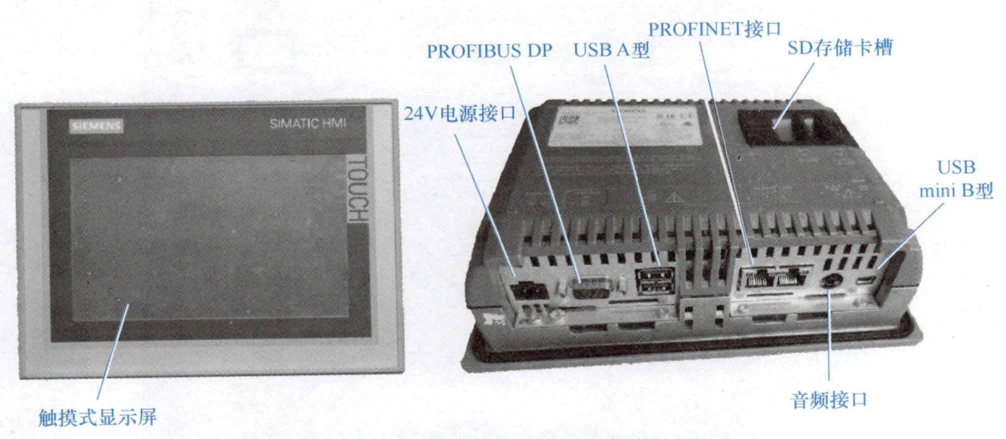

图 2-45 TP700 Comfort 精智面板

该面板安装环境温度不要超过 40℃，支持水平或垂直安装，如图 2-46 所示，其中 x 轴方向左右侧各留出 15mm 空隙以便在安装过程中插入安装卡，y 轴方向上下方各留出 50mm 空隙以满足通风要求，背板则至少保留 10mm 空隙。

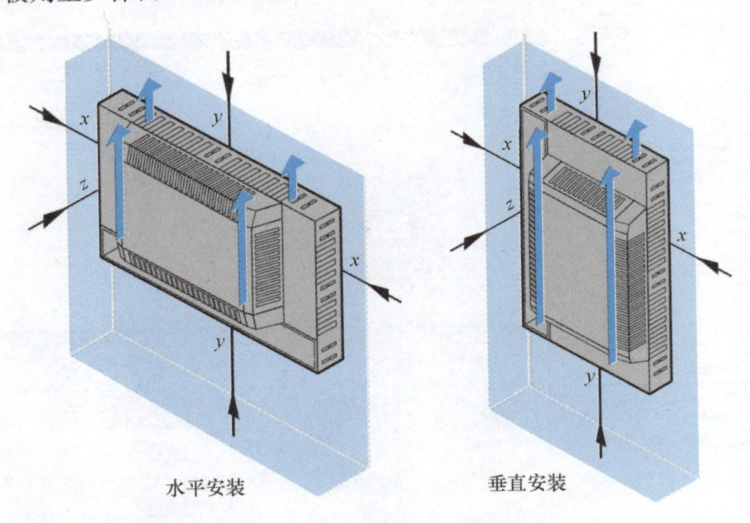

图 2-46 精智面板安装要求

使用带屏蔽超五类网线连接 TP700 的 PROFINET 接口与 S7-1200 系列 PLC 的 PROFINET 接口以建立数据通信物理基础。

任务实施

HMI 入门

1. HMI 硬件组态

（1）**添加新设备** 按照如图 2-47 所示步骤添加新硬件，设备名称使用默认名“HMI_1”，取消“启动设备导向”复选按钮后，单击“确定”按钮，完成硬件添加。

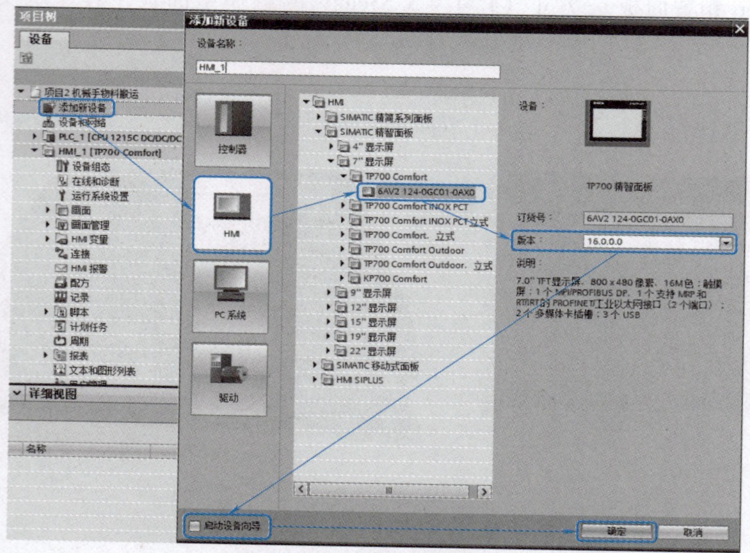

图 2-47 添加新设备

（2）**IP 设置** 生成 HMI 设备后，按照如图 2-48 所示方式设置触摸屏 IP 地址，将其与 PLC

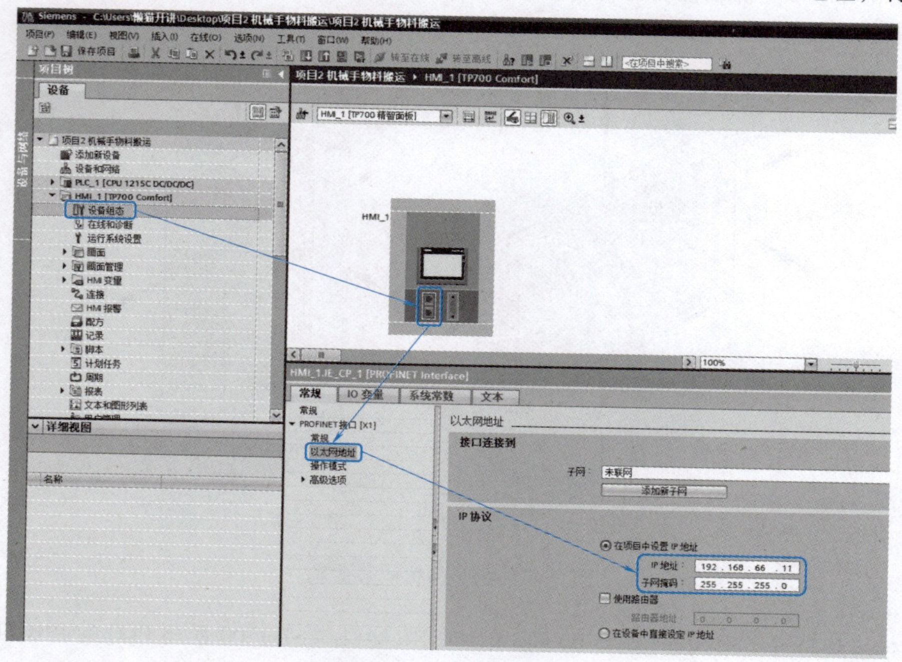

图 2-48 HMI 的 IP 设置

的 IP 地址设在相同网段内。

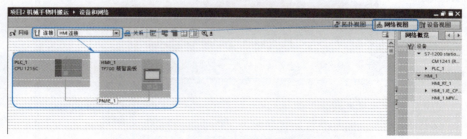

IP 地址设置完毕后按照如图 2-49 所示步骤，在“网络视图”下单击“连接” 按钮后，在下拉列表中选择“HMI 连接”方式，按住鼠标左键连接 PLC 以太网接口和 HMI 以太网接口以建立网络通信，完成 HMI 组态。

图 2-49　组态 HMI 连接

2. 静态元素设计

触摸屏设计界面如图 2-50 所示，在“画面”文件夹下可添加多个画面，但必须设置其中一个画面为起始画面。

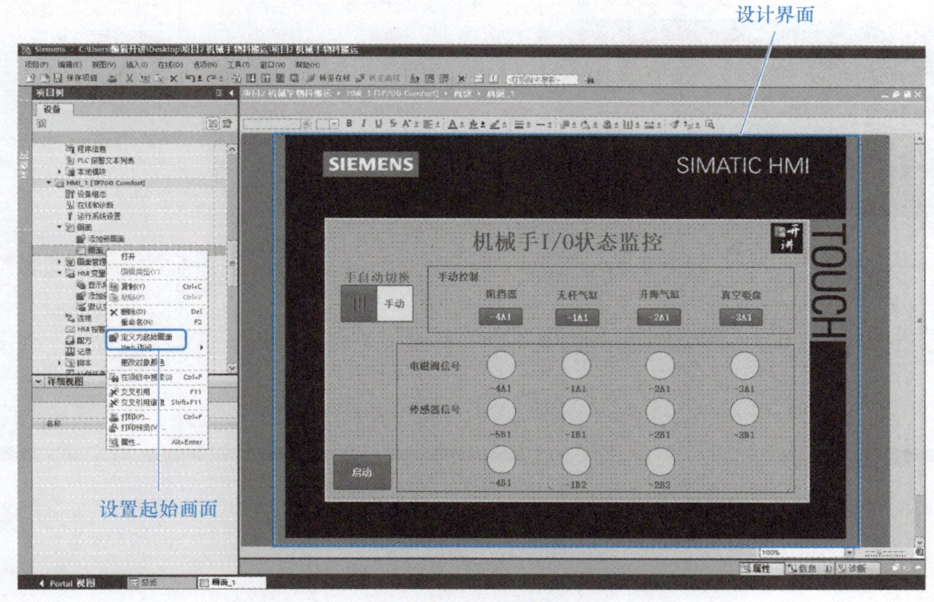

图 2-50　界面设计

触摸屏界面分为静态和动态两种元素，且每个元素的元素名称唯一。其中静态元素是指运行过程中不改变状态的元素，例如文本、图像等，动态元素则根据运行过程改变状态，动态元素须绑定 PLC 变量或触摸屏自有变量。

如图 2-51 所示添加文本域作为界面标题，单击基本对象中文本控件 A 后，在设计界面添加文本域，双击该文本域即可修改所显示的文本内容，或在属性选项卡中设置文本内容、字体大小等。该文本域可用鼠标拖动其位置，或在菜单栏“编辑”→“对齐”设置该文本域在画面中的位置。

图形视图添加步骤如图 2-52 所示，与文本域相类似，可设置图像位置和大小。

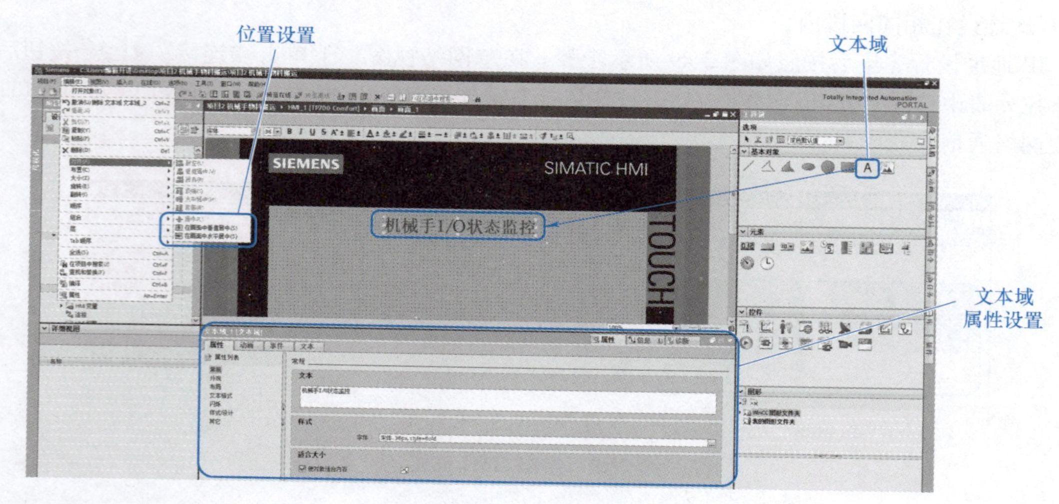

图 2-51 文本对象

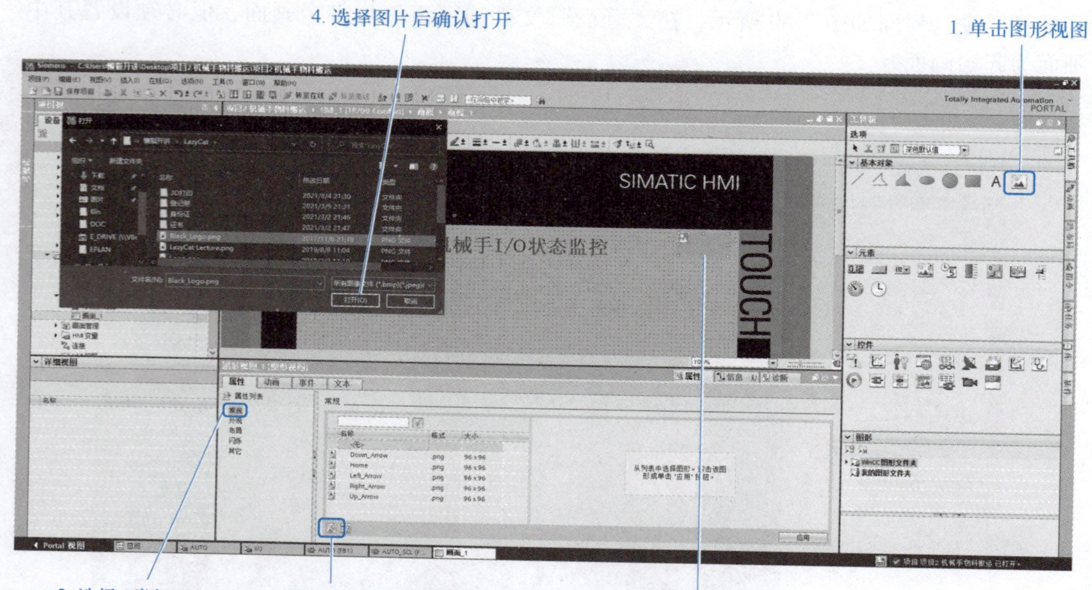

图 2-52 图形视图

为方便操作观察，可添加图形以区分显示操作区域，添加图形步骤如图 2-53 所示，此处“填充图案”设置为“透明”避免影响其他元素显示。若某元素被其他元素遮挡，可单击调整图层按钮改变元素之间上下关系。

3. 设置开关与按钮

将项目中开关“-S2～-S6”使用位存储器 M 代替原有 I 点，使用触摸屏开关或按钮元素代替物理输入，可简化手动部分程序，即直接使用触摸屏修改图 2-25 中 M 地址中的变量值，无须使用原“MANUAL”FC 中触点控制线圈的手动控制程序。

（1）**设置开关** 开关元素用于两个定义状态之间的切换，可使用文字或图形显示状态标签，添加及设置步骤如图 2-54 所示。

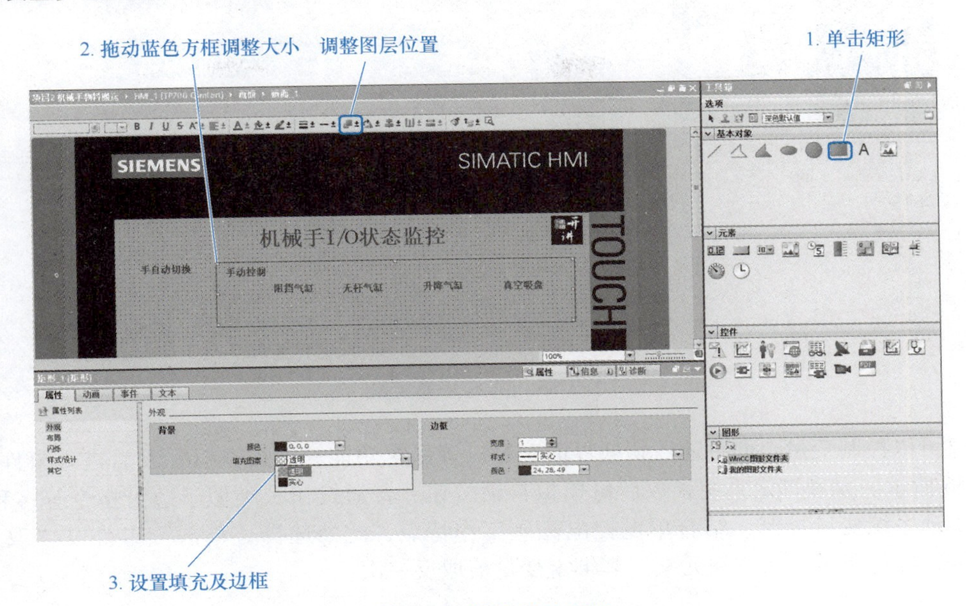

图 2-53　添加图形步骤

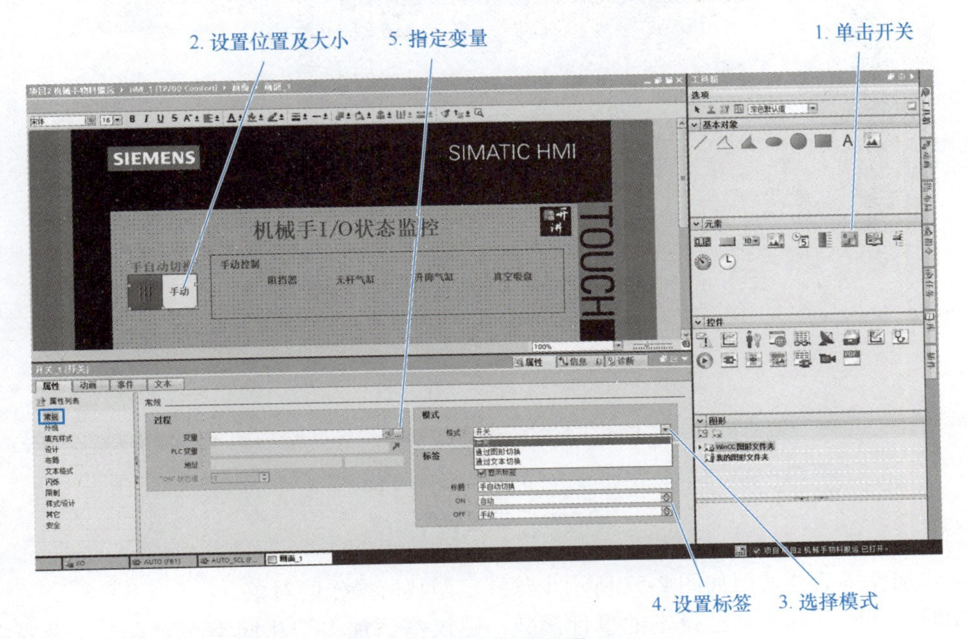

图 2-54　开关设置

添加开关元素后在“属性”选项卡的“常规”选项中设置元素模式。本项目选择默认开关模式，以标签方式显示当前开关状态，其中 ON 是状态为 1 时的标签，OFF 是状态为 0 时的标签。最后单击[...]按钮指定绑定的 PLC 变量，实现触摸屏控制 PLC 变量，首次绑定时可从 PLC 变量文件夹下的变量表中选择所需绑定变量，如图 2-55 所示。

（2）**按钮设置**　按钮相较于开关所支持的事件和函数有所不同，通过绑定不同事件类型，

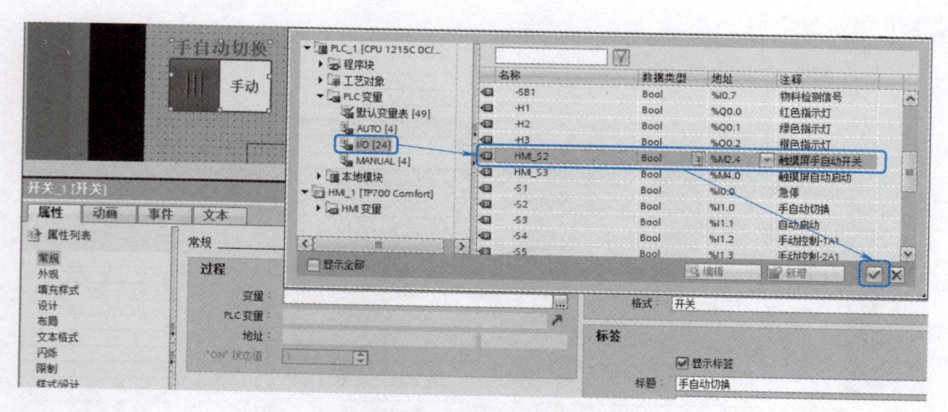

图 2-55　绑定开关变量

按钮不仅可以控制变量，而且还可切换界面、窗口等系统功能。添加按钮元素后进入事件设置，如图 2-56 所示。元素绑定系统函数后可模拟自锁按钮、普通按钮及类似于边沿指令等多种触发方式，实现系统变量控制。结合单电控电磁阀工作特点，此处选择“单击”事件及“取反位”系统函数，即每单击一次按钮元素，其绑定变量值取反一次。

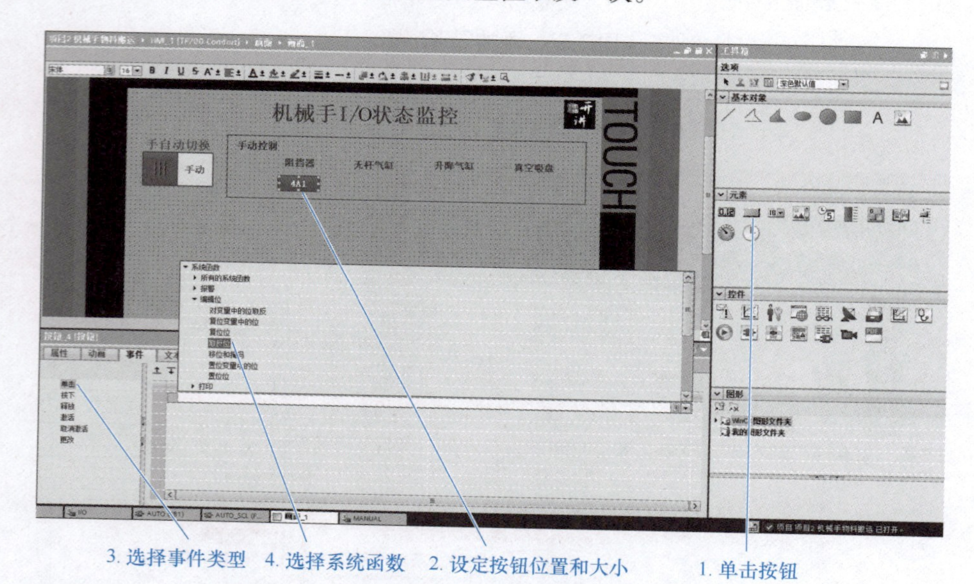

图 2-56　设置事件函数

函数添加完毕后须按照如图 2-57 所示步骤绑定函数所操作的对象。

复制时会同时复制元素已设定的事件函数，建议需添加多个相同类型元素时，设置完一个元素后，再使用复制方式添加其他几个电磁阀的控制按钮，按住<Ctrl>键，鼠标左键拖动元素可实现快速复制。

4. 设置状态指示灯

在“动画”选项框中绑定变量可实现元素外观和位置动态变化。以显示电磁阀工作状态信号为例，其添加动画步骤如图 2-58 所示。

在如图 2-59 所示界面绑定该动画所显示 PLC 变量后，分别设置变量在不同范围显示的背景

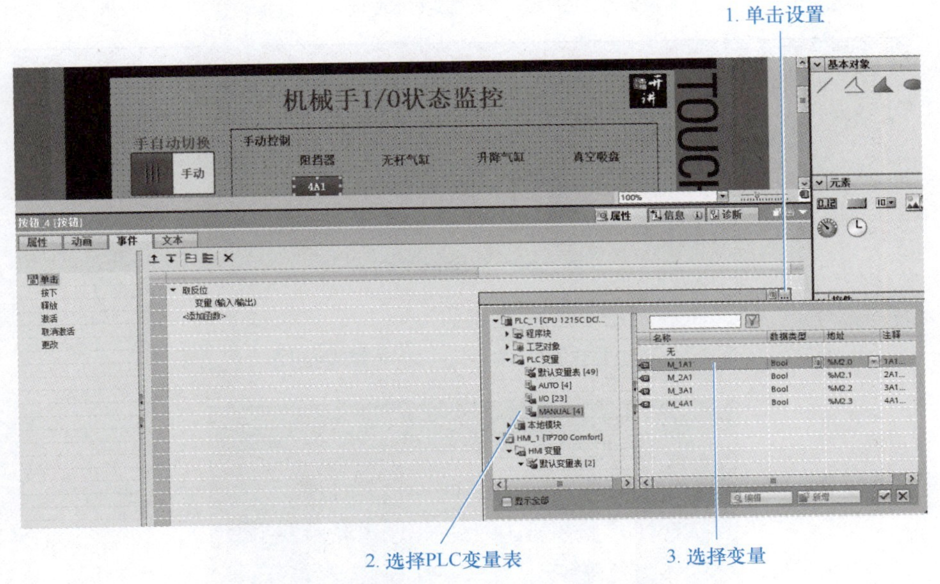

图 2-57　绑定函数所操作的对象

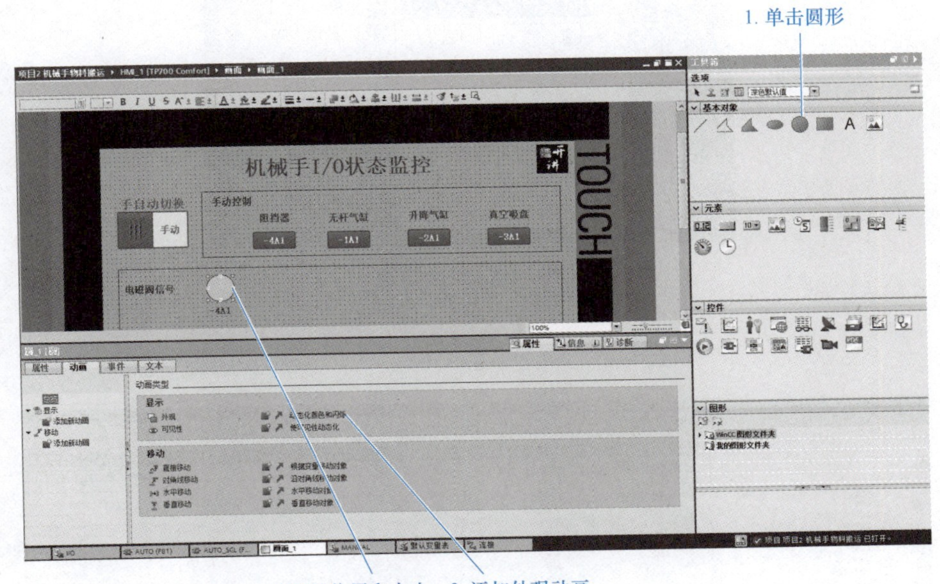

图 2-58　添加动画步骤

色。“闪烁”功能若选择为“是”，当变量在对应范围内时，该元素会周期性闪烁。

按照上述方式以图 2-50 界面添加其他信号的状态显示，添加时可将多个元素组合成一组方便批量复制操作，如图 2-60 所示。

绑定 PLC 变量后，TIA 自动在触摸屏变量表下创建对应的变量名称，如图 2-61 所示。若需修改元素所绑定变量，可按照上述步骤重新绑定，或者在触摸屏变量表中修改。

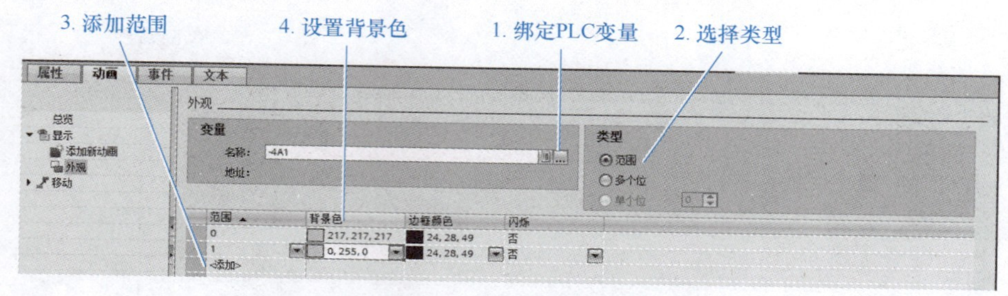

图 2-59　设置显示颜色

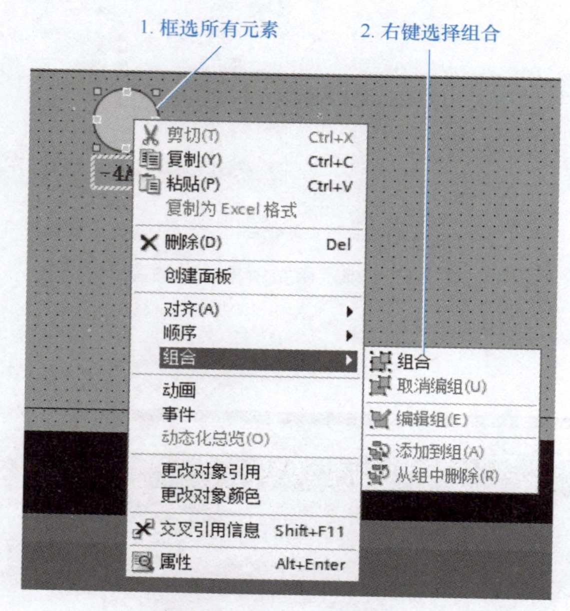

指定变量的连接　　设置绑定的PLC变量

项目2 机械手物料搬运 ▸ HMI_1 [TP700 Comfort] ▸ HMI 变量 ▸ 默认变量表 [16]

项目树：设备；程序信息；PLC 报警文本列表；本地模块；HMI_1 [TP700 Comfort]；设备组态；在线和诊断；运行系统设置；画面；添加新画面；画面_1；画面管理；HMI 变量；显示所有变量；添加新变量表；默认变量表 [16]；连接；HMI 报警；配方

默认变量表

名称	数据类型	连接	PLC 名称	PLC 变量	地址	访问模式
-1A1	Bool	HMI_连接_1	PLC_1	"-1A1"		<符号访问>
-1B1	Bool	HMI_连接_1	PLC_1	"-1B1"		<符号访问>
-1B2	Bool	HMI_连接_1	PLC_1	"-1B2"		<符号访问>
-2A1	Bool	HMI_连接_1	PLC_1	"-2A1"		<符号访问>
-2B1	Bool	HMI_连接_1	PLC_1	"-2B1"		<符号访问>
-2B2	Bool	HMI_连接_1	PLC_1	"-2B2"		<符号访问>
-3A1	Bool	HMI_连接_1	PLC_1	"-3A1"		<符号访问>
-3B1	Bool	HMI_连接_1	PLC_1	"-3B1"		<符号访问>
-4A1	Bool	HMI_连接_1	PLC_1	"-4A1"		<符号访问>
-4B1	Bool	HMI_连接_1	PLC_1	"-4B1"		<符号访问>
HMI_S2	Bool	HMI_连接_1	PLC_1	HMI_S2		<符号访问>
HMI_S3	Bool	HMI_连接_1	PLC_1	HMI_S3		<符号访问>
M_1A1	Bool	HMI_连接_1	PLC_1	M_1A1		<符号访问>
M_2A1	Bool	HMI_连接_1	PLC_1	M_2A1		<符号访问>
M_3A1	Bool	HMI_连接_1	PLC_1	M_3A1		<符号访问>
<添加>						<符号访问>

图 2-61　触摸屏变量表

5. 程序下载及仿真

与 PLC 下载方式类似，下载时建议选择 HMI 文件夹整体下载，其步骤如图 2-62 所示。若有多台触摸屏可选中“闪烁 LED”复选按钮，则当前选中的触摸屏屏幕闪烁以示区别。

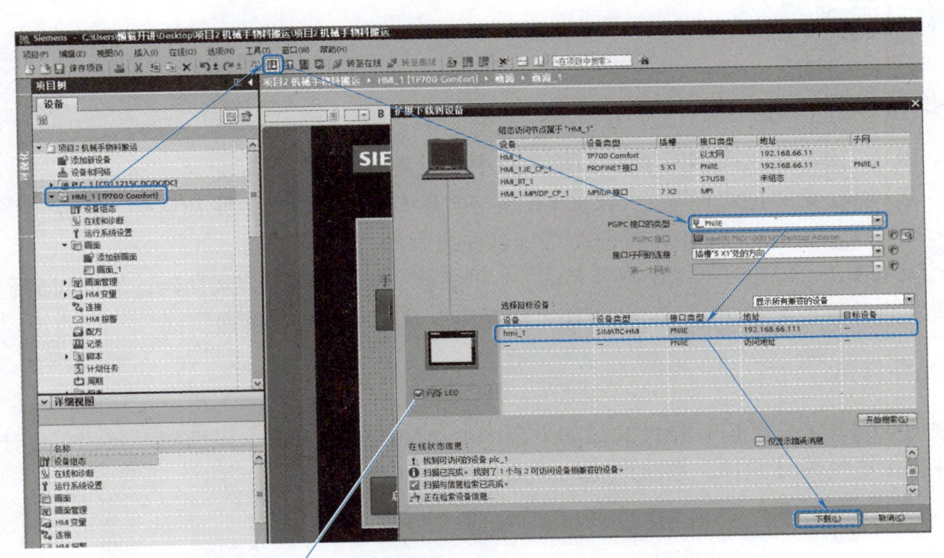

图 2-62　触摸屏下载设置

若编译无错误，在如图 2-63 所示界面单击“装载”按钮即可完成程序下载。若该触摸屏已包含有程序，可选中“全部覆盖”复选按钮以覆盖存储在触摸屏中的程序。若当前触摸屏硬件组态时所使用固件版本与实体触摸屏版本不同，系统会提示是否升级触摸屏固件，建议升级时先使用 U 盘创建固件映像，升级实体触摸屏后，再下载程序。

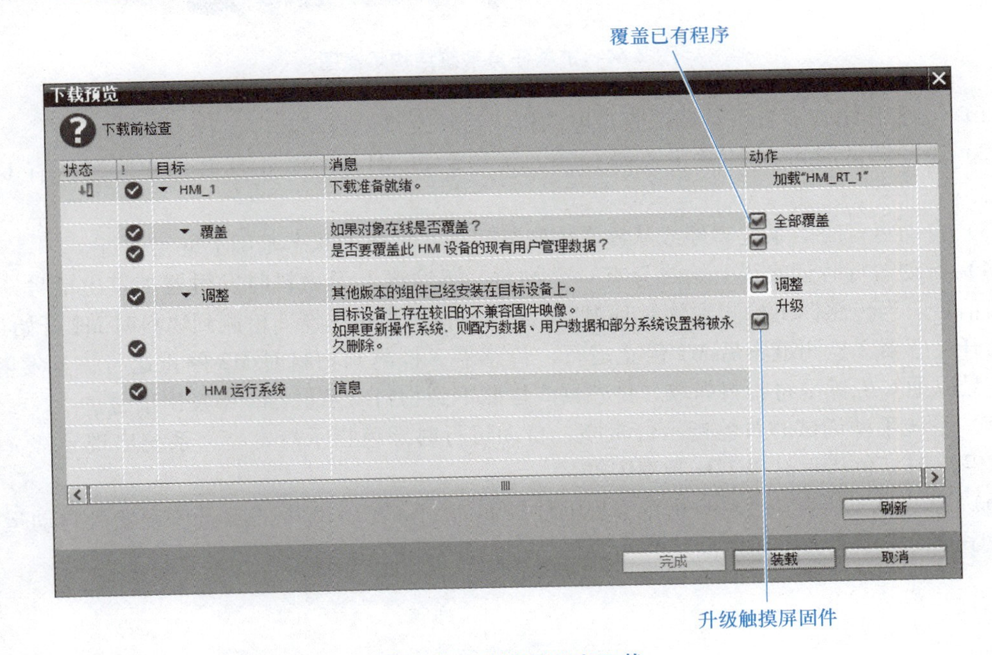

图 2-63　触摸屏程序下载

触摸屏仿真支持实体 PLC 或 PLCSIM 联调，单击仿真按钮可启动仿真触摸屏调试程序。

1. 项目总结

（1）PLC 工作特点是周期性循环扫描和集中批处理。

（2）函数 FC 无“记忆性”，函数块 FB 须与实例 DB 配合使用，使其具有“记忆性”。

（3）使用 FC/FB 自定义参数时须在符号名称前添加“#”符号。

（4）所有 DB 可以以“［DB 符号名称］.［变量符号名称］”方式访问，面向对象程序设计编程时避免直接修改实例 DB，各 FC/FB 之间以接口方式实现数据传递。

2. 扩展任务

请利用 S7-1200 系列 PLC 设计满足如下要求的运输线控制系统，以面向对象程序设计方式设计程序并提供电气设计图样，系统结构示意图如图 2-64 所示。

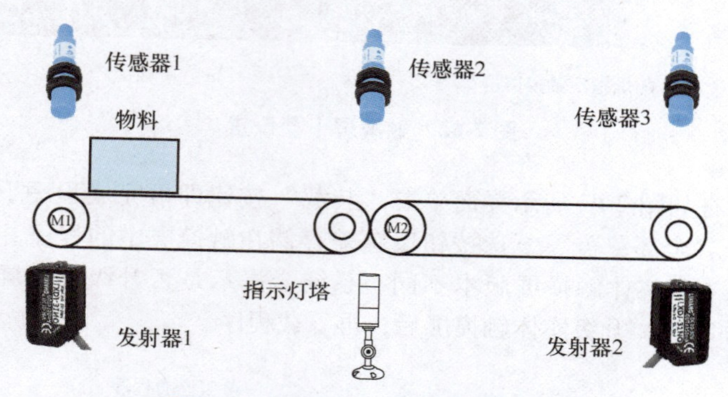

图 2-64　扩展任务系统结构示意图

（1）可使用 HMI 设备手动调试直流电动机正反转及系统自动起停运行。

（2）手动调试时可在 HMI 上点动控制直流电动机 M1 和 M2 正反转，并监控所有 I/O 点状态。

（3）自动运行时当系统暂停或从异常中恢复后须在之前的状态基础上继续运行。

（4）自动运行时运输线上始终只有一个物料，运输线上无物料时发射器 1 发出信号，否则不发出信号。当传感器 1 检测到物料时 M1 才开始运行，当传感器 2 检测到物料时 M2 开始运行，物料离开传感器 2 检测范围后 M1 停止运行，传感器 3 检测到物料时 M2 停止运行，且发射器 2 发出信号以通知机械手将物料抓取，传感器 3 检测不到物料时发射器 2 不发出信号。

（5）系统手动调试时黄色指示灯常亮，自动运行时绿色指示灯常亮，系统出现异常（例如按下急停）时红色指示灯以 1Hz 频率闪烁。

（6）若以 SCL 语言中 CASE 指令实现上述控制时，将表 2-10 中的常量值设置为自动运行中的步骤序号，程序又可以如何设计？

项目 3

工件自动分拣系统

定时器和计数器在工业控制中有着重要作用，其中定时器是对内部脉冲计数，而计数器则是对外部脉冲计数，两者在 S7-1200 系列 PLC 中均属于函数块，其可使用个数只受限于系统可提供的数据块空间大小。同时 PLC 还提供高速计数器（High-Speed Counter，HSC），以及用于脉冲序列输出（Pulse-Train Operation，PTO）和脉冲宽度调制（Pulse-Width Modulation，PWM）脉冲发生器，相较于普通计数器和定时器其工作频率更高，且不受扫描周期影响。

项目情景

伴随着消费结构升级，使用柔性生产线可实现多种产品在同一套生产线中的生产，以满足个性化定制生产需求。自动分拣系统中常使用光电传感器自动识别工件材质或颜色，并使用 PTO 方式控制步进电动机运行以实现对机械夹爪运动位置的控制，而触摸屏动画功能可让画面显得更为直观，同时也有利于现场监控及管理。

古语有云

古人云“治玉石者，既琢之而复磨之，治之已精，而益求其精也”，“精益求精”自古是人们追求的工匠精神。生产中须以标准流程保证时间和动作的准确性，PLC 中定时器和计数器是实现精确控制的基础，工匠精神体现在工匠自己对产品精雕细琢，精益求精，在平凡工作岗位上造就不平凡。

思维导图

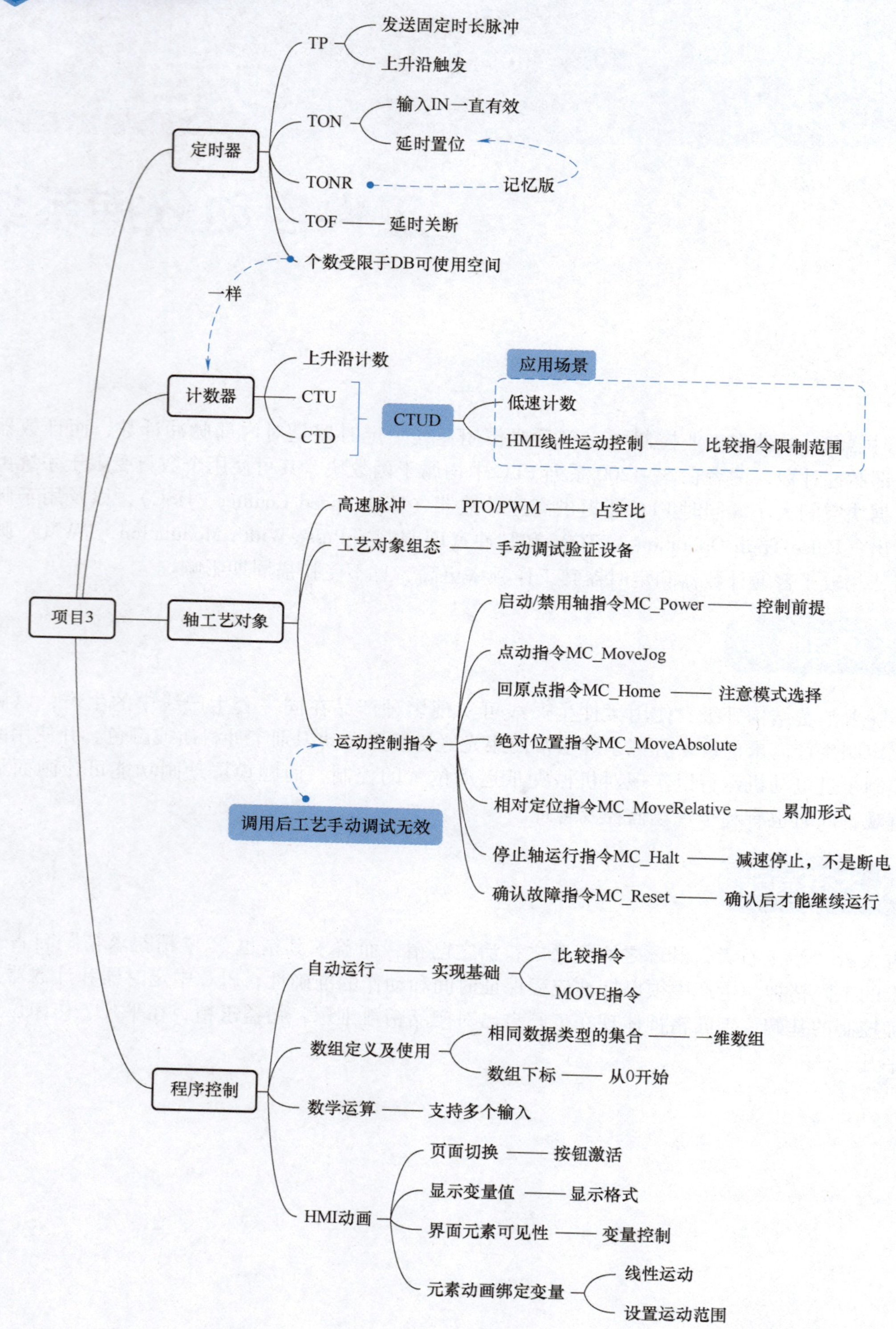
项目3
定时器
TP
发送固定时长脉冲
上升沿触发
TON
输入IN一直有效
延时置位
TONR
记忆版
TOF
延时关断
个数受限于DB可使用空间
一样
计数器
上升沿计数
CTU
CTD
CTUD
应用场景
低速计数
HMI线性运动控制
比较指令限制范围
轴工艺对象
高速脉冲
PTO/PWM
占空比
工艺对象组态
手动调试验证设备
运动控制指令
调用后工艺手动调试无效
启动/禁用轴指令MC_Power
控制前提
点动指令MC_MoveJog
回原点指令MC_Home
注意模式选择
绝对位置指令MC_MoveAbsolute
相对定位指令MC_MoveRelative
累加形式
停止轴运行指令MC_Halt
减速停止，不是断电
确认故障指令MC_Reset
确认后才能继续运行
程序控制
自动运行
实现基础
比较指令
MOVE指令
数组定义及使用
相同数据类型的集合
一维数组
数组下标
从0开始
数学运算
支持多个输入
HMI动画
页面切换
按钮激活
显示变量值
显示格式
界面元素可见性
变量控制
元素动画绑定变量
线性运动
设置运动范围

任务1 步进控制电气系统设计及调试

任务描述

根据工艺要求安装色标传感器、步进电动机及步进驱动器，并通过 PLC 工艺对象手动调试步进电动机正反转以验证电气连接无误。

任务目标

1. 掌握步进电动机及步进驱动器电气安装方式。
2. 掌握脉冲发生器功能特点及设置方法。
3. 掌握运动控制轴工艺对象设置及调试方法。

知识储备

PLC 控制步进电动机

1. 高速脉冲输出

脉冲宽度是信号实际开启时间的度量，如图 3-1 所示脉冲宽度与脉冲周期的比值称为占空比，脉冲序列输出（PTO）功能提供占空比为 50%的方波脉冲序列输出。脉冲宽度调制（PWM）功能提供脉冲宽度可调脉冲序列输出。

S7-1200 系列 PLC 使用 PTO 方式发送最高 100kHz 高速脉冲信号（及方向信号）以控制步进电动机运行，且最多控制 4 个 PTO 轴，其硬件组态方式如图 3-2 所示。

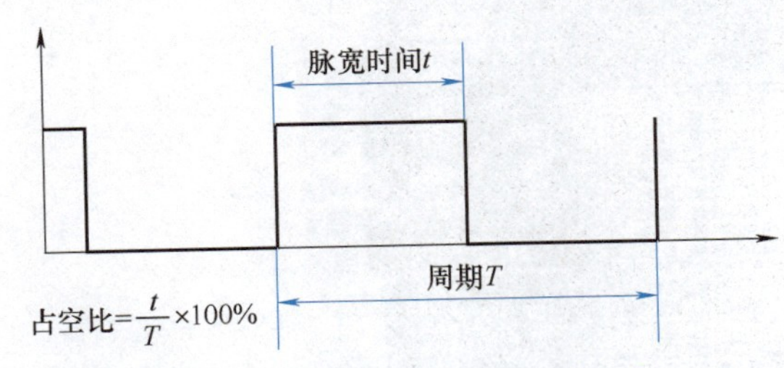

图 3-1 占空比示意图及计算公式

其中信号类型支持四种方式，常使用“PTO（脉冲 A 和方向 B）”方式。

2. 步进电动机控制

PLC 控制步进电动机时须配合步进驱动器使用，步进驱动器将 PLC 发出的高速脉冲转化为步进电动机相应的角位移或线位移。在非超载前提下，步进电动机每接收到一个脉冲信号，转子就对应旋转固定角度，即步距角。调整步进驱动器微步细分可调整步距角，步距角一定时旋转角度与输入脉冲数成正比，转速与脉冲频率成正比，且步距角越小所需频率越高。步进驱动器拨码开关用于设置驱动电流及细分，请参考所选驱动器说明书根据所选步进电动机配置。步进驱动器如图 3-3 所示。

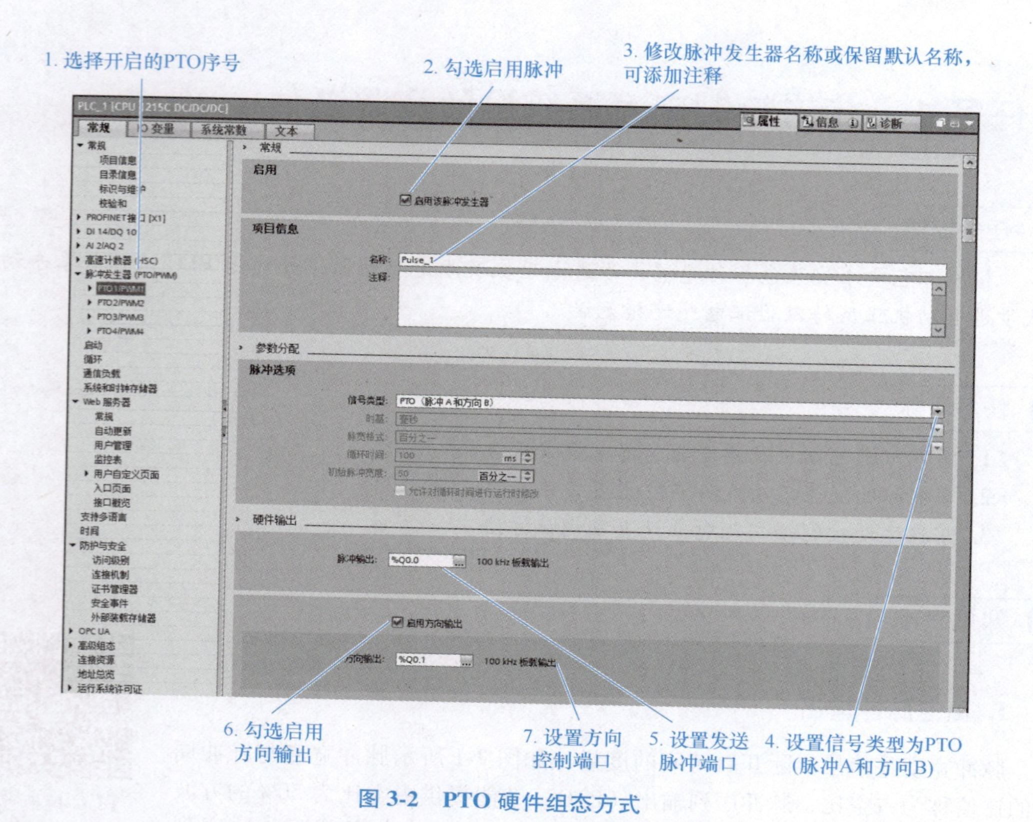

图 3-2 PTO 硬件组态方式

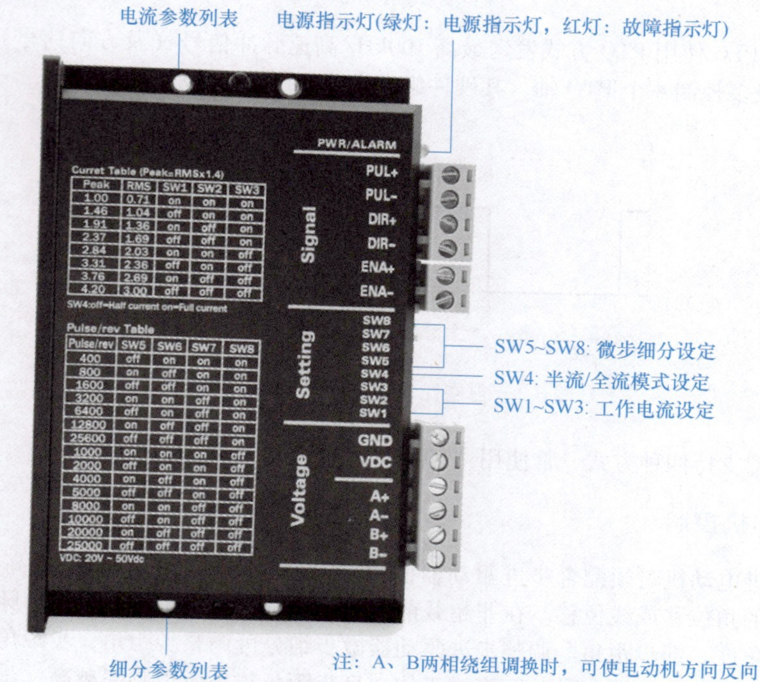

图 3-3 步进驱动器

PLC、步进驱动器及步进电动机控制电气图如图3-4所示，本项目中设置“Q0.0”端口产生高速脉冲，“Q0.1”端口控制电动机运行方向。

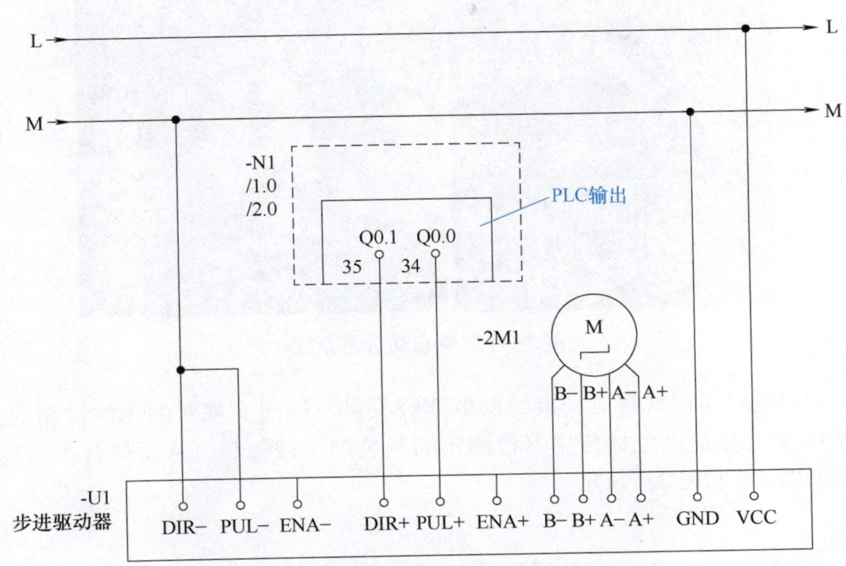

图3-4 PLC、步进驱动器及步进电动机控制电气图

为避免信号干扰，步进电动机及直流电动机的驱动电源须与PLC分开供电。步进驱动器各端口说明见表3-1。

表3-1 步进驱动器各端口说明

端口	说明
DIR− DIR+	方向输入信号。为保证电动机可靠换向，方向信号应先于脉冲信号至少5μs建立。电动机的初始运行方向与电动机绕组接线有关。部分驱动器要求该端子需串接2kΩ电阻
PUL− PUL+	脉冲输入信号。默认为脉冲上升沿有效。部分驱动器要求该端子需串接2kΩ电阻。同时脉冲信号与方向信号线不允许并排包扎，以避免引起电动机定位不准
ENA− ENA+	使能输入信号。当信号有效时驱动器切断电动机各相电流使得电动机处于自由状态，不响应脉冲信号。不使用该功能时端口可悬空
GND	直流电源负极
VCC	直流电源正极
A+、A−	电动机A相绕组
B+、B−	电动机B相绕组

3. 系统电气及流程图设计

自动分拣系统由多楔带电动滚筒输送线、机械夹爪、工件固定夹爪、色标传感器和触摸屏等组成，如图3-5所示。

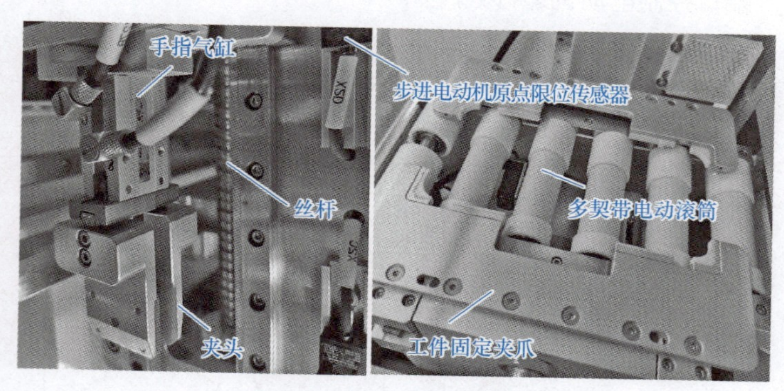

图 3-5　工件自动分拣系统

色标传感器是通过不同材料对光束的反射或吸收量不同而实现对颜色的检测的，自动分拣系统中使用 PNP 常开型输出色标传感器检测不同颜色的工件物料，从而执行不同的工艺流程，系统电气设计如图 3-6 和图 3-7 所示。

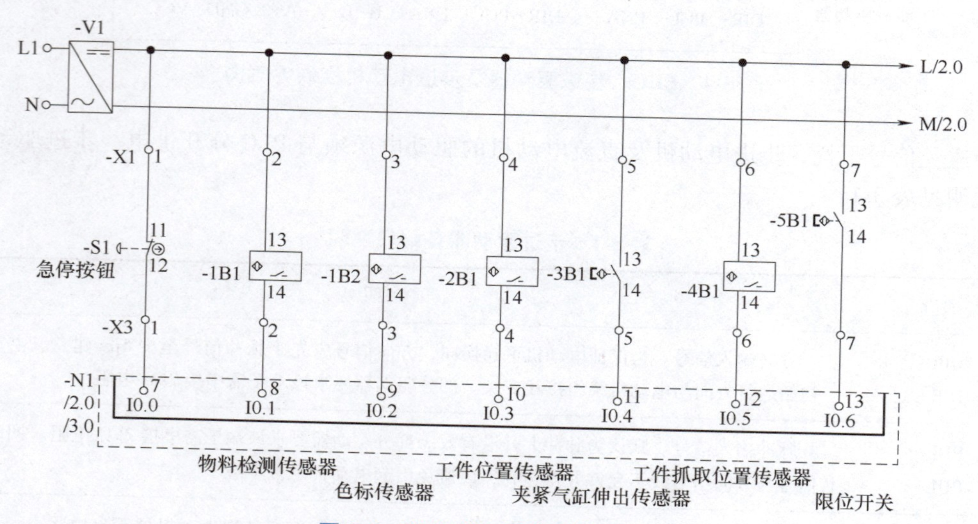

图 3-6　PLC 输入部分电气设计

物料检测传感器“-1B1”检测传送带入料口是否存在工件，并配合色标传感器“-1B2”检测工件颜色，使用 PLC IEC 计数器对不同类型工件个数计数。工件位置传感器“-2B1”检测到工件后则根据工艺要求夹紧工件，当夹紧气缸伸出传感器“-3B1”有信号即工件固定后，机械夹爪完成工件包装剥离工作，机械夹爪由步进电动机驱动直线模组以精确控制其位置。机械夹爪夹取位置及系统工作状态可在触摸屏上设置或监控，限位开关“-5B1”为机械夹爪硬限位信号，也是步进电动机原点位置。

当输送线上有工件时发射器“-1Q1”发出信号，通知上一站位暂停放置新工件，继电器“-KM1”控制输送线直流电动机起停，单控自复位电磁阀“-1A1”“-2A1”分别控制夹紧气缸和夹爪气缸。

控制系统工艺流程图如图 3-8 所示。

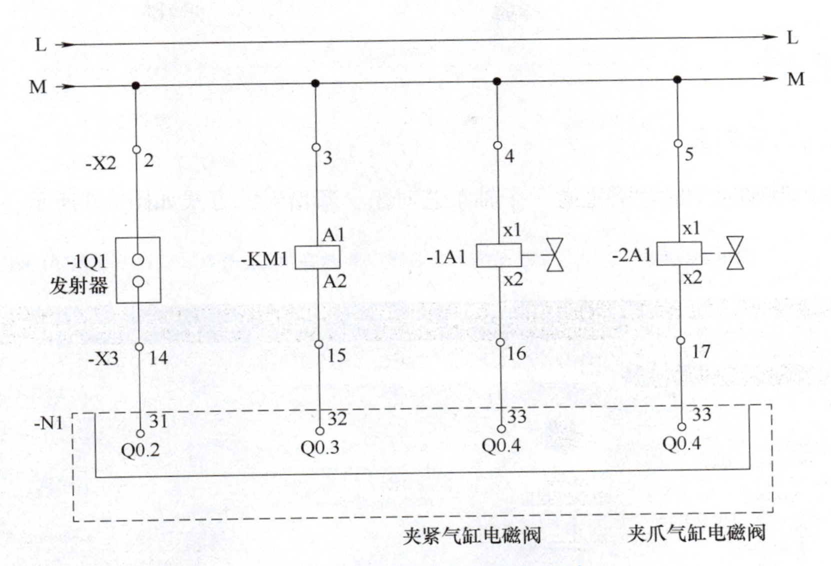

图 3-7　PLC 输出部分电气设计

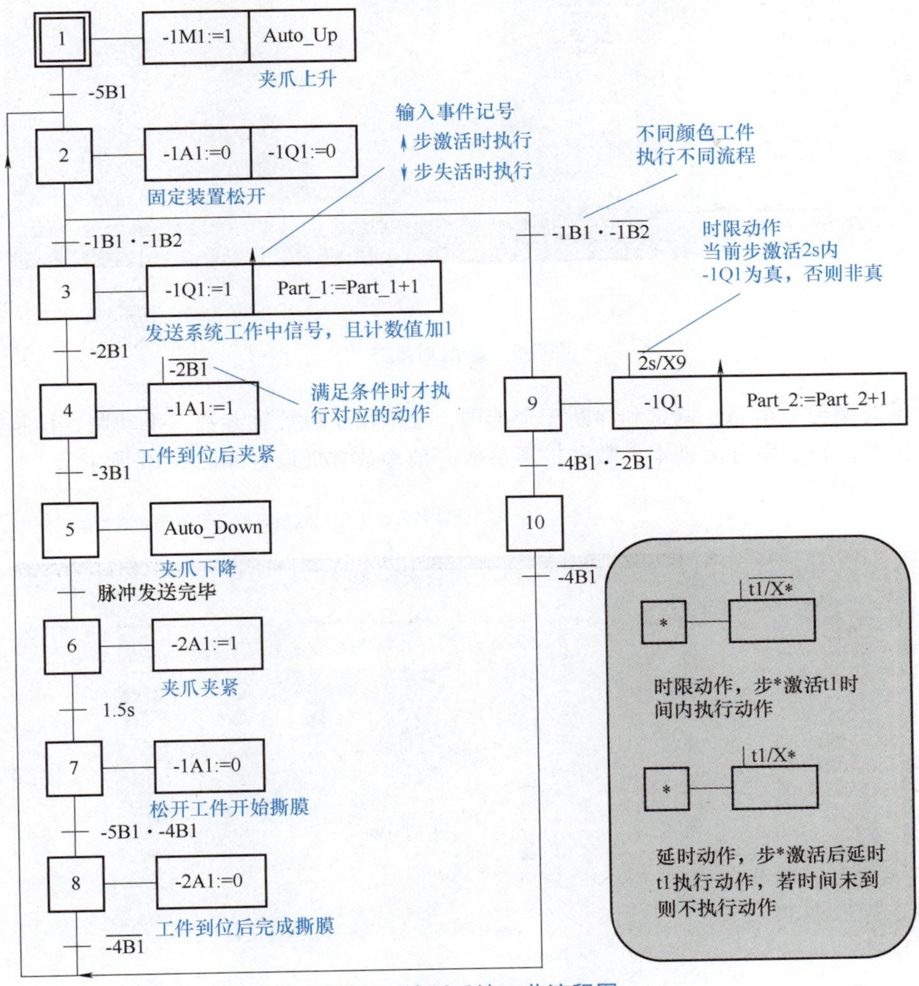

图 3-8　控制系统工艺流程图

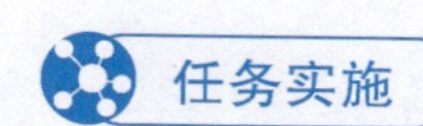

任务实施

1. 设置轴工艺对象

PLC 程序控制轴对象时均需配置一个轴工艺对象，新增对象方式如图 3-9 所示。

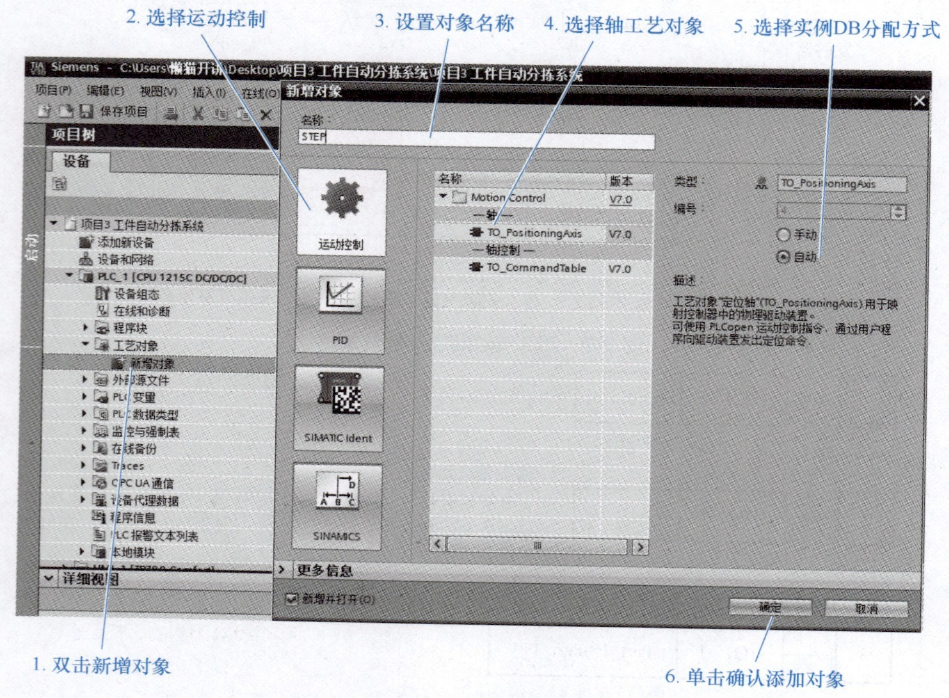

图 3-9　新增对象方式

每个轴对象包括组态、调试和诊断三个选项，分别用于设置轴参数、手动调试控制轴和检查轴的运行情况。轴参数分为基本参数和扩展参数，轴参数常规设置如图 3-10 所示。

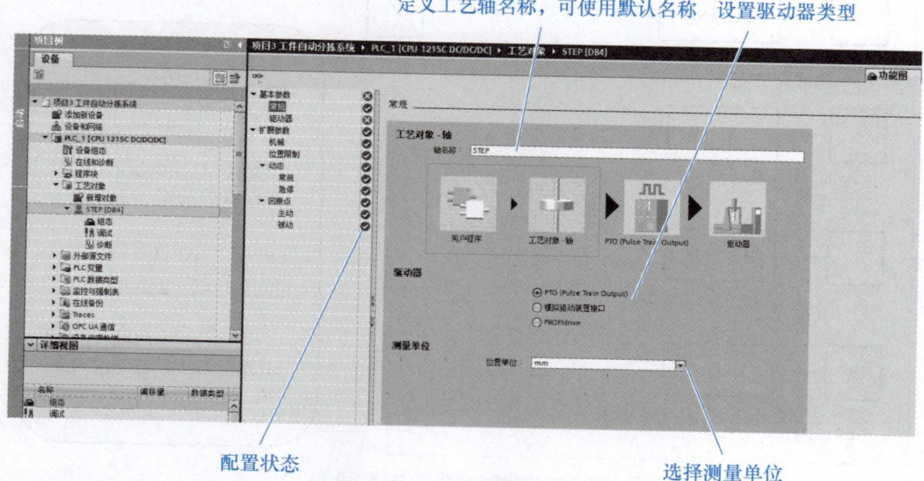

图 3-10　轴参数常规设置

每个参数后的符号代表当前轴配置状态，状态符号说明详见表 3-2。

表 3-2　状态符号说明

符号	说明
	参数配置正确，为系统默认配置，用户未做修改
	参数配置正确，用户自定义配置
	参数配置没有完成或有错误
	有报警但参数组态正确，比如只组态了一侧的限位开关

驱动器参数中设置控制轴的基本控制参数，其设置步骤如图 3-11～图 3-18 所示。

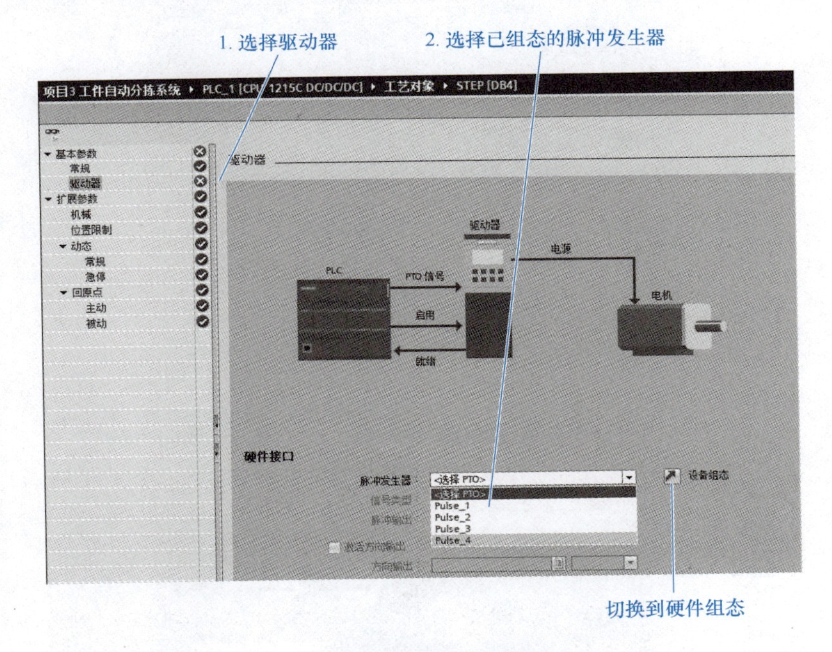

图 3-11　驱动器配置

若所选择的脉冲发射器未配置或须修改配置，可切换到设备组态中修改。注意硬件接口中的设置参数须与硬件组态中保持一致，其中脉冲输出和方向输出端口名称可设置，如图 3-12 所示。

根据驱动器设置“驱动装置的使能和反馈”，其中可设置一个 DO 使能信号控制驱动器通电，本项目设置为空即不使用该功能，硬件上使驱动器一直有效。“就绪输入”可设置 DI 信号以接受驱动器的反馈信号，本项目驱动器无该功能，此处设置为 TURE，即一直认为驱动器就绪。

“扩展参数→机械”主要设置轴脉冲数与轴移动距离的对应关系，须根据所选步进电动机型号配置，本项目参数设置及说明如图 3-13 所示。

“扩展参数→位置限制”用于设置轴在有效范围内运动，触碰硬限位或软限位均会导致轴停止运行并报警。通常软限位范围小于硬限位范围，本项目参数设置及说明如图 3-14 所示。

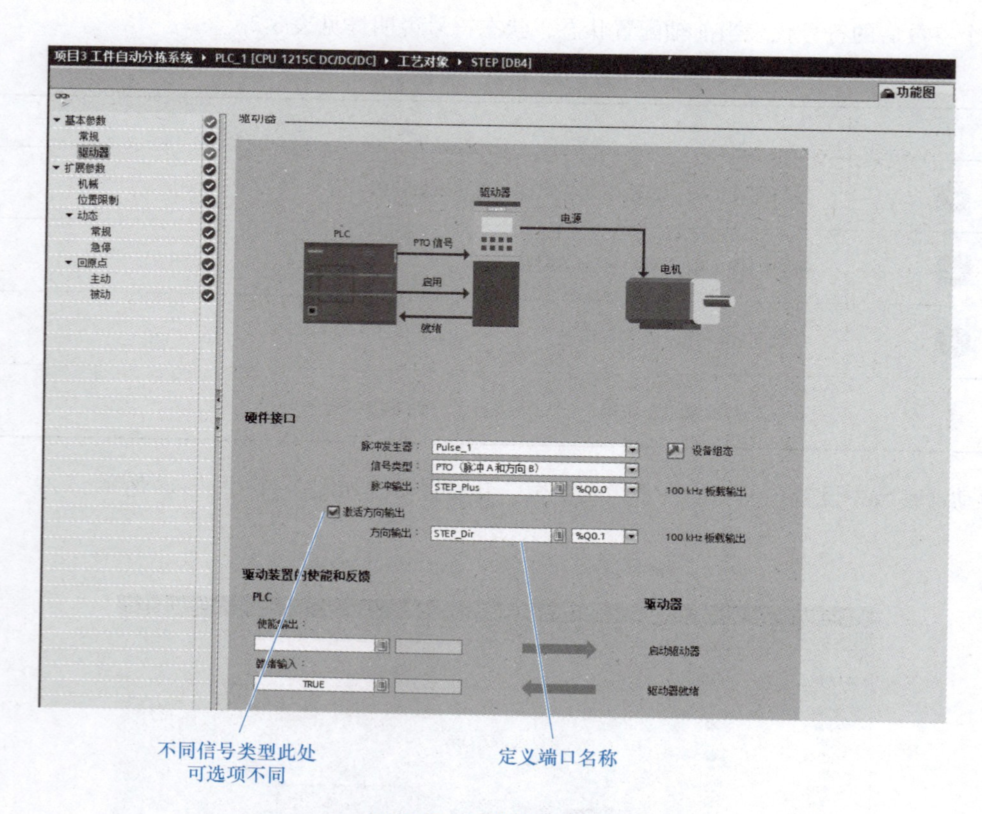

图 3-12　硬件接口设置

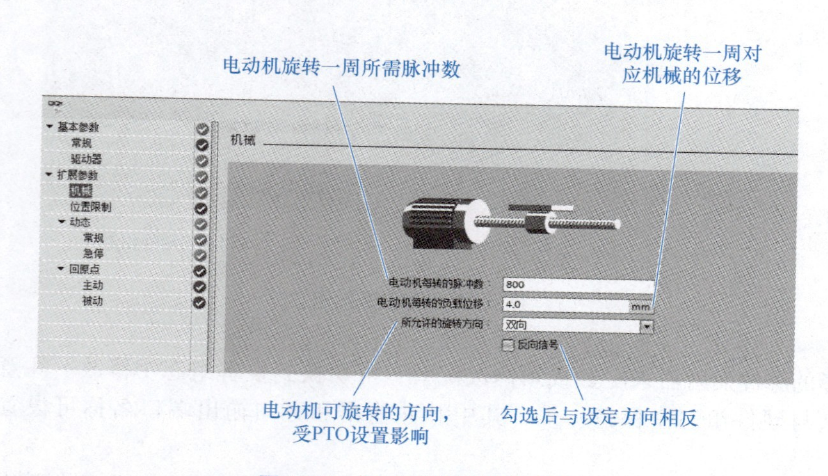

图 3-13　机械参数设置及说明

“动态→常规”设置须根据电动机及工艺要求设置，包括最大转速和加、减速度设置，其中“速度限值的单位”根据设置的测量单位不同所提供的选项不一，本项目参数设置及说明如图 3-15 所示。

若轴出现错误或禁用轴时须使用“动态→急停”设置，本项目参数设置及说明如图 3-16 所示。

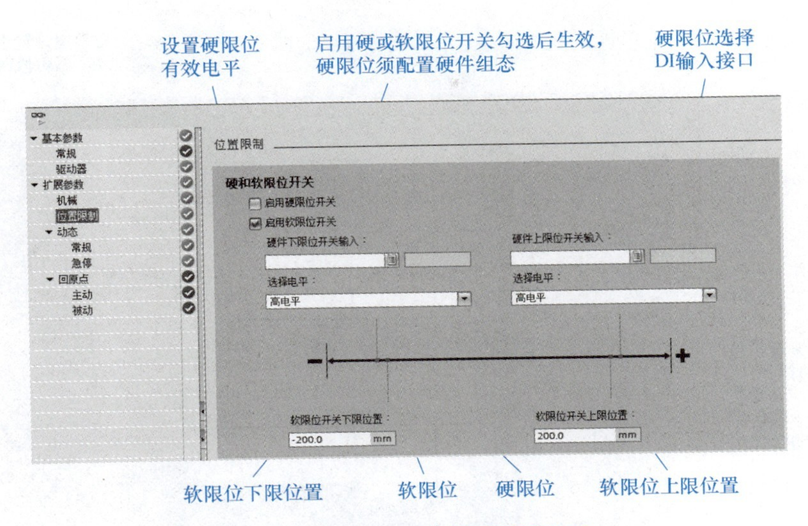

图 3-14　位置限制参数设置及说明

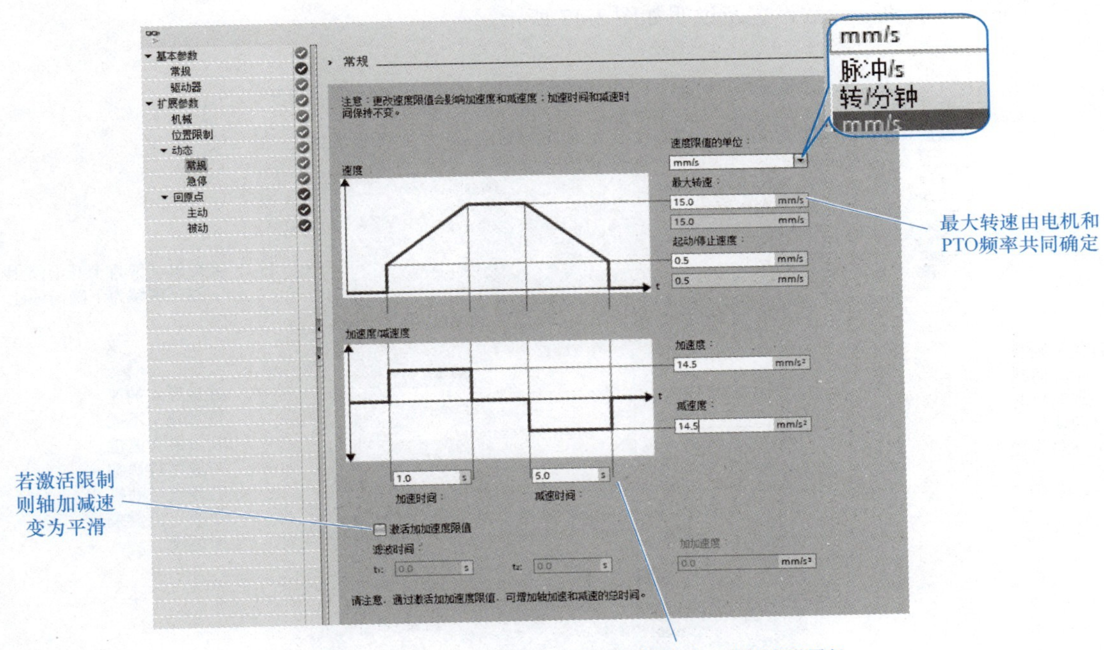

图 3-15　“动态→常规”参数设置及说明

“原点”也称为“参考点”，“回原点”实现轴的机械位置和程序的位置坐标统一，以实现绝对位置定位。回原点中“主动”是指起动回原点运动后直到输入归位开关有信号则停止运行，而“被动”则是轴在运行过程中触发原点开关信号，将当前位置设置为回原点位置值，本项目使用被动回原点功能。

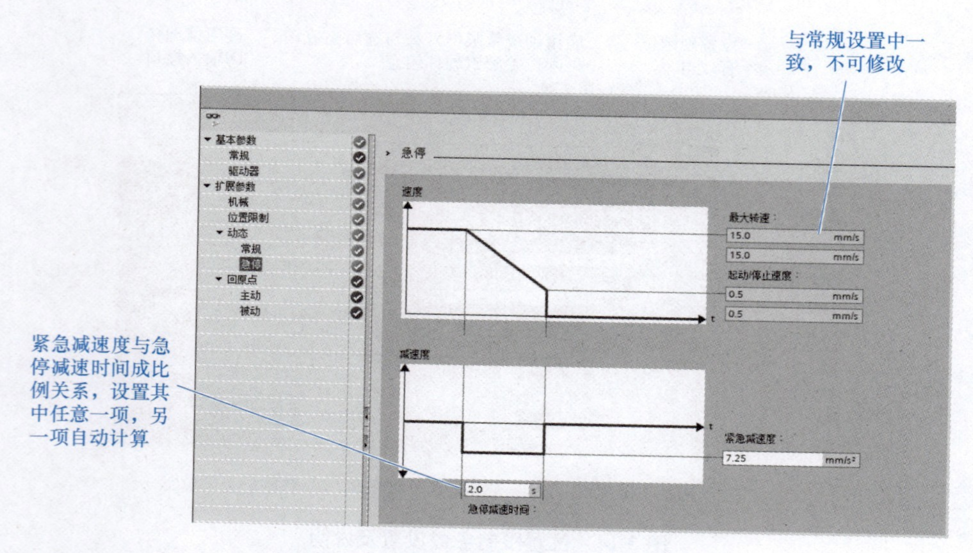

图 3-16 “动态→急停”参数设置及说明

“回原点→主动”参数设置及说明如图 3-17 所示。

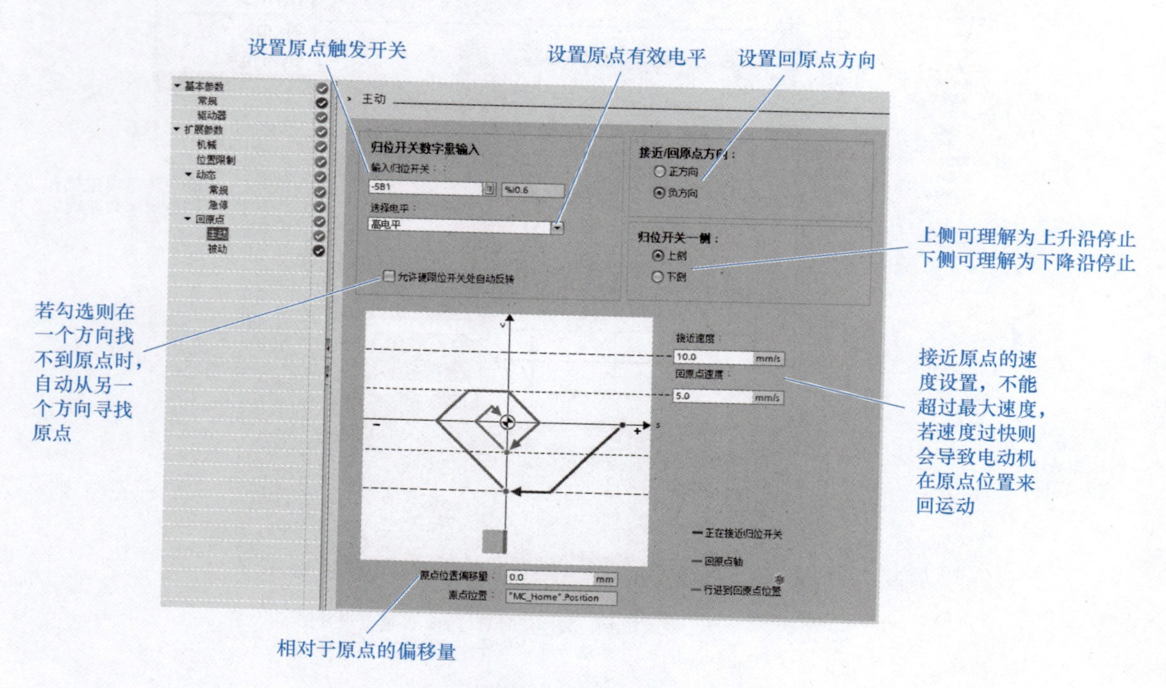

图 3-17 “回原点→主动”参数设置及说明

“回原点→被动”参数设置及说明如图 3-18 所示。

2. 手动调试步进电动机

连接机械及电气设备并下载组态后，可使用调试功能检查轴参数及设备连接是否正

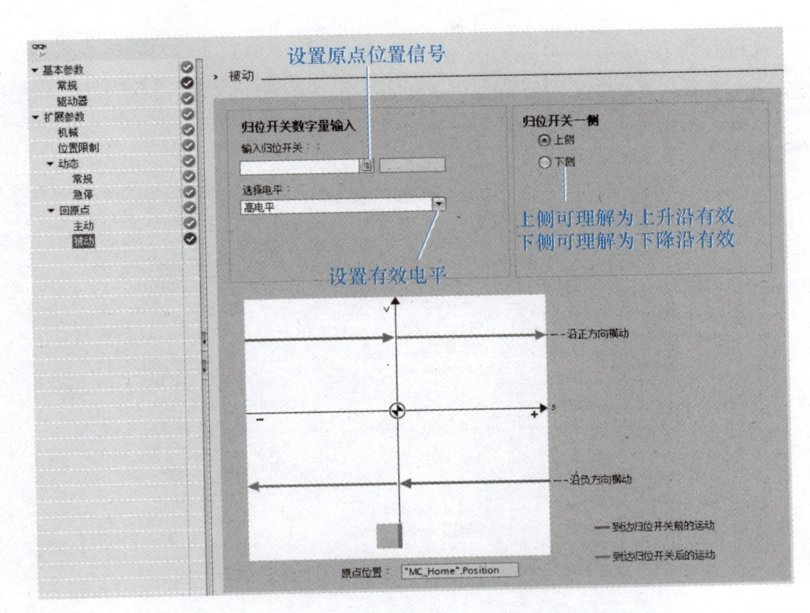

图 3-18　“回原点-被动”参数设置及说明

确，无须编写程序。按照如图 3-19 所示步骤打开轴调试面板并激活轴，然后开始调试轴运动。

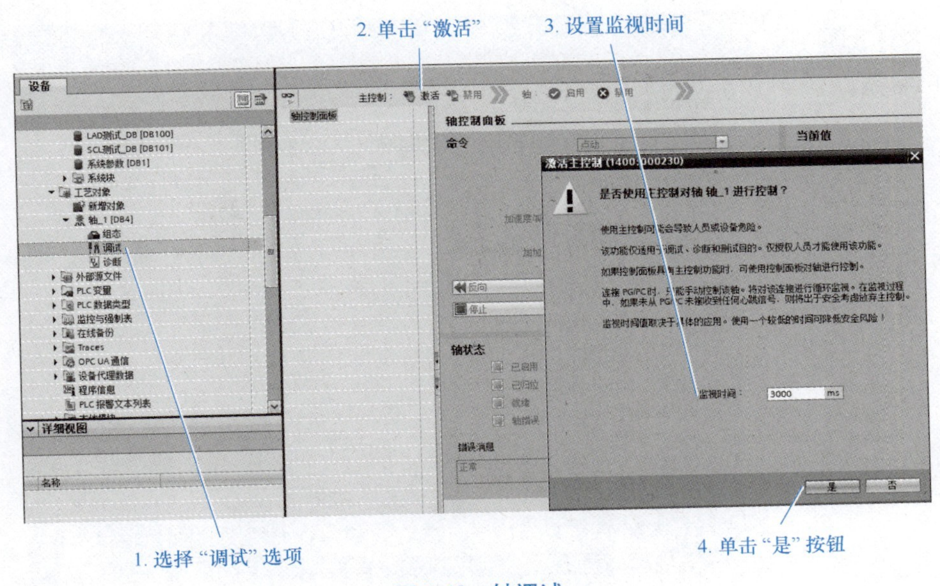

图 3-19　轴调试

轴调试激活后单击“启用”按钮开始手动调试，并支持“点动”“定位”和“回原点”三种调试方式，说明如图 3-20～图 3-22 所示。

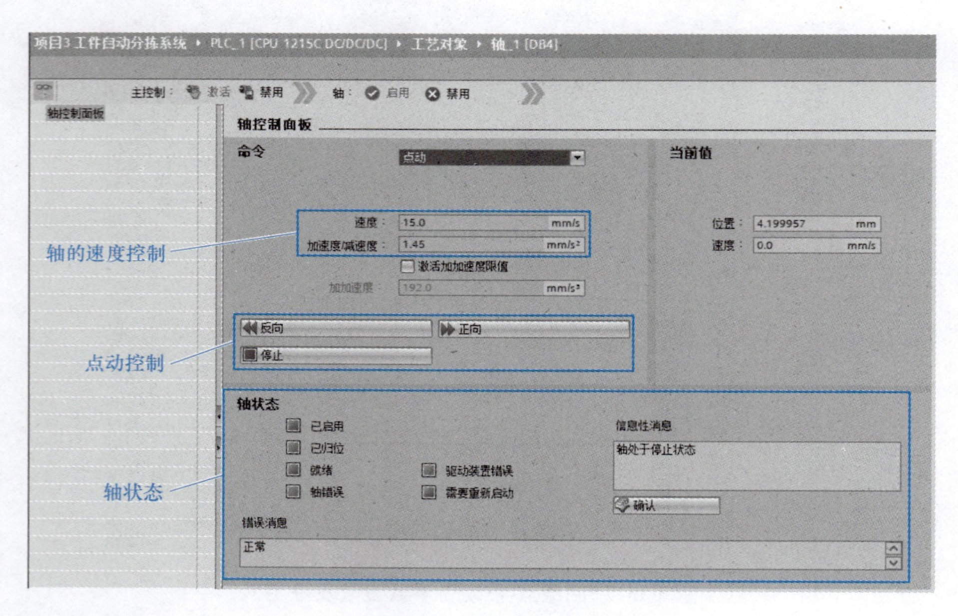

图 3-20 轴点动调试

输入目标后单击“相对”按钮实现运行到指定位置

图 3-21 轴定位调试

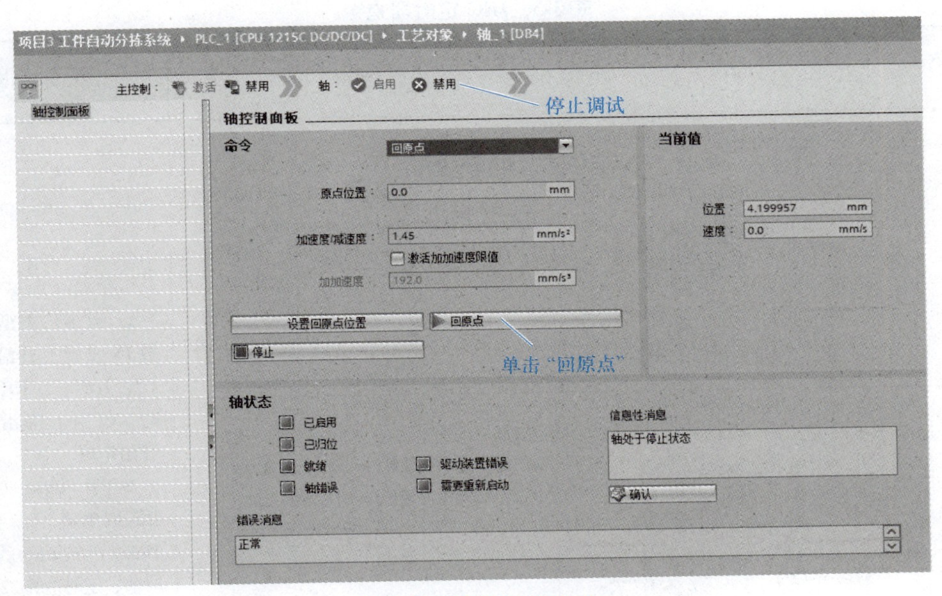

图 3-22　轴回原点调试

任务 2　程序设计与调试

任务描述

根据工艺要求合理使用定时器及计数器，并控制步进电动机通过丝杆传动实现机械夹爪上下移动，从而实现工件分拣系统手/自动控制。

任务目标

1. 掌握 LAD 和 SCL 中 4 种定时器的工作特点及使用方法。
2. 掌握 LAD 和 SCL 中 3 种计数器的工作特点及使用方法。
3. 掌握运动控制指令的基本使用方法。

知识储备

1. 定时器指令

S7-1200 系列 PLC 定时器

S7-1200 系列 PLC 使用脉冲定时器 TP、接通延时定时器 TON、时间累加器 TONR 和关断延时定时器 TOF 共 4 种 IEC 定时器指令，其可使用数量只受系统存储空间限制，见表 3-3。

（1）**脉冲定时器 TP**　脉冲定时器 TP 用于在 Q 点产生 PT 指定时间的脉冲信号，即 IN 收到上升沿时在 PT 预设值内 Q 为逻辑 1，超过 PT 指定时间后 Q 为逻辑 0，波形图如图 3-23 所示。

表 3-3 IEC 定时器指令

定时器类型	LAD	SCL	端口功能说明

脉冲定时器 TP	实例DB名称
	<???>
	TP
	Time
	IN Q
	<???> PT ET ...
		实例DB名称
		`#IEC_TP(IN:=_bool_in_,`
		`PT:=_time_in_,`
		`Q=>_bool_out_,`
		`ET=>_time_out_);`
			1. 当布尔类型输入参数 IN 收到上升沿信号时 TP、TON、TONR 开始定时，收到下降沿时 TOF 开始定时
			2. PT（Preset Time）为预设时间值，ET（Elapsed Time）为启动后的当前定时值，定时值为 32 位 Time 数据类型，格式为 T#iD_iH_iM_iS_iMS，大写字母依次代表日（iD）、小时（iH）、分（iM）、秒（iS）和毫秒（iMS），最大定时时间约为 24 天
			3. 布尔类型输出参数 Q 及 ET 为可选项
			4. IEC 定时器须配合 DB 数据块使用，建议以多重实例方式使用

接通延时定时器 TON	<???>
	TON
	Time
	IN Q
	<???> PT ET ...
		`#IEC_TON(IN:=_bool_in_,`
		`PT:=_time_in_,`
		`Q=>_bool_out_,`
		`ET=>_time_out_);`	

时间累加器 TONR	<???>
	TONR
	Time
	IN Q
	... R ET ...
	<???> PT
		`#IEC_TONR(IN:=_bool_in_,`
		`R:=_bool_in_,`
		`PT:=_time_in_,`
		`Q=>_bool_out_,`
		`ET=>_time_out_);`	

关断延时定时器 TOF	<???>
	TOF
	Time
	IN Q
	<???> PT ET ...
		`#IEC_TOF(IN:=_bool_in_,`
		`PT:=_time_in_,`
		`Q=>_bool_out_,`
		`ET=>_time_out_);`	

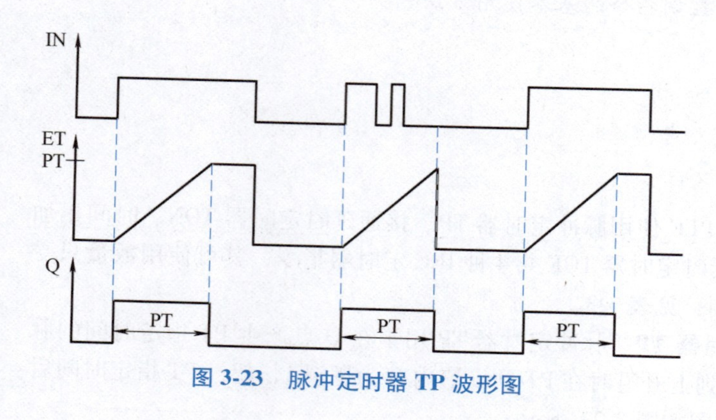

图 3-23 脉冲定时器 TP 波形图

（2）**接通延时定时器 TON**　接通延时定时器 TON 用于延时置位 Q，即当 IN 收到上升沿时开始计时，延时 PT 所指定的时间后，当 IN 为逻辑 1 时则 Q 也为逻辑 1，若期间 IN 为逻辑 0 则需重新开始计时，且 Q 为逻辑 0，如图 3-24 所示。

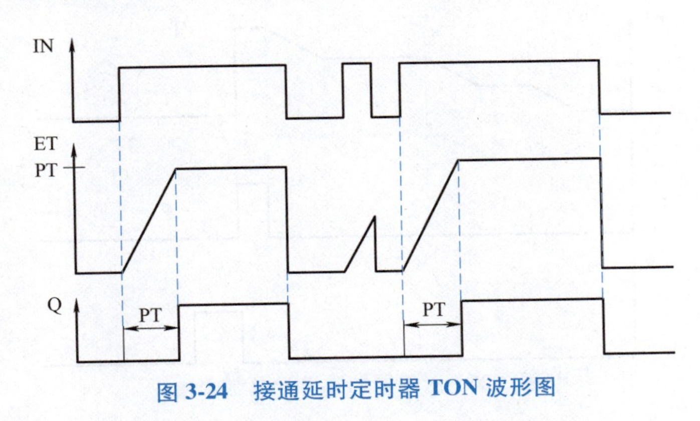

图 3-24　接通延时定时器 TON 波形图

（3）**关断延时定时器 TOF**　关断延时定时器 TOF 用于延时复位 Q 点，即当 IN 为逻辑 1 时 Q 也为逻辑 1，若 IN 变为逻辑 0 后 Q 延时 PT 所指定时间后再变为逻辑 0，延时期间若 IN 为逻辑 1 则重新执行上述过程，如图 3-25 所示。

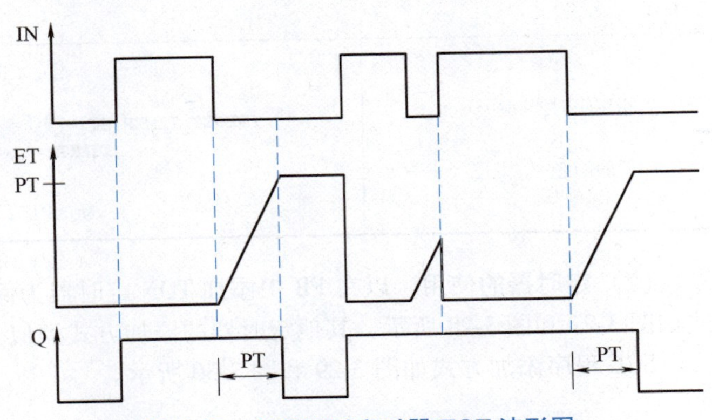

图 3-25　关断延时定时器 TOF 波形图

（4）**时间累加器 TONR**　时间累加器 TONR 可理解为带有记忆功能的 TON 定时器，即当 IN 为逻辑 1 的累计时间等于 PT 所指定时间后，则 Q 一直为逻辑 1，直到复位。若定时时间未到，则当 IN 为逻辑 0 时则停止计时。当布尔类型输入参数 R 为逻辑 1 时则复位 ET 计时值，且 Q 为逻辑 0，如图 3-26 所示。

（5）**复位定时器指令**　当复位定时器指令的逻辑运算结果为 1 时，将指定定时器的 ET 值设置为 0，指令格式见表 3-4。

表 3-4　复位定时器指令

LAD	SCL
<???>（指定定时器DB） —[RT]—	指定定时器DB `RESET_TIMER(_iec_timer_in_);`

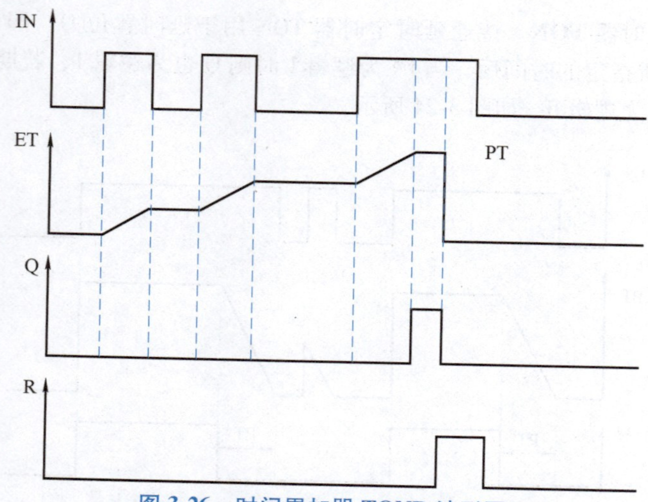

图 3-26　时间累加器 TONR 波形图

（6）**加载持续时间指令**　当加载持续时间指令的 RLO 为 1 时，将重新设置指定定时器 PT 值，指令格式见表 3-5。

表 3-5　加载持续时间指令

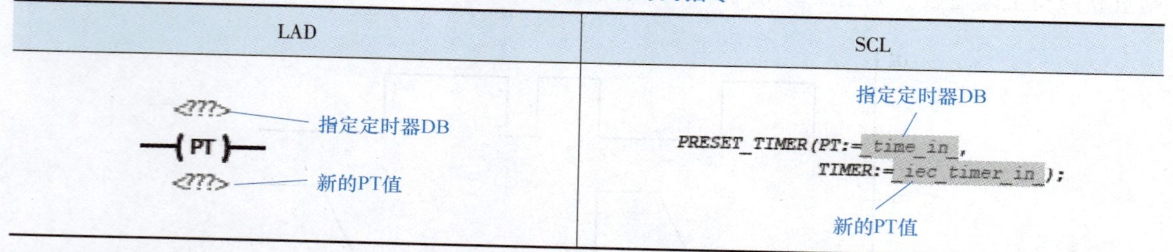

LAD	SCL
<???> 指定定时器DB —(PT)— <???> 新的PT值	指定定时器DB PRESET_TIMER(PT:=_time_in_, TIMER:=_iec_timer_in_); 新的PT值

定时器 ET

（7）**定时器的使用**　以在 FB 中添加 TON 定时器为例，LAD 程序添加方式如图 3-27 和图 3-28 所示，其他定时器的添加方式类似。

SCL 程序添加方式如图 3-29 和图 3-30 所示。

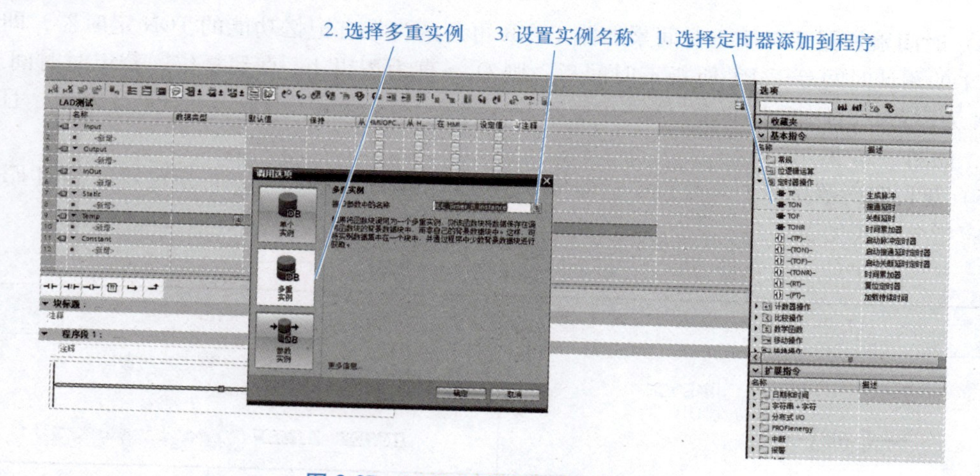

图 3-27　LAD 程序添加定时器指令

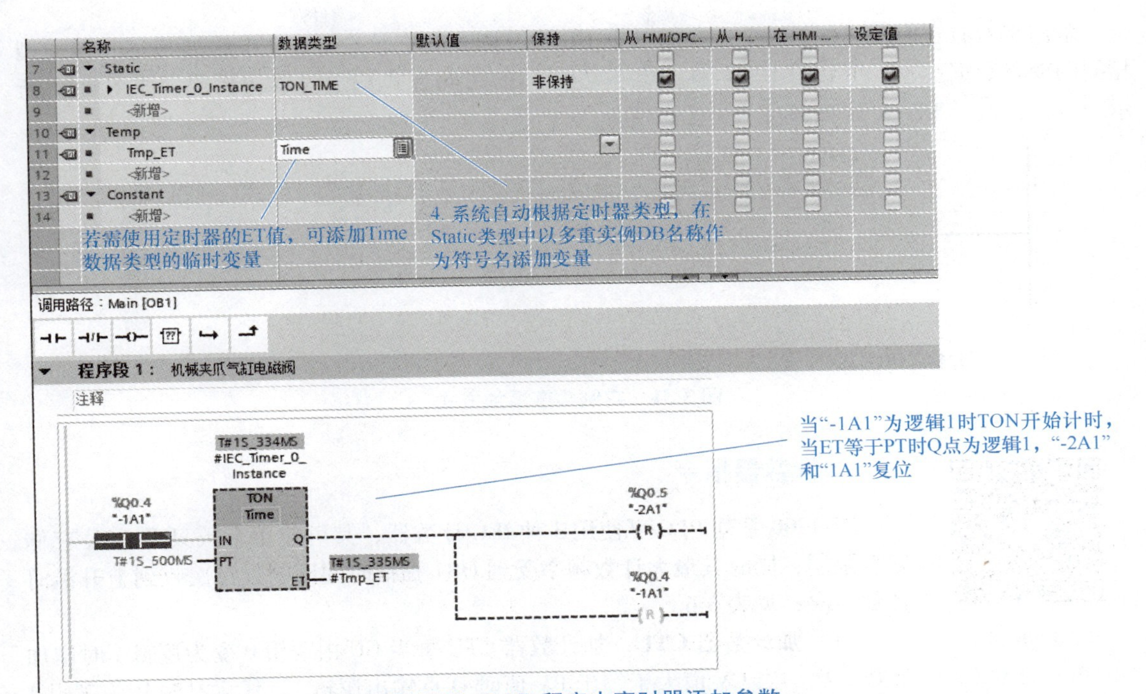

图 3-28　LAD 程序中定时器添加参数

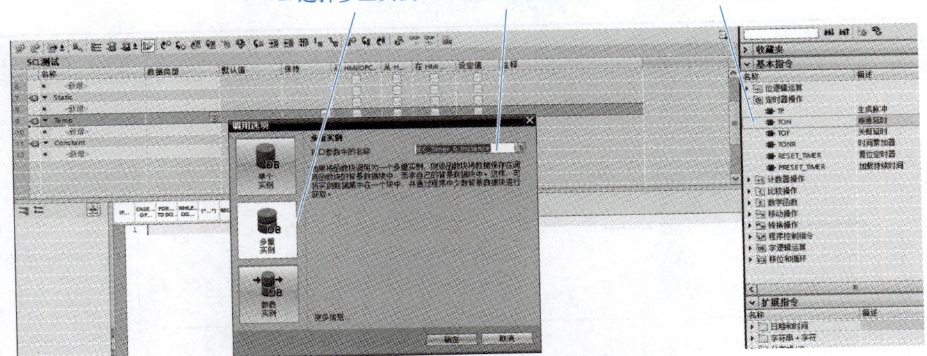

图 3-29　SCL 程序添加定时器指令

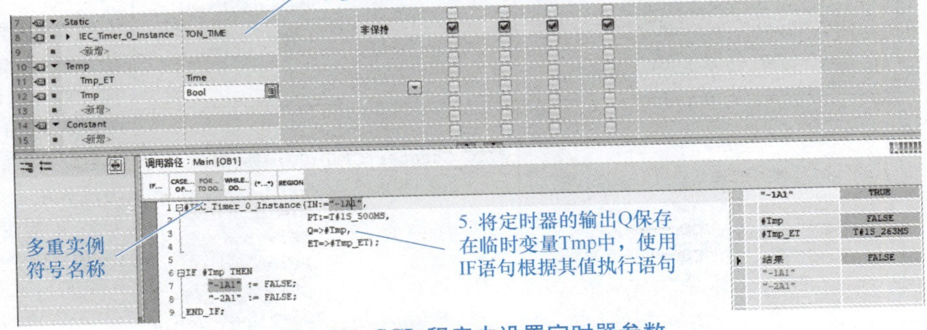

图 3-30　SCL 程序中设置定时器参数

若需将所有定时器实例 DB 保存在同一个 DB 中，则须先在该全局 DB 中添加与定时器类型相同的变量数据类型，并以“DB 名称 . 参数名称”的访问方式与定时器相绑定，如图 3-31 所示。注意：定时器的实例数据块不能重复使用。

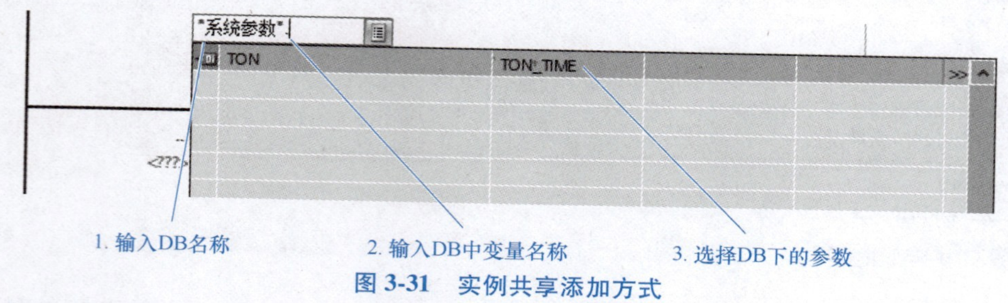

图 3-31　实例共享添加方式

S7-1200 系列 PLC 计数器

2. 计数器指令

S7-1200 系列 PLC 可使用 3 种 IEC 计数器，其可使用个数只受 CPU 存储容量限制，同时其最大计数频率受到 OB1 扫描时间限制，每次收到上升沿时计数一次，见表 3-6。

（1）**加计数器 CTU**　加计数器 CTU 每当 CU 由逻辑 0 变为逻辑 1 时增加计数一次，当 CV 值大于等于 PV 值时 Q 点输出逻辑 1，任意时刻 R 为逻辑 1 时 Q 点输出逻辑 0 且 CV 值设置为 0。PV 值设置为 3 时工作波形图如图 3-32 所示。

表 3-6　计数器指令

计数器类型	LAD	SCL	部分端口说明
加计数器	实例DB名称 <???> CTU ??? CU　Q R　CV <???> PV	实例DB名称 #IEC_Counter_CTU(CU:=_bool_in_, R:=_bool_in_, PV:=_int_in_, Q=>_bool_out_, CV=>_int_out_);	1. CU、CD、R、LD 均为布尔类型输入，Q 为布尔类型输出 2. CU 为加计数输入脉冲 3. CD 为减计数输入脉冲 4. PV 为整型预设值，CV 为整型的当前计数值，两者上、下限取决于计数器指定数据类型的最大值与最小值 5. R 为逻辑 1 时 CV 值复位
减计数器	<???> CTD ??? CD　Q LD　CV PV	#IEC_Counter_CTD(CD:=_bool_in_, LD:=_bool_in_, PV:=_int_in_, Q=>_bool_out_, CV=>_int_out_);	
加、减计数器	<???> CTUD ??? 数据类型 CU　QU CD　QD R　CV LD <???> PV	#IEC_Counter_CTUD(CU:=_bool_in_, CD:=_bool_in_, R:=_bool_in_, LD:=_bool_in_, PV:=_int_in_, QU=>_bool_out_, QD=>_bool_out_, CV=>_int_out_);	

（2）**减计数器 CTD**　减计数器 CTD 每当 CD 由逻辑 0 变为逻辑 1 时减计数一次，当 CV 值等于 0 时 Q 点输出逻辑 1，任意时刻 LD 为逻辑 1 时 Q 点输出逻辑 0 且 CV 设置为 PV 值。PV 设置为 3 且指令的数据类型为无符号整型时工作波形图如图 3-33 所示。

（3）**加减计数器 CTUD**　加减计数器 CTUD 每当 CU 由逻辑 0 变为逻辑 1 时加计数一次，CD 由逻辑 0 变为逻辑 1 时减计数一次，当 CV≥PV 时 QU 输出逻辑 1，否则为逻辑 0；当 CV≤0 时 QD 输出逻辑 1，否则为逻辑 0。任意时刻 R 为逻辑 1 时 QU 输出逻辑 0，停止计数并设置 CV 为 0；任意时刻 LD 为逻辑 1 时 QD 输出逻辑 0，停止计数并设置 CV 为 PV 值。PV 设置为 4 时工作波形图如图 3-34 所示。

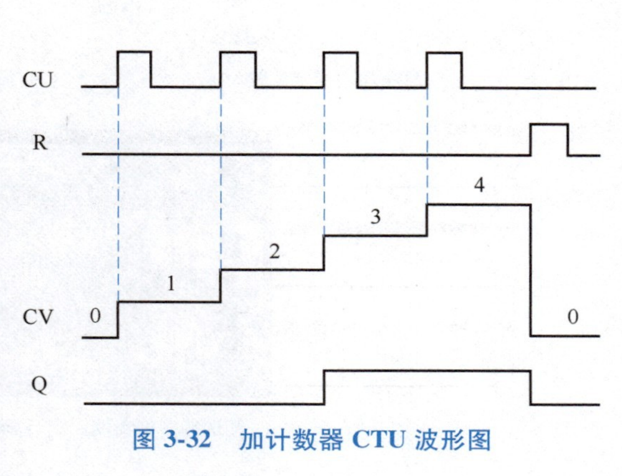

图 3-32　加计数器 CTU 波形图

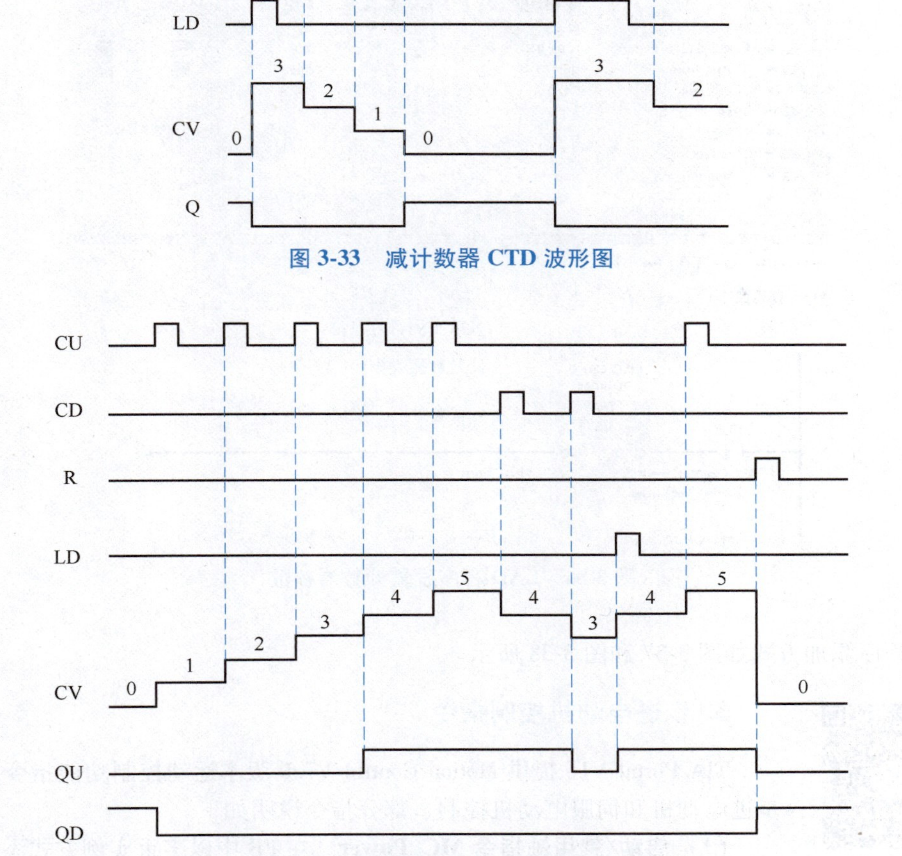

图 3-33　减计数器 CTD 波形图

图 3-34　加减计数器 CTUD 波形图

（4）**计数器的应用**　以在 FB 中添加 CTU 计数器为例，LAD 程序添加方式如图 3-35 和图 3-36 所示。

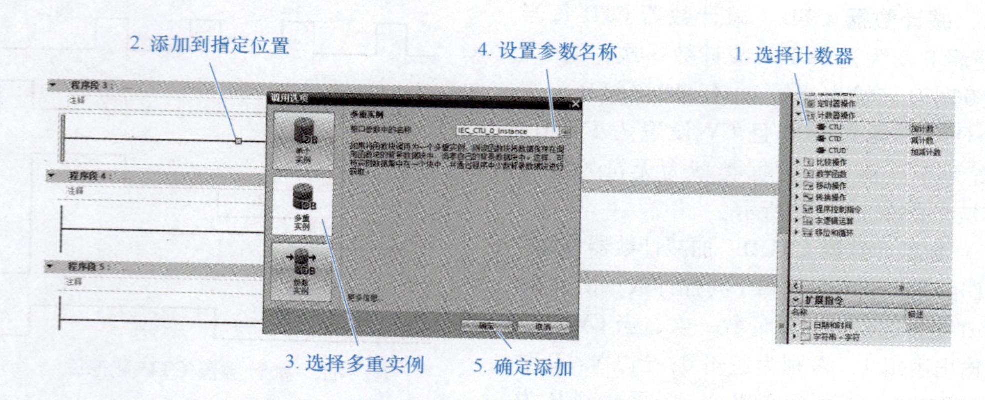

图 3-35　LAD 程序在 FB 中添加计数器指令

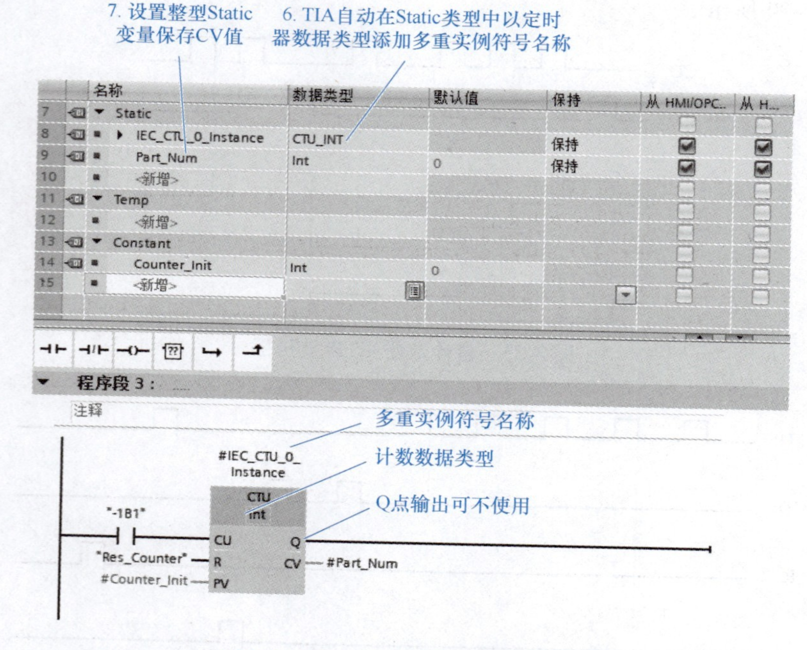

图 3-36　LAD 程序设置计数器参数

SCL 程序添加方式如图 3-37 和图 3-38 所示。

步进电动机
程序控制

3. 步进电动机控制指令

TIA Portal V16 提供 Motion Control V7.0 版本运动控制功能指令，可实现步进电动机和伺服电动机控制，部分指令说明如下。

（1）**启动/禁用轴指令 MC_Power**　在 FB 中以多重实例方式添加工艺中“Motion Control”文件夹下的“MC_Power”指令，使能该命令后才能执行其他运动控制指令，指令及设置如图 3-39所示，指令参数说明见表 3-7。

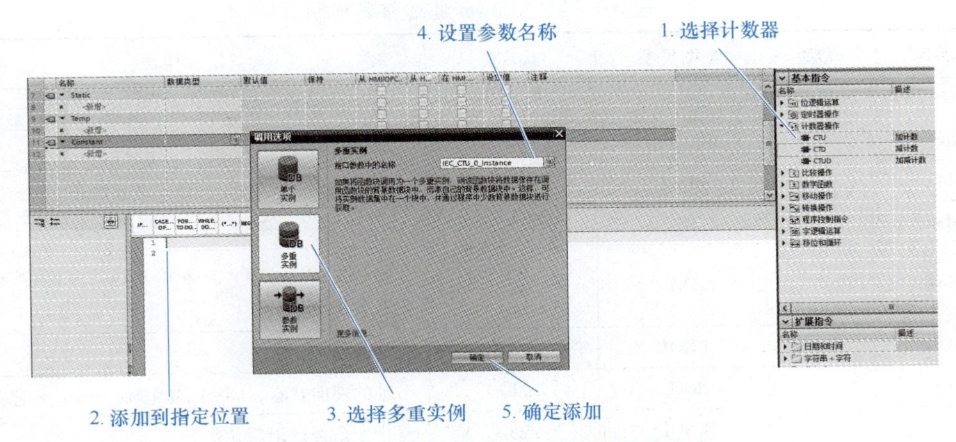

图 3-37　SCL 程序在 FB 中添加计数器指令

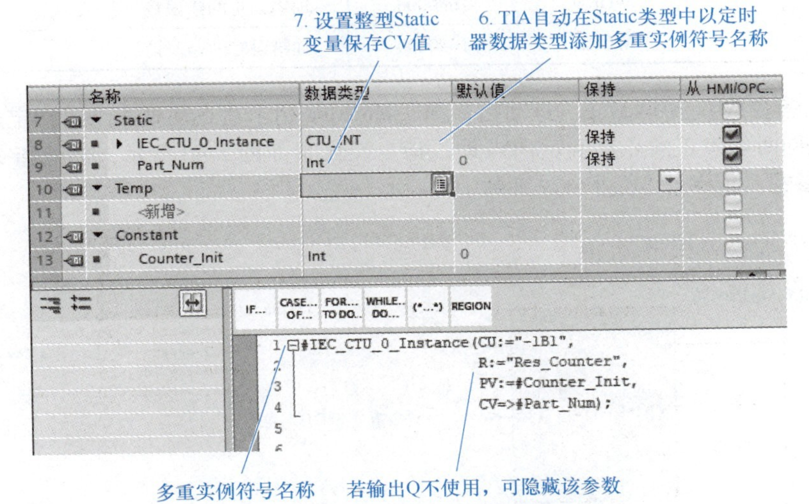

图 3-38　SCL 程序中设置计数器参数

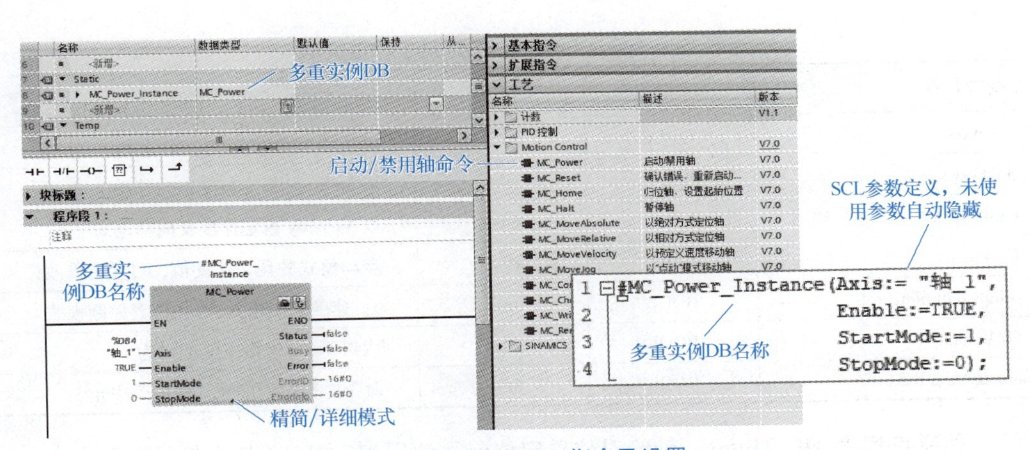

图 3-39　MC_Power 指令及设置

表 3-7　MC_Power 指令参数说明

端口名称	类型	数据类型	默认值	说明
EN	输入	—	—	命令使能端，EN 为逻辑 1 时执行该指令
Axis		TO_Axis	—	轴工艺对象
Enable		BOOL	false	true：轴启用；false：停止并禁用轴
StartMode		INT	1	0：速度控制模式；1：位置控制模式
StopMode		INT	0	0：紧急停止；1：立即停止；2：带有加速变化率的紧急停止
ENO	输出	BOOL	—	使能输出
Status		BOOL	false	轴的使能状态，false：禁用轴；true：轴已启用
Busy		BOOL	false	指令是否处于活动状态
Error		BOOL	false	轴对象发生错误
ErrorID		WORD	16#0000	轴错误时的错误号
ErrorInfo		WORD	16#0000	轴错误时的错误信息

（2）**点动指令 MC_MoveJog**　点动指令 MC_MoveJog 用于在点动模式下以指定速度连续移动轴，注意不能同时触发正向点动和反向点动，指令及设置如图 3-40 所示，部分指令参数说明见表 3-8，其他参数功能参考 MC_Power 参数。

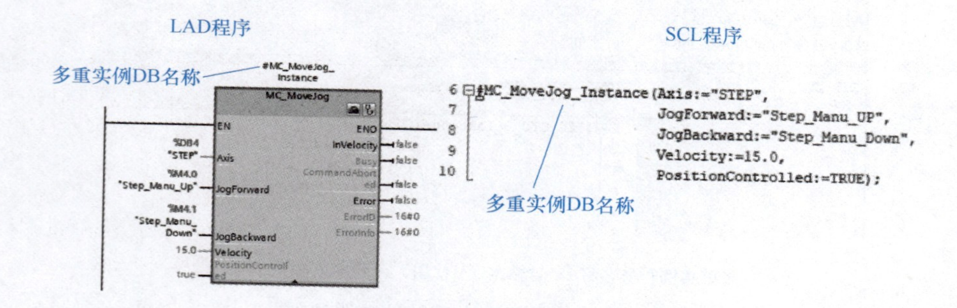

图 3-40　点动指令 MC_MoveJog 及设置

表 3-8　MC_MoveJog 部分指令参数说明

端口名称	类型	数据类型	默认值	说明
Axis	输入	TO_Axis	—	轴工艺对象
JogForward		BOOL	false	以 Velocity 指定速度正向移动
JogBackward		BOOL	false	以 Velocity 指定速度反向移动
Velocity		REAL	10. 0	点动模式的预设速度值，可实时修改
PositionControlled		BOOL	true	0：速度控制模式；1：位置控制模式
InVelocity	输出	BOOL	false	达到 Velocity 指定速度时为 1
CommandAborted		BOOL	false	命令执行过程中被其他命令中止

（3）**回原点指令 MC_Home**　轴绝对位置定位前须调用 MC_Home 指令使轴归位，以匹配轴坐标与实际物理驱动器位置，指令如图 3-41 所示，部分指令参数说明见表 3-9。

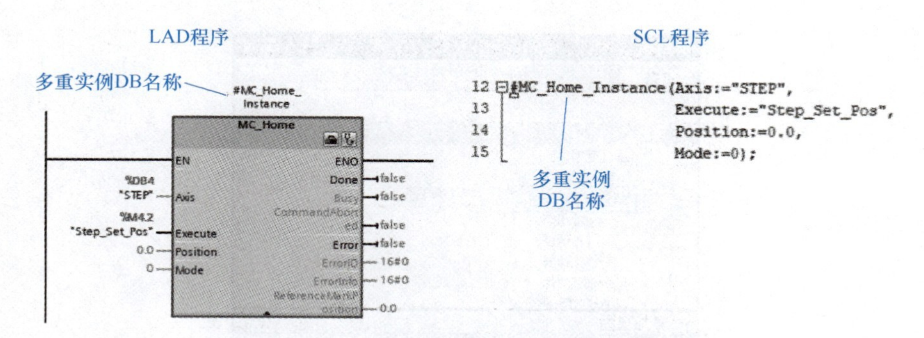

图 3-41　回原点指令 MC_Home 及参数设置

表 3-9　MC_Home 部分指令参数说明

端口名称	类型	数据类型	默认值	说明
Axis	输入	TO_Axis	—	轴工艺对象
Execute		BOOL	false	上升沿时启动回原点
Position		REAL	0.0	Mode＝1：当前轴位置的修正值 Mode＝0，2，3：完成回原点操作之后，轴的绝对值
Mode		INT	0	回原点模式 Mode＝0：以绝对方式回零（Position 值），仅以当前位置建立绝对坐标系，实现在无原点开关下的绝对运动操作，轴不运行 Mode＝1：以相对方式回零（当前轴位置＋Position 值），运行后在原坐标系基础上增加 Position 值作为新的绝对坐标系，轴不运行 Mode＝2：被动回零（Position 值） Mode＝3：主动回零（Position 值）
Done	输出	BOOL	false	回零到位后输出为 true
ReferenceMar kPosition		REAL	0.0	当 Done＝true 时，显示工艺对象回原点位置

执行回原点指令后若轴回到原点，则“轴名称 . StatusBits. HomingDone”为 true，如图 3-42 所示。

（4）**绝对位置指令 MC_MoveAbsolute**　绝对位置指令可控制轴以指定速度运行到绝对位置定位，使用该指令时轴必须先回到原点，指令及参数设置如图 3-43 所示，部分指令参数说明见表 3-10。

表 3-10　MC_MoveAbsolute 部分指令参数说明

端口名称	类型	数据类型	默认值	说明
Axis	输入	TO_Axis	—	轴工艺对象
Execute		BOOL	false	上升沿时启动指令
Position		REAL	0.0	绝对目标位置
Velocity		REAL	0	轴的运行速度
Done	输出	BOOL	false	到达目标位置
CommandAborted		BOOL	false	命令执行过程中被其他命令中止

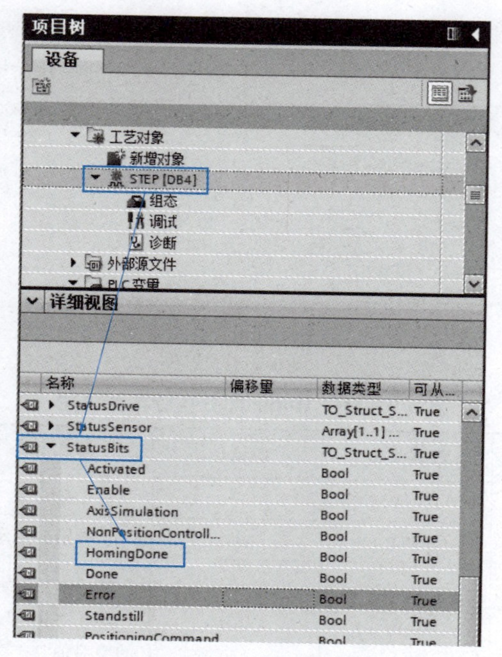

图 3-42　轴对象参数

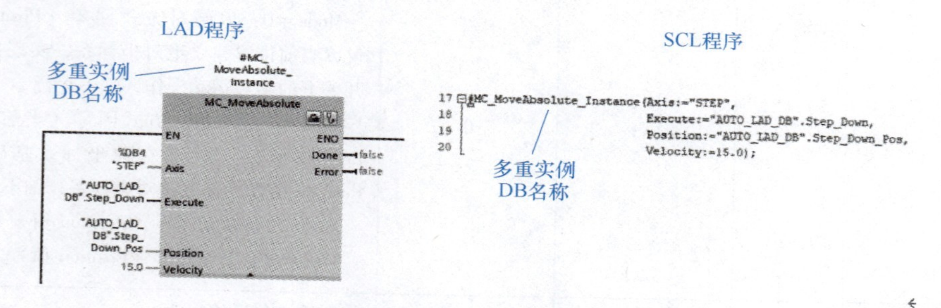

图 3-43　绝对位置指令 MC_MoveAbsolute 及参数设置

（5）**相对定位指令 MC_MoveRelative**

相对位置是指相对于当前位置在正方向或负方向上运行指定距离，绝对位置是以绝对坐标系坐标原点为基础运行指定距离，其运动后的位置固定而不受当前位置影响，本项目只使用绝对位置指令。相对定位指令如图 3-44 所示，部分指令参数说明见表 3-11。

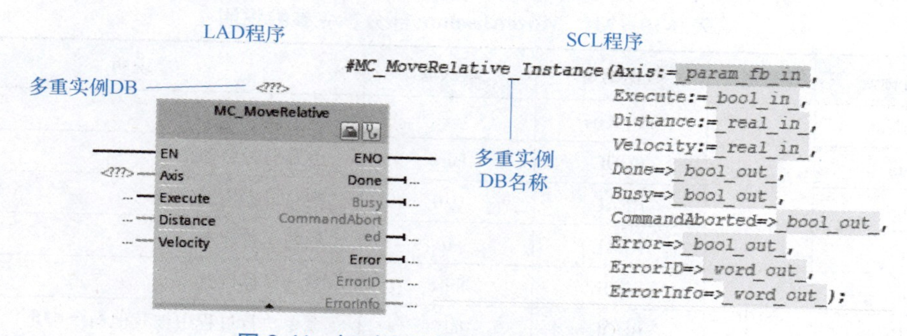

图 3-44　相对定位指令 MC_MoveRelative

表 3-11　MC_MoveRelative 部分指令参数说明

端口名称	类型	数据类型	默认值	说明
Axis	输入	TO_Axis	—	轴工艺对象
Execute	输入	BOOL	false	上升沿时启动指令
Distance	输入	REAL	0.0	定位操作的移动距离，正负号控制运动方向
Velocity	输入	REAL	0	轴的运行速度
Done	输出	BOOL	false	达到目标位置

（6）**停止轴运行指令 MC_Halt**　MC_Halt 指令控制轴以组态的减速度停止所有运动，该指令如图 3-45 所示，部分指令参数说明见表 3-12。

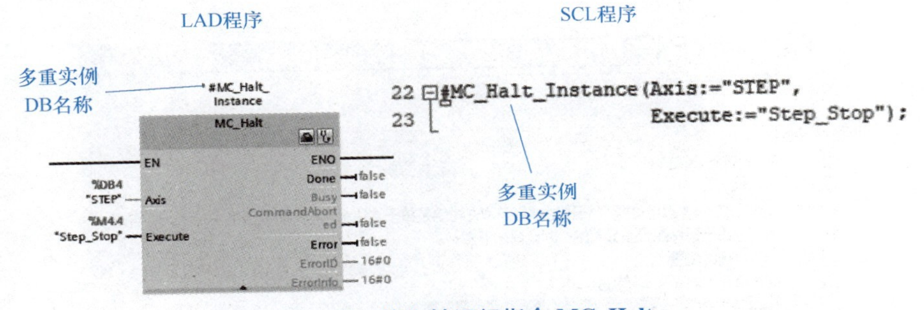

图 3-45　停止轴运行指令 MC_Halt

表 3-12　MC_Halt 部分指令参数说明

端口名称	类型	数据类型	默认值	说明
Axis	输入	TO_Axis	—	轴工艺对象
Execute	输入	BOOL	false	上升沿时启动指令
Done	输出	BOOL	false	速度达到 0

（7）**确认故障指令 MC_Reset**　轴报错之后必须确认故障才可以继续动作，使用复位轴指令“MC_Reset”可将工艺对象的“伴随轴停止出现的运行错误”和“组态错误”故障恢复，该指令如图 3-46 所示，部分指令参数说明见表 3-13。

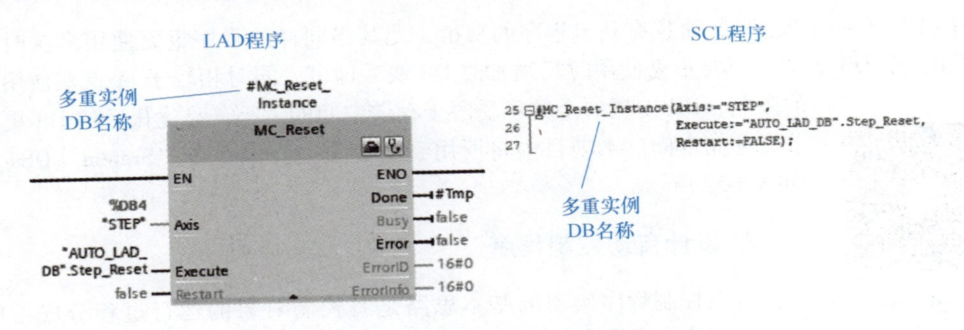

图 3-46　确认故障指令 MC_Reset

表 3-13　MC_Reset 部分指令参数说明

端口名称	类型	数据类型	默认值	说明
Axis	输入	TO_Axis	—	轴工艺对象
Execute	输入	BOOL	false	上升沿时启动指令
Restart	输入	BOOL	false	Restart = 0：确认错误 Restart = 1：将轴的组态从装载存储器下载到工作存储器（只有在禁用轴的时候才能执行该命令）
Done	输出	BOOL	false	为 TRUE 时轴错误已确认

若修改程序后需重新下载时报如图 3-47 所示已激活实例但无法下载的错误，则需先将 PLC 置为 STOP 后再下载程序。

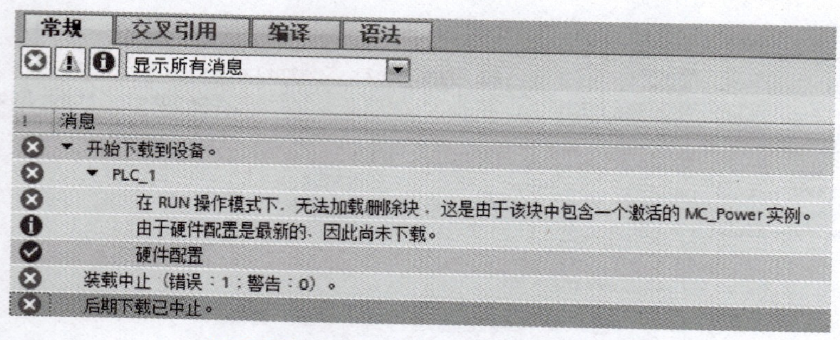

图 3-47　已激活实例但无法下载错误

1. 设计程序框架

控制系统程序分为手动控制模块、自动控制模块、驱动控制模块以及触摸屏动画模块四个部分，如图 3-48 所示，手/自动切换由触摸屏按钮控制。

触摸屏可直接设置手动控制信号状态，只需在驱动模块中直接引用其值即可，因此手动控制 FC 模块只实现与自动控制相关的复位，手动控制程序如图 3-49 所示。

变量“AUTO_LAD_DB”.Auto_Step 为定义在自动控制模块 FB 实例中的静态变量，用于存储当前执行的步骤。

DB 块不仅可以自定义，而且有利于程序的移植，尤其当同样的程序重复使用多次时可将变量保存在一个 DB 块中，当要重复使用时只须修改 DB 块号即可。同时相较于 M 点在使用个数上的限制，DB 使用的个数只受限于存储空间的大小，且优化后的 DB 更有利于节省存储空间。本项目中将所用到的变量全部保存在“System（DB1）”中，如图 3-50 所示。

自动控制
程序结构

2. 设计自动控制程序

自动控制程序实现的基本思路是将控制对象的运行过程分成不同的状态，根据执行过程中信号的变化，即触发条件实现状态的切换，不同状态执

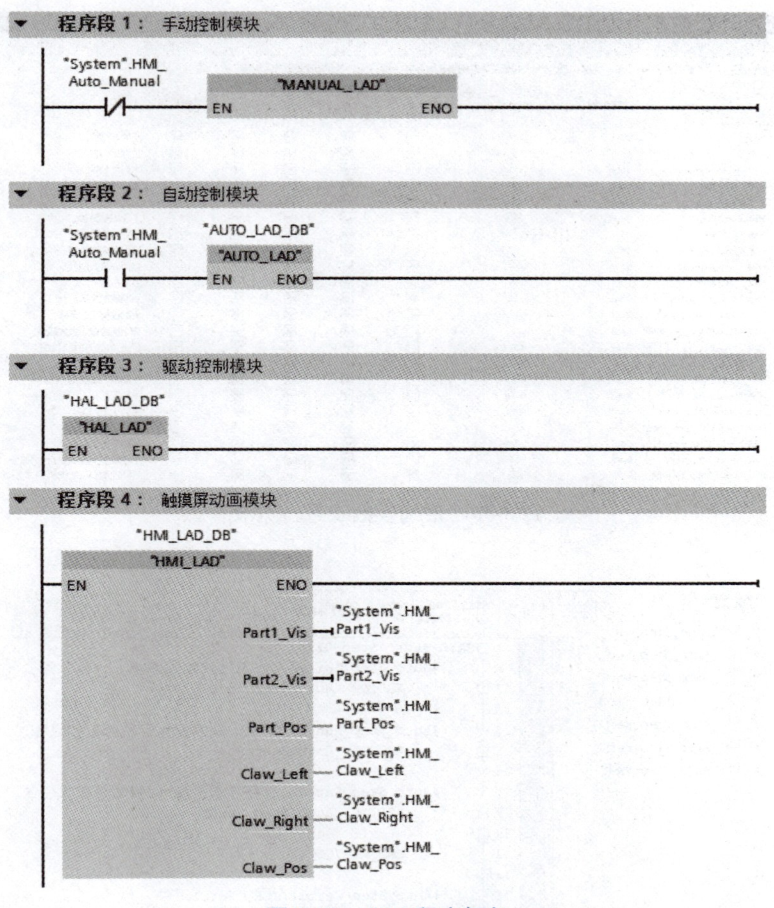

图 3-48　OB1 程序框架

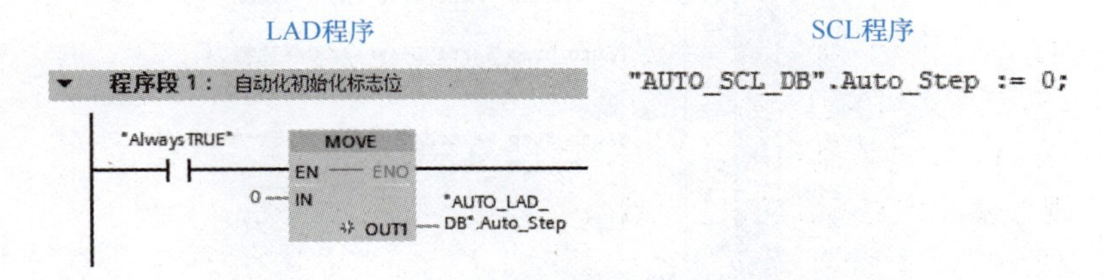

图 3-49　手动控制程序

行不同的动作。本项目中将存储在整型变量“Auto_Step”中当前需执行的步骤序号与自动化步数值相比较，若两者相等则执行当前自动化步数值所匹配的内容，每执行完一步后修改“Auto_Step”中的数值，以执行其他步骤。

相较于使用 IF 条件语句实现状态控制，SCL 编程时使用 CASE 语句不仅可实现相同功能，还可利用 CASE 语句中标号不能重复的特点，借助编译器编译检查功能保证系统只能进入一种状态，更适合于自动控制，SCL 自动运行程序框架如图 3-51 所示。

自动控制以 FB 方式实现，只关注工艺逻辑关系，具体的轴控制工艺由驱动模块完成。将自动控制中所涉及的变量以 Static 类型定义，如图 3-52 所示。

建议将系统所涉及的常量参数定义为 Constant 类型，使用时可使用符号名称以代替具体的数

项目3 工件自动分拣系统 ▸ PLC_1 [CPU 1215C DC/DC/DC] ▸ 程序块 ▸ System [DB1]

System

	名称	数据类型	起始值	保持	从 HMI/OPC..	从 H...	在 HMI ...	设定值	注释
1	▾ Static			☐	☐	☐	☐	☐	
2	Part_1	Int	0	☐	☑	☑	☑	☑	工件1个数
3	Part_2	Int	0	☐	☑	☑	☑	☑	工件2个数
4	HMI_Auto_Manual	Bool	false	☐	☑	☑	☑	☐	手自动切换
5	HMI_Dis_Moto	Byte	16#0	☐	☑	☑	☑	☐	电机动画列表参数
6	HMI_Part1_Vis	Bool	false	☐	☑	☑	☑	☐	工件1是否显示
7	HMI_Part2_Vis	Bool	false	☐	☑	☑	☑	☐	工件2是否显示
8	HMI_Part_Pos	Int	0	☐	☑	☑	☑	☐	工件位置变量
9	HMI_Claw_Left	Int	0	☐	☑	☑	☑	☐	夹爪左夹头位置
10	HMI_Claw_Right	Int	0	☐	☑	☑	☑	☐	夹爪右夹头位置
11	HMI_Claw_Pos	Int	0	☐	☑	☑	☑	☐	夹爪位置
12	HMI_Manu_Step_Up	Bool	false	☐	☑	☑	☑	☐	手动控制夹爪上升
13	HMI_Manu_Step_Down	Bool	false	☐	☑	☑	☑	☐	手动控制夹爪下降
14	HMI_Manu_Step_Set_Pos	Bool	false	☐	☑	☑	☑	☐	将当前位置设置为原点
15	HMI_Step_Pos	Real	100.0	☐	☑	☑	☑	☐	步进运动目标绝对位置
16	HMI_Manu_Step_Stop	Bool	false	☐	☑	☑	☑	☐	步进停止运动
17	HMI_Manu_1M1	Bool	false	☐	☑	☑	☑	☐	手动控制直流电动机
18	HMI_Manu_1A1	Bool	false	☐	☑	☑	☑	☐	手动控制1A1
19	HMI_Manu_2A1	Bool	false	☐	☑	☑	☑	☐	手动控制2A1
20	HMI_Manu_Counter_Reset	Bool	false	☐	☑	☑	☑	☐	手动复位计数器
21	HMI_Manu_Step_Reset	Bool	false	☐	☑	☑	☑	☐	手动复位步进轴
22	HMI_Manu_Step_Abs	Bool	false	☐	☑	☑	☑	☐	手动设置步进轴原点
23	HMI_Manu_Step_Home	Bool	false	☐	☑	☑	☑	☐	手动控制步进轴回原点

图 3-50　系统参数设置一览表

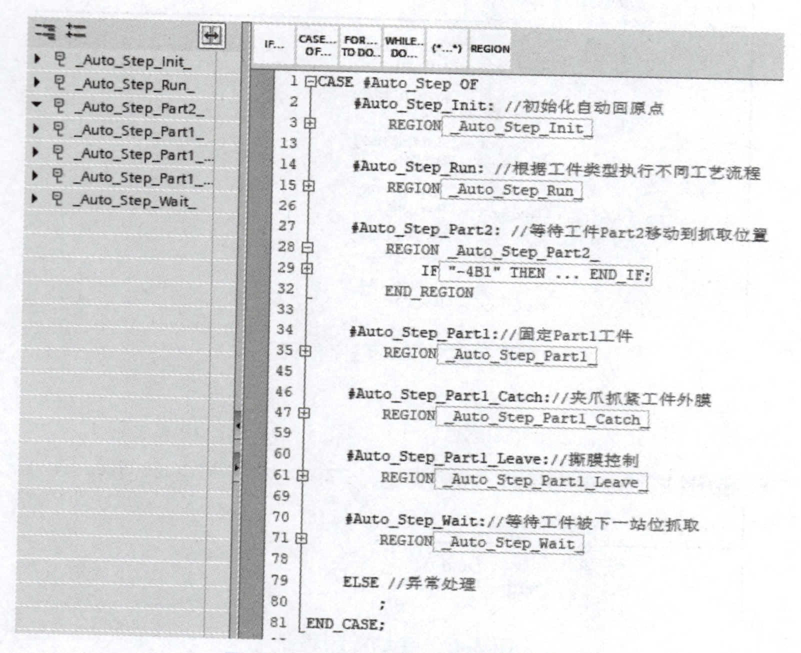

图 3-51　SCL 自动运行程序框架

值，不仅有利于变量的查找，后期若需要修改也只需修改符号所对应的数值，而无须修改每一个被使用的数值，如图 3-53 所示。

自动控制程序如图 3-54～图 3-60 所示。

比较指令支持等于（==）、不等于（<>）、大于（>）、大于等于（>=）、小于（<）、小于等于（<=）六种运算方式，图 3-54 中程序段 1 其他说明如下。

1）系统进入自动运行后，点动步进电动机（线圈“#Auto_Init_Step”控制）运行到原点（“-5B1”）。

2）步进电动机运行到原点后（即触点“-5B1”得电），将当前位置设置为原点。

		名称	数据类型	默认值	保持					注释
7	▼	Static				☐	☐	☐	☐	
8	■	Auto_Init_Step	Bool	false	非保持	☑	☑	☑	☐	回原点
9	■	Auto_Step	Int	0	保持	☑	☑	☑	☑	自动步骤
10	■	Auto_1Q1	Bool	false	非保持	☑	☑	☑	☑	Part2的1Q1控制信号
11	■	Auto_1A1	Bool	false	非保持	☑	☑	☑	☐	自动运行1A1控制信号
12	■	Tmp_1B1	Bool	false	非保持	☑	☑	☑	☑	临时变量
13	■	Tmp_2B1	Bool	false	非保持	☑	☑	☑	☐	临时变量
14	■	Auto_Step_Set_Pos	Bool	false	非保持	☑	☑	☑	☐	设置步进原点
15	■	Auto_Step_F_Down	Bool	false	非保持	☑	☑	☑	☐	脉冲发送完毕标志位
16	■	Auto_2A1	Bool	false	非保持	☑	☑	☑	☐	自动运行2A1控制信号
17	■ ▸	Part1_TON_2A1	TON_TIME		非保持	☑	☑	☑	☑	Part1定时多重背景
18	■	Auto_Step_Back_Pos	Bool	false	非保持	☑	☑	☑	☑	自动运行回零点
19	■	Auto_Step_Down	Bool	false	非保持	☑	☑	☑	☐	自动运行到绝对位置
20	■ ▸	F_1B1_TRIG_Instance	F_TRIG			☑	☑	☑	☐	1B1下降沿多重背景
21	■ ▸	F_2B1_TRIG_Instance	F_TRIG			☑	☑	☑	☑	1B1下降沿多重背景
22	▼	Temp				☐	☐	☐	☐	
23	■	Tmp	Bool			☐	☐	☐	☐	临时变量

仅LAD编程使用（行12～13）；仅SCL编程使用（行20～23）

图 3-52　自动控制 FB 中 Static 类型变量定义

		名称	数据类型	值					注释
25	▼	Constant			☐	☐	☐	☐	
26	■	Auto_Step_Init	Int	0	☐	☐	☐	☐	自动运行初始化
27	■	Auto_Step_Run	Int	10	☐	☐	☐	☐	开始自动运行
28	■	Auto_Step_Part2	Int	100	☐	☐	☐	☐	进入Part2处理
29	■	Auto_Step_Part2_4B1	Int	110	☐	☐	☐	☐	Part2处理步骤
30	■	Auto_Step_Part1	Int	200	☐	☐	☐	☐	进入Part1处理
31	■	Auto_Step_Part1_Catch	Int	210	☐	☐	☐	☐	夹爪下降
32	■	Auto_Step_Part1_Leave	Int	220	☐	☐	☐	☐	断膜步骤
33	■	Auto_Step_Wait	Int	230	☐	☐	☐	☐	等待工件被抓取
34	■	Auto_Part1_TON_2A1	Time	T#500MS	☐	☐	☐	☐	Part1定时时间

图 3-53　自动控制 FB 中 Constant 类型常量定义

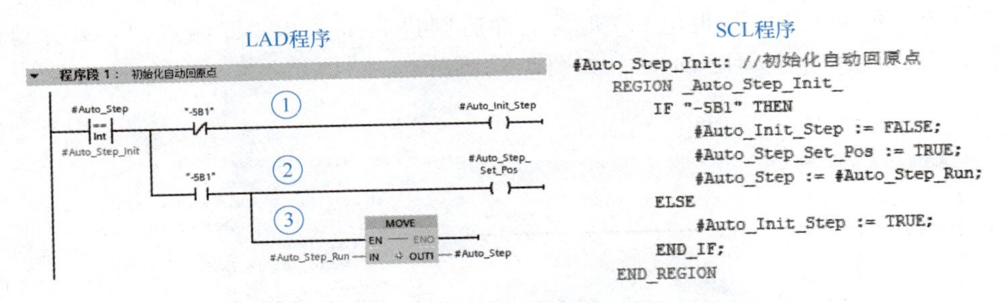

LAD程序
程序段 1：初始化自动回原点
#Auto_Step
==
Int
#Auto_Step_Init
"-5B1"
#Auto_Init_Step
"-5B1"
#Auto_Step_Set_Pos
MOVE
EN
ENO
#Auto_Step_Run
IN
OUT1
#Auto_Step
SCL程序
#Auto_Step_Init: //初始化自动回原点
REGION _Auto_Step_Init_
IF "-5B1" THEN
#Auto_Init_Step := FALSE;
#Auto_Step_Set_Pos := TRUE;
#Auto_Step := #Auto_Step_Run;
ELSE
#Auto_Init_Step := TRUE;
END_IF;
END_REGION

图 3-54　初始化自动回原点

3）将当前步骤（“#Auto_Step”）修改为“#Auto_Step_Run”，进入下一步。

如图 3-55 所示，当检测到有工件时，即触点“-1B1”有信号时将发射器线圈“#Auto_1Q1”置位以告知上一站位不再放置新工件。

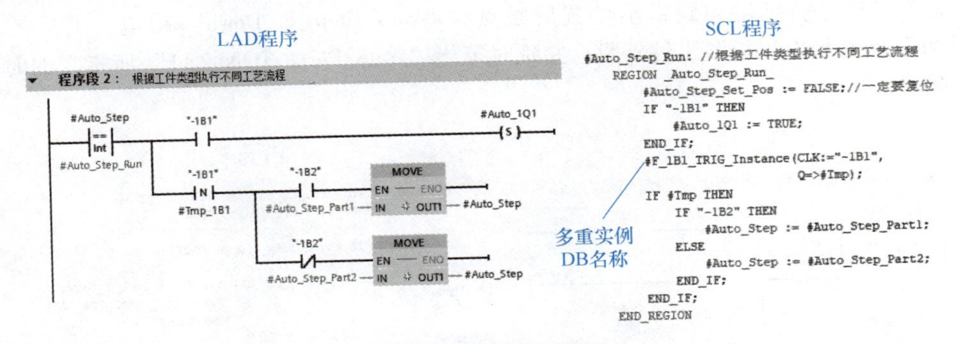

LAD程序
程序段 2：根据工件类型执行不同工艺流程
#Auto_Step
==
Int
#Auto_Step_Run
"-1B1"
#Auto_1Q1
S
"-1B1"
N
#Tmp_1B1
"-1B2"
MOVE
EN
ENO
#Auto_Step_Part1
IN
OUT1
#Auto_Step
"-1B2"
MOVE
EN
ENO
#Auto_Step_Part2
IN
OUT1
#Auto_Step
SCL程序
#Auto_Step_Run: //根据工件类型执行不同工艺流程
REGION _Auto_Step_Run_
#Auto_Step_Set_Pos := FALSE;//一定要复位
IF "-1B1" THEN
#Auto_1Q1 := TRUE;
END_IF;
#F_1B1_TRIG_Instance(CLK:="-1B1",
Q=>#Tmp);
IF #Tmp THEN
IF "-1B2" THEN
#Auto_Step := #Auto_Step_Part1;
ELSE
#Auto_Step := #Auto_Step_Part2;
END_IF;
END_IF;
END_REGION
多重实例
DB名称

图 3-55　工件颜色识别

色标传感器检测到黑色、蓝色和绿色时输出高电平，因对白色、红色和黄色不敏感而输出为低电平，本项目以检测蓝色工件和黄色工件为例。任意颜色工件放置在多楔带时，物料检测传感器“-1B1”有信号，当工件离开该检测位置时，色标传感器检测到蓝色工件时执行“#Auto_Step_Part1”自动化步骤；当检测到黄色工件时（“-1B2”无信号）执行“#Auto_Step_Part2”自动化步骤。

LAD 下降沿指令中操作数 2 保存上一周期的扫描值，若设定为 Temp 类型则每次执行 FC/FB 时都为 0，影响边沿信号的执行结果，因此需将其设置为 Static 类型以存储上一周期的扫描值。而 SCL 程序中则是利用多重实例 DB 保存上一周期的扫描值，所以只需使用 Temp 类型变量判断边沿指令的执行结果即可。

进入黄色工件执行流程后，等待工件运输到抓取位置，即触点“-4B1”有信号时进入等待工件被抓取步骤（#Auto_Step_Wait），如图 3-56 所示。

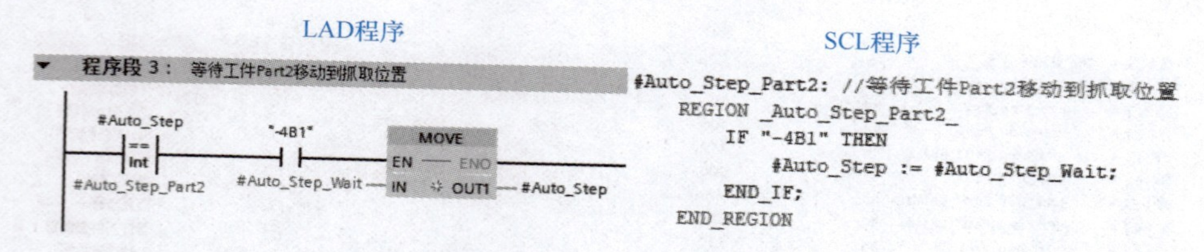

图 3-56　黄色工件执行步骤

进入蓝色工件处理流程后，当工件进入固定位置（触点“-2B1”下降沿指令有效），气缸夹紧工件（线圈“#Auto_1A1”得电），夹紧工件后则进入下一步，即触点“-3B1”得电执行 MOVE 指令（#Auto_Step_Part1_Catch），如图 3-57 所示。

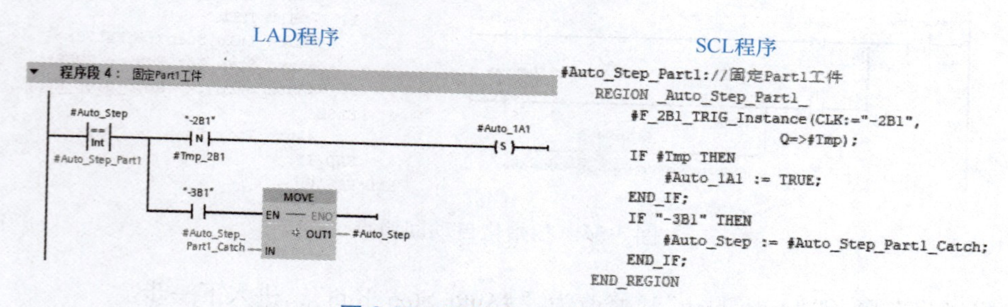

图 3-57　固定 Part1 蓝色工件

抓紧工件外膜程序如图 3-58 所示，本步骤首先发送运行到绝对位置指令（线圈“Auto_Step_Down”），当步进电动机运动到指定位置后触点“#Auto_Step_F_Down”得电，夹爪控制线圈“Auto_2A1”同时得电以抓紧工件外膜，并延时等待“Auto_Part1_TON_2A1”所指定的时间后进入下一步。

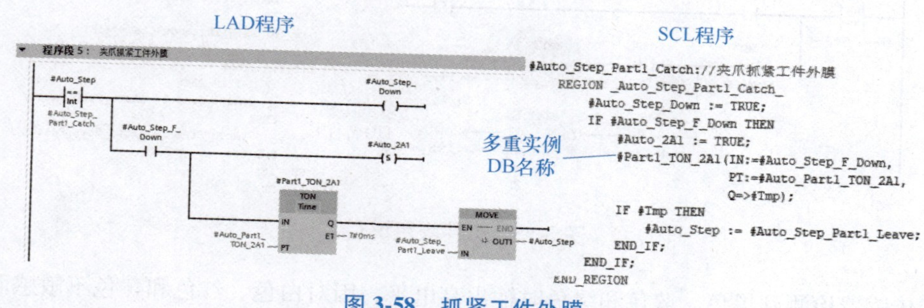

图 3-58　抓紧工件外膜

撕膜控制程序如图 3-59 所示，固定气缸松开（线圈“Auto_1A1”复位），使得工件继续在多楔带上运行，同时夹紧的夹爪返回到原点（线圈“Auto_Step_Back_Pos”得电）以实现撕膜动作。当夹爪回到原点且工件移动到抓取点时，即触点“-5B1”和“-4B1”同时得电后进入下一步。

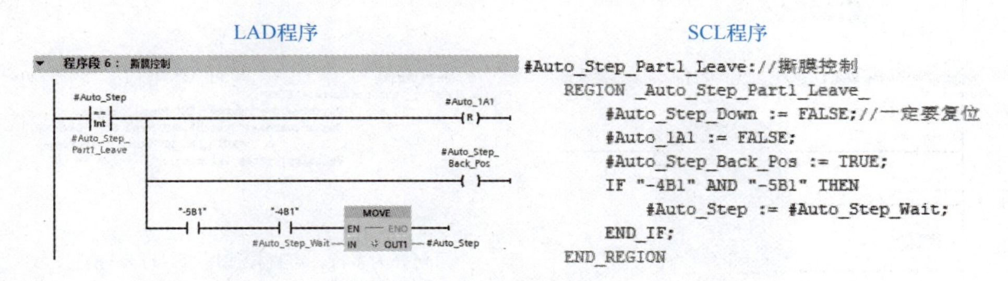
LAD程序
SCL程序
程序段 6： 撕膜控制
#Auto_Step
#Auto_Step_Part1_Leave
#Auto_1A1
#Auto_Step_Back_Pos
"-5B1"
"-4B1"
MOVE
EN
ENO
IN
OUT1
#Auto_Step_Wait
#Auto_Step
#Auto_Step_Part1_Leave://撕膜控制
REGION _Auto_Step_Part1_Leave_
#Auto_Step_Down := FALSE;//一定要复位
#Auto_1A1 := FALSE;
#Auto_Step_Back_Pos := TRUE;
IF "-4B1" AND "-5B1" THEN
#Auto_Step := #Auto_Step_Wait;
END_IF;
END_REGION

图 3-59　撕膜控制

等待工件被下一站抓取程序如图 3-60 所示，完成撕膜后夹爪松开（线圈“Auto_2A1”复位），当工件被下一站位抓取后（常闭触点“-4B1”导通）复位发射器线圈“#Auto_1Q1”，以告知上一站位可放置新的工件，并进入新的循环。

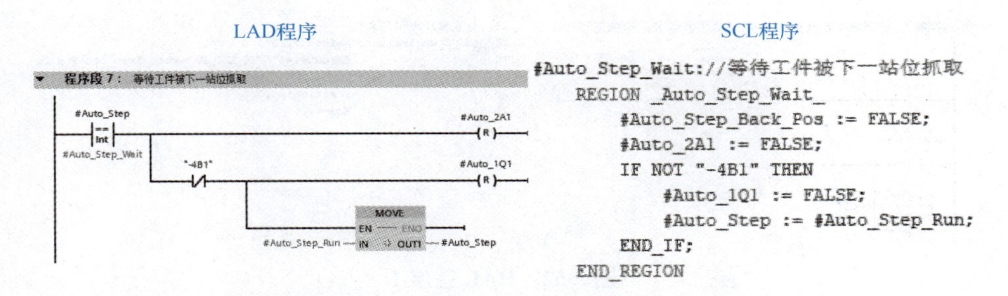
LAD程序
SCL程序
程序段 7： 等待工件被下一站位抓取
#Auto_Step
#Auto_Step_Wait
#Auto_2A1
"-4B1"
#Auto_1Q1
MOVE
EN
ENO
IN
OUT1
#Auto_Step_Run
#Auto_Step
#Auto_Step_Wait://等待工件被下一站位抓取
REGION _Auto_Step_Wait_
#Auto_Step_Back_Pos := FALSE;
#Auto_2A1 := FALSE;
IF NOT "-4B1" THEN
#Auto_1Q1 := FALSE;
#Auto_Step := #Auto_Step_Run;
END_IF;
END_REGION

图 3-60　等待工件被下一站抓取

3. 设计驱动控制程序

驱动模块 FB 包含手/自动控制步进电动机运动等，模块参数定义如图 3-61 所示。

7	▼ Static				☐	☐	☐	☐	
8	▸ MC_Power_Instance	MC_Power			☑	☑	☑	☑	步进电动机启用
9	▸ MC_MoveJog_Instance	MC_MoveJog			☑	☑	☑	☑	步进电动机手动控制
10	▸ MC_Halt_Instance	MC_Halt			☑	☑	☑	☑	步进电动机暂停控制
11	▸ MC_Home_Instance	MC_Home			☑	☑	☑	☑	步进电动机原点控制
12	▸ MC_Home_Instance_1	MC_Home			☑	☑	☑	☑	步进电动机原点控制
13	▸ MC_MoveAbsolute_In...	MC_MoveAbsolute			☑	☑	☑	☑	步进电动机绝对定位
14	▸ MC_Reset_Instance	MC_Reset			☑	☑	☑	☑	步进电动机复位
15	▸ IEC_Counter_0_Instan...	CTU_INT		保持	☑	☑	☑	☑	计数器
16	▸ IEC_Counter_0_Instan...	CTU_INT		保持	☑	☑	☑	☑	计数器
17	▼ Temp				☐	☐	☐	☐	
18	<新增>				☐	☐	☐	☐	
19	▼ Constant				☐	☐	☐	☐	
20	Step_Velocity	Real	15.0		☐	☐	☐	☐	步进电动机移动速度

图 3-61　驱动模块参数定义

驱动模块程序如图 3-62 ~ 图 3-64 所示。

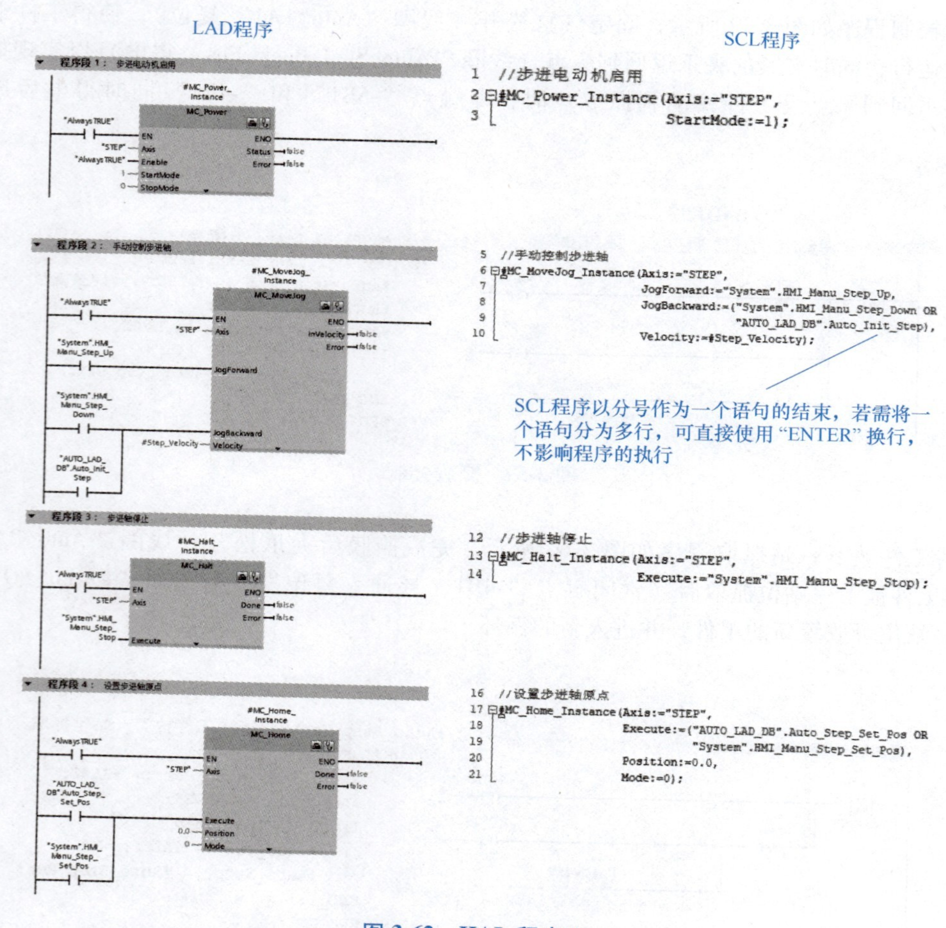

图 3-62 HAL 程序 1

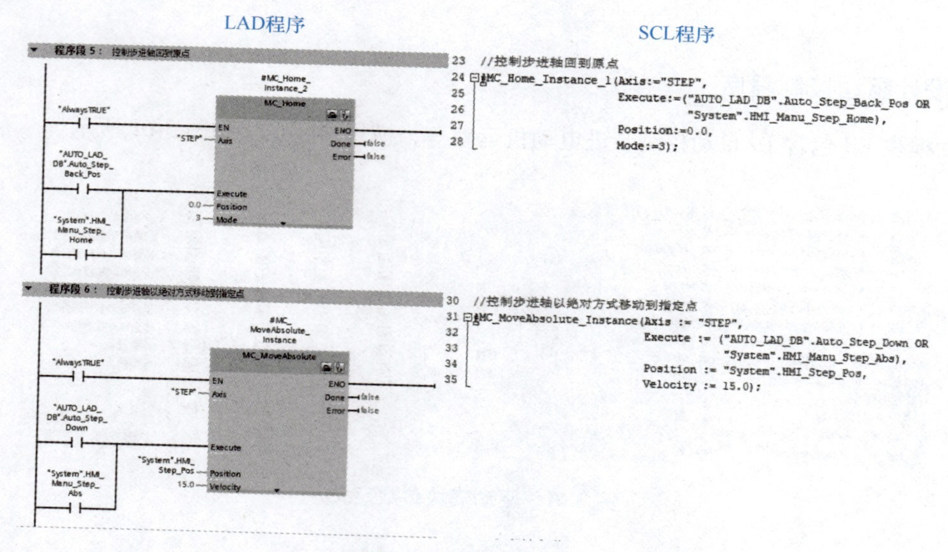

图 3-63 HAL 程序 2

```
37   //步进轴复位
38   #MC_Reset_Instance(Axis:="STEP",
                        Execute:="System".HMI_Manu_Step_Reset);
39
```

```
41   //发射器控制
42   "-1Q1" := "AUTO_LAD_DB".Auto_1Q1;
```

图 3-63　HAL 程序 2（续）

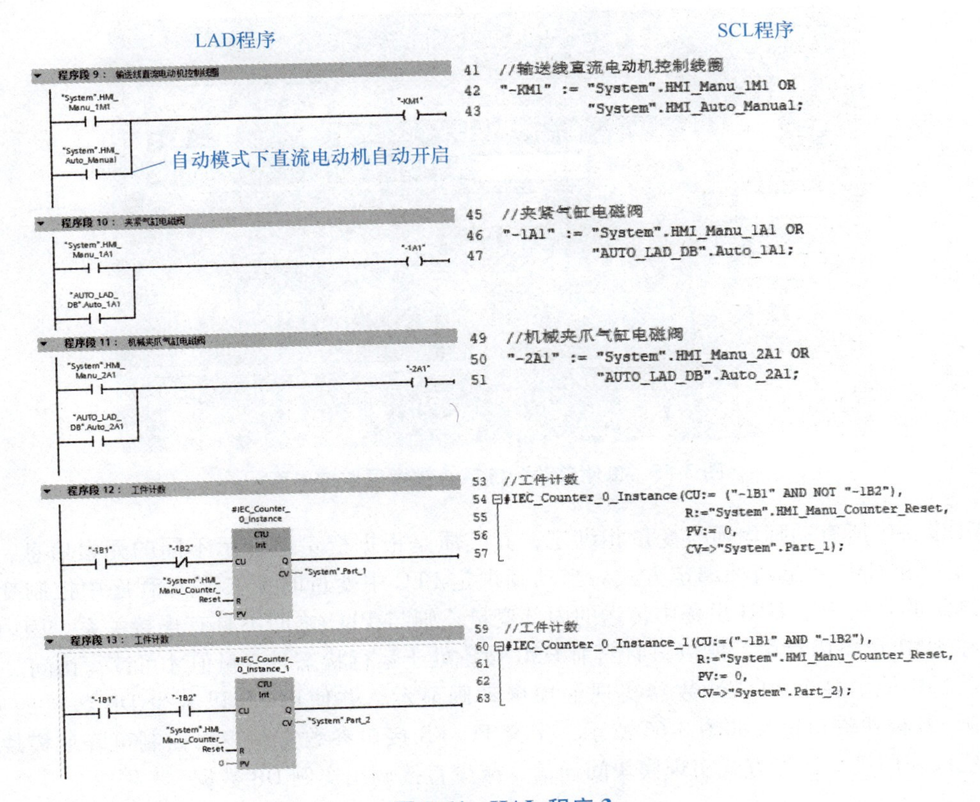

图 3-64　HAL 程序 3

任务 3　触摸屏动画展示

任务描述

设计 HMI 设备监控页面，以动画方式显示当前设备工作状态，从而方便管理和调试设备，并显示必要的设备参数信息。

任务目标

1. 掌握 HMI 设备元素可见性动画设置方法。
2. 掌握 HMI 设备元素旋转及移动动画设置方法。

知识储备

1. 界面动画

触摸屏监控界面除支持手动调试系统外，还可根据工件类型显示不同的工作流程动画。本项目触摸屏监控界面如图 3-65 所示。

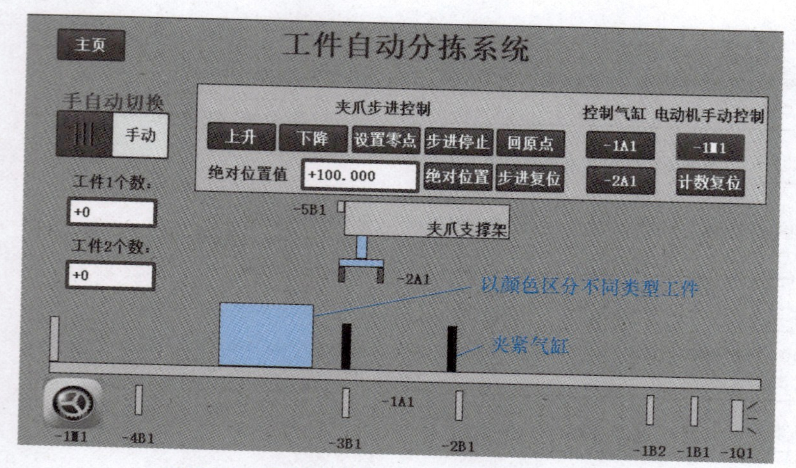

图 3-65 工件自动分拣系统触摸屏监控界面

HMI 设备中所有动画均须与变量相绑定，其实质是根据变量值显示不同的元素信息，并分为 PLC 变量和 HMI 变量两种绑定方式。当动画绑定 PLC 中变量时须在 PLC 程序中控制变量大小；若绑定的是只用于 HMI 设备中传送的内部变量，则与 PLC 之间不具有连接关系，因内部变量存储在 HMI 设备内存中，所以只有当前 HMI 设备处于运行状态时变量值才可读写访问。

本项目中使用多个 PLC 计数器实现触摸屏动画显示，并使用 FB 以减少 DB 数量的使用，HMI 动画 FB 模块端口定义如图 3-66 所示，定义 FC/FB 接口参数实现逻辑控制可降低模块间耦合性，建议采用接口定义方式实现模块间通信，减少直接调用实例 DB 数据。

项目3 工件自动分拣系统 ▸ PLC_1 [CPU 1215C DC/DC/DC] ▸ 程序块 ▸ HMI_LAD [FB3]

HMI_LAD

	名称	数据类型	默认值	保持	从 HMI/OPC...	从 H...	在 HMI ...	设定值	注释
1	▼ Input								
2	<新增>				☐	☐	☐	☐	
3	▼ Output				☐	☐	☐	☐	
4	Part1_Vis	Bool	false	非保持	☑	☑	☑	☐	工件1是否显示
5	Part2_Vis	Bool	false	非保持	☑	☑	☑	☐	工件2是否显示
6	Part_Pos	Int	0	非保持	☑	☑	☑	☐	工件位置变量
7	Claw_Left	Int	0	非保持	☑	☑	☑	☐	夹爪左夹头位置
8	Claw_Right	Int	0	非保持	☑	☑	☑	☐	夹爪右夹头位置
9	Claw_Pos	Int	0	非保持	☑	☑	☑	☐	夹爪位置
10	▼ InOut				☐	☐	☐	☐	
11	<新增>				☐	☐	☐	☐	

图 3-66 FB 模块端口定义

2. 数组定义及引用

当需定义多个相同数据类型元素时可使用数组 Array，这些元素可由除 Array 之外的元素所组成，其定义方式为“ARRAY［下限..上限］of <数据类型>”，如图 3-67 所示。

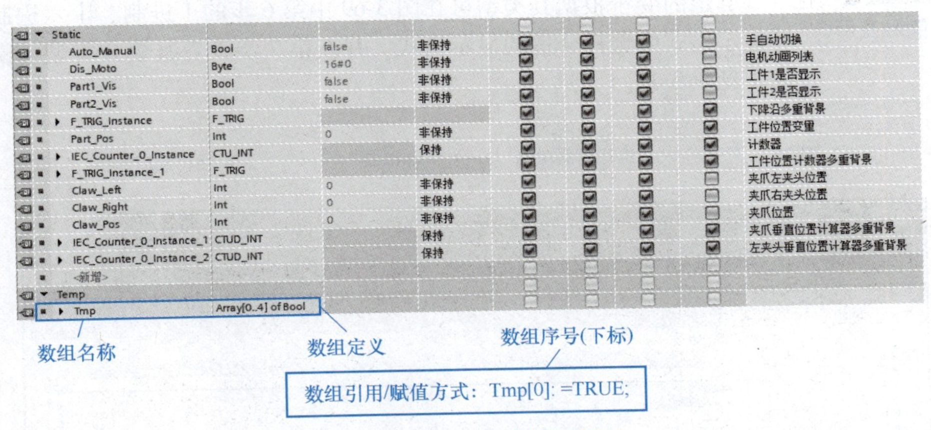

图 3-67　SCL 程序参数定义

使用数组中单个元素时以“数组名称［序号］”方式引用，数组序号（下标）不得超过该数组定义时的上下限，且标准块的限制为“［-32768..32767］of <数据类型>”，优化块的限制为“［-2147483648..2147483647］of <数据类型>”。

HMI 设备中只能使用一维数组，当使用多维数组时会被映射到多个变量中。

3. 数学运算

常见数学运算见表 3-14，当 EN 有效时且输入参数 IN1、IN2 有效时执行运算，运算结果值保存在 OUT 所指令的变量中，单击 ✳ 可扩展输入个数。

表 3-14　常见数学运算一览表

编程语言	加运算	减运算	乘运算	除运算
LAD	ADD Auto (???) EN ENO <???> IN1 OUT <???> <???> IN2 ✳	SUB Auto (???) EN ENO <???> IN1 OUT <???> <???> IN2	MUL Auto (???) EN ENO <???> IN1 OUT <???> <???> IN2 ✳	DIV Auto (???) EN ENO <???> IN1 OUT <???> <???> IN2
SCL	OUT1：=IN1+IN2	OUT：=IN1-IN2	OUT：=IN1 * IN2	OUT：=IN1/IN2

满足以下任意条件时 ENO 为 0。

1）使能输入信号 EN 为 0。

2）输出结果 OUT 的值超过该类型的取值范围。

3）浮点数无效。

1. 设计监控界面功能

（1）**HMI 画面切换**　当 HMI 存在多个画面需要切换时，按照如图 3-68 所示添加按钮后，在

"单击"事件中添加"激活屏幕"事件，然后在画面名称中选择该按钮所需激活的画面即可。若未创建对应画面，可单击"新增"按钮创建画面后再添加。

（2）**变量值显示** 监控界面上使用"I/O 域"显示当前不同工件个数，操作步骤如图 3-69 所示。

绑定的变量根据其类型可在图 3-69 中第 6 步的十进制、十六进制、日期等显示格式中选择合适的显示格式，并在第 7 步设置其模式类型，模式类型说明见表 3-15。

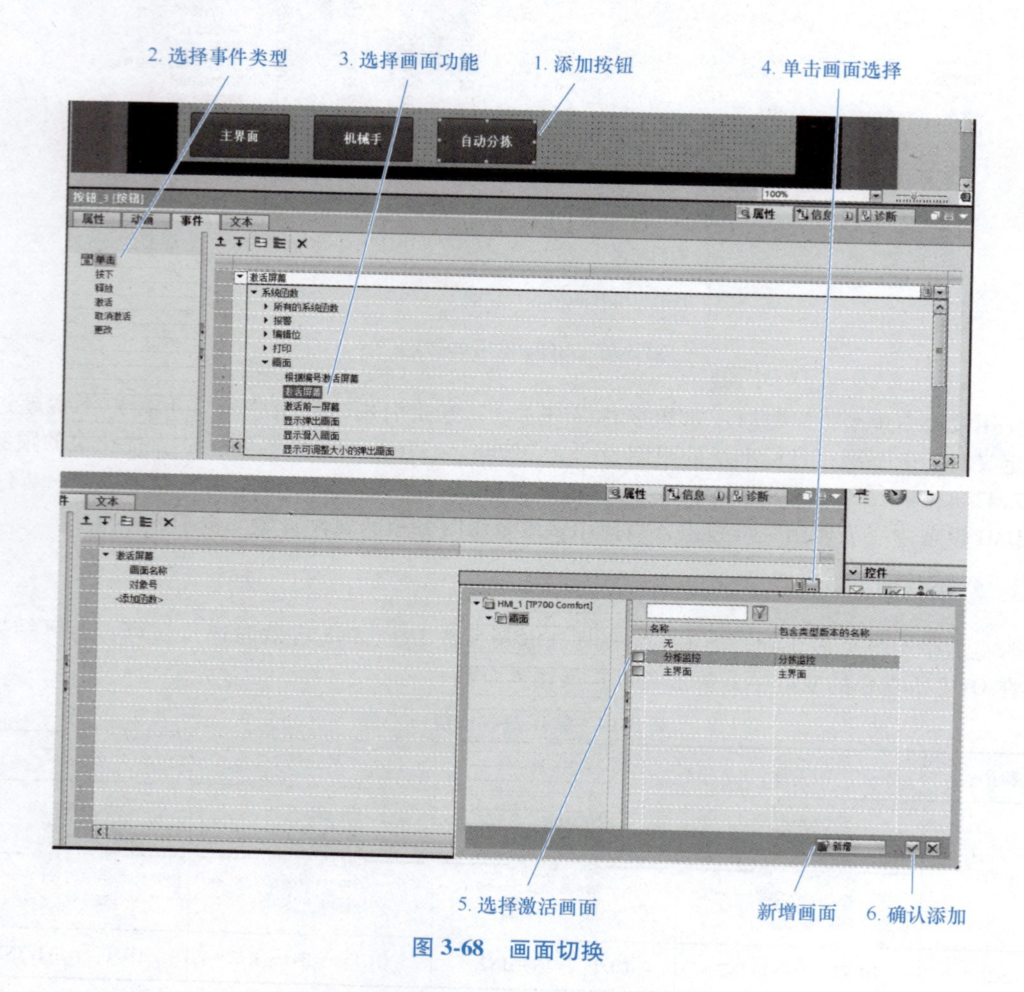

图 3-68 画面切换

表 3-15 模式类型说明

模式类型	说明
输入	仅用于输入数值
输出	仅用于输出数值
输入/输出	同时支持输入和输出数值

（3）**元素可见性** 监控界面根据传感器信号显示不同工件，界面元素"可见性"设置如图 3-70 和图 3-71 所示。

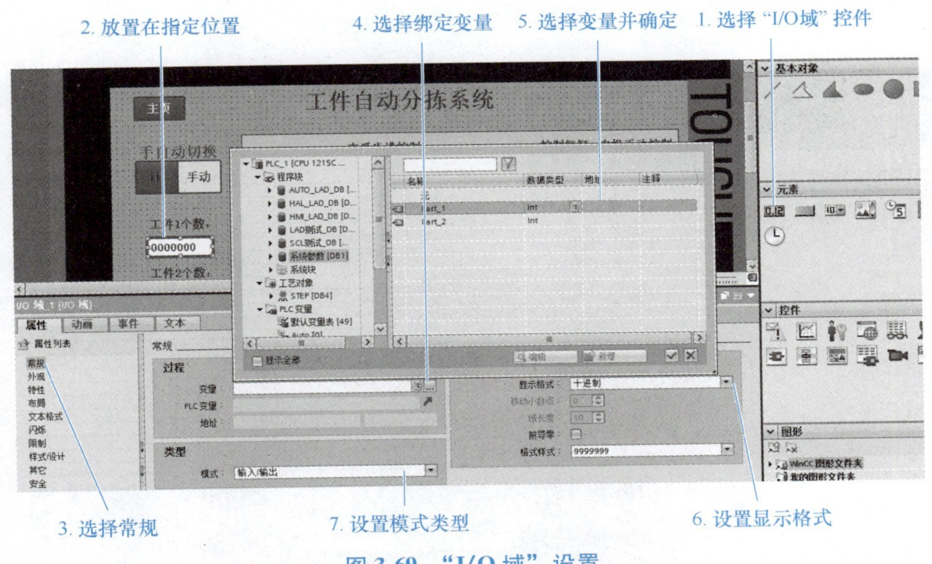

图 3-69　“I/O 域”设置

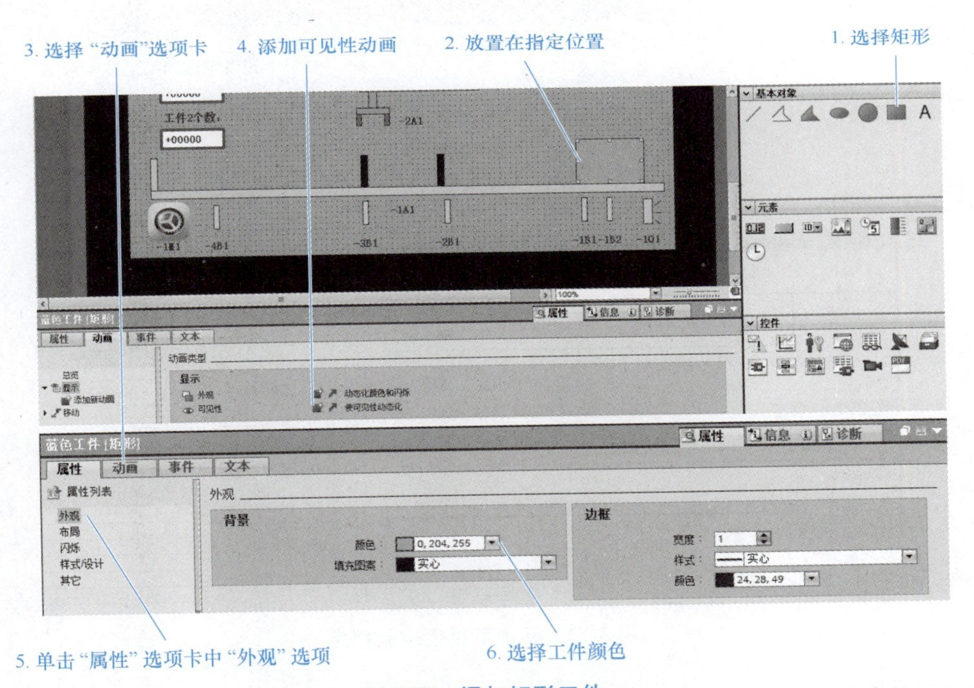

图 3-70　添加矩形工件

分别设置蓝色工件和黄色工件后，需配合 PLC 程序控制元素可见性，程序如图 3-72 所示。

当检测传感器“-1B1”检测到工件且色标传感器“-1B2”有信号时，置位变量“#Part1_Vis”以显示蓝色工件，否则置位变量“#Part2_Vis”以显示黄色工件。当工件被抓取，传感器“-4B1”检测到下降沿后，复位变量“#Part1_Vis”和“#Part2_Vis”，即隐藏已显示工件。

LAD 和 SCL 程序执行方式不同，图 3-72 LAD 程序中定义“#Tmp［0］”为 Static 类型数组。因每次执行 FB/FC 时 Temp 类型变量的值不确定（通常为 0），且该类型变量必须先定义后使用，

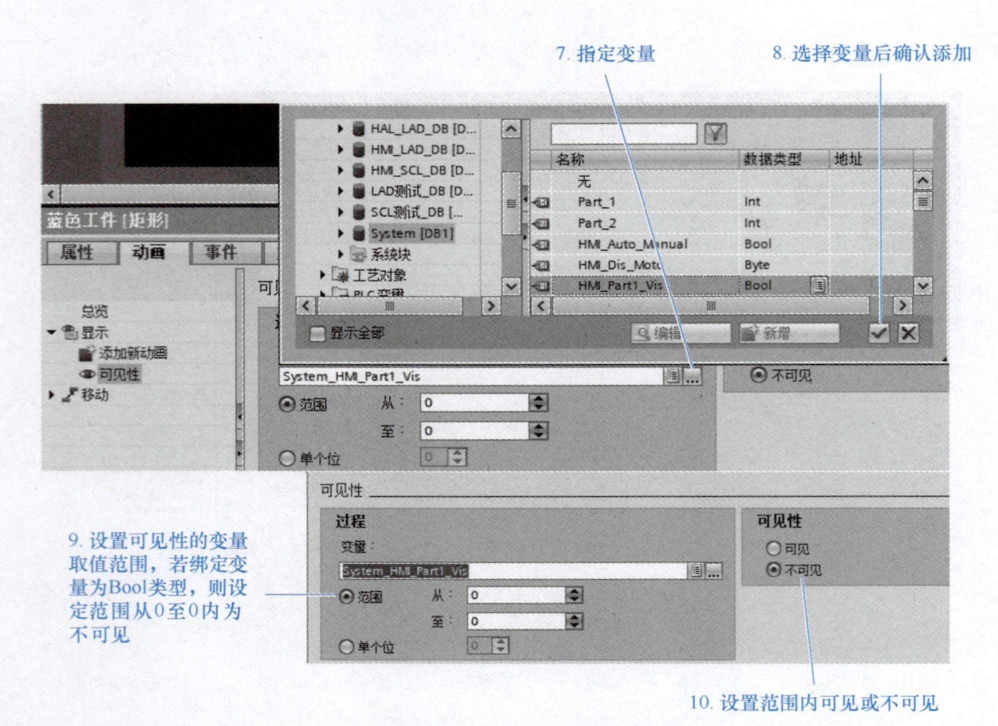

图 3-71　绑定变量及设置可见性范围

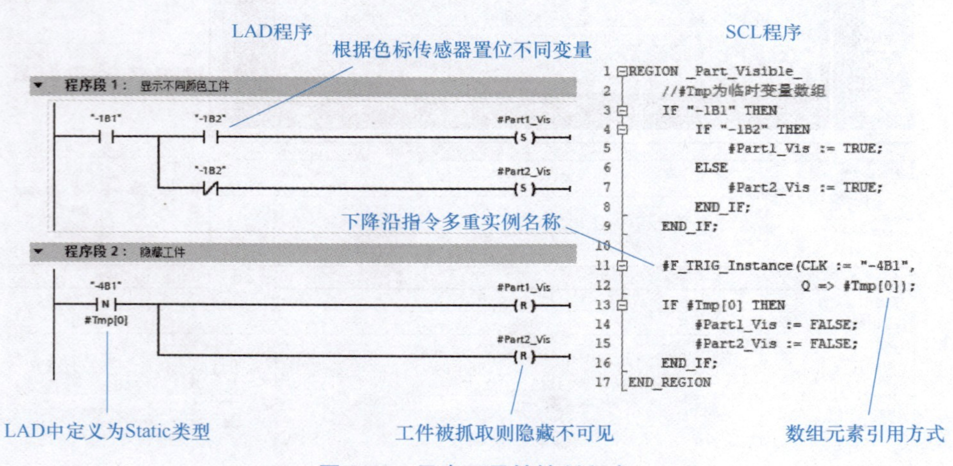

图 3-72　元素可见性控制程序

边沿指令无法利用该类型变量实现相邻周期的变量值比较，导致指令逻辑执行异常；而 SCL 程序中只是将输入值保存在临时变量中，不存在比较运算，故可设置为 Temp 类型。

HMI 旋转动画

2. 设置元素动画

监控界面中元素动画是利用变量值所对应像素位置或者图片的不同实现动画效果。

（1）**旋转动画**　在 WinCC 图形 I/O 域中将变量与图形列表相绑定，通过变量值变化显示不同图片以实现旋转效果，其实现过程如下。

1）设置图形列表，添加方式如图 3-73 所示。

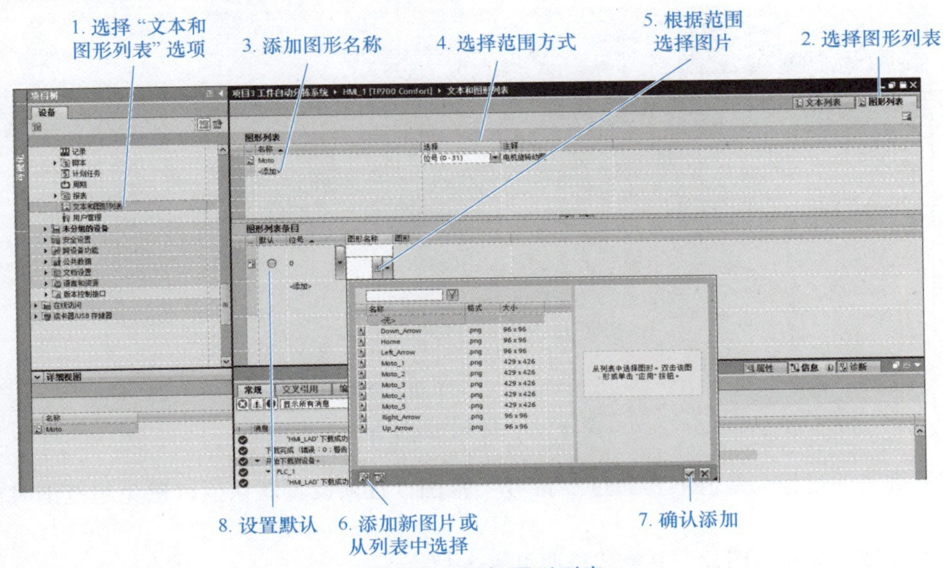

图 3-73　添加图形列表

图形列表中图形条目越多，其显示动画精细度越高，所需资源也越多。表 3-16 中，图形列表范围类型分为三种，本项目选择“位号”模式。

表 3-16　图形列表范围类型说明

范围类型	说明
取值范围	根据绑定变量范围指定显示图片，可设置超出范围时的默认值
位	绑定布尔类型变量，每个值对应一个图形条目
位号	最大支持 32 个图形条目，每个位号对应一个图形条目，通常用于顺序控制图

2）添加图形 I/O 域，在“属性”选项卡的“常规”中设置该 I/O 域图形列表和过程变量，设置步骤如图 3-74 和图 3-75 所示。

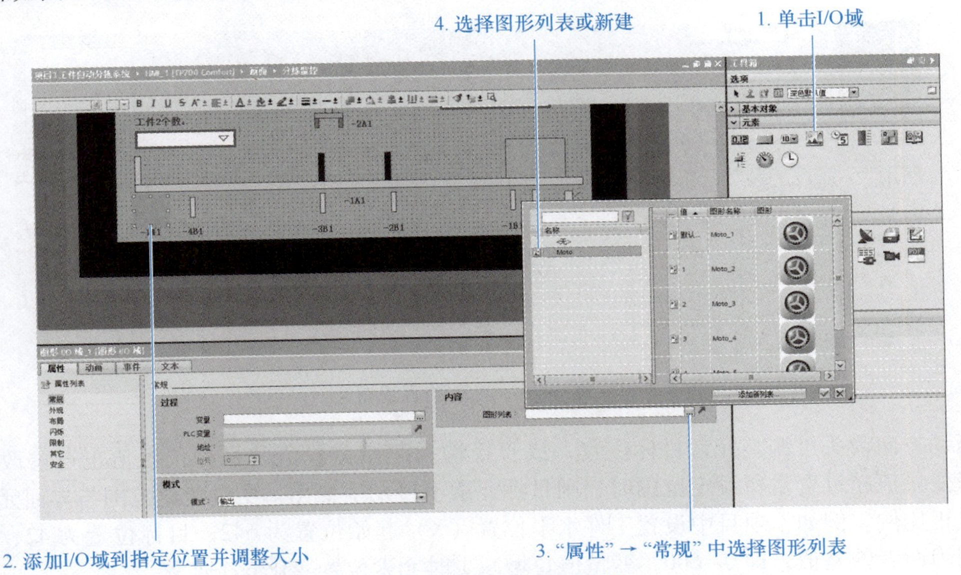

图 3-74　设置 I/O 域图形列表

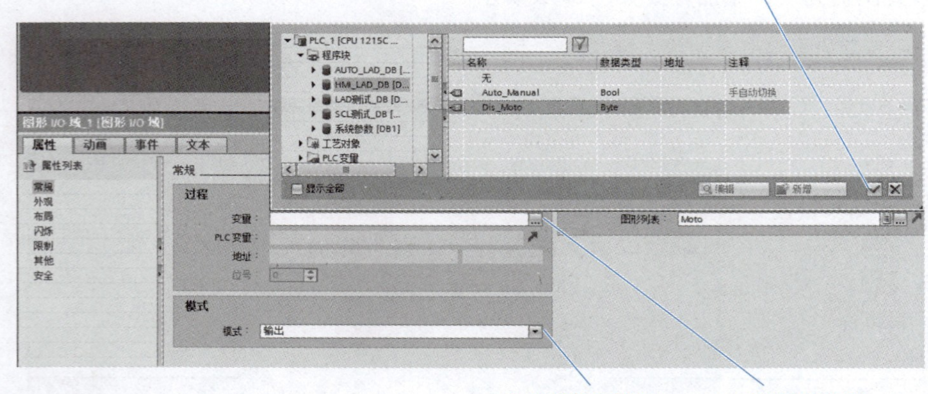

图 3-75 设置过程变量

注意所绑定的过程变量值不要超过“位号”范围，且须设置默认值以避免超范围时出现图像异常。

图形 I/O 域只能显示图片，其模式说明见表 3-17。

表 3-17 图形 I/O 域模式

模式	说明
输出	图形 I/O 域仅用于显示图形
双状态	对“ON”和“OFF”两种状态分别插入一个图形而不使用图形列表

HMI 移动动画

（2）**元素移动** 如图 3-76 所示，界面元素只能选择四种移动动画类型中的一项，其中“直接移动”需使用两个整型变量分别绑定 X 轴和 Y 轴偏移量，其他三种类型只需绑定一个变量实现位置控制。

1）**水平移动**。设置工件水平移动时，单击按钮后进入如图 3-77 所示运动范围设置页面。

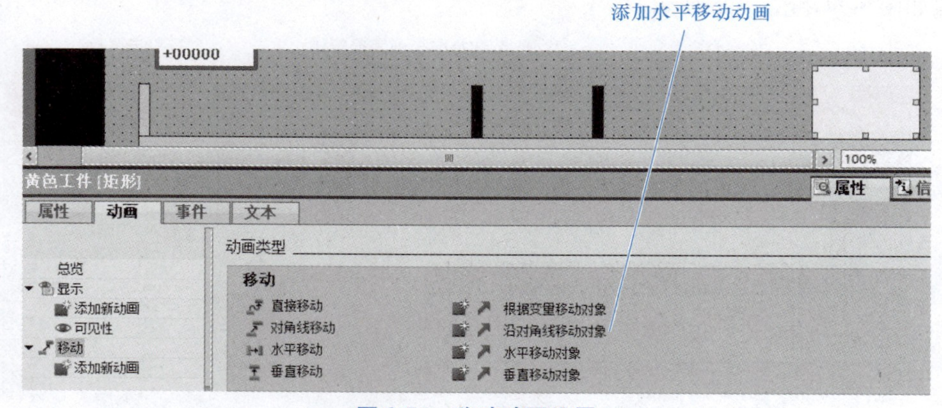

图 3-76 移动动画设置

拖动方向箭头可调整元素目标位置，或直接输入起始位置值和目标位置值也可修改元素位置。当变量值超过变量所设定范围时，则目标元素不再发生变化。变量变化范围与界面元素运动范围成正比例。例如本项目中设置工件水平位置（X）起始位置为 642，目标位置为 42，位置变化范围为两者的差值，即 0~600，变量值每增减 1 时元素位置变化 6 个像素。

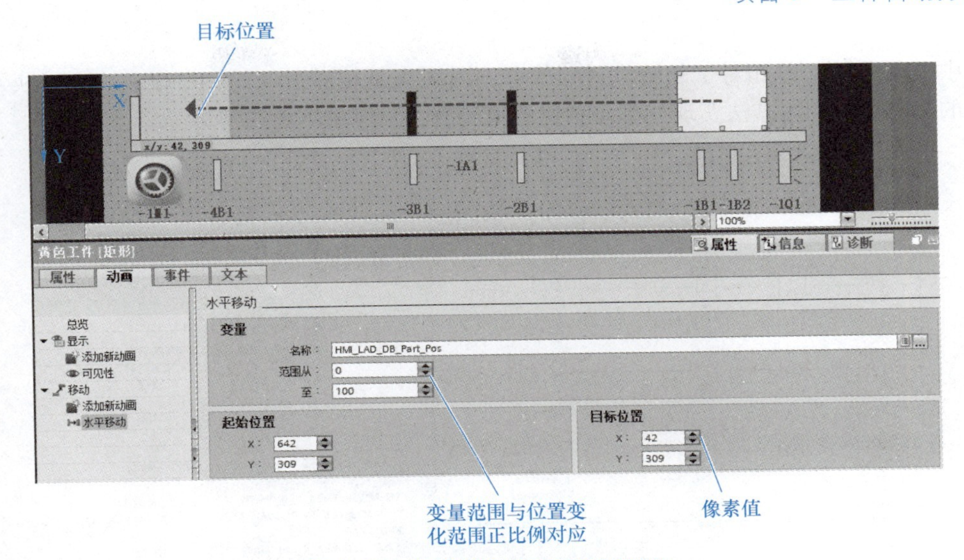

图 3-77　变量绑定及运动范围设置

使用计数器对时钟存储器脉冲计数以实现位置变量的变化控制，时钟脉冲频率需结合输送线运行速度及位置变化范围共同设置，程序如图 3-78 所示。

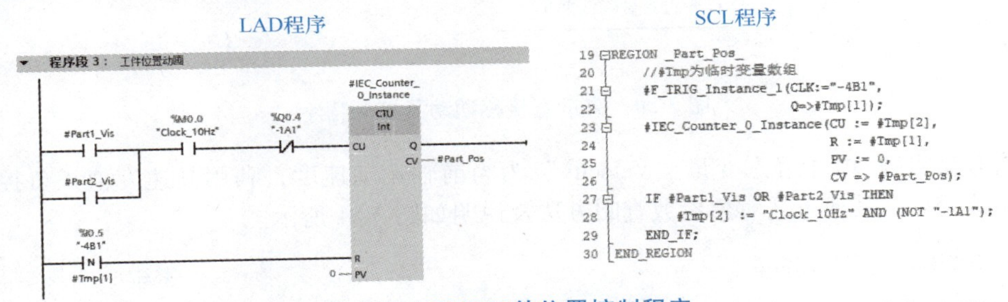


```
19 REGION _Part_Pos_
20     //#Tmp为临时变量数组
21     #F_TRIG_Instance_1(CLK:="-4B1",
22                        Q=>#Tmp[1]);
23     #IEC_Counter_0_Instance(CU := #Tmp[2],
24                             R := #Tmp[1],
25                             PV := 0,
26                             CV => #Part_Pos);
27     IF #Part1_Vis OR #Part2_Vis THEN
28         #Tmp[2] := "Clock_10Hz" AND (NOT "-1A1");
29     END_IF;
30 END_REGION
```

图 3-78　HMI 工件位置控制程序

因运输线速度不变，不同类型工件使用相同位置变量，其控制程序也相同。当变量“#Part1_Vis”或“#Part2_Vis”置位时，代表工件已显示，则当夹紧气缸“-1A1”未加紧时，计数器以 10Hz 频率自动加 1 输出到工件位置变量“#Part_Pos”中，实现工件位置变化。当气缸“-1A1”夹紧时，触点“-1A1”断开，停止计数，工件位置保持不变。

垂直移动及对角移动设置方式与水平移动设置方式相似。

2）**直接移动**。如图 3-79 所示，手指气缸夹头同时存在上下和左右位置变化，须使用“直接移动”类型动画。

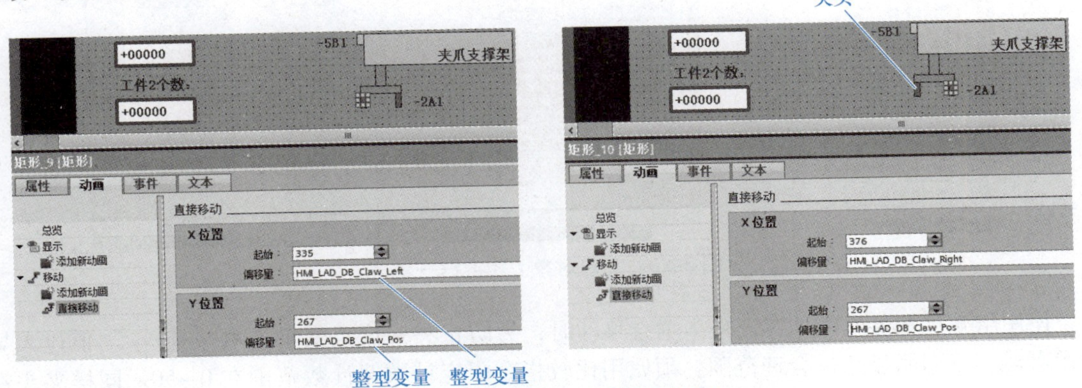

图 3-79　夹爪直接移动偏移量绑定

其中“偏移量”是相对于起始位置的偏移，因夹头是相对运动的，所以左右两个夹头须绑定不同的偏移量，利用减法实现夹头左右位置值取反，程序如图 3-80 所示。

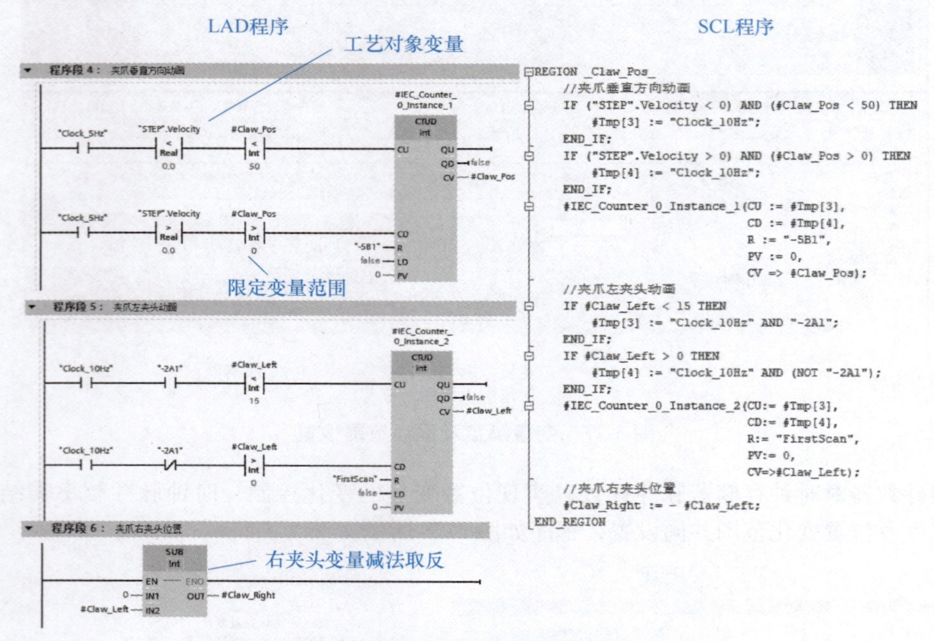

图 3-80 夹爪直接移动动画控制程序

工艺对象实例 DB 中静态变量“Velocity”为当前轴运动速度，利用其速度值正负控制增减计数器加减运算，其他工艺对象参数查阅方法及说明如图 3-81 所示。

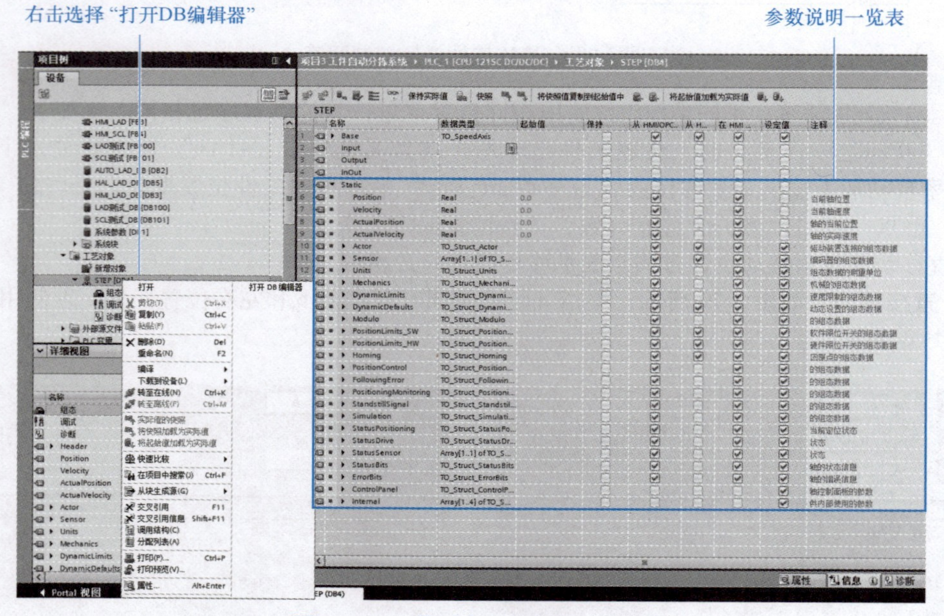

图 3-81 工艺对象 DB 数据一览表

使用增减计数器 CTUD 实现夹头垂直移动时，为防止夹头位置变量“#Claw_Pos”值过大导致元素运动范围明显超过合理范围，须使用比较指令限定计数器计数范围在 0~50。同样夹头在左右方向上往复运动时也须限定计数器计数范围。

1. 项目总结

（1）IEC 定时器和 IEC 计数器使用个数只受 DB 存储空间限制，且每个指令必须与实例 DB 配合使用。

（2）IEC 定时器有 TP、TON、TOF、TONR 四种类型，输入参数 PT 类型为 Time 结构体。

（3）IEC 计数器有 CTU、CTD 和 CTUD 三种类型，且只对输入端口上升沿计数。

（4）LAD 使用 MOVE 指令和比较指令实现状态切换，以实现自动化控制；SCL 中可使用 CASE 语句实现类似控制。

（5）WinCC 元素只能从“直线移动”“对角线移动”“水平移动”和“垂直移动”四种移动动画类型中选择一种，其运动范围受限于所连接的变量类型。

2. 扩展任务

请利用 S7-1200 系列 PLC 设计两层电梯控制系统，且可以在 HMI 设备上动画监控电梯运行状态，请根据如下要求设计系统电气图并设计合理的自动运行流程图，再完成 PLC 程序调试，双层电梯结构如图 3-82 所示。

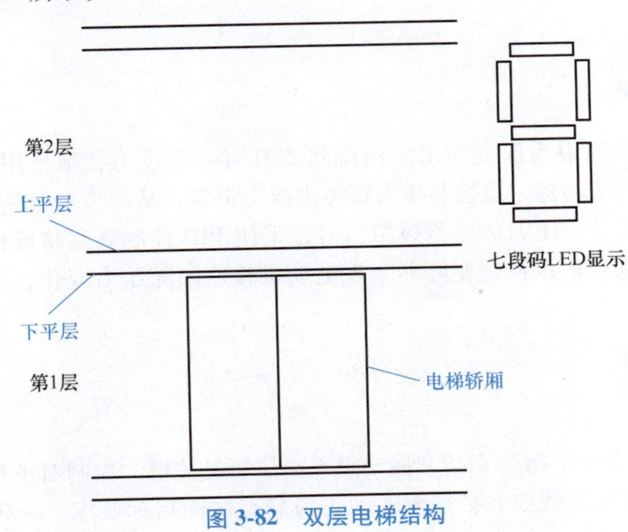

图 3-82　双层电梯结构

（1）HMI 设备上可显示电梯门开关动画及运行动画，并以七段码方式显示当前楼层数值，模拟的电梯轿厢内外按钮可辅助电梯调试。

（2）HMI 设备可手动打开或关闭电梯轿厢，并可控制电梯轿厢上下运行。

（3）自动运行时若未手动关闭电梯轿厢门，则 5s 后自动关门，防止门夹伤人。

（4）为保证电梯轿厢平稳运行，当电梯上升时，电梯轿厢先以低速运行，当电梯轿厢顶端超过上平层时高速运行，直到电梯轿厢底端超过下平层后低速运行直至停止。同理，当电梯下降时，电梯轿厢先以低速运行，当电梯轿厢底端低于下平层后高速运行，直到电梯轿厢顶端低于上平层后低速运行直至停止。

（5）请充分考虑乘坐电梯人员的安全并设置必要的保护措施。

项目 4

恒压供水系统

变频器利用软、硬件控制系统转变工频频率以实现电动机起动和变速运行，较传统控制设备，其平均节电率达到 20%~30%，是工业节能减排不可或缺的设备。S7-1200 系列 PLC 集成或扩展模拟 I/O 模块支持电压和电流模拟量输入输出控制，配合西门子专为驱动装置开发的通用串行通信接口（Universal Serial Interface，USS）通信协议，可实现对西门子小型变频器 V20 起停、调频控制。

项目情景

生产线自动清洗系统中为保证喷出的清洗水流具有一定压力，须使用无级调速泵电动机，根据水管网压力动态调节转速，以控制压力罐体内压力恒定，从源头上避免水资源浪费。PLC 控制系统周期性采集供水管网压力传感器模拟信号，采用 PID 控制算法将模拟信号转换为变频器控制信号，通过 USS 通信协议控制变频器实现电动机转速跟随压力变化，从而实现水管网压力自动变化调节。

古语有云

“千钧将一羽，轻重在平衡”意指掌握轻重平衡技巧是关键。控制对象稳定运行须从宏观整体考虑，例如 PID 控制中参数选取必须兼顾动态与静态性能指标要求，一味优化某一参数就会影响整体性能。

思维导图

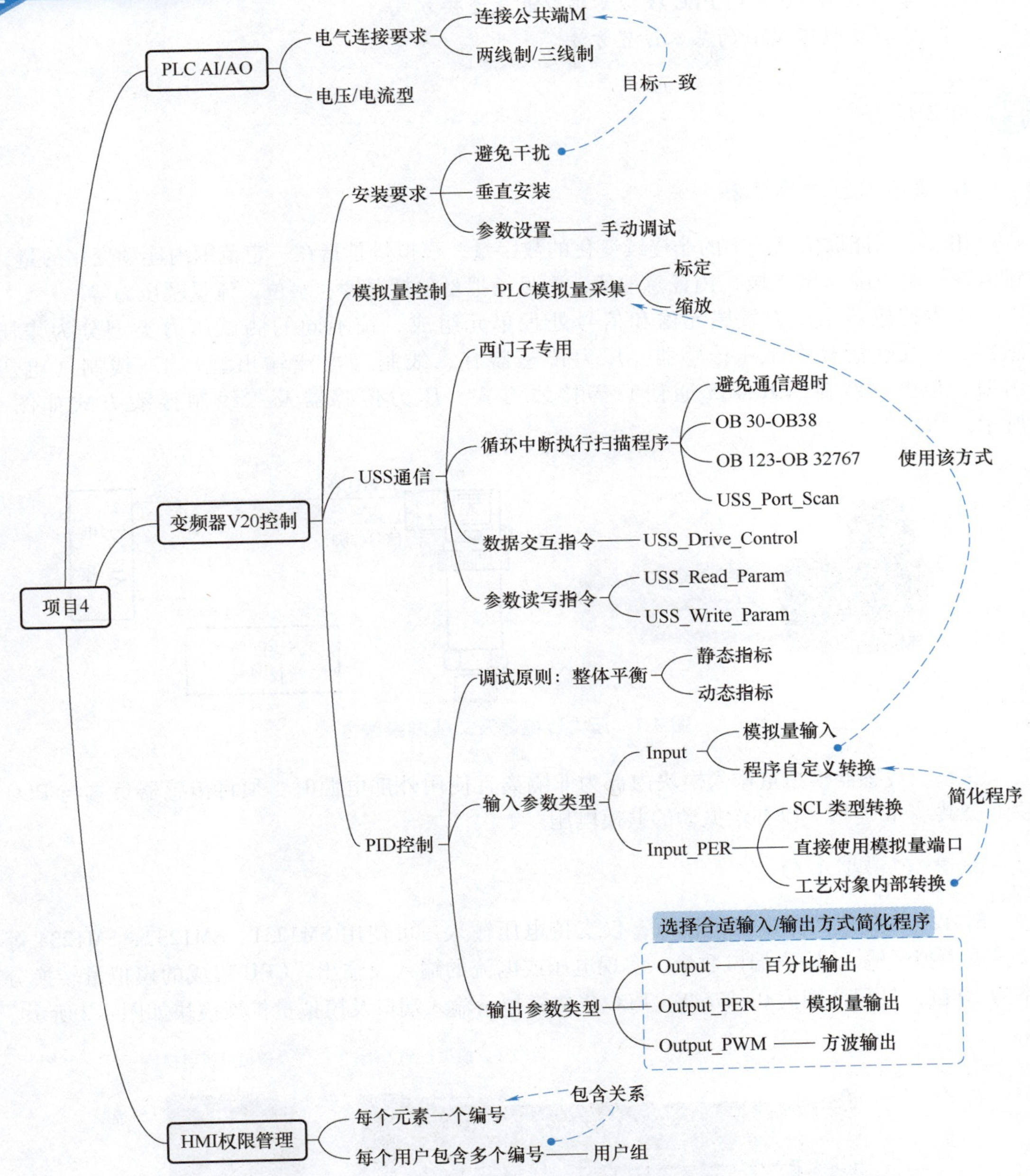

任务 1　变频控制系统电气设计与调试

任务描述

连接压力传感器与 PLC 模拟量输入端口以实现模拟量输入信号采集，将 PLC 模拟量输出端口连接变频器 V20 模拟量输入端口，并正确设置变频器 V20 参数以实现模拟量控制。

任务目标

1. 掌握 S7-1200 系列 PLC 模拟量端口电气连接方式。
2. 掌握变频器 V20 的基本设置方法。

知识储备

1. 模拟量压力传感器

相较于只能取值 0 或 1 的非连续变化的数字量，模拟量是指在一定范围内连续变化的量，即可以在一定范围（定义域）内任意取值，常见模拟量包括温度、水位、流量及压力等。

压力传感器由压力敏感元件和信号处理单元组成，按不同的测试压力类型分为表压传感器、差压传感器和绝压传感器。压力传感器有二线制（电流输出型）、三线制（电压输出型）以及四线制（RS485 通信）等接线方式，压力传感器及二线制接线方式如图 4-1 所示。

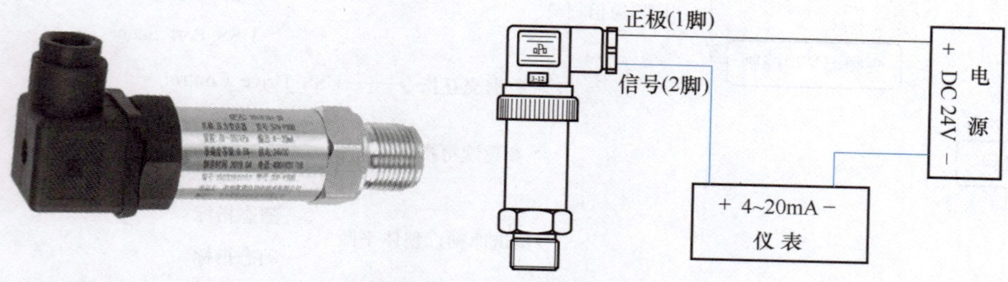

图 4-1　压力传感器及二线制接线方式

注意当传感器模拟量输入模块内部为非隔离且使用外部电源时，须将传感器负端与 PLC 模块上公共端 M 连接，以补偿振动的共模电压。

2. PLC 模拟 I/O

S7-1214C 集成两路模拟量输入，仅支持电压输入，可使用 SM1231、SM1232、SM1234 等模块扩展模拟量输入/输出端口数量，实现电压或电流的输入及输出。CPU 集成的模拟量转换分辨率为 10 位，量程范围为 0~27648，PLC 集成模拟量输入端口及模拟量扩展模块如图 4-2 所示。

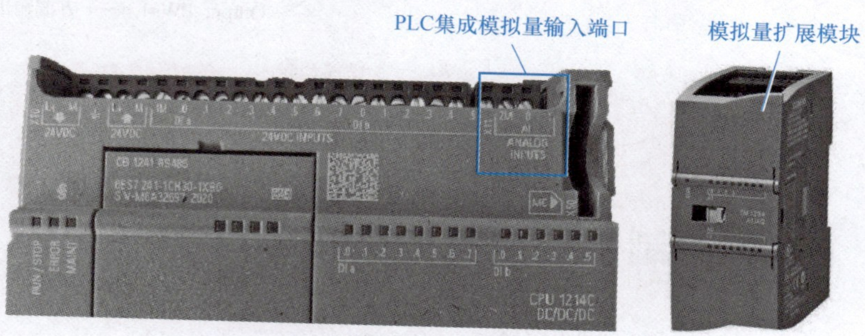

图 4-2　模拟量输入端口及模拟量扩展模块

控制系统扩展模块 SM1234 模拟量输入电气原理图如图 4-3 所示，模拟量扩展模块端口“L+”及“M”须分别连接 24V 电源正负极，模拟量端口“0+”连接压力传感器信号输出，模拟量端口“1+”连接液位计信号输出，模拟量端口“0-”及“1-”连接 24V 电源负极。

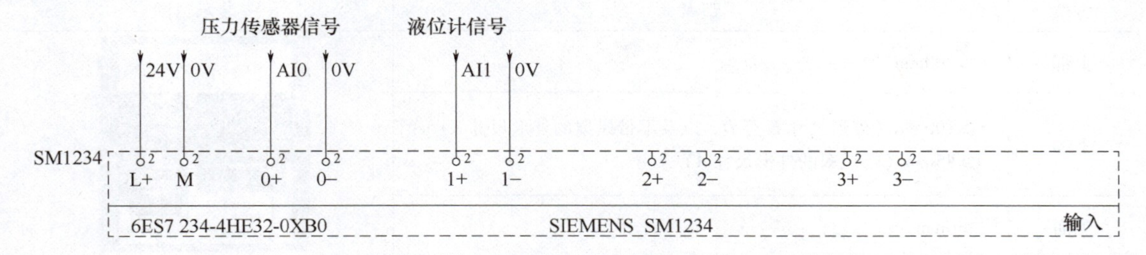

图 4-3　PLC 模拟量输入电气原理图

SM1234 模拟量输出电气原理图如图 4-4 所示，左边端口“1L+”和“1M”分别连接 24V 电源正负极，端口“0M”连接负载模拟量输入负极，端口“0”连接负载模拟量输入端口。

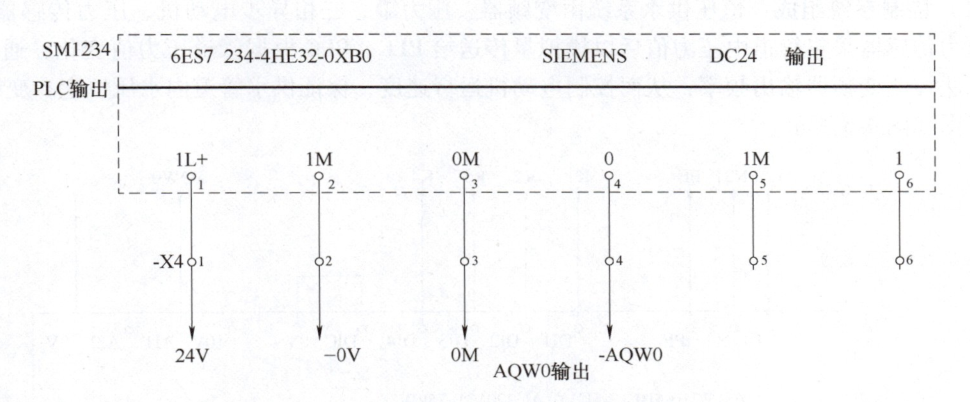

图 4-4　模拟量输出电气原理图

3. V20 系列变频器

V20 系列变频器是德国西门子公司生产的多功能标准变频器，采用高性能矢量控制技术，以提供低速高转矩输出和良好动态特性，同时具备超强过载能力，广泛用于三相异步电动机变频调速。西门子 V20 内置操作面板（BOP）具有操作按键和显示屏，方便调试人员设置相应参数，产品典型外观如图 4-5 所示。

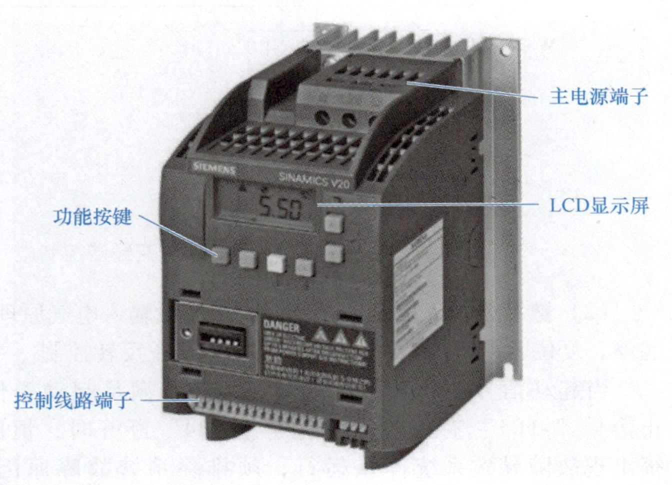

图 4-5　V20 系列变频器

变频器始终垂直安装，须与热辐射、高电压和电噪声隔离，且在变频器上、下以及与其他电器元器件间留有距离，以保证有足够空隙便于冷却和接线。推荐安装间距见表 4-1，V20 共有 5 种外形尺寸（*A*、*B*、*C*、*D*、*E*）可供选择，不同外形尺寸的 V20 下部所需预留空间有所不同。

表 4-1 变频器推荐安装间距

方位	距离	安装示意图
上部	≥100mm	
下部	≥100mm（外形尺寸 *B* 至 *D*，以及不带风扇的外形尺寸 *A*） ≥85mm（带风扇的外形尺寸 *A*）	
侧面	≥0mm	

注意避免将低电压信号线和通信电缆敷设在具有交流动力线和高能量快速开关直流线的线槽中，以避免干扰，并且在通电时不要进行维护、维修工作。

4. 模拟量控制系统电气设计

（1）**控制系统组成** 恒压供水系统由变频器、压力罐、三相异步电动机、压力传感器组成，其中压力传感器采集管道内压力值后以模拟量传送给 PLC，PLC 根据管道压力值变化，通过 PID 控制算法控制变频器输出频率，从而控制电动机运行速度，保证供水管道内水压恒定，变频器控制电气图如图 4-6 所示。

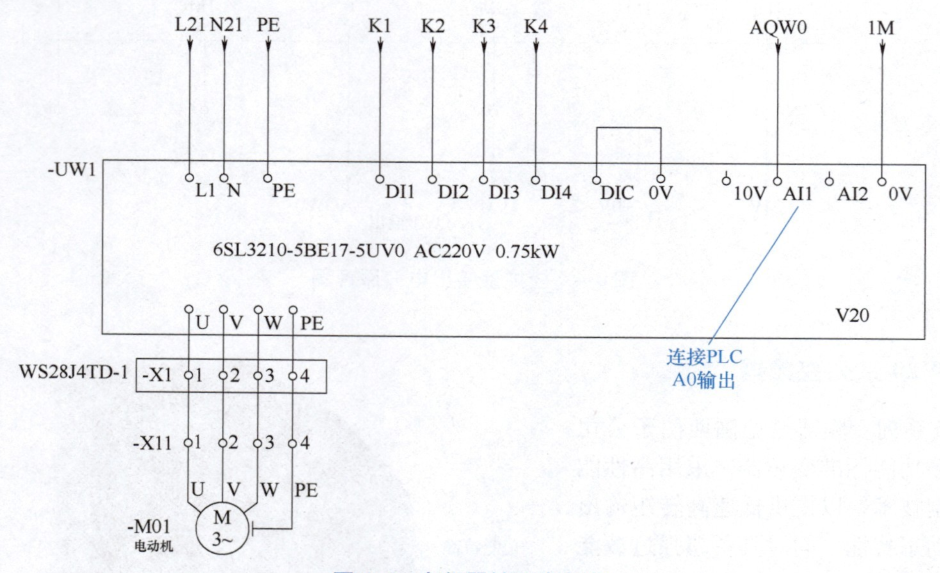

图 4-6 变频器控制电气图

（2）**数字量输入控制** 控制系统数字量输入电气原理如图 4-7 所示，外部按钮分别实现系统起停、复位、手/自动切换、急停及电动机正反转控制。

当起动信号“-1B0”有效时，PLC 若满足起动条件，则恒压供水系统开始运行。当停止信号“-1B1”有效或急停信号“-1B4”断开时，恒压供水系统停止运行。若恒压供水系统出现故障导致系统停止运行，须排除系统故障原因后按下复位信号“-1B2”消除故障报警。

（3）**数字量输出信号** 系统正常运行时，运行信号灯“-H1”常亮。系统出现报警时，报警信号灯“-H2”以 1Hz 频率闪烁。控制系统数字量输出电气原理图如图 4-8 所示。

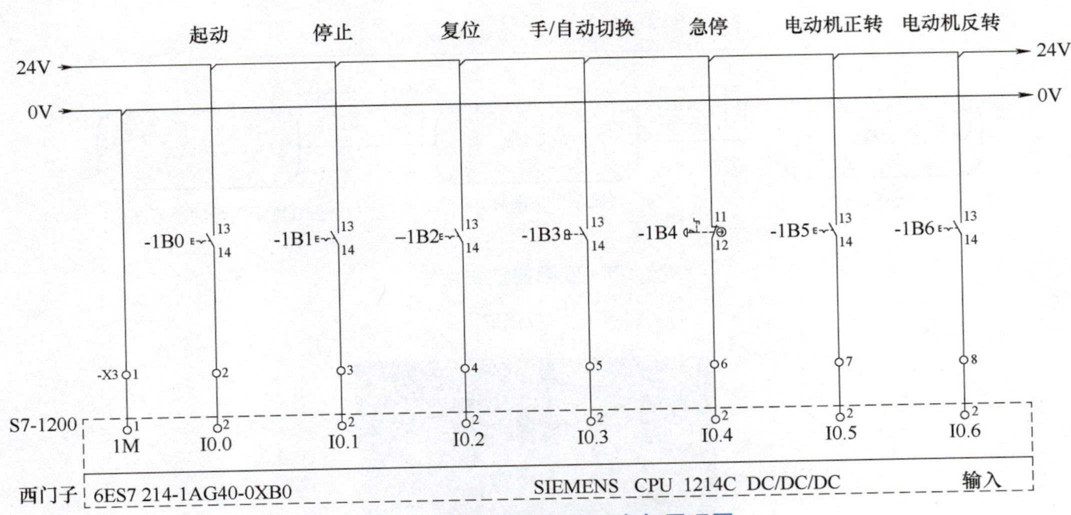

图 4-7　PLC 数字量输入电气原理图

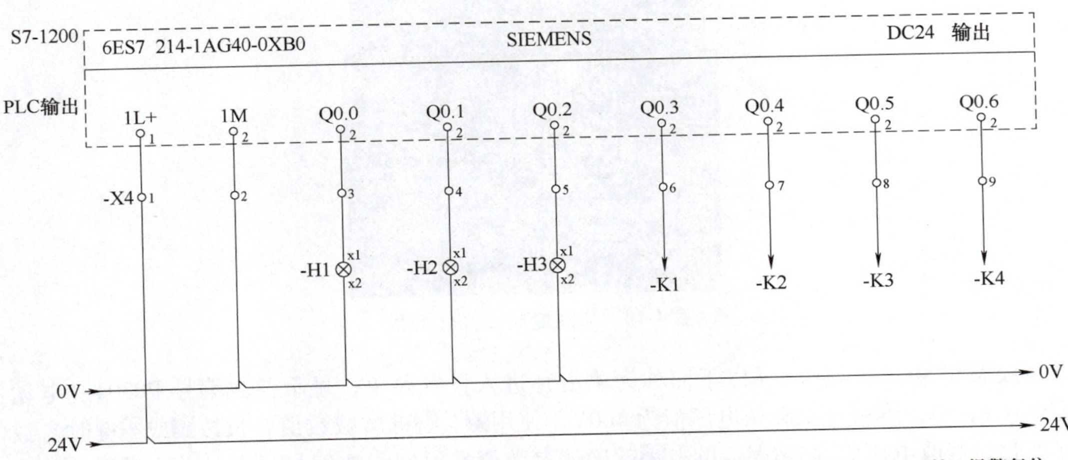

图 4-8　数字量输出电气原理图

任务实施

1. 手动调试变频器

变频器支持三种运行模式：手动、点动、自动，使用功能键 M +OK 键 OK 组合实现三种运行模式之间的切换，如图 4-9 所示。

根据图 4-6 连接电动机与变频器并检测线路无误后将变频器上电，进入手动模式后按下运行键 I 起动变频器，变频器将控制电动机以出厂频率运行并在屏幕上显示，按下停止键后变频器停止运行。V20 变频器操作面板如图 4-10 所示。

2. 设置变频器参数

变频器手动测试完成后，须根据电动机额定电压、额定功率等参数设置变频器基础信息参

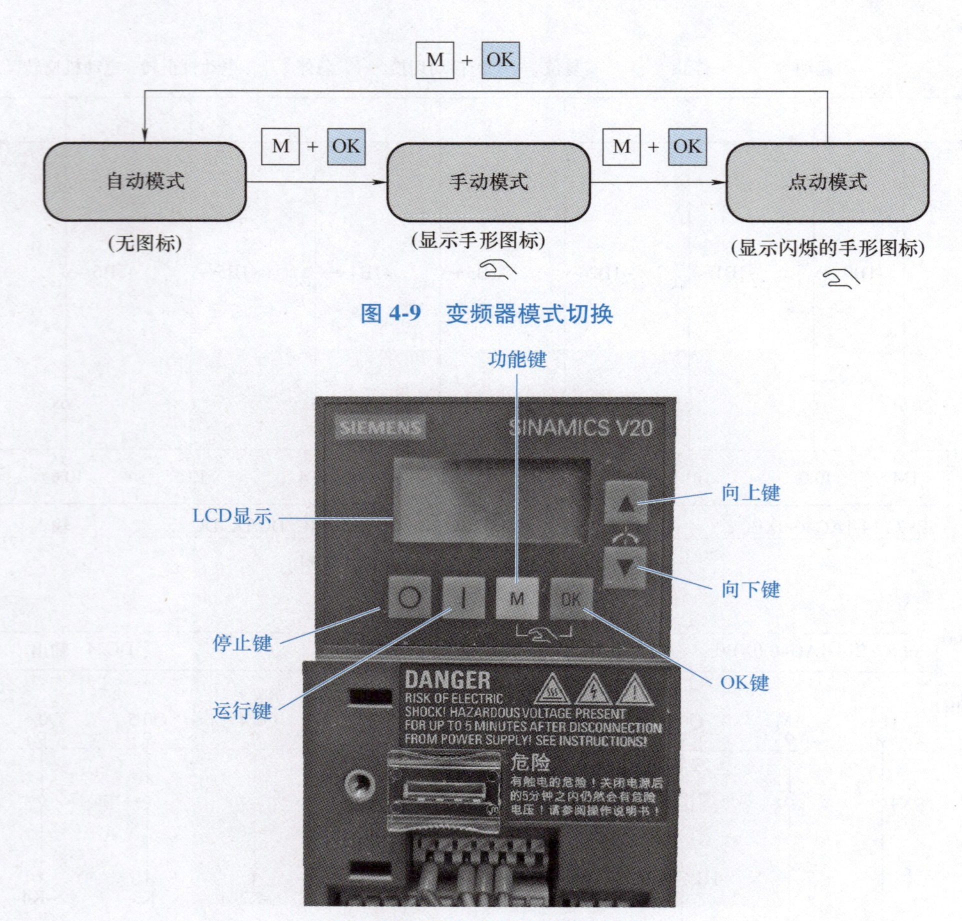

图 4-9　变频器模式切换

图 4-10　V20 变频器操作面板

数。短按 M 键（2s 以内）（以下简称为单击）进入设置菜单，显示参数编号 P0304（电动机额定电压），单击键显示默认电压值为 400V，使用、键增减数值，长按或键时参数值快速变化，修改电压值为 220V。单击键确认参数值后返回参数编号显示，单击键，显示下一个参数编号 P0305（电动机额定电流），使用相同方式分别设置 P0305（额定电流）、P0307（额定功率）、P0310（额定频率）和 P0311（额定转速）参数值。

设置完电动机基础参数后，再参考表 4-2 设置变频器控制模式参数。

表 4-2　变频器控制模式参数

参数	描述	工厂默认值	Cn007 默认值	备注
P0700［0］	选择命令源	1	2	以端子为命令源
P1000［0］	选择频率	1	2	模拟量
P0701［0］	数字量输入 1 的功能	0	1	OFF 保持命令
P0702［0］	数字量输入 2 的功能	0	2	正向脉冲+ON 命令
P0703［0］	数字量输入 3 的功能	9	12	反向脉冲+ON 命令
P0704［0］	数字量输入 4 的功能	15	9	故障确认
P0727［0］	2/3 线控制方式选择	0	2	3 线： 停止+正向脉冲+反向脉冲
P0771［0］	CI：模拟量输出	21	21	实际频率
P0731［0］	BI：数字量输出 1 的功能	52. 3	52. 2	变频器正在运行
P0732［0］	BI：数字量输出 2 的功能	52. 7	52. 3	变频器故障激活

任务 2　变频器 PID 模拟量控制

任务描述

设计 HMI 设备监控页面，以动画方式显示当前设备工作状态，方便管理和调试设备，并显示必要的设备参数信息。

任务目标

1. 掌握 PLC 模拟量硬件组态及模拟量标定方法。
2. 掌握 PLC 循环中断的设定方法。
3. 掌握 PID 设置及整定方法。

知识储备

1. 循环中断及设置

OB 事件及优先级

（1）**OB 事件**　S7-1200 系列 PLC 中除主程序和启动 OB 组织块外，还有具有优先级的 OB 组织块以响应不同事件类型，高优先级 OB 组织块可打断低优先级 OB 组织块先执行，执行完高优先级 OB 组织块后再继续执行已打断 OB 组织块，组织块类型及优先级见表 4-3。

表 4-3　常见 OB 组织块中断一览表

OB 组织块类型	功能说明	允许数量	默认优先级
程序循环（Program Cycle）	周期性循环主程序	≥0	1
启动 OB 组织块（Startup）	CPU 从 STOP 切换到 RUN 时执行 1 次	≥0	1
时间中断（Time of Day）	在时间可控的应用中，指定时间触发执行用户程序	≤2	2
延时中断（Time Delay Interrupt）	延时执行用户程序	≤4	OB 20：3 OB 21：4 OB 22：5 OB 23：6 OB 123-OB 32767：3
循环中断（Cyclic Interrupt）	以固定时间间隔执行用户程序	≤4	OB 30：8 OB 31：9 OB 32：10 OB 33：11 OB 34：12 OB 35：13 OB 36：14 OB 37：16 OB 38：17 OB 123-OB 32767：7

（续）

OB 组织块类型	功能说明	允许数量	默认优先级
硬件中断（Hardware Interrupt）	触发硬件条件时快速响应用户程序	≤50	18
时间错误中断（Time Error Interrupt）	超过最大循环时间或时间错误时执行用户程序	≤1	22 或 26
诊断中断（Diagnostic Error Interrupt）	具有诊断功能模块检测到错误时执行用户程序	≤1	5
插拔中断（Pull or Plug of Modules）	移除或插入已组态且未禁用模块时执行用户程序	≤1	6
机架或站故障（Rack or Station Failure）	检测到机架故障或通信丢失时执行用户程序	≤1	6

（2）**循环中断设置**

1）**添加循环中断 OB 组织块**。在如图 4-11 所示页面添加“Cyclic interrupt”OB 组织块，并将“循环时间（ms）”设置为“1000”（循环时间可设置范围为 1ms～60s），编号选择为自动分配。

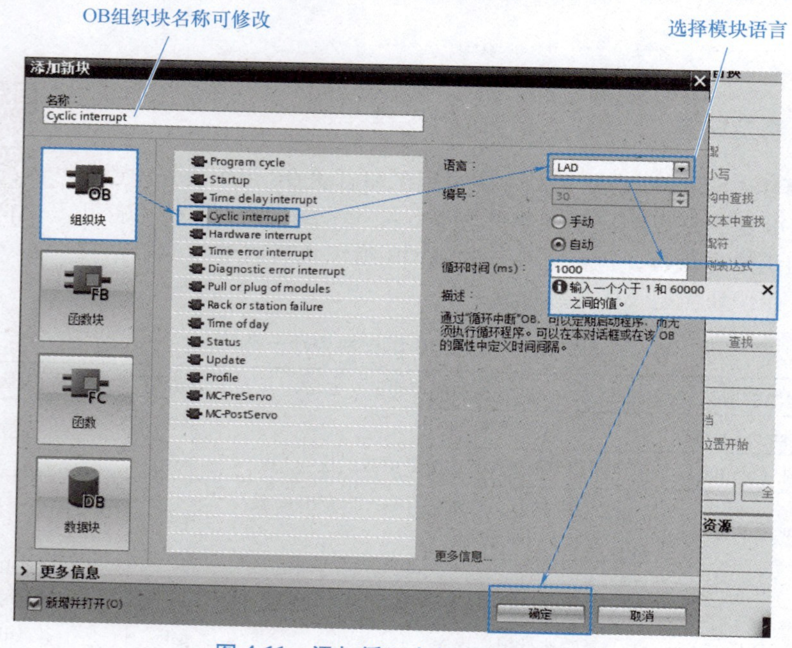

图 4-11　添加循环中断 OB 组织块

2）**程序编辑**。中断 OB 组织块中编程方式与主程序编程方式相同。

3）**修改中断时间**。添加中断 OB 组织块后若还需修改间隔时间，可进入如图 4-12 所示的 OB 组织块属性界面修改循环中断时间。

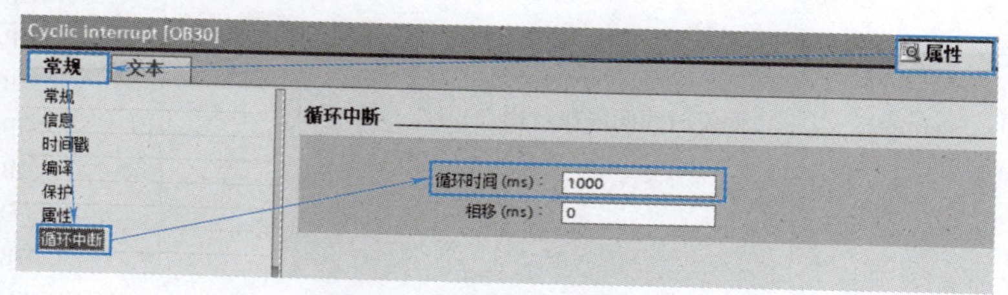

图 4-12　循环中断时间设置

其中“相移”时间是指循环中断 OB 组织块执行时间整体向后偏移的触发时间。注意：若循环中断执行时间大于间隔时间，将会引发时间错误中断。

2. PID 控制

常见控制系统中使用传感器检测系统实际输出信号（也称为反馈信号），以负反馈闭环系统控制对象，提高系统的精确性，闭环系统框图如图 4-13 所示。

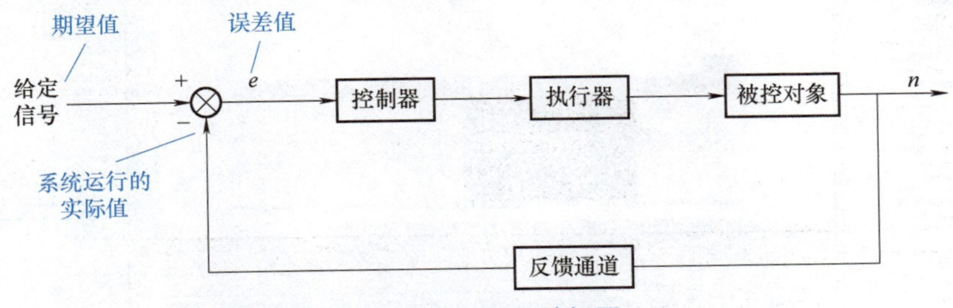

图 4-13　闭环系统框图

图 4-13 中给定信号为期望值，反馈信号是由传感器测得的系统实际运行值，期望值与实际运行值之间的差值 e 称作误差。误差值是控制器输入信号，控制器将该信号运算后发送给执行器，执行器调节控制对象。随着系统的调节，系统期望值与实际值相等，即误差 e 为 0（也称作静差）时系统达到控制要求，该系统也称为无静差系统。

PID 控制（比例、积分、微分控制）由比例 P、积分 I 和微分 D 三个部分组成，控制器输入（误差信号 e）与输出关系如图 4-14 所示。

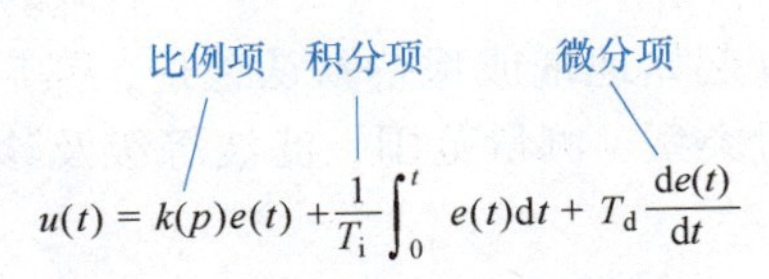

$$u(t)=k(p)e(t)+\frac{1}{T_{\mathrm{i}}}\int_{0}^{t}e(t)\mathrm{d}t+T_{\mathrm{d}}\frac{\mathrm{d}e(t)}{\mathrm{d}t}$$

图 4-14　控制器输入与输出关系

PID 是目前被广泛使用的控制方法，其控制方式具有较强的适应性和灵活性，无须知道被控对象的具体数学模型即可实现简单的控制。PID 参数中，比例（P）、积分（I）、微分（D）3 个部分均对系统有影响。其中比例可加快系统反应速度，有利于抑制动态误差，比例过大会引发过调，导致曲线振荡，而过小则动态误差抑制能力弱。积分能消除静态误差，使曲线趋于平稳。微分能感知曲线变化趋势，提前启动调节，过大不利于曲线平稳，过小动态误差抑制能力弱。

S7-1200 系列 PLC 提供 16 个 PID 控制器，并可根据不同应用场景选择不同的集成控制器，其中通用 PID 控制器（PID_Compact）适用于绝大多数场景，阀门调节功能 PID 控制器（PID_3Step）用于开关量控制，温度 PID 控制器（PID_Temp）用于加热/制冷应用，修改控制器类型时匹配的单位随之改变（如压力的单位为“bar”等）。

任务实施

1. 采集处理模拟量

模拟量配置及程序处理

（1）模拟量硬件模块组态与设置　实际工业应用中常由传感器采集压力、温度、速度、流量等非电信号，然后将非电信号转换为模拟的电压或电流信号，再传输给 PLC 控制系统，由其对模拟量信息加工处理，以实现计算、比较、显示等操作。S7-1200 系列 PLC 模拟量模块支持电压（±10V，±5V，±2.5V，±1.25V）和电流（0~20mA，4~20mA）两种输入形式，具体使用哪种形式须根据压力传感器使用说明书设置。模拟量模块硬件组态方式如图 4-15 所示。

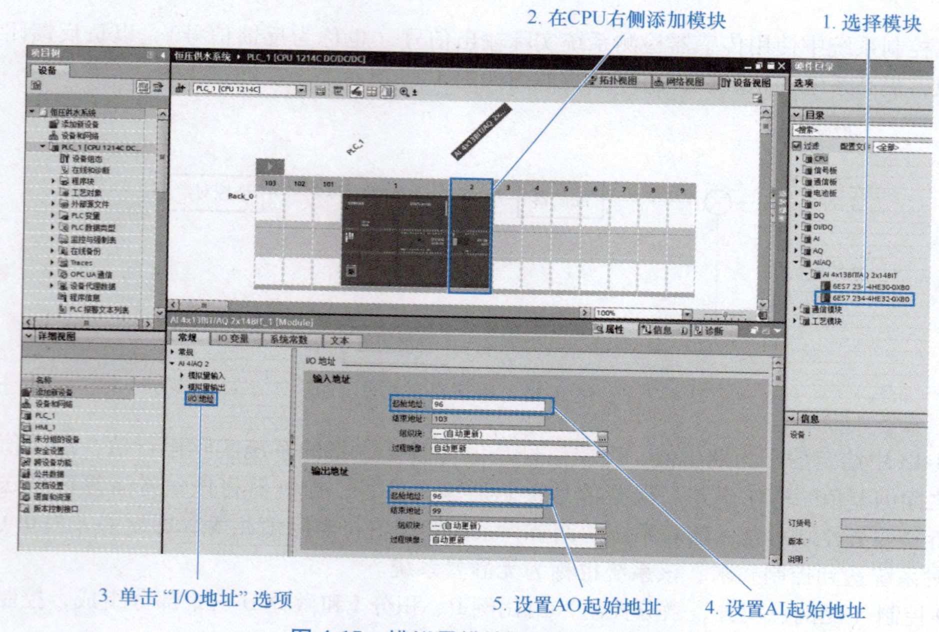

图 4-15　模拟量模块硬件组态方式

硬件添加完成后修改 AI/AO 起始地址或保持默认地址，然后再根据传感器输出类型分别设置 PLC 对应输入通道地址的测量类型、测量范围、滤波等级及诊断功能等参数。AI 通道 0 参数设置如图 4-16 所示。

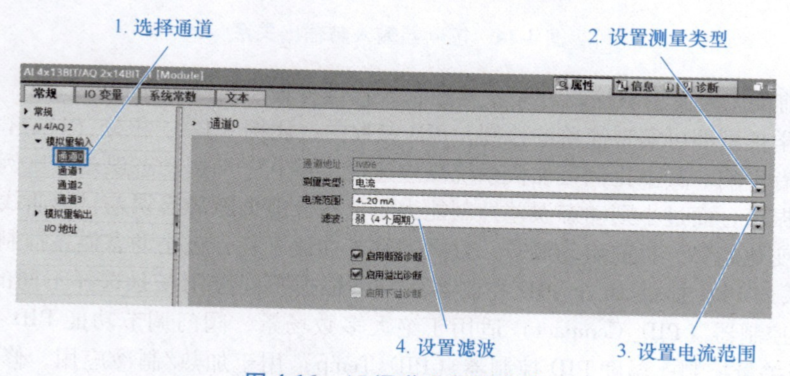

图 4-16　AI 通道 0 参数设置

不同的模拟通道可将类型组态为电流或电压，根据不同的类型分别支持不同取值范围。当模拟量输入模块接线太长或绝缘欠佳而受到电磁干扰时，须合理设置滤波采样频率。

以同样方式设置 AO 通道 0 参数，如图 4-17 所示。

其中 PLC 模拟量输出通道 0 地址为 QW96，信号输出方式为电压输出，输出规格为-10~10V。

（2）**模拟量转换设置**　压力传感器将管道内压力转化为电压或电流型模拟信号，西门子模拟量采集模块则将电流或电压信号转化为对应的整数值，因此需根据传感器实际量程范围，在 PLC 中使用转换操作指令将整数值转化为实际的实数压力值，并存放在指定的存储区内。模拟量

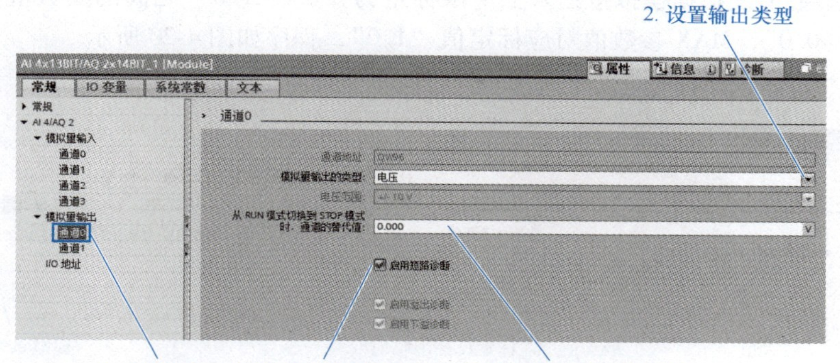

图 4-17　AO 通道 0 参数设置

转换程序设置如下。

1）**创建压力检测 FB**。以面向对象程序设计方式将模拟量转换程序封装在压力检测 FB 中，其接口定义及调用方式如图 4-18 所示。

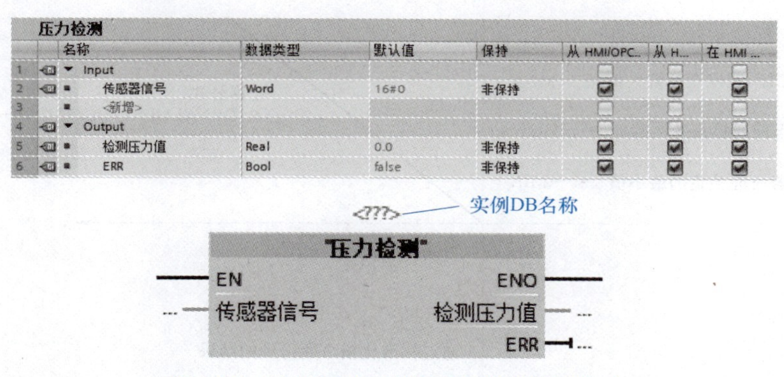

压力检测

	名称	数据类型	默认值	保持	从 HMI/OPC...	从 H...	在 HMI ...
1	▼ Input				☐	☐	☐
2	■ 传感器信号	Word	16#0	非保持	☑	☑	☑
3	■ <新增>				☐	☐	☐
4	▼ Output				☐	☐	☐
5	■ 检测压力值	Real	0.0	非保持	☑	☑	☑
6	■ ERR	Bool	false	非保持	☑	☑	☑

图 4-18　压力检测 FB 接口定义及调用方式

2）**模拟量标定**。使用转换操作指令“NORM_X”将输入 VALUE 参数中的模拟量采集数值标准化，并设定参数最小值（MIN）和最大值（MAX）以限定范围，经计算后将对应实数输出到 OUT 参数，计算方式如图 4-19 所示。

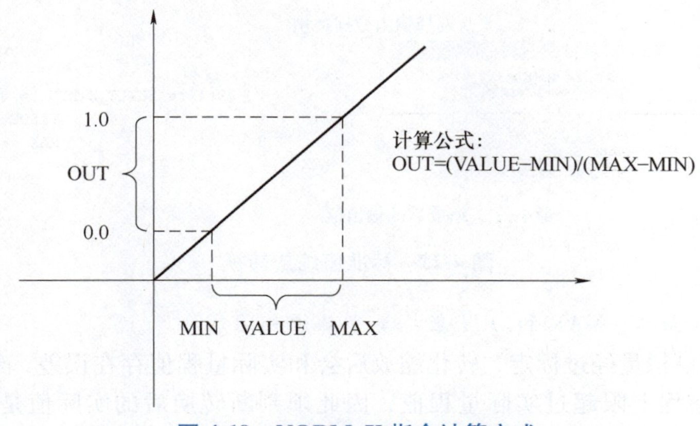

图 4-19　NORM_X 指令计算方式

其中 OUT 参数值是根据模拟量输入上下限标定为“0.0~1.0”之间的实数值，即 MIN 参数值对应标定值“0.0”，MAX 参数值对应标定值“1.0”，程序如图 4-20 所示。

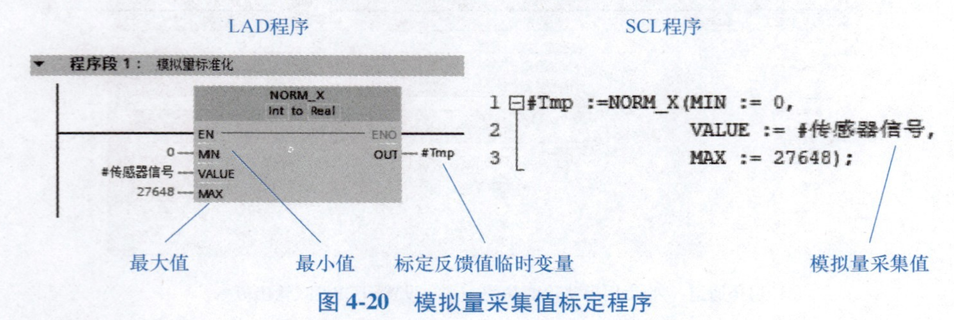

图 4-20　模拟量采集值标定程序

注意：输入参数 MIN、VALUE 和 MAX 数据类型必须相同。

3）**标准值缩放**。模拟量采集值得到标准化反馈值后，使用缩放指令“SCALE_X”将参数 VALUE 值映射到指定范围内，如图 4-21 所示。

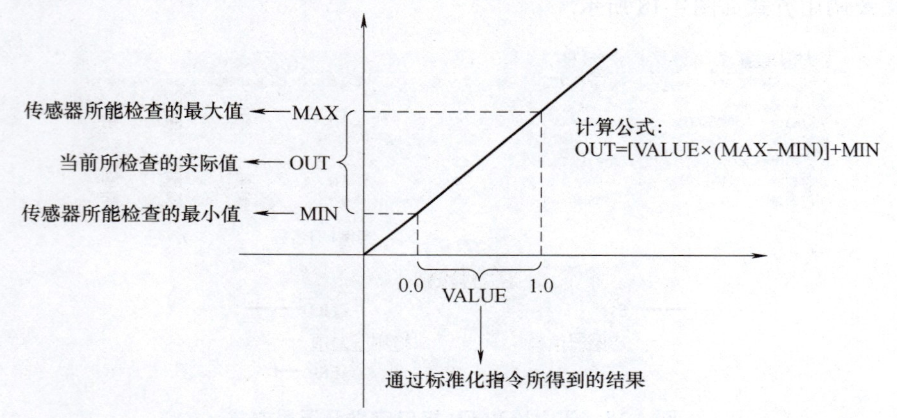

图 4-21　SCALE_X 指令计算公式

执行缩放指令后，输入参数 VALUE 实数值会缩放到由参数 MIN 和 MAX 所定义范围内，并通过 OUT 参数输出，程序如图 4-22 所示。

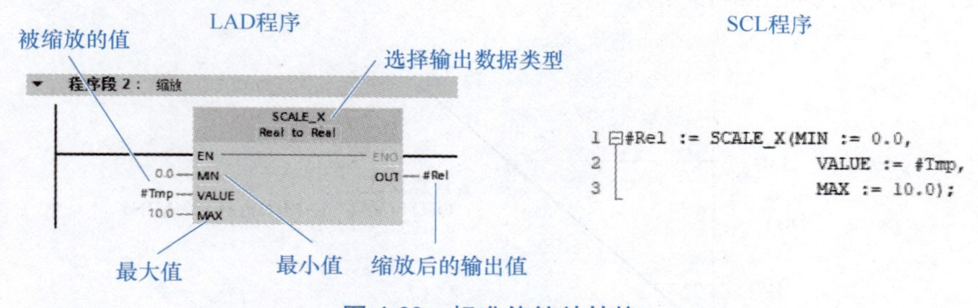

图 4-22　标准值缩放转换

注意：输入参数 MIN、MAX 和 OUT 数据类型必须相同。

4）**数值检查**。模拟量经过标定、转化缩放后会和实际量程值存在误差，经转化后量程下限有可能为负数或者量程上限超过实际量程值，因此须判断转换后的实际值是否在指定范围内。若超出或低于量程上下限，则将量程上下限替代计算值并输出报警，程序如图 4-23 所示。

LAD程序

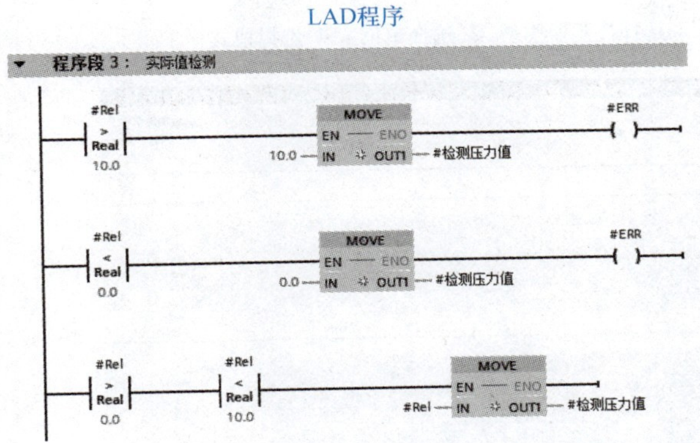

SCL程序

```
1  IF #Rel > 10.0 THEN
2      #检测压力值 := 10.0;
3      #ERR := 1;
4  ELSIF #Rel < 0.0 THEN
5      #检测压力值 := 0.0;
6      #ERR := 1;
7  ELSE
8      #检测压力值 := #Rel;
9      #ERR := 0;
10 END_IF;
```

图 4-23 判断压力值

PID 工艺对象

2. 组态 PID 工艺对象

（1）**PID_Compact 指令** PID_Compact 指令具有抗积分饱和功能且支持比例和微分加权，通常在循环中断中调用该指令以保证精确的采样时间。建议调用该指令时使用单个实例以自动创建工艺对象，避免使用多重实例数据块时手动配置 PID_Compact 参数。

在 300ms 间隔循环中断 OB 组织块中以单个实例方式添加 PID_Compact 指令，如图 4-24 所示，指令部分参数见表 4-4，其他参数见在线指令帮助。添加完成后，系统自动在工艺对象项目树中添加该项目。

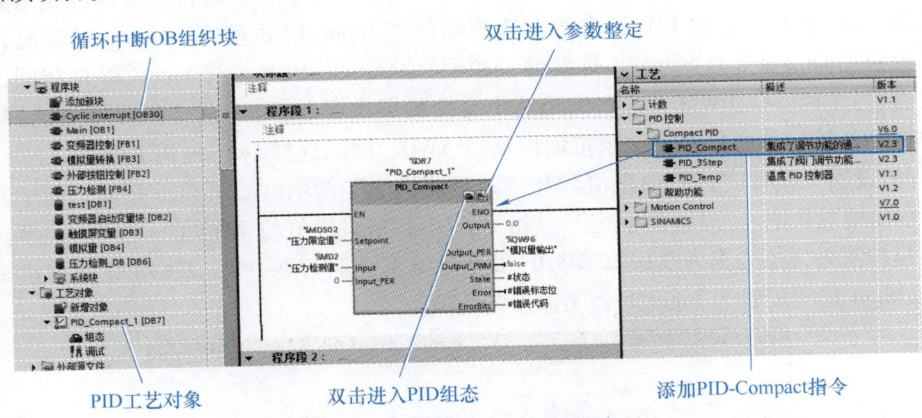

图 4-24 设置 PID-Compact 指令

表 4-4 PID_Compact 指令部分参数说明

参数名称	声明	数据类型	说明
Setpoint	Input	Real	控制器设定值
Input	Input	Real	控制器过程值，即反馈值
Input_PER	Input	Int	模拟量输入过程值
Output	Output	Real	PID 控制实数输出值
Output_PER	Output	Int	PID 控制模拟量输出值
Output_PWM	Output	Bool	PID 脉宽调制输出值

双击按钮进入如图 4-25 所示组态设置界面，并选择“基本设置”选项。

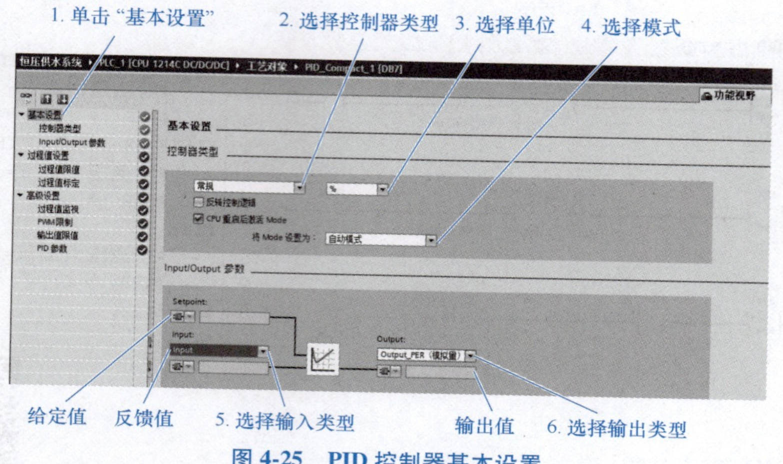

图 4-25　PID 控制器基本设置

若控制对象在 PID 增大时被控量反而减小，则须勾选“反转控制逻辑”。设置 Mode 模式为“自动模式”并勾选“CPU 重启后激活 Mode”，则 CPU 重启后将进入自动模式。

“Input/Output 参数”中须设置闭环控制系统中给定、反馈以及输出信号类型。Setpoint（给定浮点数）参数是控制系统信号经过标准化以后的值，其设定范围为实数 0.0~100.0，代表系统运行比例 0.0%~100%。例如某温度控制系统温度控制范围为 0~200℃，现要求将温度控制在 120℃，则 Setpoint 值应设置为 60.0。Input 反馈参数有 Input（与 Setpoint 相同，是标准化的值）和 Input_PER（直接支持模拟量通道，范围为 0~27648）两种选项，若自定义标准化及缩放模拟量则设置为 Input 模式，若由 PID 组态内部实现则使用 Input_PER 模式。Output（输出）支持三种模式，分别是 Output（与 Setpoint 数据类型相同）、Output_PER（与 Input_PER 相同，支持模拟量输出通道）、Output_PWM（占空比随输出变化的脉宽调制方波）。本项目中均选择浮点数，本项目中将 PID 输出值直接赋值给模拟输出端口 AW0，因此选择 Output_PER 类型。

“过程值设置”包含“过程值限值”和“过程值标定”两项，如图 4-26 所示。其中“过程值限值”一般使用默认值。“过程值标定”是指 PLC 传感器采样值与系统运行之间的关系，S7-1200 系列 PLC 模拟量采样值范围为 0.0~27648.0，0.0 对应系统运行在 0%，27648.0 对应系统运行到 100%。当 Input 选项配置为 Input 时，无须设置此项。

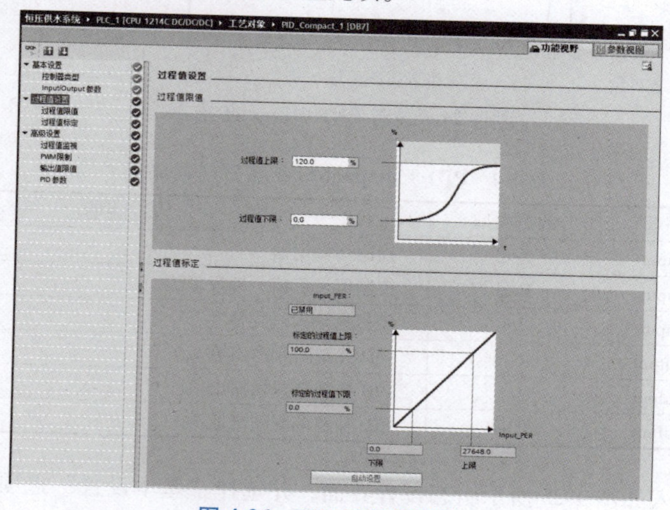

图 4-26　PID 过程值设置

“高级设置”中参数需根据工艺要求设置，相关说明见表 4-5。

表 4-5　高级设置选项说明

设置名称	说明
过程值监视	设置输入上、下限报警值
PWM 限制	设置 PWM 最小接通时间和最小关闭时间
输出值限值	设置输出值上、下限值
PID 参数	勾选“启用手动输入”复选框后可离线、在线修改和下载 PID 参数，并选择 PID 或 PI 结构控制器。若未勾选，则可使用 MOVE 指令方式设置参数值，如图 4-27 所示，更多相关参数可通过“参数视图”查看 PID 对应实例 DB

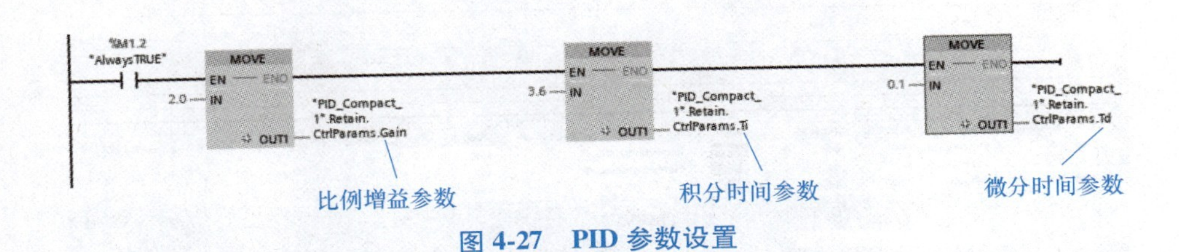

图 4-27　PID 参数设置

（2）**PID 参数调试**　PID 参数直接影响控制系统效果，合理参数能让系统稳定、精确工作，错误参数会使控制系统不稳定而导致崩溃。通常 PID 参数采用经验调试方法，没有绝对正确的参数，只有满足工作需求的参数（主要从精度和调节时间两方面考虑）。通常采用如下步骤整定 PID 参数。

1）**整定比例系数 P**。先将积分时间设置为无穷大，微分时间设置为 0，使得积分和微分环节不起作用，然后由小到大调节比例系数，观察系统响应能否满足需求。因无积分环节参与，所以系统是一个有静差系统（精度较低）。

2）**整定积分系数 I**。确定比例参数后，再由小到大改变积分参数并观察系统响应，主要确定系统从启动到静差为 0 的时间。注意此时系统超调量有时可能会增加，如不满足设计指标，需要减小比例参数。

3）**整定微分参数 D**。以从小到大方式改变微分参数，主要观察系统超调量和稳定性，同时微调比例和积分参数直到满足设计要求。

除手动整定方法外，TIA 还提供了 PID 自动整定工具，单击工艺对象下“调试”后进入如图 4-28所示整定界面。

将 PLC 硬件组态及程序下载到实体 PLC，并设置“采样时间”为 0.3s 后，单击“Start”启动按钮开始自动整定。每种信号状态可在曲线监视图上以不同颜色显示，以此监控整定效果。

3. 设计恒压自动控制程序

根据本项目中模拟量扩展模块中输出通道 0 的配置，输出电压为-10~10V，使用该信号控制 V20 变频器，变频器工作频率范围为 0~50Hz，即当 PLC 模拟量输出通道 0 的输出电压为-10V 时，变频器工作频率为 0Hz，PLC 模拟量输出通道 0 的输出电压为 10V 时，变频器的工作频率为 50Hz，并对 V20 变频器进行如下设置。

（1）设置变频器频率给定源为模拟量设定值，设定变频器参数 P1000［0］为 2。

（2）设置变频器基准频率为 50Hz，设定变频器参数 P2000［0］=50。

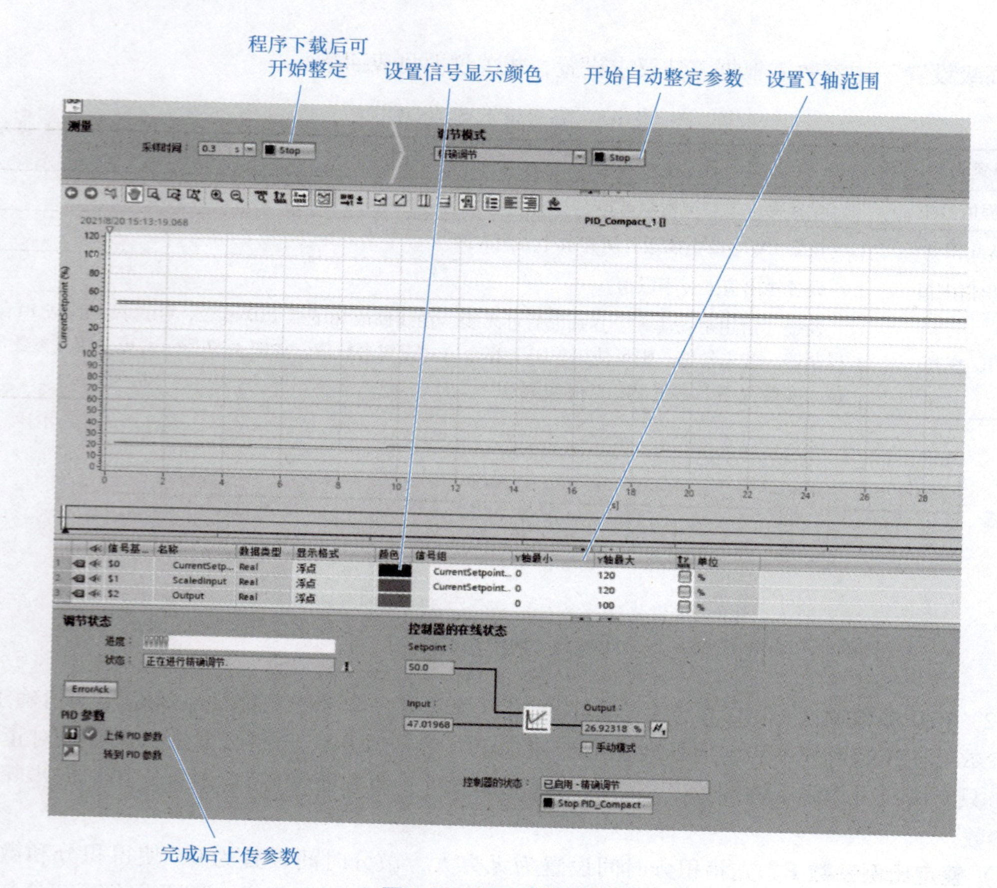

图 4-28 PID 整定界面

（3）设置模拟量输入类型为-10~10V，设定变频器参数 P756［0］=4。

设计恒压供水系统压力范围为0~10bar，选用检测范围为0~10bar 压力传感器，并在 HMI 设备中设置恒压供水系统的期望压力为 4. 0bar（定义于变量%MD502），即系统给定值，自动恒压控制程序如图 4-29 所示。

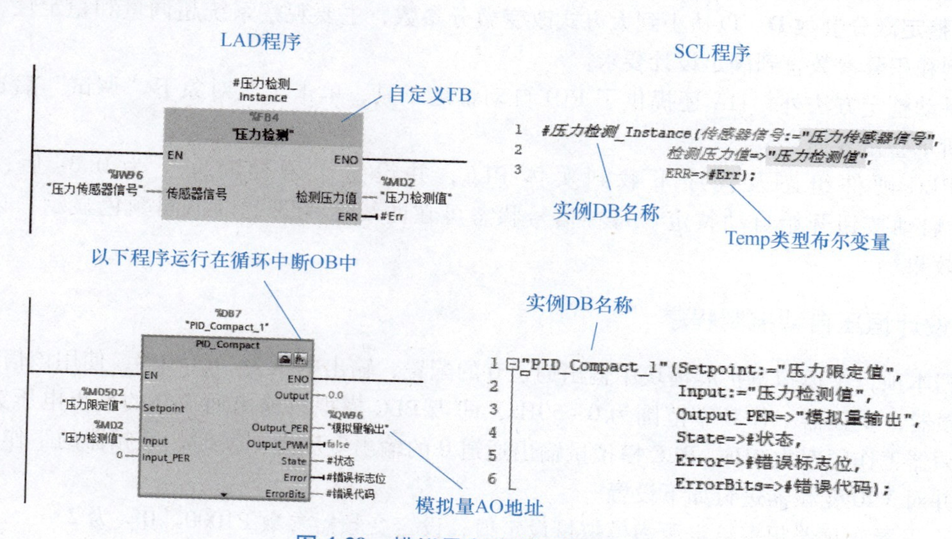

图 4-29 模拟量自动恒压控制程序

传感器测量压力是系统实际运行值（也是反馈值），首先调用自定义 FB 模块“压力检测”标准化给定值，其计算方法为“期望值/（系统工作范围上限-系统工作范围下限）”，本项目中标准化后系统给定值为 4bar/10bar=40%。给定信号和反馈信号（“压力检测值”）经 PID 模块处理后，通过“Output_PER”输出参数发送给 PLCQ W0 模拟量输出接口，实现向变频器模拟量控制端子输出-10~10V 控制电压，从而控制变频器频率。随着变频器频率的改变，被电动机带动的水泵转速也发生改变，从而调节系统水压。

任务 3　变频器 USS 通信控制

任务描述

使用 USS 通信方式改造现有恒压控制系统，实现远程数据采集及控制。

任务目标

1. 掌握 USS 通信硬件连接方法。
2. 掌握 USS 通信指令的用法。

知识储备

变频器 USS 通信

S7-1200 与 V20 的 USS 通信

相比于模拟量控制，USS 通信方式控制变频器不仅可同时控制多台变频器，还可实时读取变频器中各种运行参数，如变频器运行频率、工作电流、功率大小以及耗电量。在 PID 计算中两种控制方式大体相同，不同之处主要在于 PID 输出控制，采用模拟量控制时，PID 模块输出到模拟量输出地址（QW0）；而采用通信控制时，PID 输出为与变频器工作频率对应的百分比值，并将该值发送到变频器以实现频率控制。

USS 通信设置方式如下。

（1）**通信接线**　PLC 组态 CM 1241 通信模块后，通过 RS485 与西门子 V20 变频器实现 USS 协议通信，每个 USS 网络最多支持 16 个变频器通信。CM 模块侧使用 DB9 连接器，其中 3 脚和 8 脚分别为 RS 485 的 RB 线和 RA 线，分别连接 V20 的 P+和 N-端子，且电缆线屏蔽层接地。若通信电缆长度大于 2m，则须在电缆两端设置 120Ω 终端电阻，电气连接方式如图 4-30 所示。

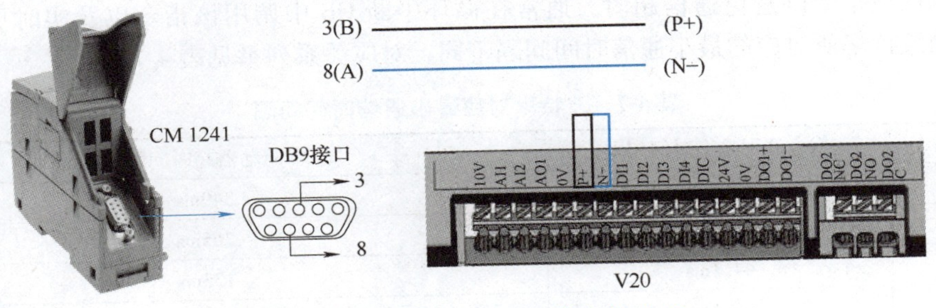

图 4-30　CM 1241 与 V20 的连接方式

须同时设置通信模块波特率与变频器波特率保持一致，其他参数保持默认值，“端口组态”参数如图 4-31 所示。

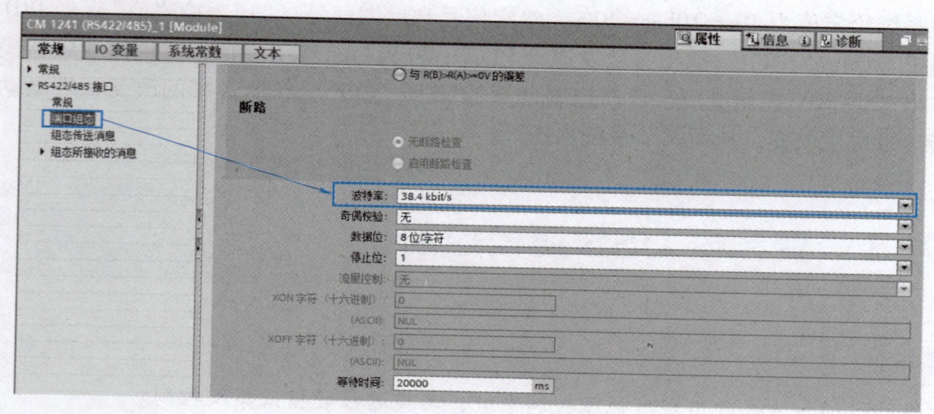

图 4-31　通信模块波特率设置

（2）**V20 变频器参数设置**　变频器 V20 恢复出厂设置并设置基础参数后，选择“Cn010”连接宏以设置 USS 控制，然后单击 M 键使用出厂默认的应用宏“AP000”，再按照表 4-6 设置 V20 USS 通信相关参数。

表 4-6　变频器 USS 通信参数设置表

参数号	参数值	说明
P2010	8	设置通信波特率为 38400bit/s
P2011	1	变频器 USS 地址
P2012	2	USS PZD 长度
P2013	4	USS PKW 长度
P2023	1	选择通信协议为 USS

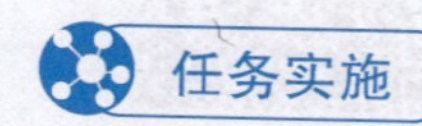

任务实施

1. 设计 PLC USS 通信程序

变频器设置完成后，需根据通信模块组态调用通信指令，如图 4-32 所示。

S7-1200 系列 PLC 与变频器 V20 USS 通信程序设置方式如下。

1）**创建变频器控制 FB**。PLC 与变频器 USS 通信涉及通信接口设置、变频器控制及状态查询等操作，以面向对象程序设计方式定义变频器控制 FB 如图 4-33 所示。

2）**设置 USS 通信接口**。USS_Port_Scan 指令通过 USS 网络至多为 16 个变频器处理通信，且必须频繁调用该指令以避免通信超时，通常在循环中断 OB 中调用该指令以及实时更新 USS 数据，且不同波特率所对应的最小通信时间间隔不同，对应关系列举见表 4-7。

表 4-7　波特率对应最小通信时间间隔

波特率	指令调用最小时间间隔	驱动器超时间隔
9600bit/s	116. 3ms	349ms
19200bit/s	68. 2ms	205ms
38400bit/s	44. 1ms	133ms
57600bit/s	36. 1ms	109ms

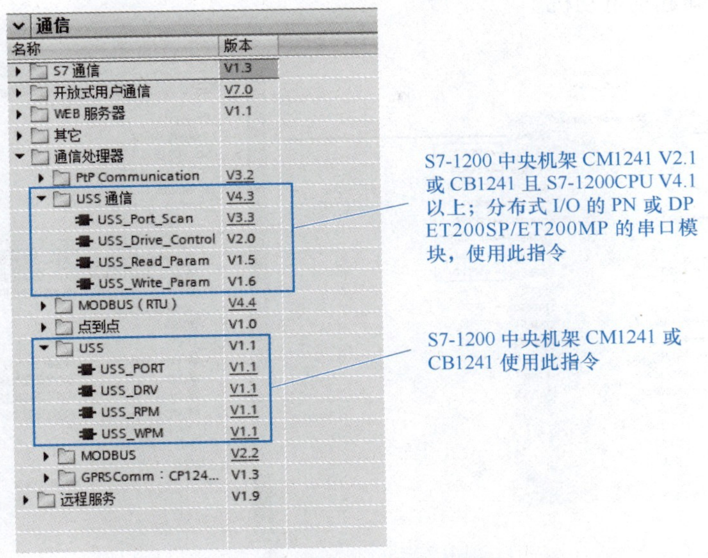

图 4-32　PLC USS 通信指令

变频器控制

	名称	数据类型	偏移量	默认值	从 HMI/OPC...	从 H...	在 HMI ...	设定值	注释
1	▼ Input								
2	启动	Bool	...	false	☑	☑	☑	☐	1:启动
3	停止	Bool	...	false	☑	☑	☑	☐	1:停止
4	复位	Bool	...	false	☑	☑	☑	☐	1:停止
5	运行速度	Real	...	0.0	☑	☑	☑	☐	
6	▼ Output								
7	<新增>								

图 4-33　变频器控制 FB 定义

USS_Port_Scan 指令须设置通信端口 ID、通信波特率等通信参数，其中 PORT 参数值为 PLC 通信模块组态时自动生成的 ID 值，单击“PORT”引脚后从列表中根据通信模块组态选择 ID 值。波特率参数需与 PLC 通信模块、变频器通信端口波特率设置一致，如图 4-34 所示。

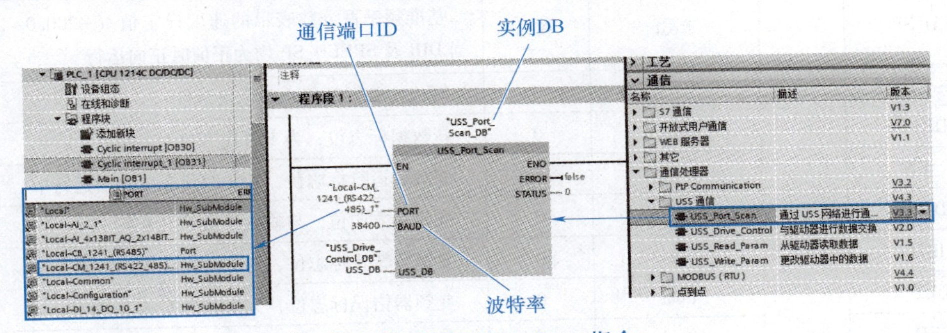

图 4-34　USS_Port_Scan 指令

注意输入参数“USS_DB”为调用 USS_Drive_Control 指令时生成并初始化后的实例 DB，在调用“USS_Drive_Control”指令后将再分配该参数值。

3）**设置数据交互指令**。将 USS_Drive_Control 数据交互指令用于变频器控制电动机起停、故障复位、正反转控制等操作，指令调用方式如图 4-35 所示，相关参数说明见表 4-8。注意输入参数“OFF2”和“OFF3”在停止方式上不同，且停止后须重新给予“RUN_EN”上升沿且保持为状态“1”才能重新起动电动机。

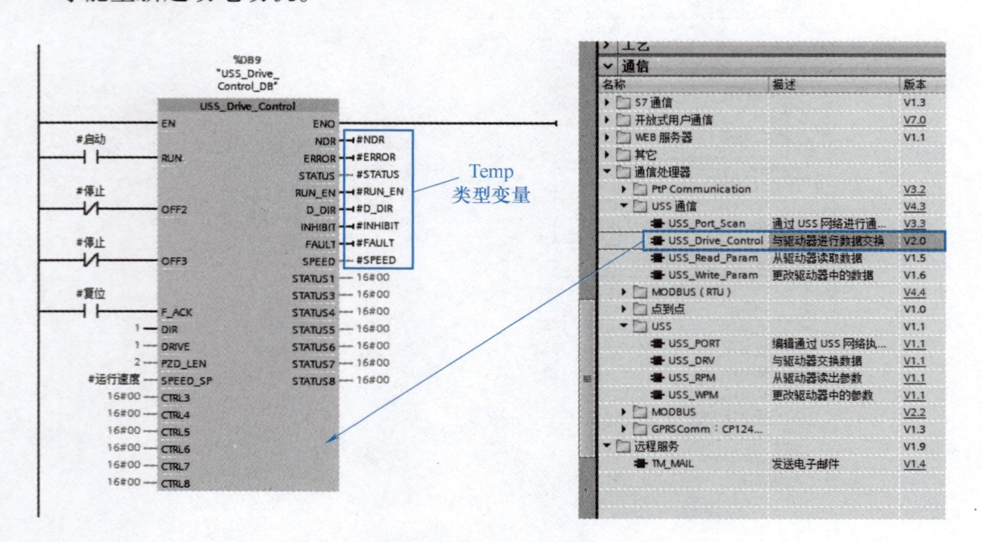

图 4-35　USS_Drive_Control 指令调用方式

表 4-8　USS_Drive_Control 指令参数说明

端口名称	类型	数据类型	默认值	说明
RUN	IN	Bool	False	1：以预设速度运行变频器；0：电动机滑行至静止
OFF2	IN	Bool	False	False 时电动机滑行至静止且不制动
OFF3	IN	Bool	False	False 时变频器快速制动而停止
F_ACK	IN	Bool	False	复位变频器故障
DIR	IN	Bool	False	1：电动机正向运行；0：电动机反向运行
DRIVE	IN	USInt	1	变频器地址（1～16），需与变频器中设置的地址一致
PZD_LEN	IN	USInt	2	PZD 数据长度，有效值为 2、4、6、8 个字
SPEED_SP	IN	Real	0.0	基准频率百分数表示的速度设定值（-200.0～200.0），当 DIR 及 SPEED_SP 均为正值时正向运行
CTRL3～CTRL8	IN	Word	0	写入变频器的用户自定义参数
NDR	OUT	Bool	0	新数据标志位，为 1 时代表数据就绪
RUN_EN	OUT	Bool	0	变频器运行标志位，为 1 时代表变频器运行中
D_DIR	OUT	Bool	0	变频器方向位，与输入参数 DIR 相同
INHIBIT	OUT	Bool	0	变频器禁止标志位，为 1 时代表变频器禁止
FAULT	OUT	Bool	0	变频器错误标志位，为 1 时需 F_ACK 复位
SPEED	OUT	Real	0.0	变频器实际运行值
STATUS1-STATUS8	OUT	Word	0	用户自定义变频器参数

4）**USS 通信读写参数指令**。当基于程序或 HMI 设置变频器参数时须使用 USS_Read_Param 读参数指令和 USS_Write_Param 写参数指令。

USS_Read_Param 读参数指令是将变频器的数值读入到 PLC 指定寄存器内，调用方式如图 4-36所示，相关参数说明见表 4-9。

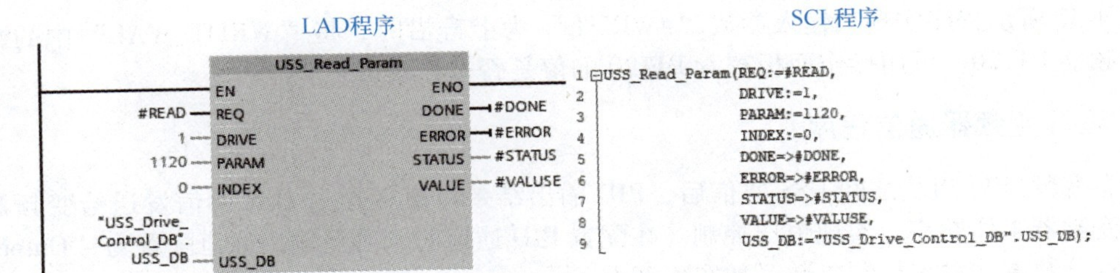

图 4-36　USS_Read_Param 指令调用方式

表 4-9　USS_Read_Param 指令参数说明

端口名称	类型	数据类型	说明
REQ	IN	Bool	上升沿时，开始读取变频器中的数据
DRIVE		USInt	变频器地址（1~16），需与变频器中设置的地址一致
PARAM		UInt	变频器参数编号（0~2047）
INDEX		UInt	指定要写入的变频器参数索引号（或称为下标）
USS_DB	INOUT	USS_BASE	USS_Drive_Control 创建的 DB
DONE	OUT	Bool	为 1 时，代表 VALUE 数值已读取到 PLC 中
VALUE		Variant	读取的数值，只有当 DONE 为 1 时有效

图 4-36 所示程序实现：当输入参数“#REQ”收到上升沿时，读取变频器 P1120 的值并输出到临时变量“#VALUSE”中。

USS_Write_Param 写参数指令将指定数值写入变频器指定参数，调用方式如图 4-37 所示，相关参数见表 4-10。

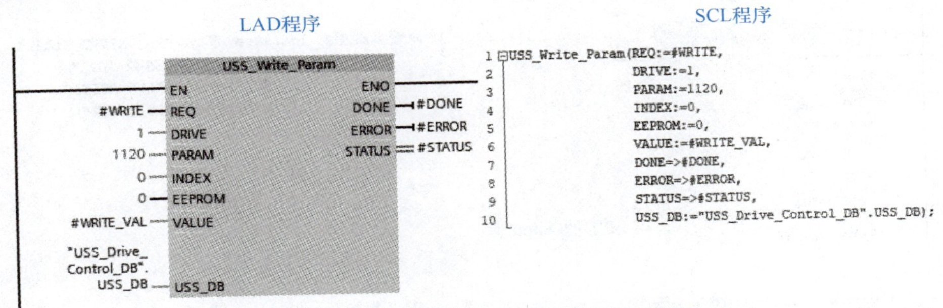

图 4-37　USS_Write_Param 指令调用方式

表 4-10　USS_Write_Param 指令参数说明

端口名称	类型	数据类型	说明
REQ	IN	Bool	上升沿时，开始将 VALUE 中的数值写入变频器
DRIVE		USInt	变频器地址（1~16），需与变频器中设置的地址一致
PARAM		UInt	变频器参数编号（0~2047）
INDEX		UInt	指定要写入的变频器参数索引号（或称为下标）
EEPROM		Bool	为 1 时，保存在变频器的 EEPROM 中，否则仅临时保存，重启后该值丢失
VALUE		Variant	写入变频器的参数值
USS_DB	INOUT	USS_BASE	USS_Drive_Control 创建的 DB
DONE	OUT	Bool	为 1 时，代表 VALUE 数值已被写入变频器

图 4-37 所示程序实现当输入参数“#WRITE”为上升沿时，将“WRITE_VAL”中的数值写入到变频器 P1120，可用操作面板查看 P1120 的值是否被修改。

2. 设计变频器通信程序

组态变频器与 PLC 之间 USS 通信后，PID 输出结果可直接通过 USS 通信发送给变频器，从而改变变频器工作频率，实现恒压控制。在配置 PID 通道时，可将输出通道配置为“Output”模式，以百分数方式输出控制参数，如图 4-38 所示。

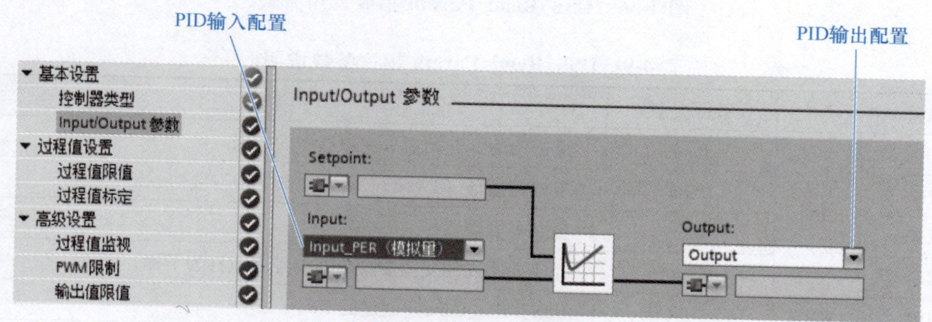

图 4-38　PID 通道的输出配置

Output 输出实数数据类型满足变频器 USS 通信中关于变频器速度设定要求，即将 PID 模块 Output 参数作为 USS_Drive_Control 模块 SPEED_SP 参数，同时设置 Input 模式为“Input_PER（模拟量）”以使用 PID 内部参数标定功能及缩放功能，配置如图 4-26 所示过程值标定，其他设置参考任务 2。通信模式 USS 恒压自动运行程序如图 4-39 所示。

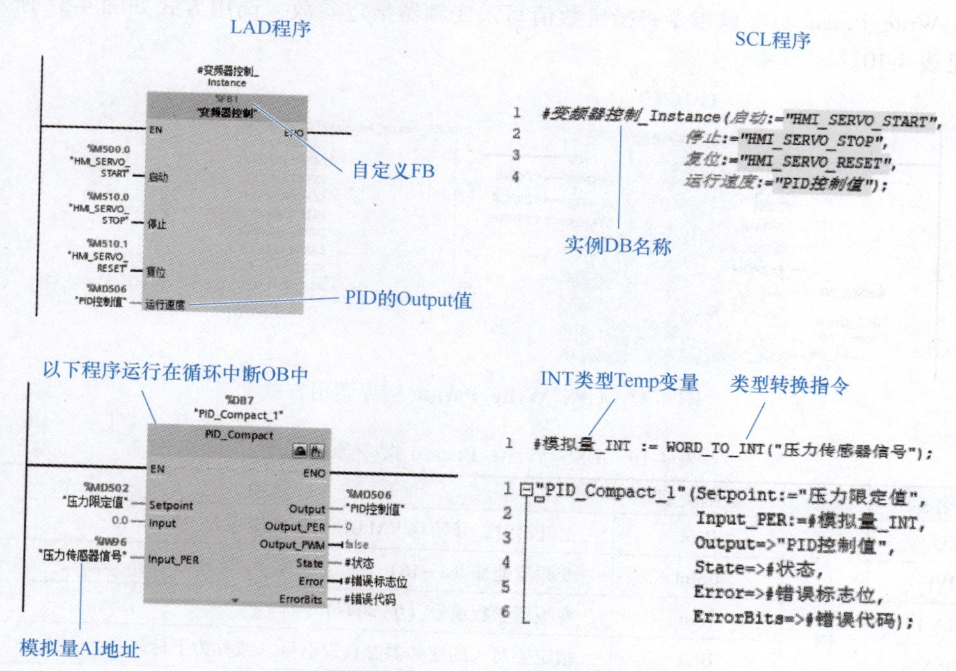

图 4-39　恒压自动运行程序

设定系统运行过程中，PID 输出值为 50.0 时，USS_Drive_Control 模块中 SPEED_SP 参数值也为 50.0，变频器最大工作频率为 50Hz，则变频器当前输出工作频率为 50×50.0%Hz = 25Hz。

因 PID_Compact 指令输入 Input_PER 参数为 INT 类型，而模拟量输入端口“IW96”为 Word 类型，在 LAD 中系统隐性实现类型转换，但在 SCL 程序中系统会提示“信号或值精度丢失”，须使用 CONVERT 指令显示转换变量类型，该指令引用方式如图 4-40 所示。

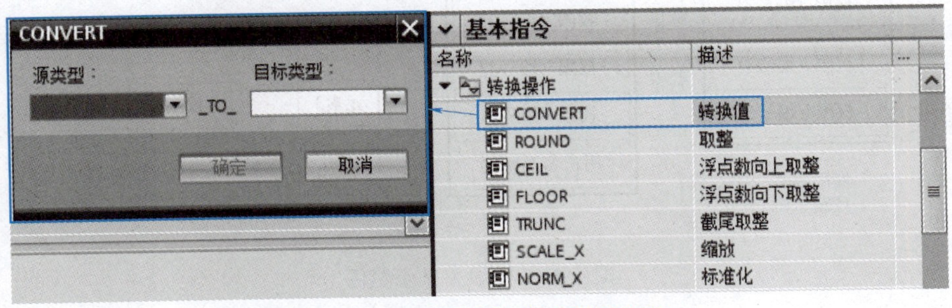

图 4-40　CONVERT 指令引用方式

其中“源类型”为被转换变量类型，“目标类型”是转换后变量类型，该指令可实现二进制数、整数、浮点数、时间、日期和时间、字符串、BCD16 和 BCD32 类型变量相互转换。

任务 4　HMI 状态管理

任务描述

根据设备现场管理要求为作业员、维护人员设置 HMI 设备不同的管理权限，并在界面上显示报警信息，以保证设备正常运行及故障快速处理。

任务目标

1. 掌握 HMI 设备用户权限设置方法。
2. 掌握 HMI 设备报警设置方法。

知识储备

操作权限

维护人员针对不同用户提供不同的操作权限，以避免未经授权的访问，是保证安全生产常规方法之一。设置权限时首先针对每个用户组分配不同权限，再根据生产管理需求为用户组添加用户，避免每次为单个用户分配权限，当操作具有安全权限 HMI 元素时，系统自动激活登录界面且登录后才能继续操作。HMI 中权限管理的实质是为每个界面元素分配一个权限（编号）并命名，而用户访问权限设置则是依赖于用户组被分配的权限（编号）个数，用户组、用户及权限的编号相互独立且各自所属组编号唯一，权限关系如图 4-41 所示。

例如，当 HMI 设备的界面“元素 4”分配编号为 6 的权限时，所有的用户从用户组中所继承的权限编号不与其相匹配，导致所有用户均无法访问“元素 4”，而只能访问具有权限的“元素 1”“元素 2”及“元素 3”。

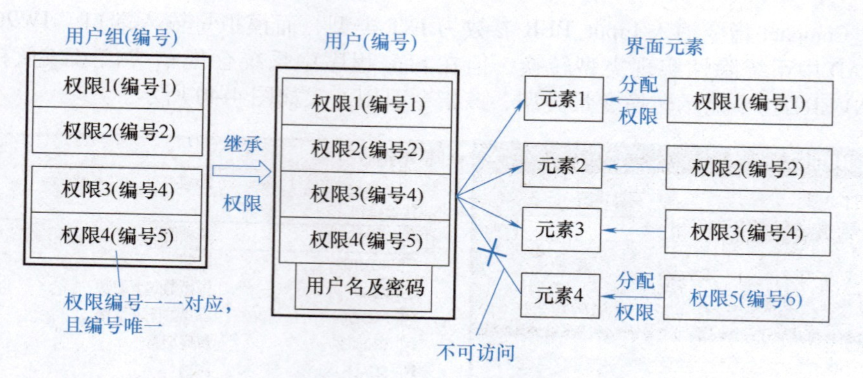

图 4-41　权限关系示意图

任务实施

1. 设置用户权限

HMI 用户权限设置

访问保护决定运行中数据和功能的访问规则，添加 HMI 设备时系统自动创建管理员组和用户组，以及用户管理、监视和操作权限，并为每个权限编号。

（1）**设置用户组及权限**　根据生产安全规范要求须添加“作业员”和“工程师”用户组，并设置“调试”权限，设置方式如图 4-42 所示。

单击“用户管理”→“用户组”→“<添加>”用户组选项，并依次设置最大 40B 的用户组“名称”“显示名称”。类似方式添加“权限”“名称”及“显示名称”且编号唯一，单击用户组后，再勾选“激活”中方框方可添加权限到用户组中。

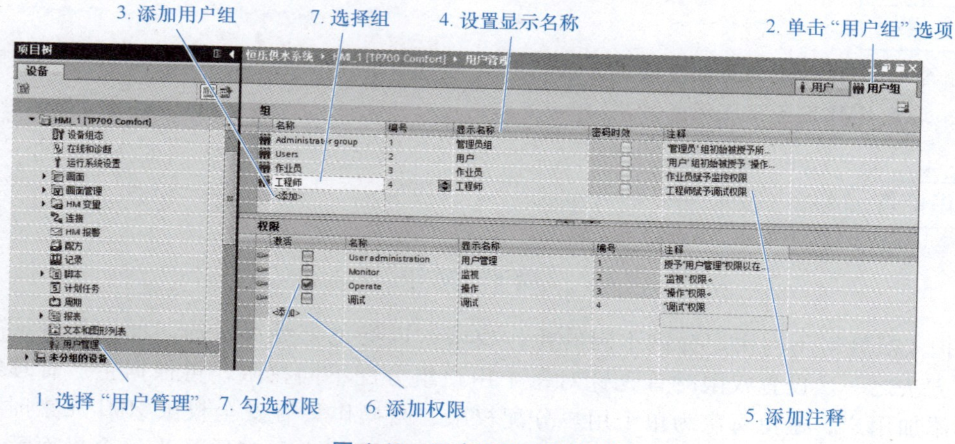

图 4-42　用户组及权限设置

（2）**添加新用户**　添加自定义用户名称只能以 ASCII 字符方式添加且名称唯一，然后为其分配用户组，设置方式如图 4-43 所示。

用户设置界面中，若勾选“自动注销”，则在“注销时间”所设置时间内未操作将自动注销当前登录用户。注意：输入用户名和密码时，请勿使用特殊字符。

（3）**设置元素安全权限**　在默认监控界面下无须登录即可监控当前设备运行状态，若须设

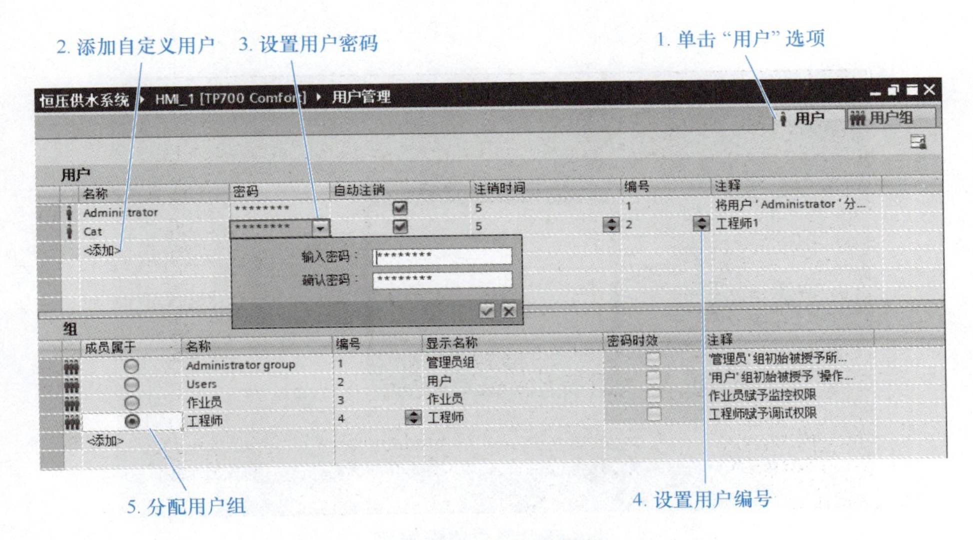

图 4-43　添加新用户

置操作权限对象则在安全选项中设置后才能生效。以设置进入手动调节界面需工程师权限为例，按照如图 4-44 所示步骤设置，登录后才可进入。

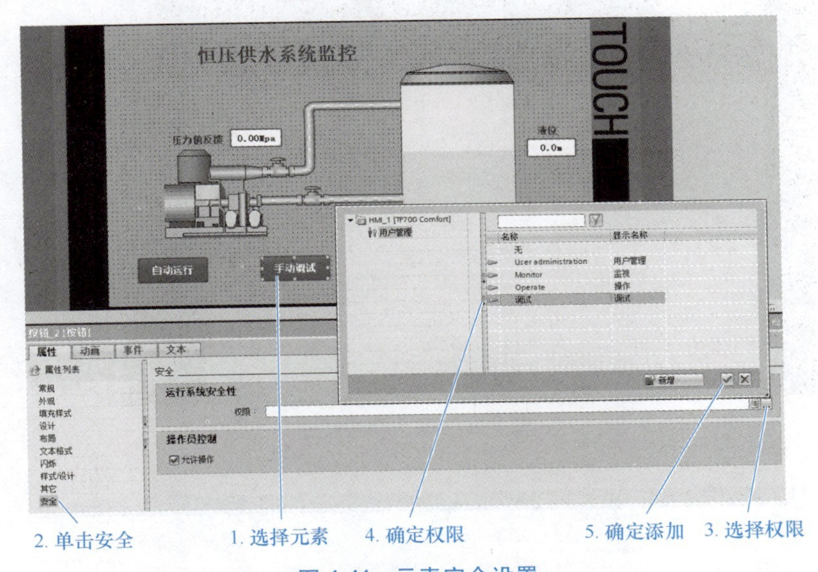

图 4-44　元素安全设置

HMI 设备运行后，在未登录用户情况下单击“手动调试”按钮，系统将会自动弹出“用户登录”界面，如图 4-45 所示。若无调试权限用户登录时，单击“手动调试”按钮，系统将提示权限不足。

（4）**添加用户视图**　当需在 HMI 上管理用户时使用“用户视图”以设置和管理用户及授权，其支持创建用户、删除用户、更改用户数据、导入或导出用户数据，设置方式如图 4-46 所示。

运行 HMI 并以具有“操作”权限的用户登录后，按照如图 4-47 所示步骤添加新用户或修改已添加的用户密码，并分配其所属用户组。

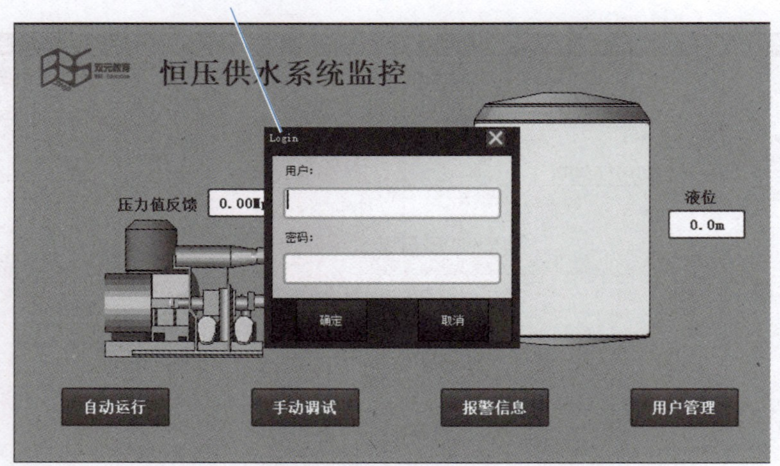

图 4-45　用户登录界面

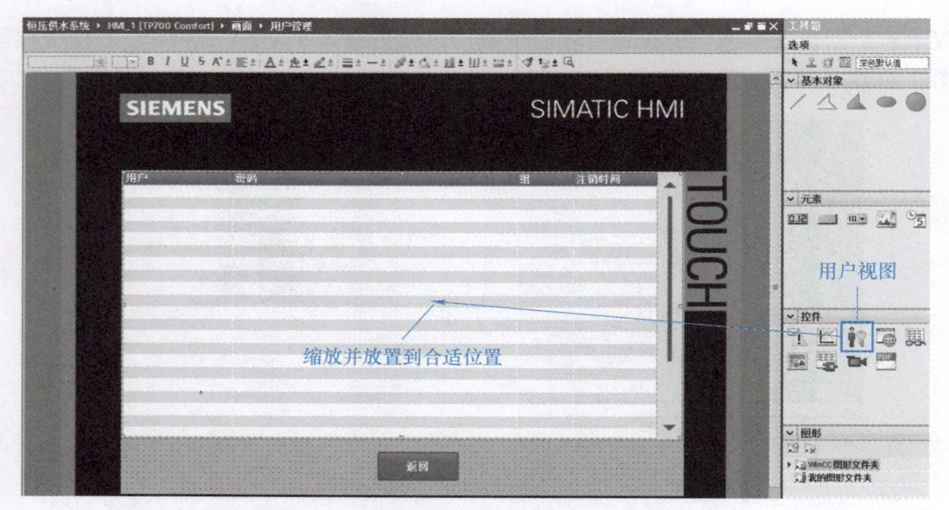

图 4-46　添加用户视图

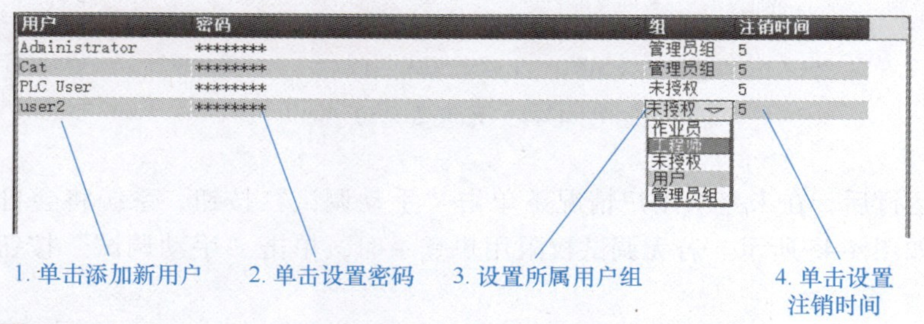

图 4-47　HMI 中设置用户

HMI 报警设置

2. 设置 HMI 报警

HMI 需实时反应设备连接状态、运行状态并提供必要报警信息。HMI 报警分为自定义报警和系统报警两类。当系统触发报警时，则在报警窗口上显示相应报警文本信息，其中报警文本可设置为设备编号等内容。

（1）**自定义报警**　自定义报警常用在 HMI 设备中显示过程状态以及 PLC 数据，例如电动机故障、温度过高等。自定义报警主要分为离散量报警和模拟量报警。

离散量报警即使用布尔类型变量触发报警，例如交流接触器通断以及各种故障信号状态都可用来触发离散量报警，设置方式如图 4-48 所示。

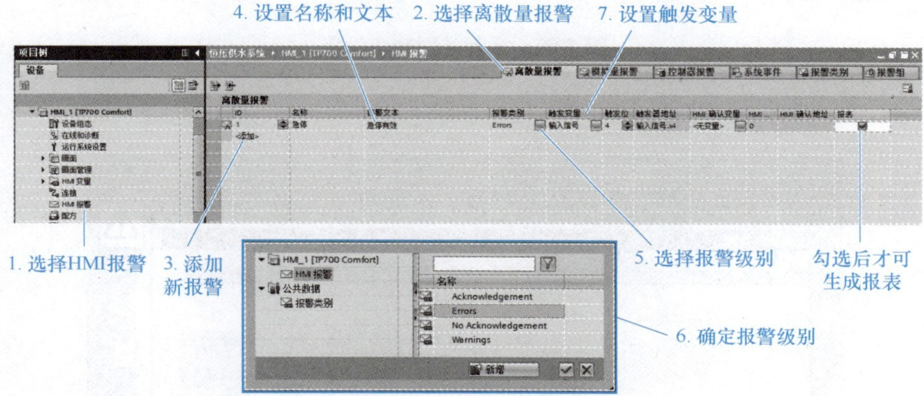

图 4-48　离散量报警设置方式

HMI 系统提供四种类别报警，“Errors”和“Acknowledgement”报警需在 HMI 设备上单击“确认”按钮，而“Warnings”和“No Acknowledgment”无须确认。

报警信息以字为单位设置来源，使用位触发时需在选择“触发变量”后设置对应“触发位”才可正确触发报警，设定值在“触发器地址”中以“变量名称 . Xn”形式显示，其中 n 为位号。

模拟量报警通常设置为模拟量值（例如温度值）超出上限或者下限时触发模拟量报警，其设置方式与离散报警相似，设置方法如图 4-49 所示。

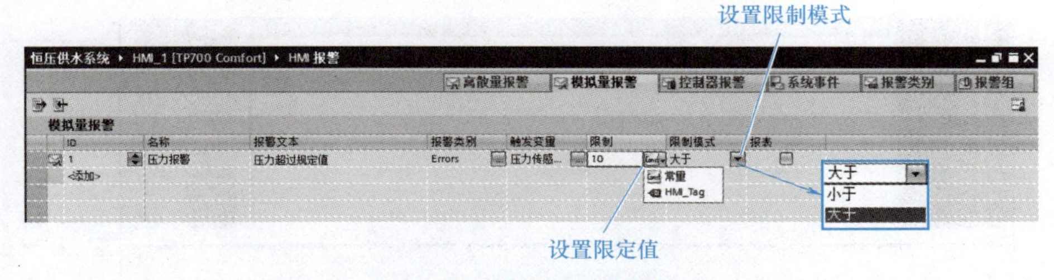

图 4-49　模拟量报警设置

选定报警类别即触发变量后，在“限制”栏中选择“常量”或者“HMI_Tag”变量为限制值，在“限制模式”中选择“大于”或“小于”。

根据是否需要确认设置报警类别后，还可设置每种报警类别的显示颜色等信息，如图 4-50 所示。

（2）**设置系统报警**　系统报警是在 HMI 中预定义报警，以显示 HMI 设备和 PLC 特定的系统状态，如 HMI 与 PLC 通信错误等。

当系统触发须确认报警后，系统自动在当前页面弹出如图 4-51 所示报警信息，消除来源并单击“确定”按钮后报警才能消失。

（3）**添加报警视图**　对于无须确认报警则只能通过报警视图查看，按如图 4-52 所示方式设置报警视图后，在常规属性中勾选报警类别启用，可查看报警状态及类别。

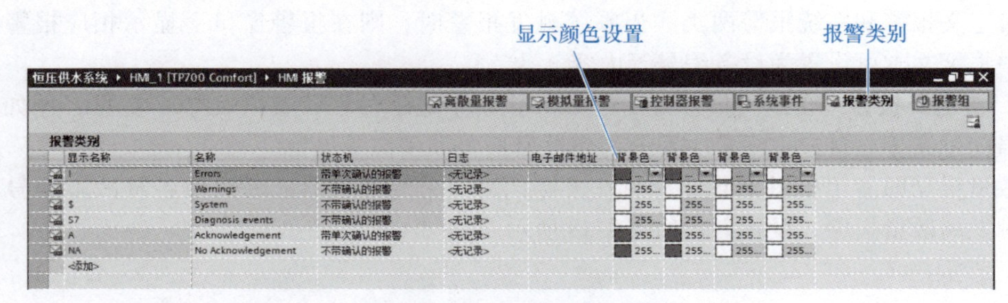

图 4-50　报警类别颜色设置

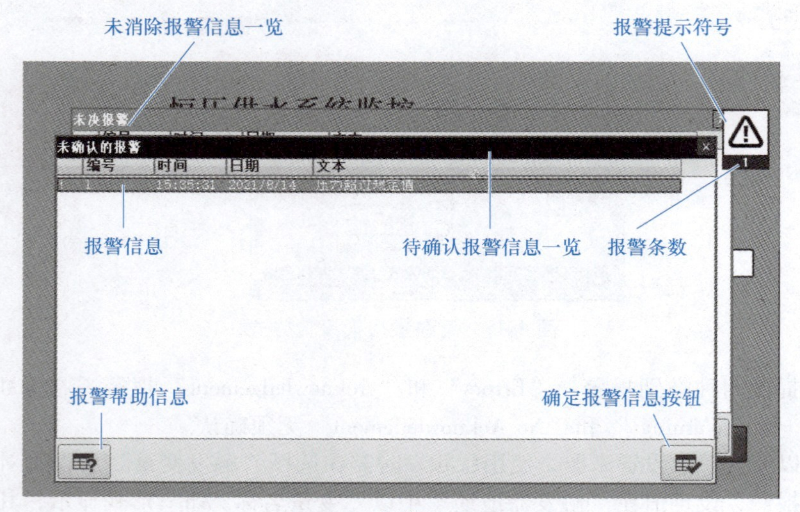

图 4-51　报警信息显示

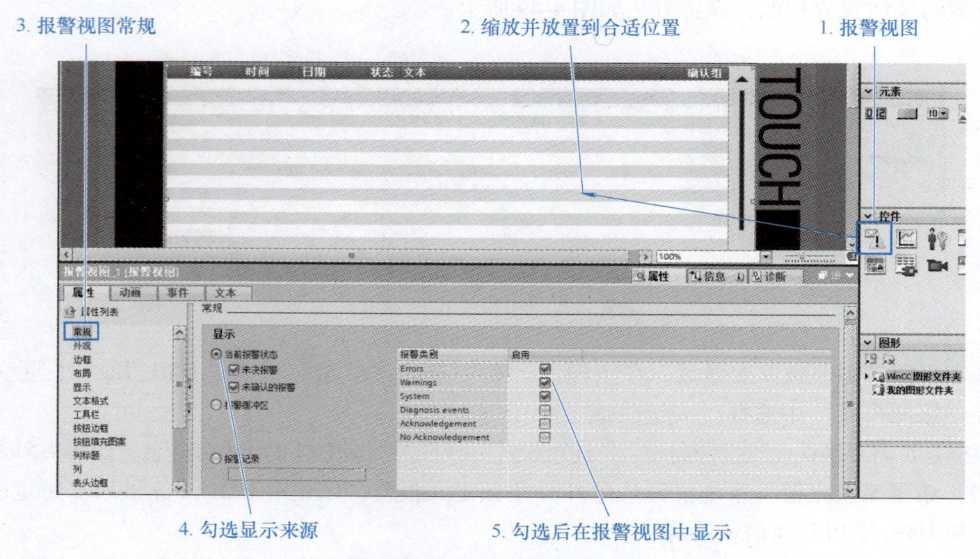

图 4-52　报警视图显示设置

其中“当前报警状态”显示当前报警状态，“报警缓冲区”显示短期报警记录，在如图 4-53 所示界面中设置“缓冲区溢出时缓冲区的清除百分比”，若缓冲区溢出则已发生报警记录会被新报警覆盖。“报警记录”用于显示长期报警记录，须设置历史数据后使用。报警类别设置完成后，可根据需要在属性“布局”中设置报警视图的行数、大小、每列报警的报警信息、报警排序等。

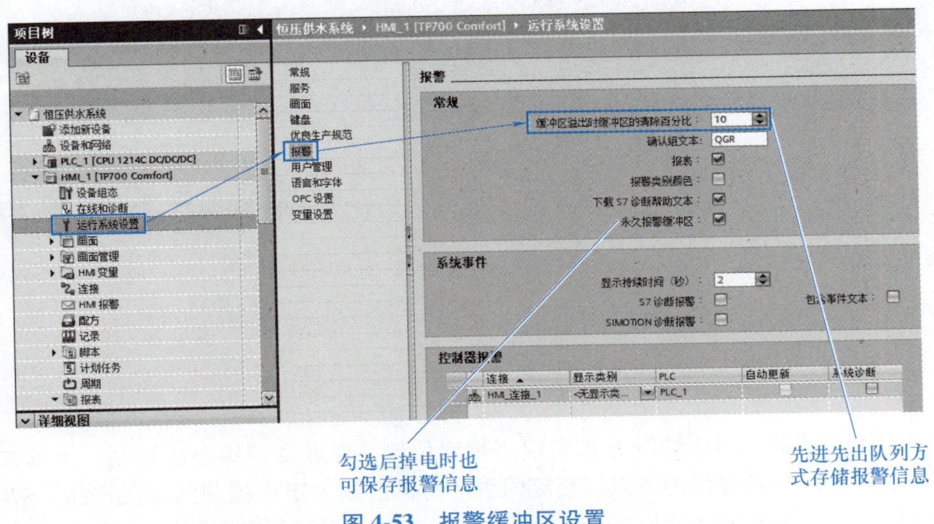

图 4-53　报警缓冲区设置

总结与扩展

1. 项目总结

（1）AI/AO 模块负载信号分为电压型和电流型，须标定并缩放后使用。

（2）比例积分微分控制（PID）须整体考虑以达到静态和动态指标平衡，可使用手动或自动方式实现 PID 整定。

（3）变频器外部端子控制与模拟量组合控制方式是变频器调速功能重要控制方式，通信控制方式下可读写变频器系统状态参数。

（4）S7-1200 系列 PLC 支持多种 OB 组织块，且根据其优先级处理 OB 块中所包含的用户程序。

（5）HMI 设备中用户组可包含多个用户，且每个用户可以有多种访问权限，但每个元素只能分配一个访问权限，且访问权限编号唯一。

（6）报警信息以字为单位设置来源，可设置为是否须确认报警类别。

2. 扩展任务

医药车间以及精密加工车间对环境要求非常高，须保证工作环境恒温恒压。请使用 S7-1200 系列 PLC 作为控制系统核心，设计控制系统电气图并完成系统软硬件安装调试，具体要求如下。

（1）选择合适的工业温度传感器，要求其测量精度为 A 级（$0.15\pm0.002|T|$）℃，供电电压为 24V，输出信号为 4~20mA。

（2）PLC 通过 USS 控制压缩机制冷工作，并使用 PID 算法控制工作区间为恒温。

（3）HMI 设备可设置工作区间恒温，并设置温度范围，当温度超过设定范围时发出报警。

（4）须具有管理权限账户登录 HMI 设备后才能修改工作温度，未登录时只显示当前温度。

项目 5

智能仓储系统

伺服控制系统能够以闭环控制方式实现高精度位置、速度及转矩输出控制，因具有结构简单、过载能力强和转动惯量低的特点，交流伺服电动机已成为定位控制的主流产品。S7-1200 系列 PLC 可通过基于 PROFIBUS/PROFINET 的 PROFIdrive 标准驱动控制协议与驱动器周期性交换数据报文，实现驱动器控制及参数设置等功能，并根据不同应用场合分为多种应用等级（Application Class，AC），减少了系统集成及调试时间。

项目情景

仓储是现代物流系统的重要组成部分，面对实际生产中因成本、场地受限，需将各种类型物料分类存储管理的问题时，智能仓储管理能有效减少流动资金积压、提高物流效率等。本项目智能仓储系统需记录仓储中当前存储物料类型（如毛坯、半成品、成品等），使用堆垛机将新增物料优先放置在仓库空置位，其放置坐标位置可基于行列数量与间距计算生成，若发现堆垛机抓取物料位置有偏差时，还可单独修改仓储位置坐标信息。

古语有云

“吾日三省吾身”意指每天多次自我反省、检视自己，以主动性和责任感正视和解决自身存在问题。伺服控制系统中闭环控制就是不断将输入与输出对比，以负反馈方式调整、优化和完善，使控制的功能更加优良，以实现精确控制。

思维导图

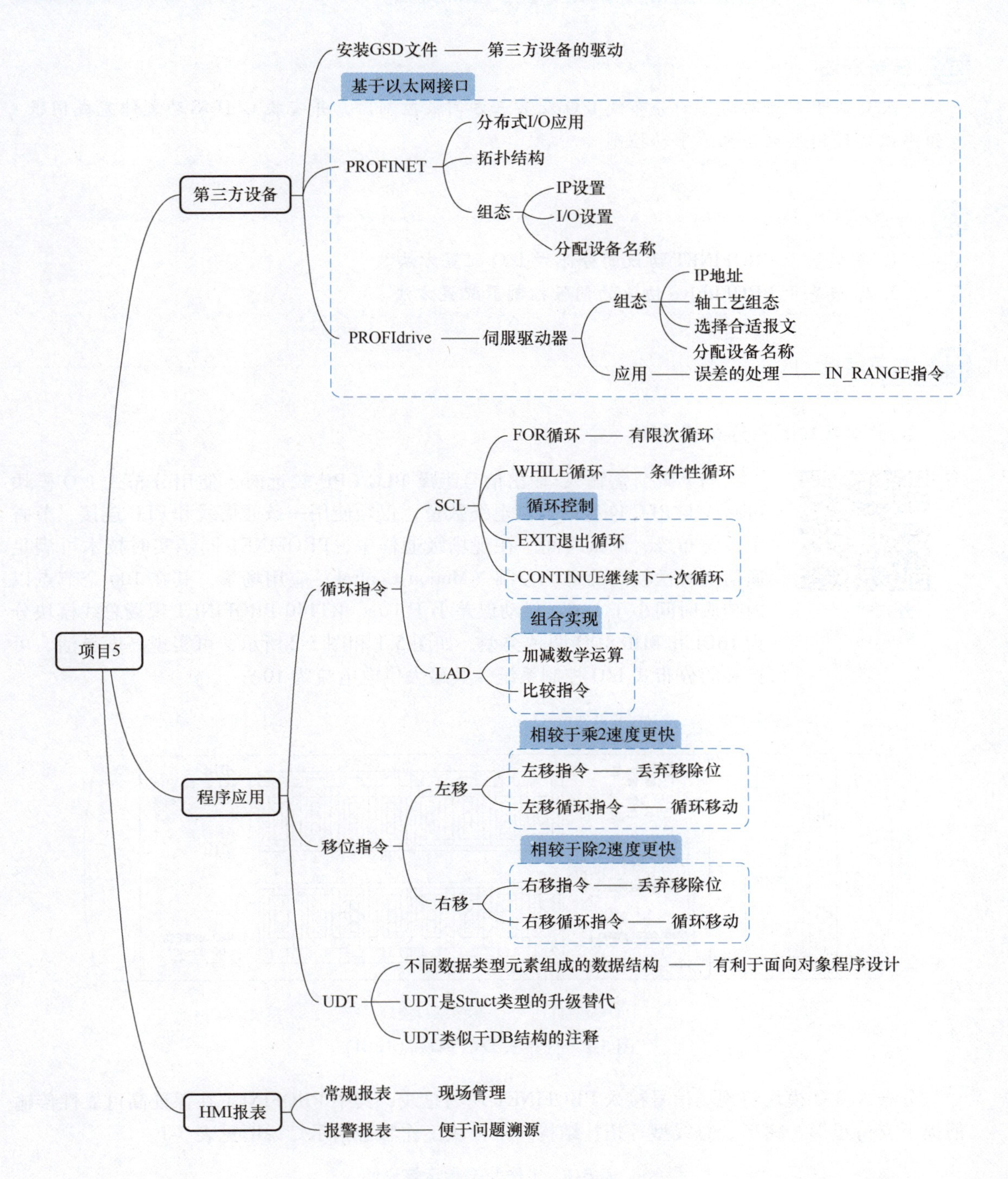
项目5
第三方设备
安装GSD文件
第三方设备的驱动
基于以太网接口
PROFINET
分布式I/O应用
拓扑结构
组态
IP设置
I/O设置
分配设备名称
PROFIdrive
伺服驱动器
组态
IP地址
轴工艺组态
选择合适报文
分配设备名称
应用
误差的处理
IN_RANGE指令
程序应用
循环指令
SCL
FOR循环
有限次循环
WHILE循环
条件性循环
循环控制
EXIT退出循环
CONTINUE继续下一次循环
LAD
组合实现
加减数学运算
比较指令
移位指令
左移
相较于乘2速度更快
左移指令
丢弃移除位
左移循环指令
循环移动
右移
相较于除2速度更快
右移指令
丢弃移除位
右移循环指令
循环移动
UDT
不同数据类型元素组成的数据结构
有利于面向对象程序设计
UDT是Struct类型的升级替代
UDT类似于DB结构的注释
HMI报表
常规报表
现场管理
报警报表
便于问题溯源

任务 1　伺服控制系统设计及调试

任务描述

配置基于以太网通信的分布式 I/O 及第三方伺服控制器，并安装 GSD 驱动文件完成伺服组态以实现伺服电动机的手动控制。

任务目标

1. 掌握基于 PROFINET 协议的分布式 I/O 配置方法。
2. 掌握基于 PROFIdrive 协议的伺服控制器配置方法。

知识储备

1. PROFINET 分布式 I/O

分布式 I/O 组态及控制

当系统所需输入/输出信号距离 PLC CPU 较远时，使用分布式 I/O 模块可减少与 PLC 连接的控制电缆数量，仅须使用一条通信线和 PLC 连接，节省了系统布线、调试时间。在现场级通信中，PROFINET 同步实时技术可满足通信实时性较高的运动控制（Motion Control）应用场景，其在 100 个节点以内响应时间小于 1ms，抖动误差小于 1μs。RT140 PROFINET 现场总线模块分为 16DI 和 8DI/8DO 两种类型，如图 5-1 和图 5-2 所示，可实现高度灵活、可扩展的分布式 I/O 控制系统，其最大供电电流为 10A。

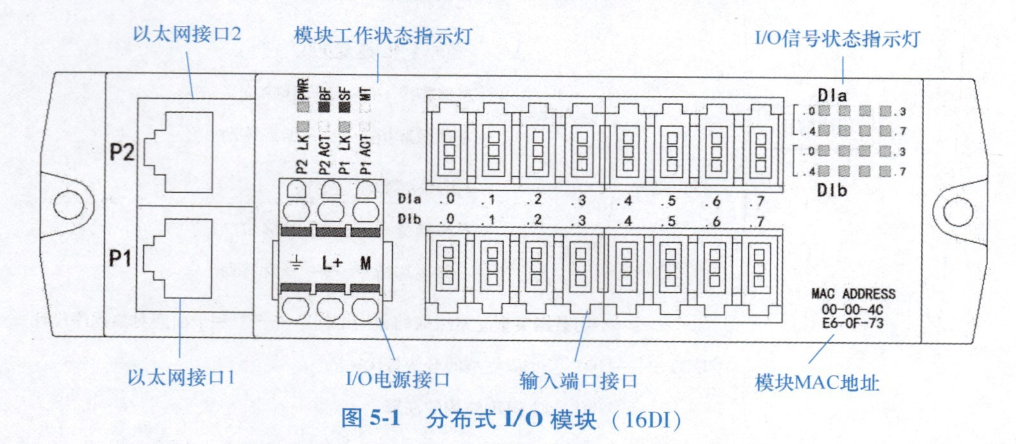

图 5-1　分布式 I/O 模块（16DI）

分布式 I/O 模块将现场信号接入 PROFINET 现场总线，其中 PROFINET 在保证高可靠性传输前提下支持星形、树形、总线型等拓扑结构，本模块工作状态指示灯说明见表 5-1。

表 5-1　工作状态指示灯说明

指示灯名称	说明	指示灯名称	说明
P1 LK	灯亮示意 PROFINET 设备接口与通信伙伴之间有以太网连接，灯灭示意无以太网连接	PWR	灯亮示意工作正常，灯灭示意电源欠电压或无电源

（续）

指示灯名称	说明	指示灯名称	说明
P1 ACT	灯亮示意 PROFINET 设备接口有数据收发，灯灭示意无数据收发	BF	灯灭示意工作正常，灯亮示意设备未建立连接到 PN 控制器的总线网络中
P2 LK	灯亮示意 PROFINET 设备接口与通信伙伴之间有以太网连接，灯灭示意无以太网连接	SF	灯灭示意工作正常，灯亮示意模块组态配置错误
P2 ACT	灯亮示意 PROFINET 设备接口有数据收发，灯灭示意无数据收发	MT	灯灭示意工作正常，灯亮示意同步信号丢失，未收到总线同步信号

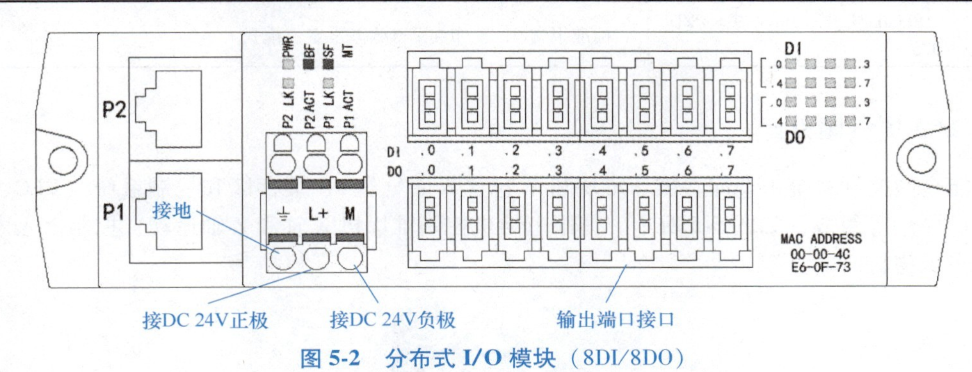

图 5-2　分布式 I/O 模块（8DI/8DO）

本分布式 I/O 模块支持三线制和两线制传感器连接方式，其输入连接方式如图 5-3 所示，输出连接方式如图 5-4 所示。

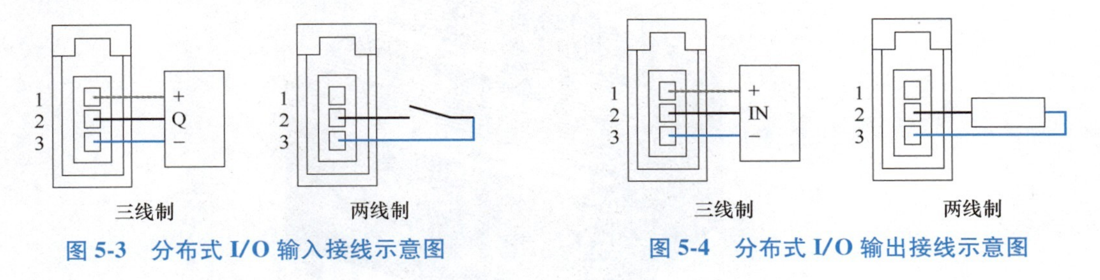

图 5-3　分布式 I/O 输入接线示意图　　图 5-4　分布式 I/O 输出接线示意图

2. PROFIdrive 通信协议

PROFIdrive 是在 PROFIBUS 与 PROFINET 基础上开发的一种驱动技术和应用行规，为驱动产品提供一致规范，使得用户更快捷、更方便实现设备驱动控制。

PROFIdrive 为不同产品功能特点制定了特殊的报文结构，每一个报文结构都与驱动器功能一一对应。IS620F 伺服驱动器可根据应用场景选择不同报文，该驱动器目前支持的常用报文见表 5-2，报文名称中 PZD-2/2 为报文通信数据区长度。在硬件配置过程中须根据所要实现的控制功能选择相应的报文结构。

表 5-2　报文说明

序号	报文名称	报文功能
1	Standard Telegram 1，PZD-2/2	标准报文 1，速度控制，含有两个字的控制字与两个字的速度给定
2	Standard Telegram 102，PZD-6/10	标准报文 102，一个位置编码器，可实现可变转矩限制的速度控制（基本定位除外），在 102 报文中通过控制字 MOMRED 实现可变转矩限制功能

（续）

序号	报文名称	报文功能
3	Standard Telegram 110，PZD-12/7	标准报文 110，基本定位，配置驱动时选中“basic positioner”实现回参考点和点动功能等
4	Standard Telegram 111，PZD-12/12	标准报文 111，S7-1200/S7-1500 系列 PLC 通过 FB284 控制伺服 EPOS 定位
5	Standard Telegram 3，PZD-5/9	标准报文 3，组态轴位置控制，必须通过报文来获得编码器的状态字
6	Standard Telegram 7，PZD-2/2	标准报文 7，基本定位，带两个位置编码器的 DSC（一种动态伺服控制方式）
7	Standard Telegram 9，PZD-10/5	标准报文 9，工作在 EPOS 基本定位模式

3. I/O 电气图设计

智能仓储控制系统由仓库料架、堆垛机（包含入库气缸）、缓存区和控制系统（PLC、分布式 I/O 模块）等组成，如图 5-5 所示。伺服电动机控制堆垛机 X 轴和 Z 轴运动，控制出入库气缸位置以实现物料抓取。

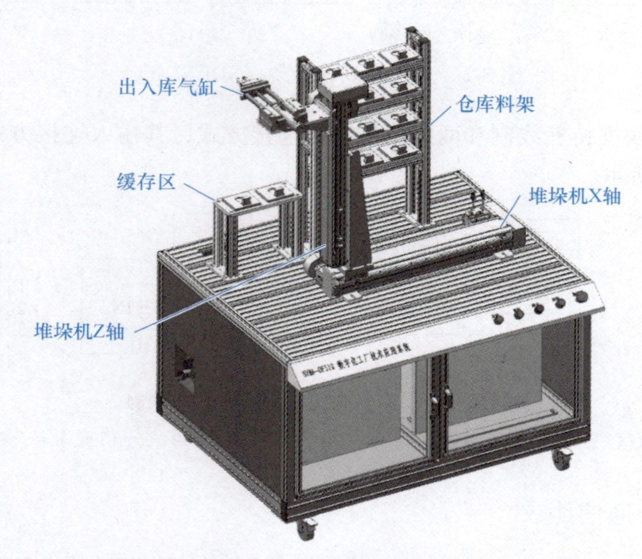

图 5-5　智能仓储控制系统组成

仓库的 9 个仓储位下方分别安装电感传感器，以检测仓储位中是否有金属托盘物料，并根据分布式 I/O 模块类型选用 PNP 型电感式传感器，传感器部分电气设计如图 5-6 所示，其他传感器电气图与此图相似。

为提高工作效率及优化工作节拍，设置缓存区存放因出入库速度差异而无法及时处理的工件或待处理的工件，在缓冲区也安装有传感器以检测物料是否放置。

4. 伺服硬件电气设计

堆垛机是仓储系统执行机构，其工作流程如下：接收到起动信号后，堆垛机将仓库中的毛坯件搬运到缓存区中，机器人检测到信号后将其搬运到加工中心并开始加工，入库气缸和夹爪手指配合取放物料托盘，堆垛机结构如图 5-7 所示。

（1）**信号控制接口**　根据仓储单元灵活性和扩展性等功能要求，堆垛机信号连接到分布式

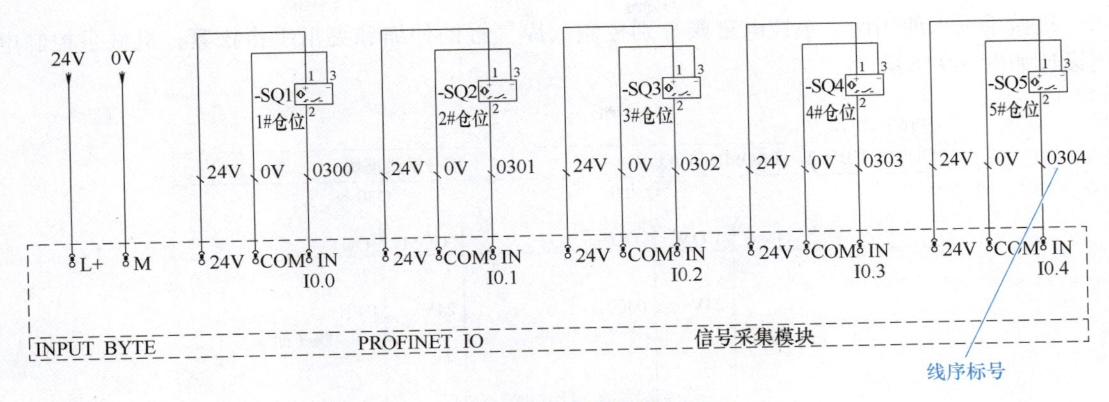

图 5-6　传感器电气设计图（部分）

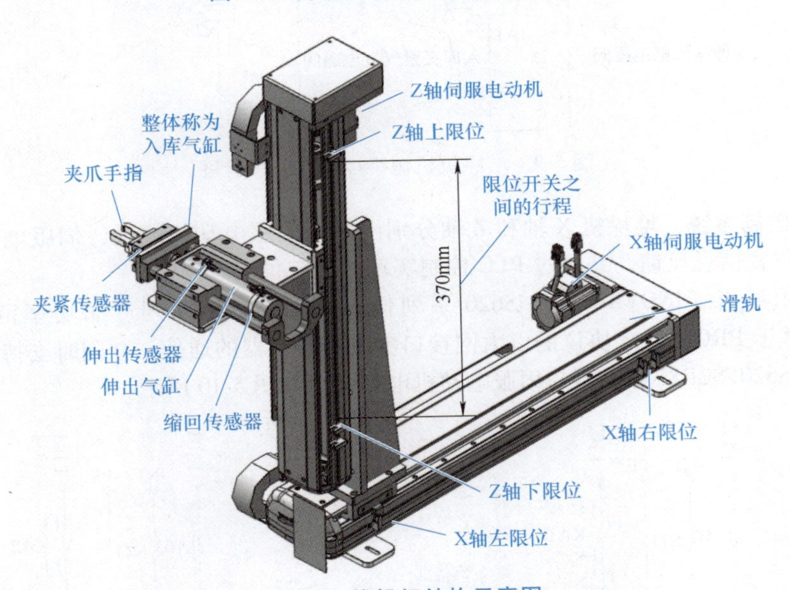

图 5-7　堆垛机结构示意图

I/O 模块（8DI/8DO），堆垛机部分电气设计如图 5-8 所示。

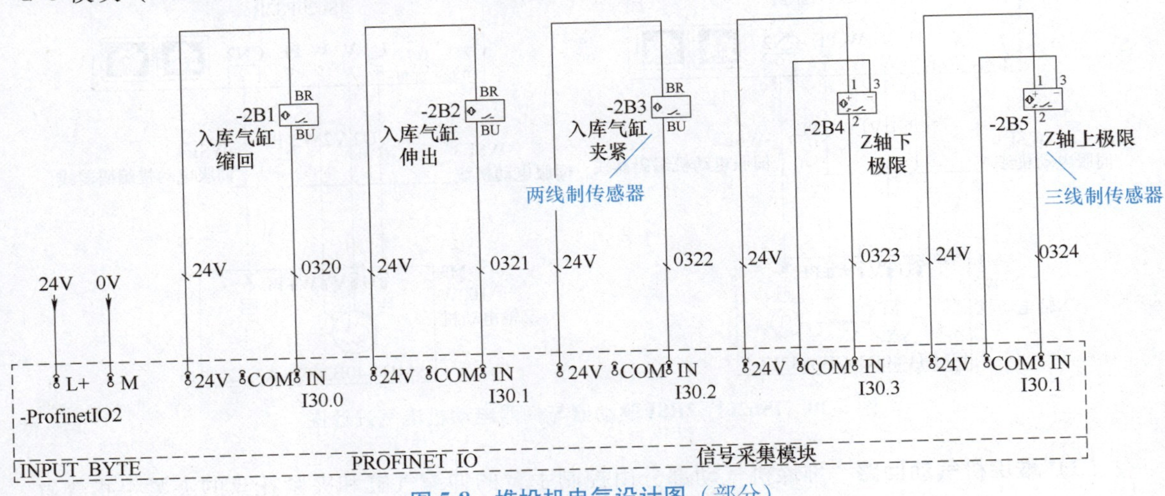

图 5-8　堆垛机电气设计图（部分）

机械手夹爪使用两个单控电磁阀分别控制入库气缸的伸缩和夹爪手指松紧，机械手控制电气设计如图 5-9 所示。

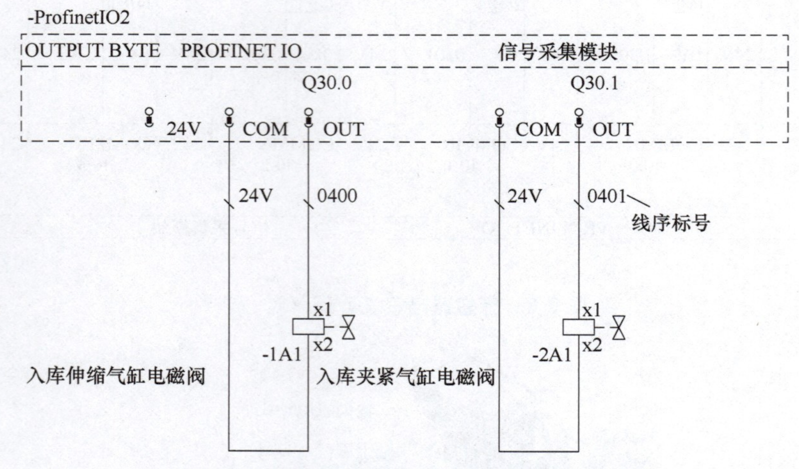

图 5-9　堆垛机机械手控制电气设计图

（2）**伺服控制系统**　堆垛机 X 轴和 Z 轴分别由两个伺服电动机驱动，伺服电动机配置绝对值编码器实现位置信息反馈，并通过 PLC 控制实现精准定位。

本项目使用汇川（INOVANCE）IS620 系列伺服驱动器，该系列产品功率范围为 200W ~ 7.5kW，采用基于 PROFIdrive 协议的以太网接口实现与控制器的通信，并同时支持多台伺服驱动器联网运行。IS620FS2R8I 驱动器与伺服电动机电气设计如图 5-10 所示。

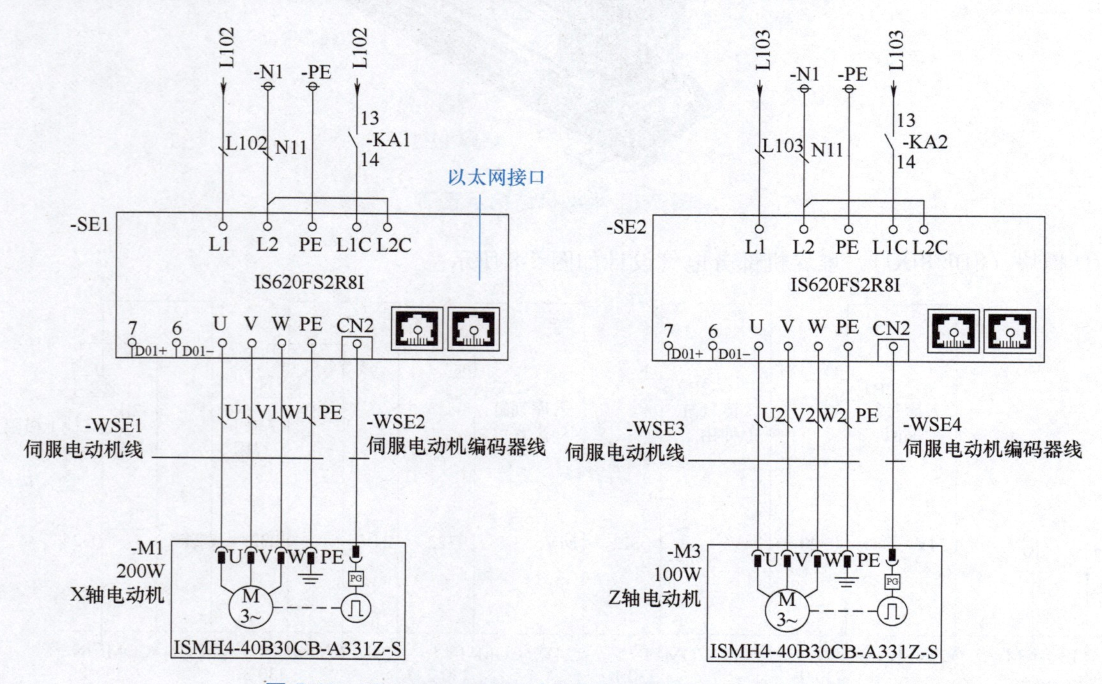

图 5-10　IS620FS2R8I 驱动器与伺服电动机电气设计图

（3）**堆垛机气动回路**　堆垛机气动部分由控制手臂的伸缩气缸和夹紧托盘的夹紧手指气缸

组成，其气动回路如图5-11所示。

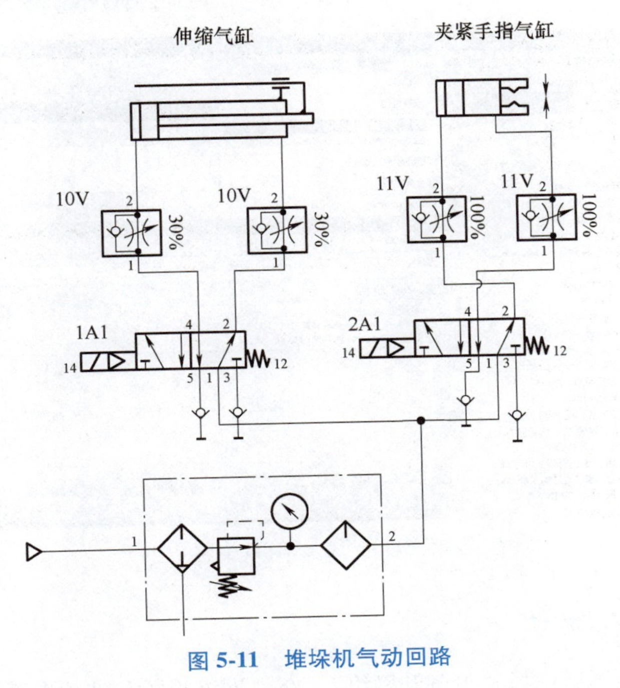

图5-11 堆垛机气动回路

1. 安装GSD文件

为实现不同品牌PROFINET产品相互通信，在TIA中须添加GSD（常规站说明）或GSDML文件到用户项目中，以添加SINAMICS系列驱动以外的第三方驱动。GSD文件是可读ASCII码文本文件，包括I/O点数、诊断信息、传输速率、时间监视等技术规范。

本项目中分布式I/O模块GSD文件和伺服控制器GSD文件如图5-12所示。

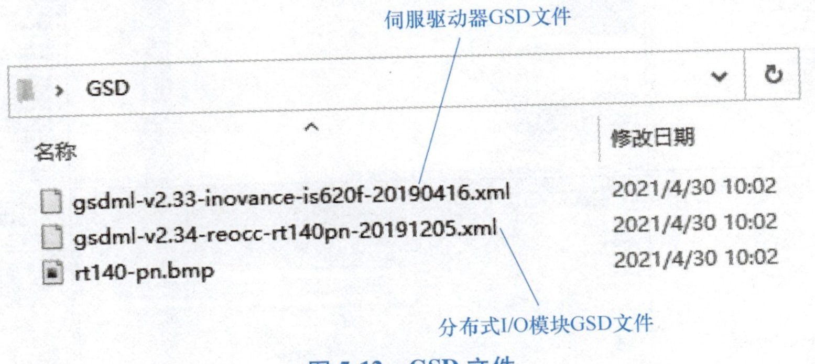

图5-12 GSD文件

添加GSD文件方式如图5-13所示，单击TIA菜单栏“选项”→“管理通用站描述文件（GSD）”选项，在弹出对话框中设置GSD文件所在“源路径”后，再单击“安装”按钮完成添加。

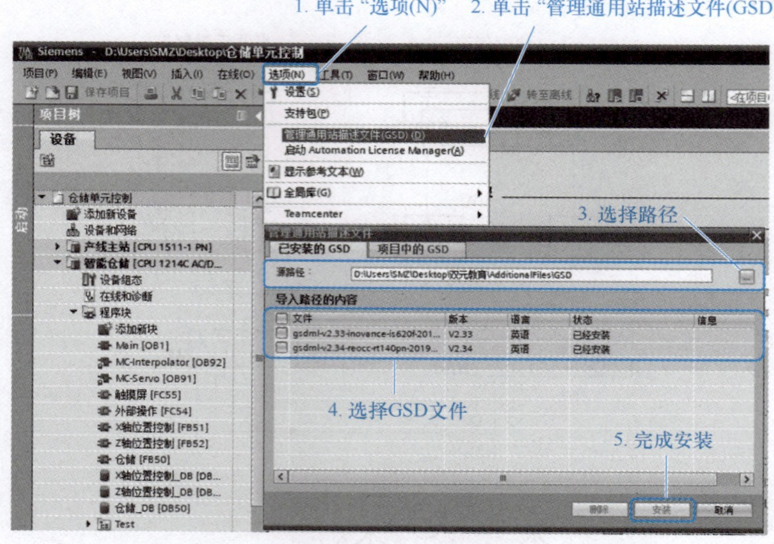

图 5-13 添加 GSD 文件

2. 组态分布式 I/O 模块

在 TIA 中添加控制器后选择"设备和网络"，在"网络视图"选项卡下从硬件目录的现场设备中依次选择"Other Field Devices"→"PROFINET IO"→"I/O"→"REOCC"→"REOCC PROFINETDevices"→"RT140-PN Compact I/O"，将选定模块添加到网络视图中，再选择需要连接的控制器并建立连接后，右键设备选择属性，取消勾选"以太网地址"→"自动生成 PROFINET 设备名称"选项，并手动将 PROFINET 设备名称设置为"仓库 I/O"，如图 5-14 所示。

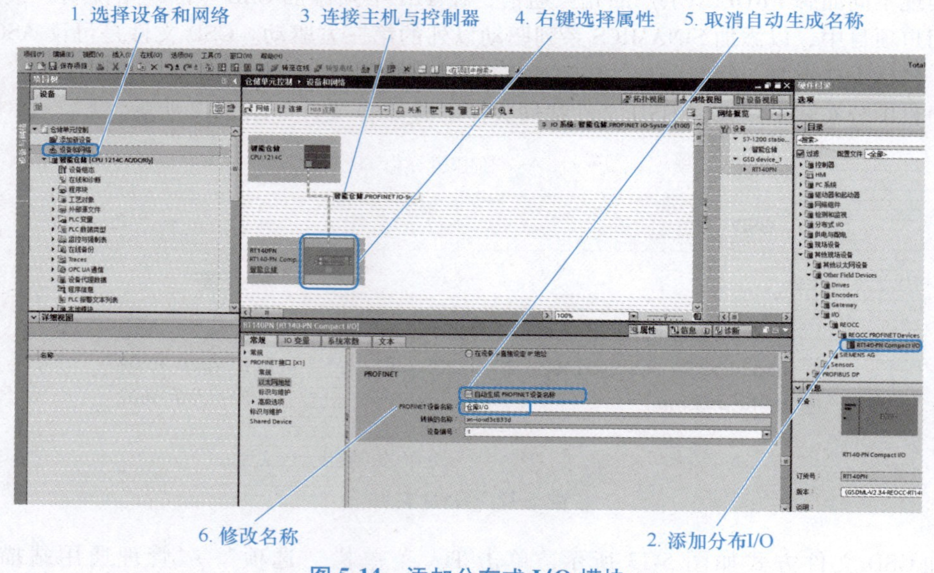

图 5-14 添加分布式 I/O 模块

在网络视图中双击分布式 I/O 模块进入设备视图，根据仓库 I/O 模块只有输入信号的特点，选择添加 16 路输入 RT140PN-0H000 模块，如图 5-15 所示。

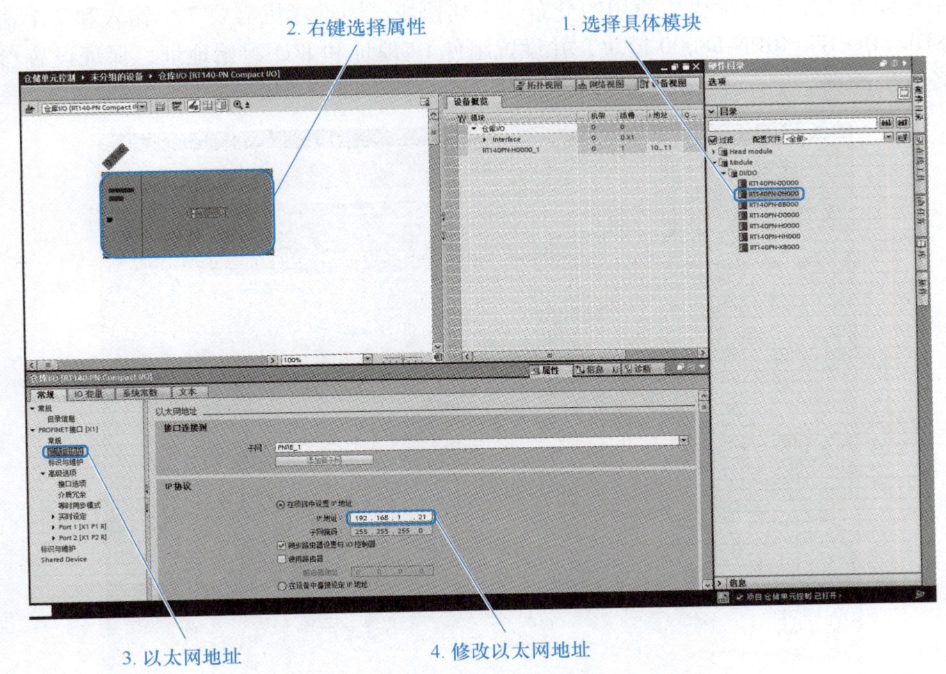

图 5-15 外部 I/O 组态

单击设备“属性”→“常规”→“以太网地址”选项，设置当前模块 IP 地址与 PLC 在相同网段中，或在图 5-14 所示界面下，单击 PLC 绿色以太网接口后按住不放，拖动鼠标到分布式 I/O 模块绿色以太网接口，由 TIA 自动分配 IP 地址。

在“设备概览”中选中刚添加的模块，单击“属性”→“I/O 地址”选项，并将起始地址改为 10，保证该地址不与其他设备 I/O 地址冲突，如图 5-16 所示。

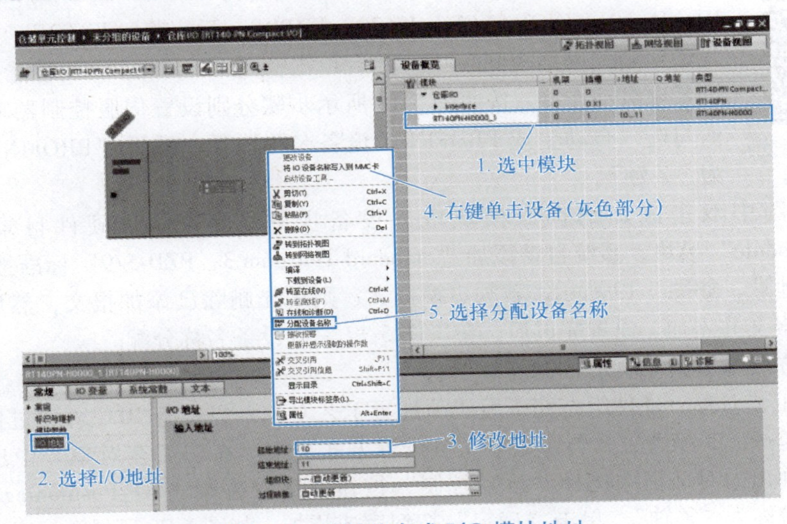

图 5-16 设置分布式 I/O 模块地址

完成上述设置后，右击设备并选择“分配设备名称”命令，在弹出“分配 PROFINET 设备名称”对话框中，单击“更新列表”按钮，选择所需设置的设备名称后，再单击“分配名称”按钮，完成设备设置，如图 5-17 所示。

采用相同方式添加堆垛机所使用的分布式 I/O 模块，因堆垛机需要 7 个输入和 2 个输出，所以添加 8DI/8DO RT140PN-88000 模块，并设置组件 IP 地址和 I/O 起始地址，保证设置参数不与现有设备发生冲突。

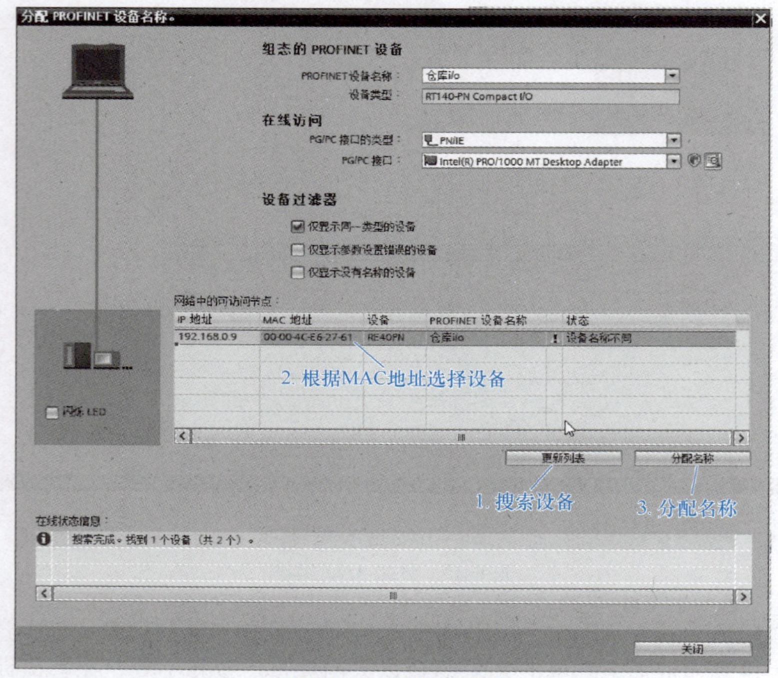

图 5-17　分配设备名称

3. 组态伺服控制

伺服轴工艺调试

（1）伺服控制器组态　单击硬件目录中“Other field devices→PROFINET IO→Drives→INOVANCE→IS620→IS620F”后，将“IS602F”模块以拖拽方式添加到“网络视图”中，然后单击蓝色“未分配”→“智能仓储”控制器后系统自动连接。按照图 5-18 所示步骤分别设置伺服控制器 IP 地址，在取消勾选“自动生成 PROFINET 设备名称”后，设置“PROFINET 设备名称”为“Z 轴”。

在网络视图中双击添加的伺服模块进入设备视图，首先添加硬件目录“模块”下“PROFIdrive Module”模块，系统自动添加“Standard Telegram 3，PZD-5/9”标准报文 3，并自动分配通信 I/O 地址，如图 5-19 所示。若须更换报文，则需先删除已添加报文，然后选择“子模块”文件夹下报文并添加。设置完成后，参考图 5-17 完成设备名称分配。

使用相同方法添加 X 轴伺服控制器。

（2）设置工艺对象　硬件组态完毕后还须配置工艺对象，以检查 PLC 可通过伺服驱动器控制伺服电动机运行，其设置方式与步进电动机设置方式类似。在“工艺对象”中选择“新增对象”选项，在弹出的对话框中选择“运动控制”按钮，然后选择“TO_PositioningAxis”选项并修改工艺对象名称为“Z 轴”，单击“确定”按钮完成添加，如图 5-20 所示。

添加完毕后，组态工艺对象操作步骤如下。

1）设置基本参数——常规。创建对象后 TIA 会自动打开设置界面，或在新建的“Z 轴”中双击“组态”也可打开组态页面。在“组态”页面中选择“常规”，并将驱动器连接方式选择为“PROFIdrive”，测量单位选择为“mm”，如图 5-21 所示，注意本驱动器不支持仿真。

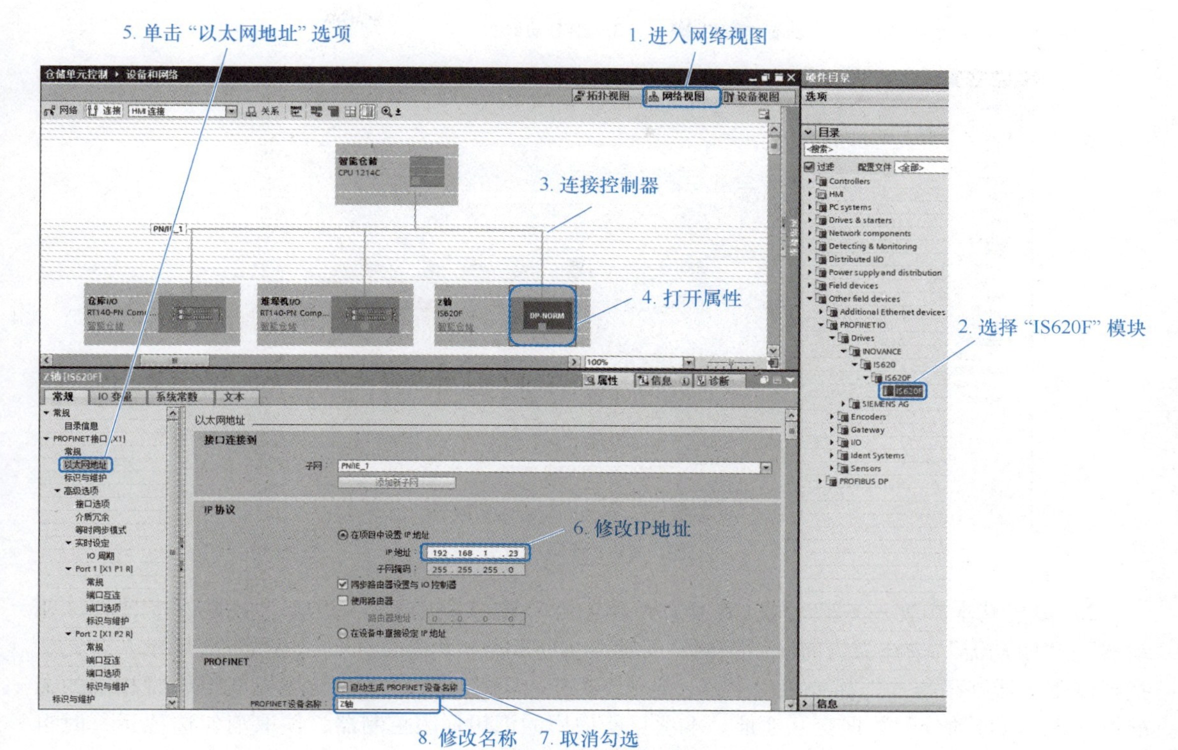

图 5-18　添加伺服控制器

1. 进入设备视图　2. 添加模块

3. 确定报文　自动分配通信I/O地址

图 5-19　添加伺服控制报文

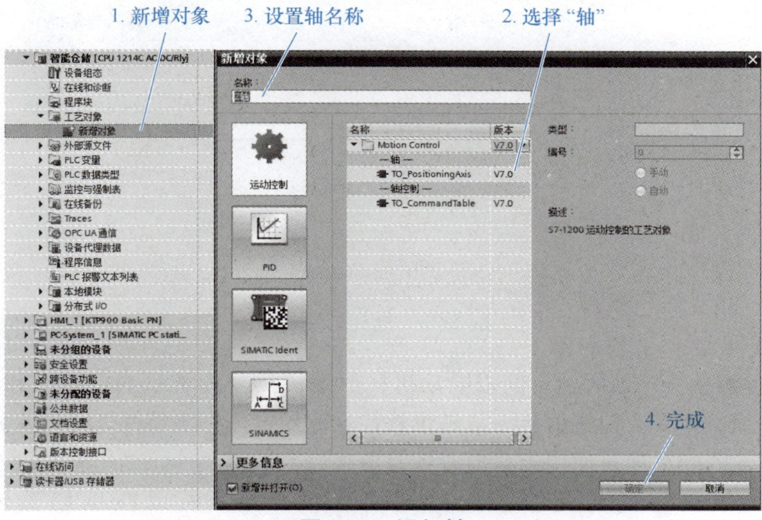

图 5-20　添加轴

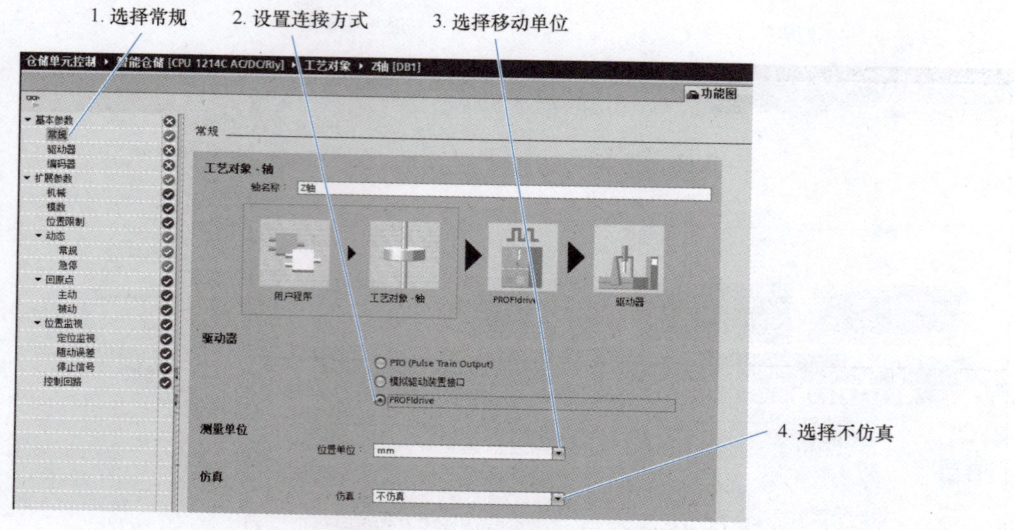

图 5-21　常规组态

2）设置基本参数——驱动器。选择“基本参数”中“驱动器”，设置“数据连接”为“驱动器”，“驱动器”选择为当前已组态的“Z 轴. PROFIdrive Module_1”，如图 5-22 所示。若无法找到该驱动器则须勾选选择列表中“显示所有模块”。“驱动器报文”须选择与组态时相同的标准报文 3，以自动分配数据交互地址。本项目所使用的汇川伺服控制器，须取消勾选“运行时自动应用驱动值（在线）”。

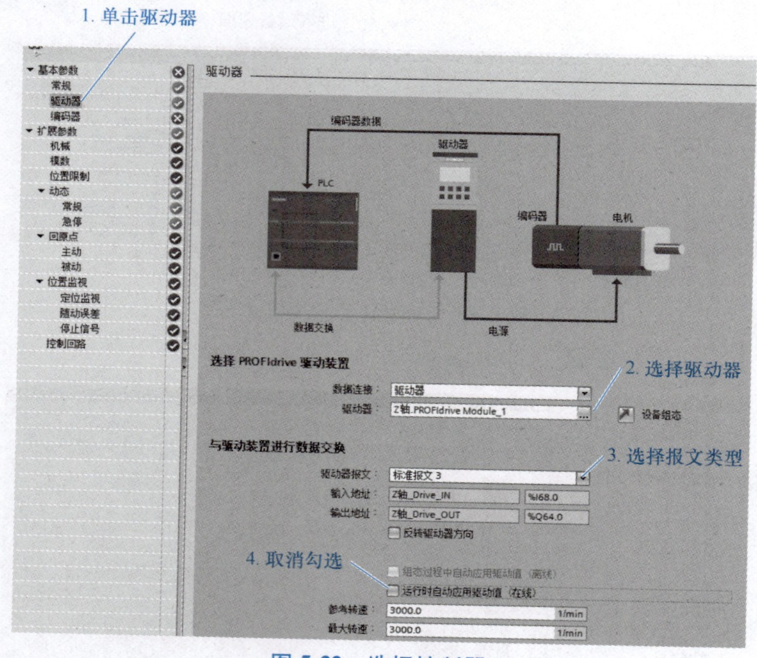

图 5-22　选择控制器

3）设置基本参数——编码器。伺服电动机按照编码器分为增量式电动机和绝对值电动机。绝对值旋转光电编码器具有位置值唯一、抗干扰性强、掉电记忆等特性，可以将伺服电动机任一位置记录为原点，因此本项目使用绝对值旋转光电编码器。

因编码器数值是通过与伺服控制器通信所读取的，所以在编码器界面中须选择

“PEROFIENT/PROFIBUS 上的编码器”，并在“数据连接”中选择编码器。在“PROFIdrive 编码器”扩展选项中选择“驱动装置报文的编码器”→“编辑器 1”，“与编码器之间的数据交换”中仍然选择“标准报文 3”，系统自动设置输入和输出地址，并勾选“运行时自动应用编码器值（在线）”。“编码器类型”则根据电动机组成特点选择“旋转绝对值”，如图 5-23 所示。

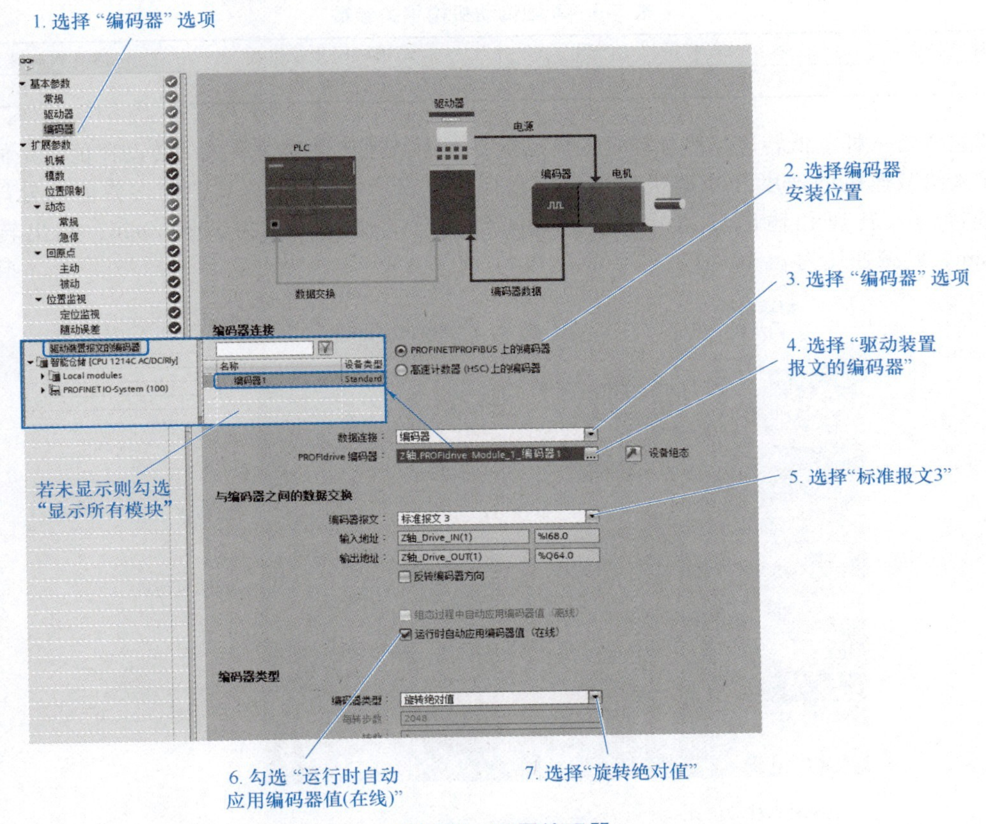

图 5-23　设置编码器

4）设置扩展参数——机械。在机械参数设置中，因实际所使用的伺服电动机是将编码器集成在电动机尾端，所以“编码器安装类型”须选择“在电动机轴上”，如图 5-24 所示。

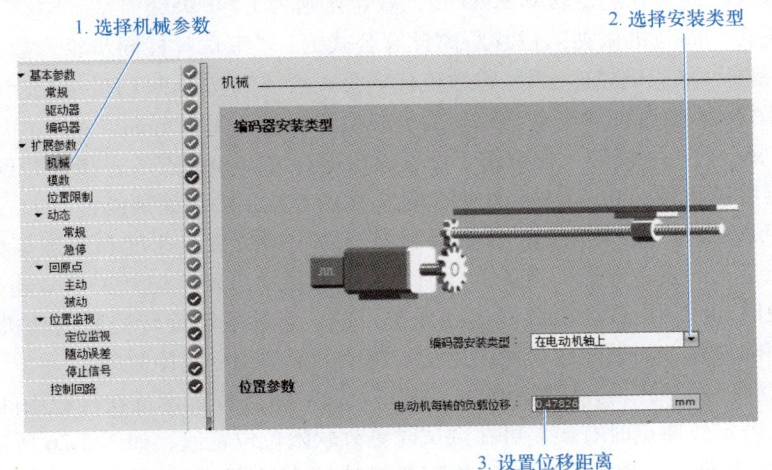

图 5-24　设置机械参数

Z 轴机械传动机构由伺服电动机、减速机、减速机同步轮、同步带和滚珠丝杠同步轮组成，如图 5-25 所示。伺服电动机运行时带动减速机同步齿轮旋转，经同步带传送到滚珠丝杠上的同步轮，从而驱动滚珠丝杠实现机械夹爪的直线运动。

Z 轴传动机构相关参数见表 5-3。

表 5-3　Z 轴传动机构相关参数

滚珠丝杠螺距	滚珠丝杠同步轮齿数	减速机同步轮齿数	减速机减速比
5mm	22	23	10：1

减速机是一种降低转速、增加转矩的传动设备，而减速比是减速装置的传动比值，是伺服电动机输入给减速机的速度和减速机输出速度的比值，表示符号为 i，其中输出数值为分母，用“：”连接输入转速和输出转速的比值，如伺服电动机输入转速为 3000r/min，输出转速为 300r/min，则减速比为 $i=10:1$。

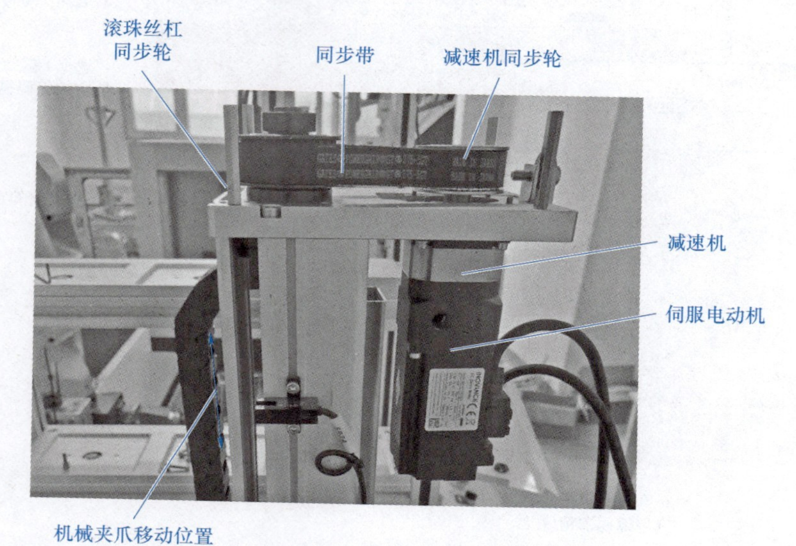

图 5-25　Z 轴机械传动机构组成

减速机同步轮和滚珠丝杠同步轮也是一种减速装置，其齿轮比是 22：23，即减速机同步轮每转一圈，滚珠丝杠同步轮约旋转 0.9565 转，减速比则为 1：0.9565。

伺服电动机转一圈与机械夹爪位移距离计算公式为：“滚珠丝杠同步轮齿数÷减速机同步轮齿数×滚珠丝杠螺距÷减速机减速比”。将数值代入公式后［22÷23×5÷(10：1)］计算出结果约为 0.47826，所以图 5-24 中设置“电动机每转的负载位移”为 0.47826mm。

5）设置扩展参数——模数。模数用于设置循环运行终点和起点的连接，即到达终点后再向前走时，编码器数值跳转到 0。本项目中两个轴都在做直线运动而无须设置。

6）设置扩展参数——位置限制。位置限制用于防止因位置、速度和组态等参数填写错误，导致伺服电动机运行时发生碰撞而造成器件损坏。本项目中将硬限位开关信号连接中间继电器，即当触发硬限位时切断伺服使能电源以达到保护目的，且须手动旋转伺服电动机回到硬限位内才可按复位键消除故障，而软限位可使用运动控制中的复位指令消除故障。

如图 5-7 所示，“Z 轴”行程为 370mm，而“Z 轴”原点位置定位在行程中间，所以上下限位距离须均分，若定位原点时有误差可在调试时更改软限位位置值，如图 5-26 所示。

7）设置扩展参数——动态。将“常规”选项中“最大转速”设置为“3000.0 转/分钟”，

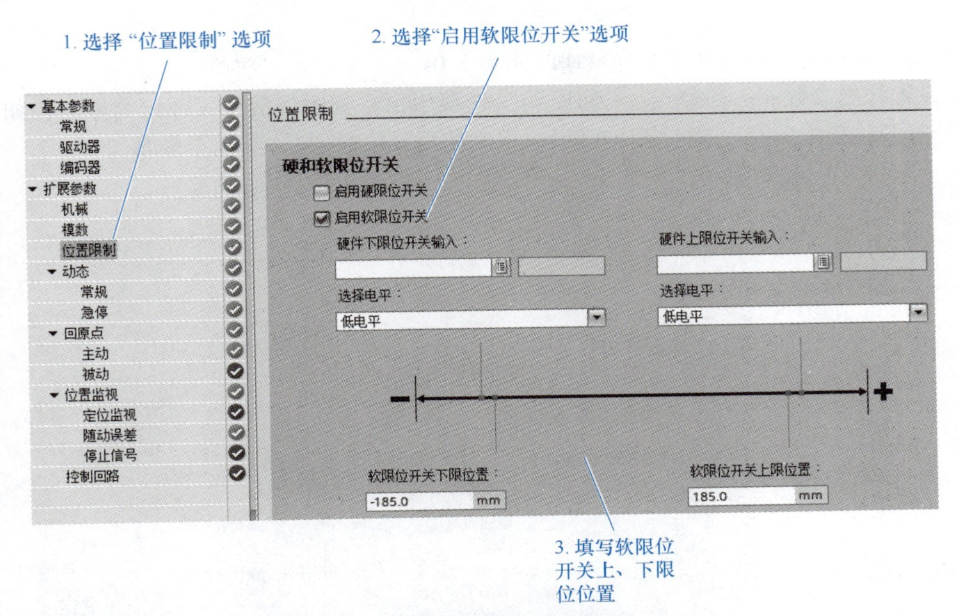

图 5-26　硬限位及软限位距离

则系统自动计算组态轴的最大移动速度为 23. 913mm/s。注意程序中运动控制指令以 mm/s 为单位输入速度，若使用指令时超过最大速度，则电动机不会旋转，如图 5-27 所示。

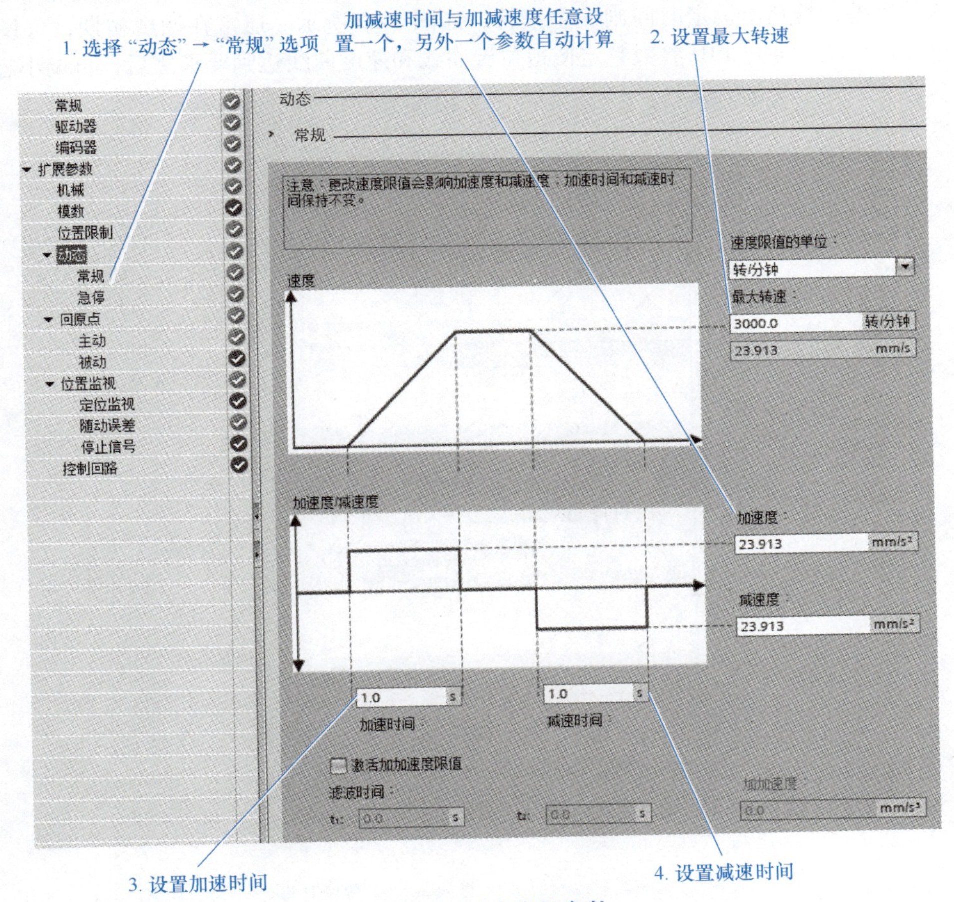

图 5-27　动态常规参数

根据伺服电动机工作特性设置加减速时间为 1.0s。

8）设置扩展参数——回原点。“回原点”选项中可将伺服当前位置标记为原点，如图 5-28 所示“选择归位模式”为“通过 PROFIdrive 报文使用零位标记”，其他不修改。

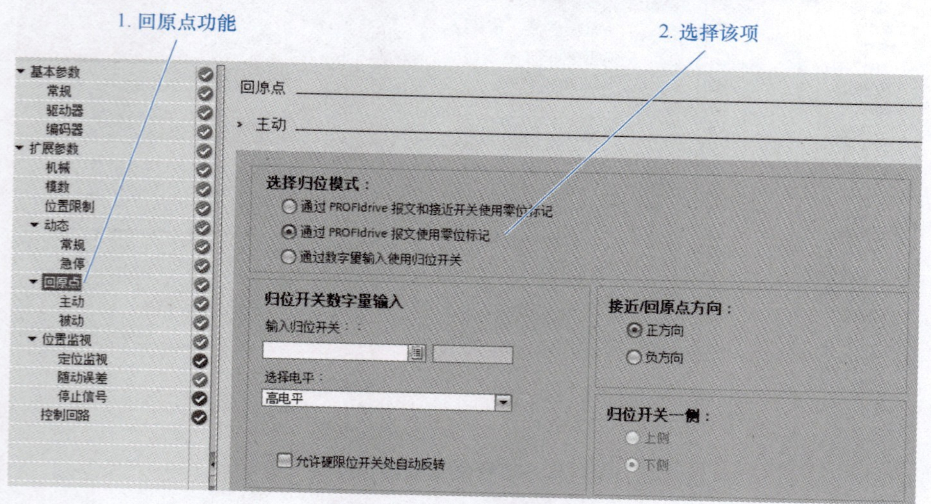

图 5-28　回原点参数设置

9）设置扩展参数——位置监视。位置监视中“定位监视”用于监视运动过程中设定值和实际值误差的容差，若超出设定时间则发生报警，如图 5-29 所示。通常在调试初期，可设置较大的容差以方便调试，通过 PID 参数整定使得位置曲线和速度曲线达到要求之后，再调小容差。

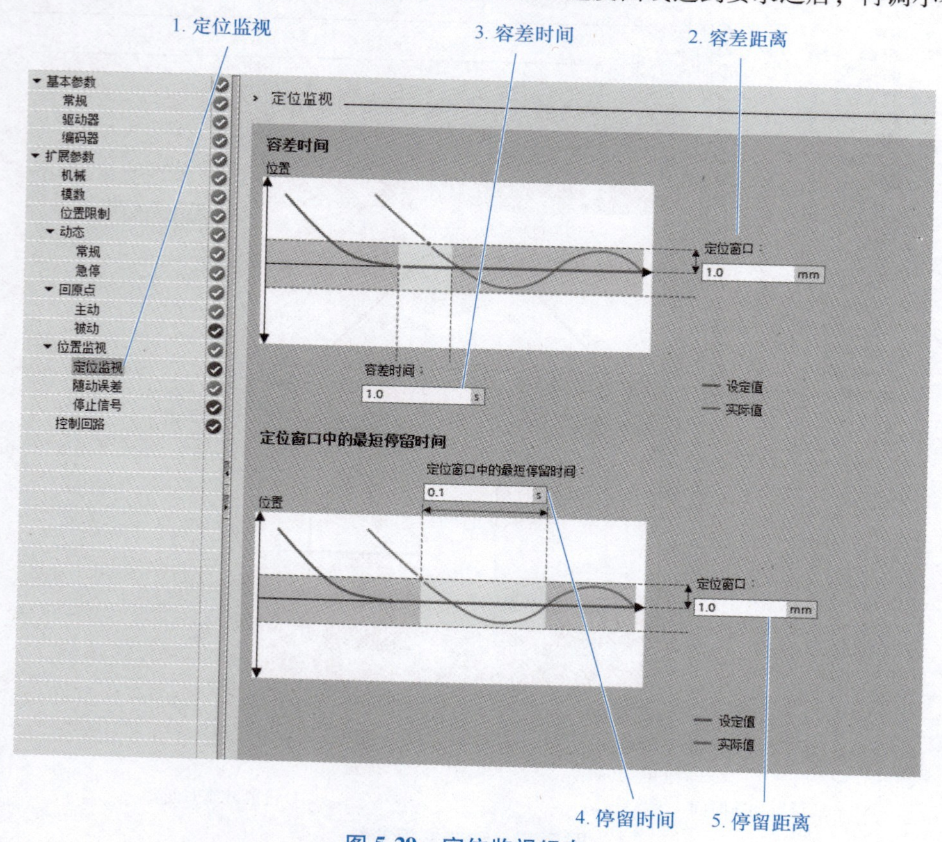

图 5-29　定位监视组态

“随动误差”是在运行时设定值与实际位置值之间的差值，随动误差组态如图 5-30 所示。

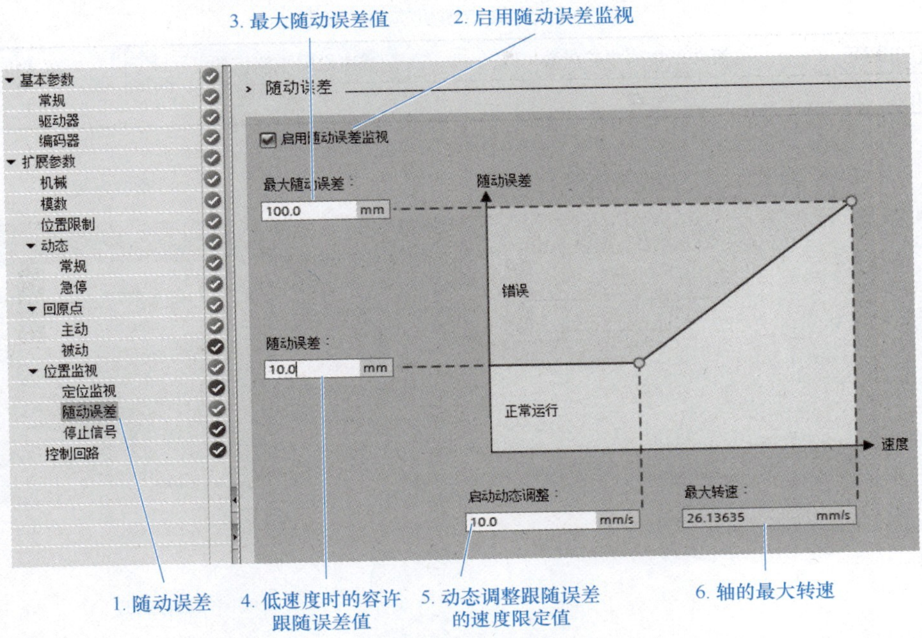

3. 最大随动误差值　2. 启用随动误差监视

1. 随动误差　4. 低速度时的容许跟随误差值　5. 动态调整跟随误差的速度限定值　6. 轴的最大转速

图 5-30　随动误差组态

“停止信号”是伺服电动机在停止时减速到停止窗口所设定允许的停留时间，详细配置如图 5-31所示。

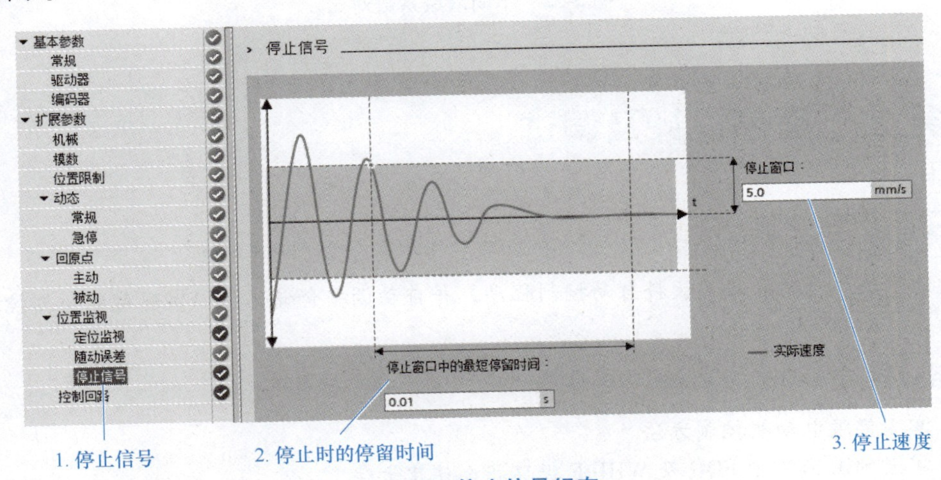

1. 停止信号　2. 停止时的停留时间　3. 停止速度

图 5-31　停止信号组态

10）设置扩展参数——控制回路。“增益”参数用于控制运行轴的提升速度，“增益”参数越大随动误差越小，可实现更快动态响应，但过大的“增益”参数将会导致系统振荡，如图 5-32所示。在相对移动位置、移动速度和预控制等参数都不变的情况下，改变增益系数查看位移曲线，图左侧“增益”为 2，右侧“增益”为 30，两者曲线明显不同，“增益”参数大时提升速度快但可能出现位置溢出现象，增益系数小时提升速度慢但是会稳定到达设定位置。

“预控制”参数用于控制运行速度运行时的百分比参数。

完成 Z 轴工艺组态后，根据相同步骤组态 X 轴，因 X 轴是伺服电动机直接驱动同步轮而没有减速机，所以需根据减速比 1∶1 调整机械位置参数，X 轴传动机构相关参数见表 5-4。

表 5-4　X 轴传动机构相关参数

滚珠丝杠螺距	滚珠丝杠同步轮齿数	减速机同步轮齿数	减速机速比
5mm	22	22	1∶1

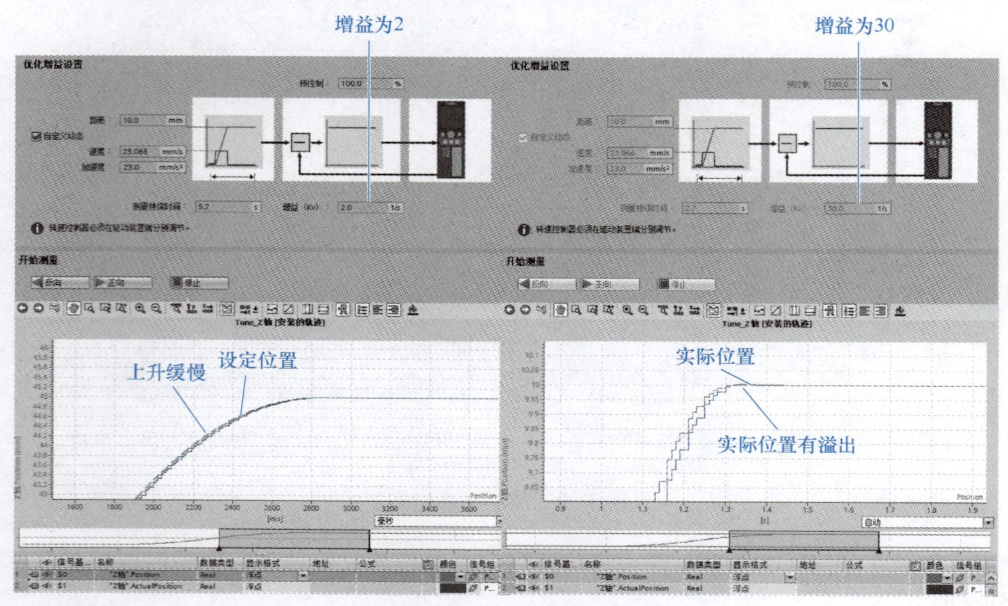

图 5-32　不同增益系数对比

任务 2　程序设计及调试

任务描述

设计堆垛机自动取料及放料自动控制程序，并自动调整仓储信息以实现智能仓储控制。

任务目标

1. 掌握伺服电动机控制方法。
2. 掌握 SCL 语言中 FOR 及 WHILE 循环指令使用方法。
3. 掌握移位指令使用方法。
4. 掌握 PLC 数据类型 UDT 使用方法。

知识储备

1. 伺服电动机运动控制指令

伺服电动机运动控制指令与步进电动机控制指令的使用方法基本相同，相关指令说明如下。

（1）**回原点指令 MC_Home**　当组态驱动接口为 PROFIdrive 驱动器时，回原点指令（MC_Home）模式（Mode）须设置为“7”，即将当前绝对编码器位置值设置为输入参数“Position”值，指令使用方式如图 5-33 所示。

伺服运动控制指令

（2）**连续读取定位轴运动数据指令 MC_ReadParam**　使用 MC_ReadParam 命令读取当前运行轴运动数据和状态信息，包括轴位置设定值、轴速度设定值和实际值、轴目标位置、轴实际位置、当前随动误差、驱动器状态等。MC_ReadParam 指令使用方式如图 5-34 所示，相关参数说明见表 5-5。

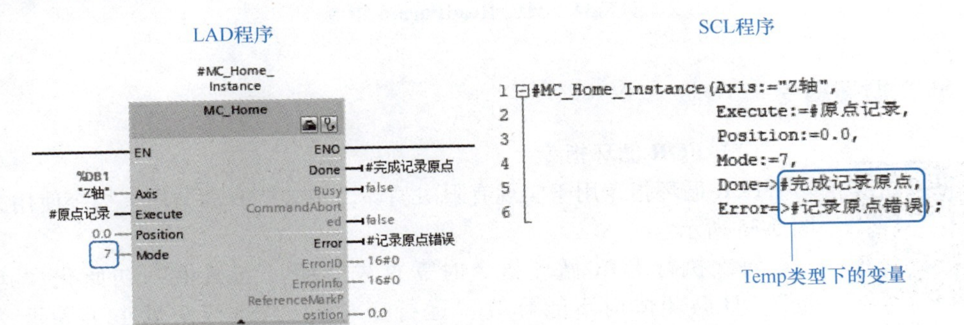

图 5-33　MC_Home 指令

表 5-5　MC_ReadParam 参数说明

端口名称	类型	数据类型	默认值	说明
Enable	输入	BOOL	false	读取输入参数“Parameter”指定变量并将值存储在“Value”指定的目标地址中

Parameter	输入	VARIANT（REAL）	—	指向要读取值的 VARIANT 指针，允许使用下列变量
				//轴位置设定值
				<轴名称>. Position
				//轴速度设定值
				<轴名称>. Velocity
				//实际位置
				<轴名称>. ActualPosition
				//实际速度
				<轴名称>. ActualVelocity
				//指示定位运动的状态
				<轴名称>. StatusPositioning. <变量名称>
				//指示驱动装置的状态
				<轴名称>. StatusDrive. <变量名称>
				//指示测量系统的状态
				<轴名称>. StatusSensor. <变量名称>
				//包含工艺对象的状态信息
				<轴名称>. StatusBits. <变量名称>
				//指示工艺对象出错
				<轴名称>. ErrorBits. <变量名称>

Value	输入输出	VARIANT（REAL）	—	指向写入所读取值的目标变量或目标地址的 VARIANT 指针
Valid	输出	BOOL	false	读取值是否有效，false 表示无效，true 表示有效
Busy	输出	BOOL	false	指令正在执行

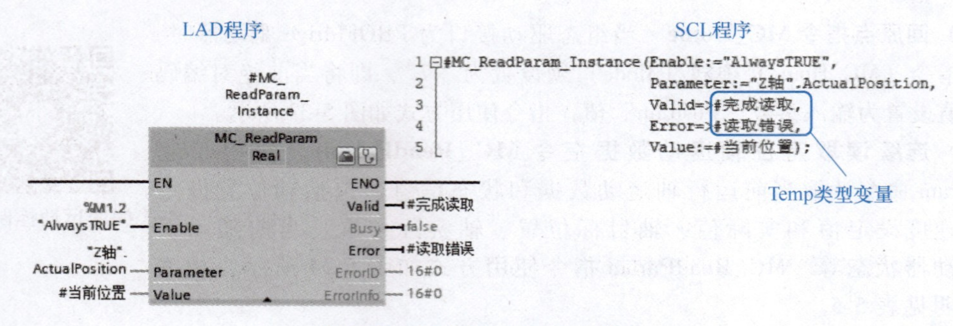

图 5-34　MC_ReadParam 指令

2. SCL 循环指令

SCL 循环控制

（1）**FOR 循环指令**

FOR 循环指令用于实现有限次循环，并支持嵌套循环，指令使用方式如图 5-35 所示。

每次执行 FOR 循环指令时需首先使用“起始值”初始化“运行变量”，且循环体内不能修改“运行变量”。当运行变量小于等于“结束值”时，重复执行“循环体”内代码直到“运行变量”大于“结束值”后退出循环语句，且每次执行“循环体”语句时“运行变量”自动加关

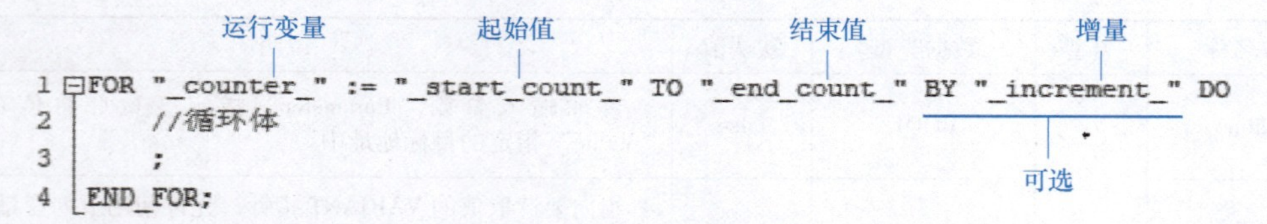

图 5-35　FOR 循环指令使用方式

键字“BY”所指定数值，若无关键字“BY”则“运行变量”每次循环默认加 1。

使用复查循环条件（CONTINUE）指令可停止运行循环体内该命令后的语句而直接进入下一次循环。立即退出循环（EXIT）指令可立刻退出整个循环而执行后续程序。如图 5-36 所示，程序执行后变量“Tmp”的值为 9，即循环体只执行 3 次赋值语句。

（2）**WHILE 循环指令**　执行 WHILE 循环时，若布尔类型判断条件为真，则执行循环体内语句直到判断条件不满足，指令使用方式如图 5-37 所示。

```
1   #Tmp := 0;
2   FOR #i := 0 TO 10 BY 2 DO
3       IF #i = 4 THEN
4           CONTINUE;      当i值为4时则直接进入下一次循环
5       END_IF;
6       IF #i = 8 THEN
7           EXIT;          当i值为8时则退出循环
8       END_IF;
9       #Tmp := #Tmp + 3;
10  END_FOR;
```

图 5-36　FOR 循环范例

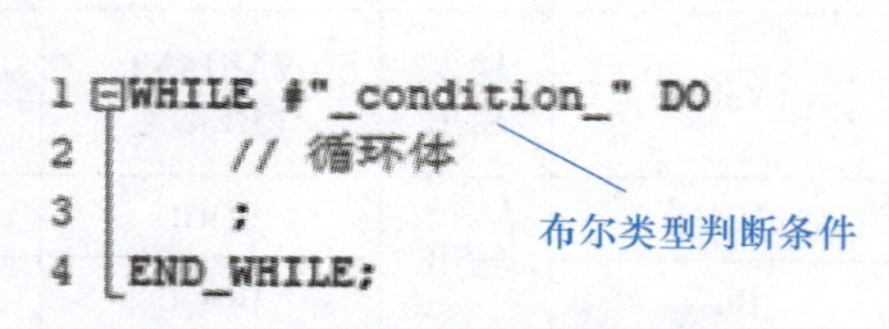

图 5-37　WHILE 循环指令使用方式

3. 移位指令

移位指令可将位字符串或整数变量向左/右移动指定位数，具体说明如下。

（1）**右移指令**　右移指令分为普通右移指令和循环右移指令两种，详细说明及使用方法见表 5-6，其中输入参数 IN 为被移动参数变量（SLC 语言中默认该参数为 DWord 类型），输入参数 N 为移动位数，输出参数 OUT 为移动后结果值，须根据输入参数 IN 的数据类型选择对应的指令名称。

表 5-6　右移指令一览表

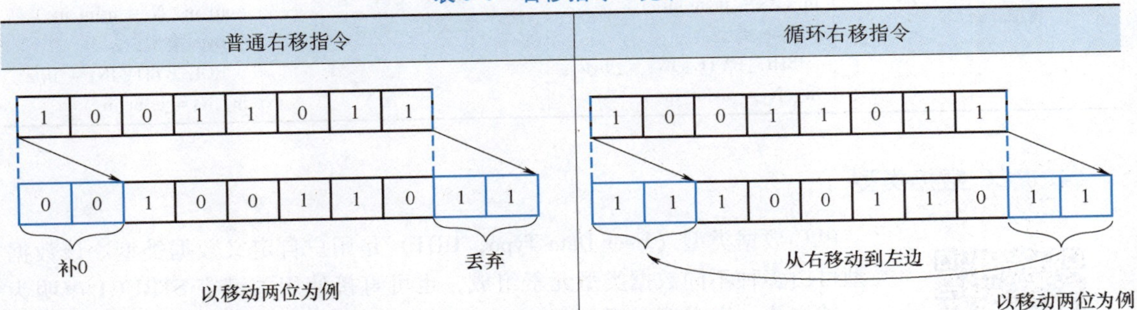

普通右移指令		循环右移指令	
无符号值移位时，用零填充操作数左侧空出位；有符号值移位时则用符号位信号状态填充空出的位		将右移出的位数填充到左边空出的位	
LAD	SCL	LAD	SCL
选择数据类型 SHR ??? EN　ENO <??> IN　OUT <??> <??> N	DWord 类型： SHR（IN：=_dword_in_，N：=_usint_in_） Word 类型： SHR_WORD（IN：=_word_in_，N：=_usint_in_） Byte 类型： SHR_BYTE（IN：=_byte_in_，N：=_usint_in_）	ROR ??? EN　ENO <??> IN　OUT <??> <??> N ??? USInt UInt Word DWord Byte UDInt SInt Int DInt	DWord 类型： ROR（IN：=_dword_in_，N：=_usint_in_） Word 类型： ROR_WORD（IN：=_word_in_，N：=_usint_in_） Byte 类型： ROR_BYTE（IN：=_byte_in_，N：=_usint_in_）

（2）**左移指令**　左移指令分为普通左移指令和循环左移指令两种，详细说明及使用方法见表 5-7，其中输入参数 IN 为被移动参数变量（SLC 语言中默认该参数为 DWord 类型），输入参数 N 为移动位数，输出参数 OUT 为移动后结果值。

表 5-7　左移指令一览表

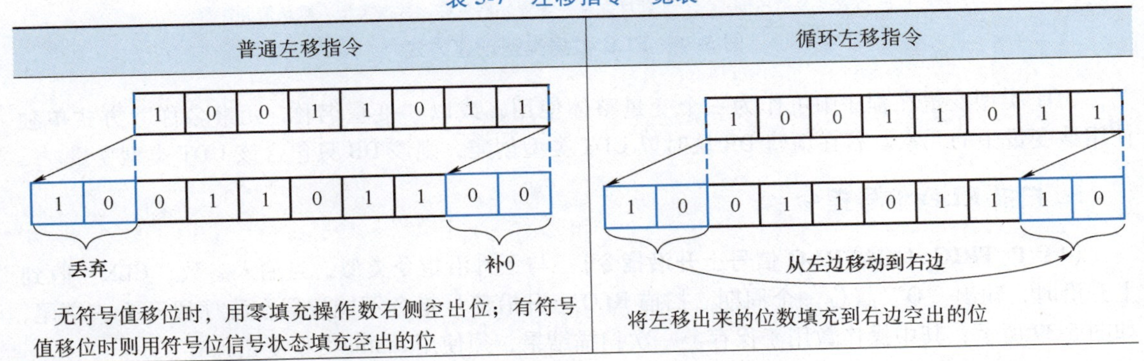

普通左移指令	循环左移指令
无符号值移位时，用零填充操作数右侧空出位；有符号值移位时则用符号位信号状态填充空出的位	将左移出来的位数填充到右边空出的位

（续）

普通左移指令		循环左移指令	
LAD	SCL	LAD	SCL
SHL ??? EN ENO <???> IN OUT <???> <???> N	DWord 类型： SHL(IN：=_dword_in_, N：=_usint_in_) Word 类型： SHL_WORD(IN：=_word_in_,N：=_usint_in_) Byte 类型： SHL_BYTE(IN：=_byte_in_,N：=_usint_in_)	ROL ??? EN ENO <???> IN OUT <???> <???> N	DWord 类型： ROL(IN：=_dword_in_, N：=_usint_in_) Word 类型： ROL_WORD(IN：=_word_in_,N：=_usint_in_) Byte 类型： ROL_BYTE(IN：=_byte_in_,N：=_usint_in_)

4. PLC 数据类型

PLC 数据类型

PLC 数据类型（User Data Type，UDT）是用户自定义数据类型。该数据类型可由多种不同数据类型元素组成，也可直接使用关键字 STRUCT 声明为一个结构体，嵌套深度限制为 8 级。UDT 可在程序中统一更改和重复使用，系统自动更新 UDT 所使用位置。

以创建仓储管理程序中所使用“物料信息”PLC 数据类型为例，创建方式如图 5-38 所示，单击项目树“PLC 数据类型”功能文件夹下“添加新数据类型”以创建新 PLC 数据类型，然后将该数据类型名修改为“物料信息”，并根据工艺要求在“物料信息”列表中单击“<新增>”依次添加该数据类型元素，并设置新增元素的元素名称、数据类型、默认值以及注释。

1. 新建数据类型

2. 重命名数据类型名称　　3. 新增元素，设置元素名称、数据类型、默认值和注释

图 5-38　PLC 数据类型创建方式

UDT 类型变量在程序中可作为一个变量整体使用，或以“变量名称. 元素名称”方式单独使用该变量中的元素。若在新建 DB 块时以 UDT 类型创建，则该 DB 只包含该 UDT 类型变量。

5. 扫描 RLO 信号指令

（1）**P_TRIG（扫描 RLO 信号上升沿指令）** 与上升沿指令类似，当输入参数“CLK”收到上升沿时，输出“Q”置位一个周期。扫描 RLO 上升沿信号指令不能放置在程序段开头或结尾，如图 5-39 所示，其中操作数用于保存上一次扫描结果，须使用 Static 类型变量保存。

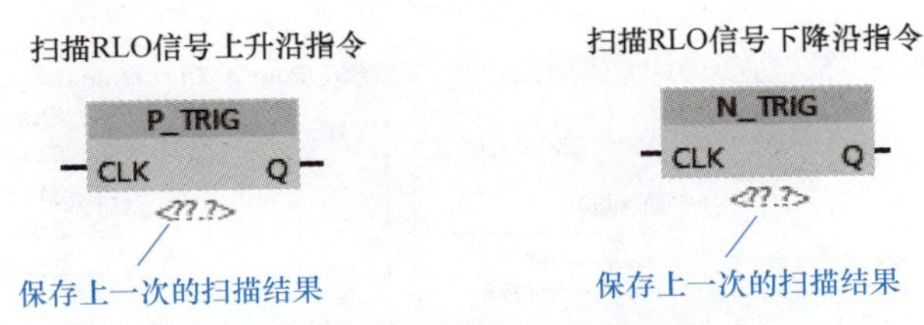

图 5-39　扫描 RLO 信号指令

（2）**N_TRIG（扫描 RLO 信号下降沿指令）** 与下降沿指令类似，当输入参数“CLK”收到下降沿时，输出“Q”置位一个周期，扫描 RLO 上升沿信号指令不能放置在程序段开头或结尾。

SCL 语言中无上述两种指令，直接使用边沿指令即可。

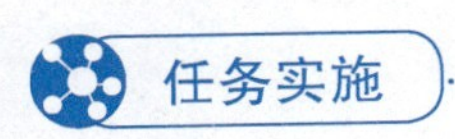

任务实施

1. 设计伺服电动机控制类

智能仓储系统支持手动调试、自动运行等功能，以 FB 设计轴位置控制部分参数定义如图 5-40所示，以 FB 定义的“轴位置控制”类调用方式如图 5-41 所示。

仓储单元控制 ▸ 智能仓储 [CPU 1214C AC/DC/Rly] ▸ 程序块 ▸ 轴位置控制 [FB52]

轴位置控制

	名称	数据类型	默认值	保持	从 HMI/OPC...	从 H...	在 HMI ...	设定值	注释
1	▼ Input				☐	☐	☐	☐	
2	使能	Bool	false	非保持	☑	☑	☑	☐	控制起动轴
3	复位	Bool	false	非保持	☑	☑	☑	☐	出现故障可以复位
4	起动	Bool	false	非保持	☑	☑	☑	☐	绝对方式定位轴，需要先输入速度...
5	输入速度	Real	0.0	非保持	☑	☑	☑	☐	绝对方式定位轴的速度
6	输入位置	Real	0.0	非保持	☑	☑	☑	☐	绝对方式定位轴的位置
7	原点记录	Bool	false	非保持	☑	☑	☑	☐	将当前位置设置为原点
8	点动正方向	Bool	false	非保持	☑	☑	☑	☐	点动运行方向
9	点动负方向	Bool	false	非保持	☑	☑	☑	☐	点动运行方向
10	点动速度	Real	0.0	非保持	☑	☑	☑	☐	点动运行速度
11	▼ Output				☐	☐	☐	☐	
12	定位完成	Bool	false	非保持	☑	☑	☑	☐	绝对方式定位轴到达位置后给反馈信号
13	▼ InOut				☐	☐	☐	☐	
14	当前位置	Real	0.0	非保持	☑	☑	☑	☐	向外输出，运行时实时反馈位置信息
15	当前速度	Real	0.0	非保持	☑	☑	☑	☐	向外输出，运行时实时反馈速度信息

图 5-40　FB 设计轴位置控制部分参数定义

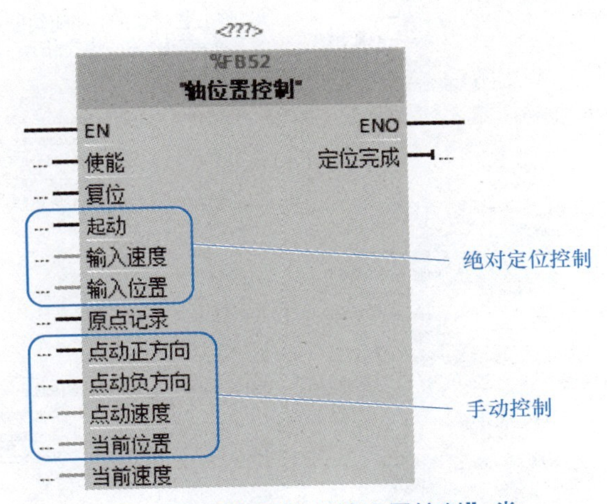

图 5-41　FB 定义“轴位置控制”类

将轴控制相关系统功能块定义在 FB 块中，在程序中直接发送轴起动信号、位置数据和速度数据即可实现伺服电动机控制，如图 5-42 和图 5-43 所示。

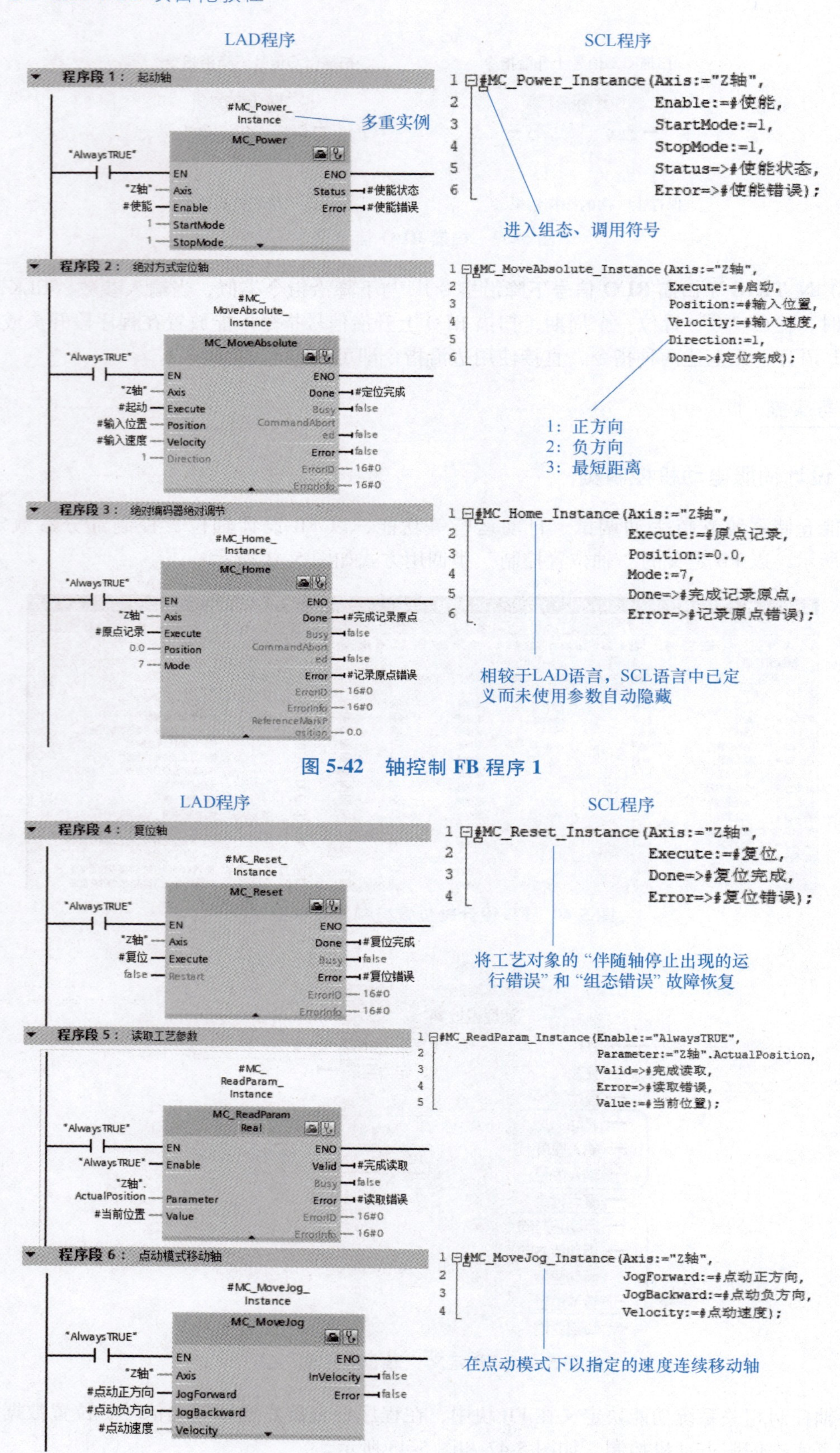

图 5-42 轴控制 FB 程序 1

图 5-43 轴控制 FB 程序 2

2. 伺服运动控制实例化

以仓储控制系统中上料运行为例，将伺服电动机控制类定义实例化，堆垛机 I/O 分配表见表 5-8。

表 5-8　堆垛机 I/O 分配表

输入			输出		
I/O 地址	符号名称	功能说明	I/O 地址	符号名称	功能说明
+I11.6	-1B1	缓存架 1 有料信号	+Q30.0	-1A1	伸缩气缸控制信号
+I11.7	-1B2	缓存架 2 有料信号	+Q30.1	-2A1	夹紧手指气缸控制信号
+I30.0	-2B1	入库气缸缩回到位信号	+M300.2	-1SM1	X 轴起动信号
+I30.1	-2B2	入库气缸伸出到位信号	+M300.3	-1SM2	Z 轴起动信号
+I30.2	-2B3	入库气缸夹紧信号			

上料运行流程如图 5-44 所示。

进入上料流程后，先运行初始化程序，将伸缩气缸、夹紧气缸复位（伸缩气缸缩回，夹紧气缸松开为复位状态），且 X 轴和 Z 轴停止运行。当检测到有上料任务且缓存架有空位时，“步 3”根据当前料仓状态设定入库气缸运行目标位置并开始控制 X 轴和 Z 轴伺服电动机运动，当到达指定位置后进入“步 4”，入库气缸夹爪伸出并抓取工件（“步 5”）。然后 Z 轴向上运行使物料托盘离开仓库定位槽（“步 6”），并将入库气缸缩回以防止在运行过程中出现碰撞（“步 7”）。根据缓存仓位空闲情况，设置不同目标位置（“步 8”或“步 9”），当运行到目标位置后延时一段时间，以确保在移动过程中入库气缸不伸出。

放料时首先伸出入库气缸（“步 10”），并将 Z 轴缓慢运行到缓存仓位定位槽中（“步 11”），再放下物料（“步 12”）并缩回入库气缸（“步 13”）。最后更新当前仓储信息系统（“步 14”）并停止运行伺服电动机，再根据仓储状态和缓存区状态进入下一次循环。

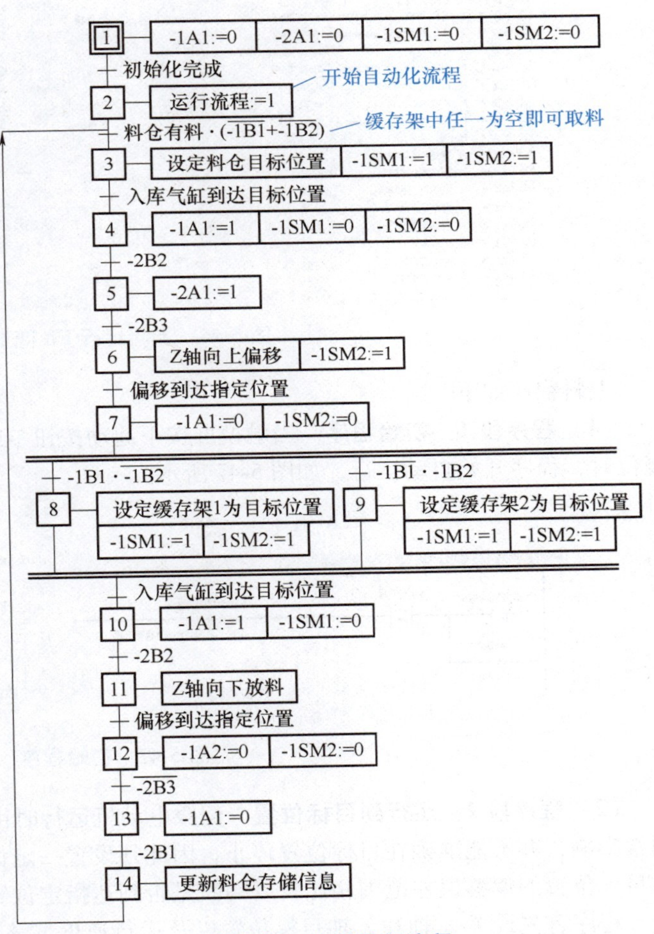

图 5-44　上料运行流程

将上述流程封装在 FB 中并命名为“上料程序”，其 FB 接口定义如图 5-45 所示，静态（Static）变量、临时（Temp）变量及常量（Constant）定义如图 5-46 所示。

	名称	数据类型	默认值	保持	从 HMI/OPC...	从 H...	在 HMI ...	设定值	注释
1	▼ Input				☐	☐	☐	☐	
2	气缸伸出限位	Bool	false	非保持	☐	☐	☐	☐	伸缩气缸限位
3	气缸缩回限位	Bool	false	非保持	☐	☐	☐	☐	伸缩气缸限位
4	气缸夹紧限位	Bool	false	非保持	☐	☐	☐	☐	加紧气缸限位
5	X轴实际位置	Real	0.0	非保持	☐	☐	☐	☐	"X轴位置控制"反馈的位置数据
6	Z轴实际位置	Real	0.0	非保持	☐	☐	☐	☐	"Z轴位置控制"反馈的位置数据
7	启动条件	Bool	false	非保持	☐	☐	☐	☐	运行上料启动条件
8	X轴目标位置	Real	0.0	非保持	☐	☐	☐	☐	"X轴位置控制"绝对定位的完成反馈
9	Z轴目标位置	Real	0.0	非保持	☐	☐	☐	☐	"Z轴位置控制"绝对定位的完成反馈
10	缓存架1	Bool	false	非保持	☐	☐	☐	☐	缓存仓位1的信号
11	缓存架2	Bool	false	非保持	☐	☐	☐	☐	缓存仓位2的信号
12	仓位序号	Int	0	非保持	☐	☐	☐	☐	抓取对象的仓位序号
13	▼ Output				☐	☐	☐	☐	
14	伸缩气缸	Bool	false	非保持	☐	☐	☐	☐	伸缩执行气缸电池阀
15	夹紧气缸	Bool	false	非保持	☐	☐	☐	☐	夹紧执行气缸电池阀
16	X轴启动	Bool	false	非保持	☐	☐	☐	☐	X轴的运行启动信号
17	Z轴启动	Bool	false	非保持	☐	☐	☐	☐	Z轴的运行启动信号
18	X轴速度	Real	0.0	非保持	☐	☐	☐	☐	X轴的运行时的速度
19	Z轴速度	Real	0.0	非保持	☐	☐	☐	☐	Z轴的运行时的速度
20	呼叫机器人	Bool	false	非保持	☐	☐	☐	☐	
21	上料完成	Bool	false	非保持	☐	☐	☐	☐	完成一个流程输出一次信号
22	▼ InOut				☐	☐	☐	☐	
23	Z轴位移	Real	0.0	非保持	☐	☐	☐	☐	Z轴的运行时的绝对位置
24	X轴位移	Real	0.0	非保持	☐	☐	☐	☐	X轴的运行时的绝对位置
25	运行流程	Int	0	非保持	☐	☐	☐	☐	也可以向外部反馈运行状态
26	上料位置	Int	0	非保持	☐	☐	☐	☐	

图 5-45　上料运行 FB 接口定义

27	▼ Static				☐	☐	☐	☐	
28	▸ IEC_Timer_0_Instance	TON_TIME		非保持	☐	☐	☐	☐	
29	▸ IEC_Timer_0_Instance...	TON_TIME		非保持	☑	☑	☑	☑	
30	▸ Tmp	Array[0..4] of Bool		非保持	☑	☑	☑	☑	
31	▸ IEC_Timer_0_Instance...	TON_TIME		非保持	☑	☑	☑	☑	
32	▸ R_TRIG_Instance	R_TRIG			☑	☑	☑	☑	
33	▸ R_TRIG_Instance_1	R_TRIG			☑	☑	☑	☑	
34	▸ IEC_Timer_0_Instance...	TON_TIME		非保持	☑	☑	☑	☑	
35	▼ Temp				☐	☐	☐	☐	
36	到达X坐标MIN	Real			☐	☐	☐	☐	临时计算
37	到达X坐标MAX	Real			☐	☐	☐	☐	
38	到达Z坐标MIN	Real			☐	☐	☐	☐	
39	到达Z坐标MAX	Real			☐	☐	☐	☐	
40	启动条件上升沿	Bool			☐	☐	☐	☐	
41	▼ Constant				☐	☐	☐	☐	
42	AXIS_SPEED	Real	50.0		☐	☐	☐	☐	轴正常运行速度
43	AXIS_OFFSET	Real	1.0		☐	☐	☐	☐	轴偏移量
44	AXIS_Z_OFFSET	Real	-20.0		☐	☐	☐	☐	离开抓取点偏移量

图 5-46　上料运行 FB 变量定义

上料程序如下。

（1）**程序段 1：初始程序**　当触摸屏按下起动按钮，或自动运行时满足初始化条件且系统已复位时，程序开始自动运行，如图 5-47 所示。

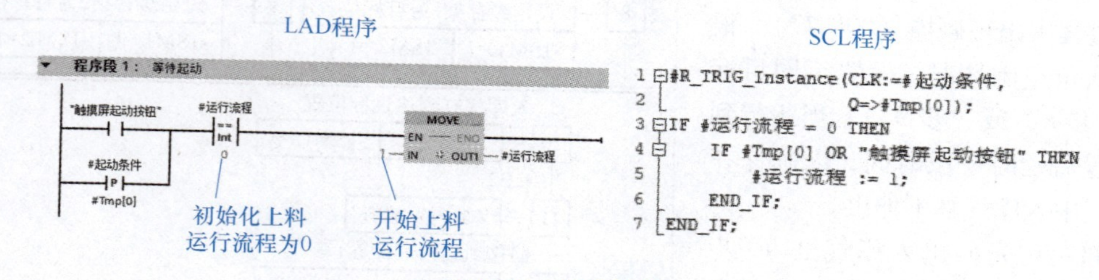

图 5-47　初始程序

（2）**程序段 2：运行到目标位置**　伺服电动机运行时由于其本身误差及外围设备安装误差等因素影响，并不能准确在目标位置停止，因此须设置一定偏移误差范围，将伺服编码器反馈位置与目标位置的偏移误差范围相比较以判断是否到达指定位置，程序如图 5-48 所示。

程序首先设置 X 轴和 Z 轴目标位置以及运行速度，该位置信息由“仓储”程序将物料位置序号转换为堆垛机位移距离。常量“#AXIS_OFFSET”为目标位置正负偏移量，并通过加减运算设置合理误差范围空间，再利用“IN_RANGE（在值范围内）”指令判断当前轴实际位置是否在该范围内，以判断入库气缸是否运行到指定位置。

“IN_RANGE”指令中，当输入参数“VAL”在输入参数“MIN”和“MAX”之间时，功能

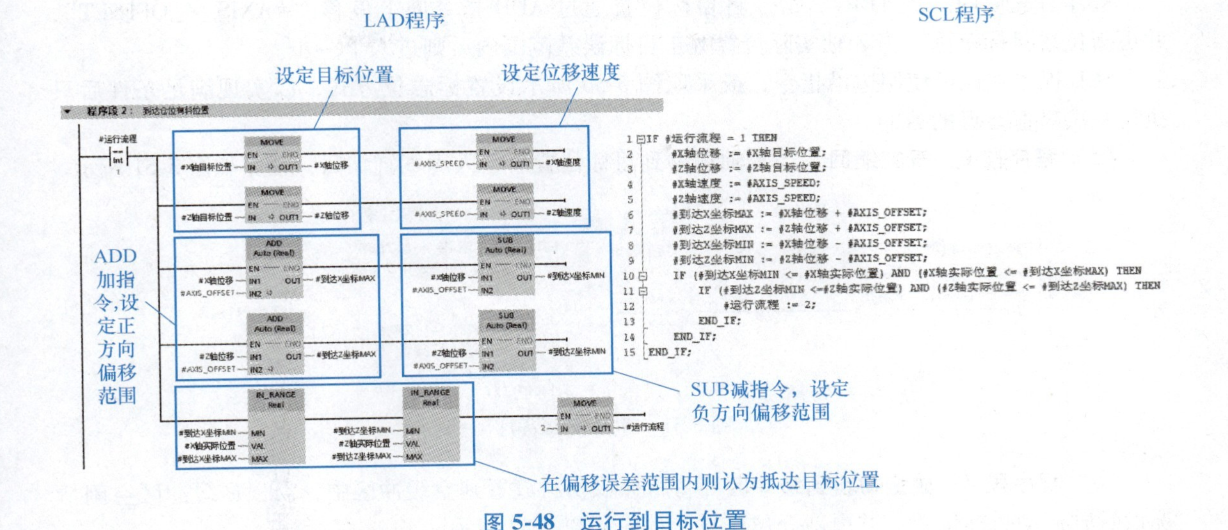

图 5-48　运行到目标位置

框输出状态“1”，否则输出状态“0”。若功能框输入为状态“0”则不执行该指令，且输入参数数据类型相同，并为整型或实数中的一种。

（3）**程序段 3、4：物料抓取**　入库气缸到达指定位置后气缸伸出并夹紧物料，当传感器有信号则进入下一步，如图 5-49 所示，同时为防止双线圈将输出变量集中放置在程序尾部。

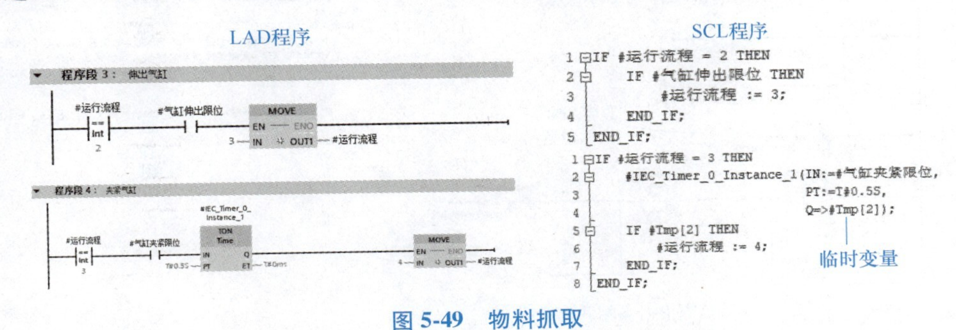

图 5-49　物料抓取

（4）**程序段 5：上移 Z 轴取料**　抓取物料后须上移入库气缸以避免气缸缩回时与外围设备发生碰撞，程序如图 5-50 所示。

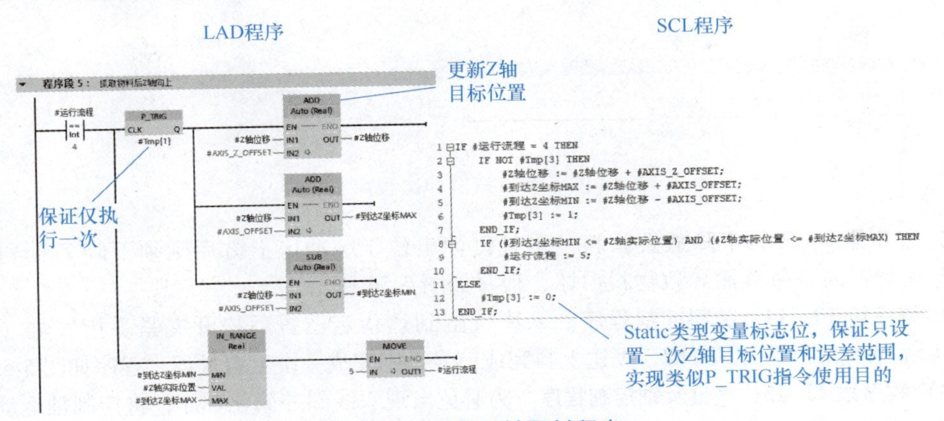

图 5-50　上移 Z 轴取料程序

程序首先使用“P_TRIG”指令将目标位置通过 ADD 指令向上偏移“#AXIS_Z_OFFSET”，并更新位置目标范围。当 Z 轴实际位置置于目标误差范围内后则进入下一步。

SCL 程序中也可使用边沿指令，或采取图 5-50 所示设置标志位方式，以实现满足条件后只执行一次赋值运算的目的。

（5）**程序段 6：气缸缩回**　当 Z 轴偏移到目标位置后，入库气缸缩回，程序如图 5-51 所示。

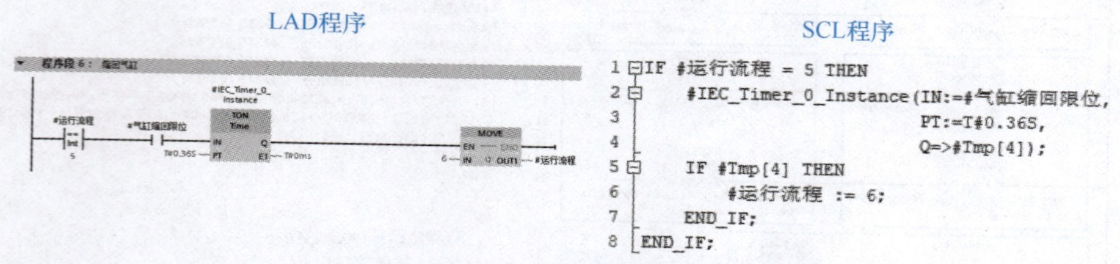

图 5-51　气缸缩回程序

（6）**程序段 7：放置物料到缓冲区**　将所抓取物料放置到空缓冲区中，需根据缓冲区空闲情况设置轴运动目标位置，并更新仓位信息，程序如图 5-52 所示。

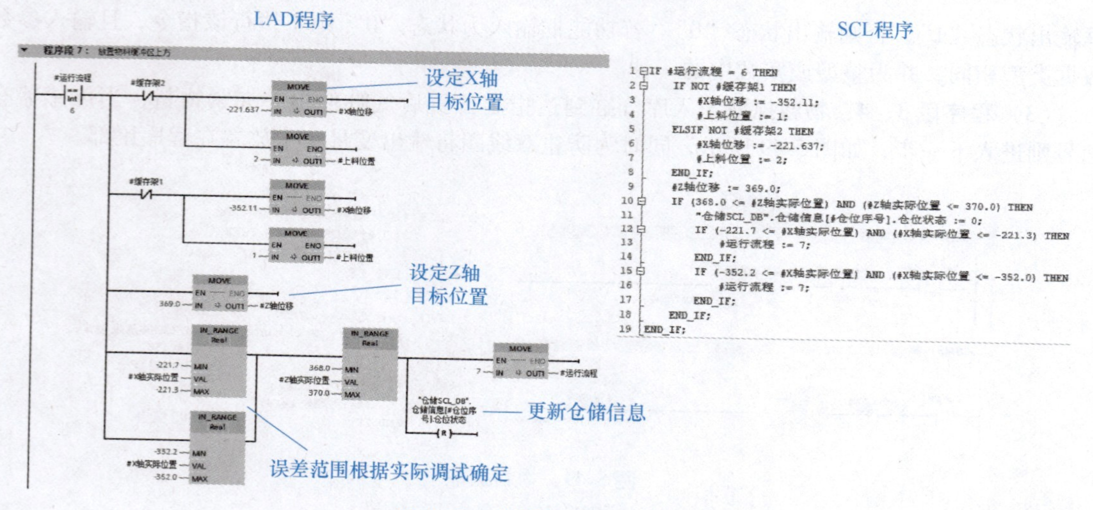

图 5-52　放置物料到缓冲区

（7）**程序段 8：气缸伸出**　当入库气缸移动到目标位置后伸出气缸，程序如图 5-53 所示。

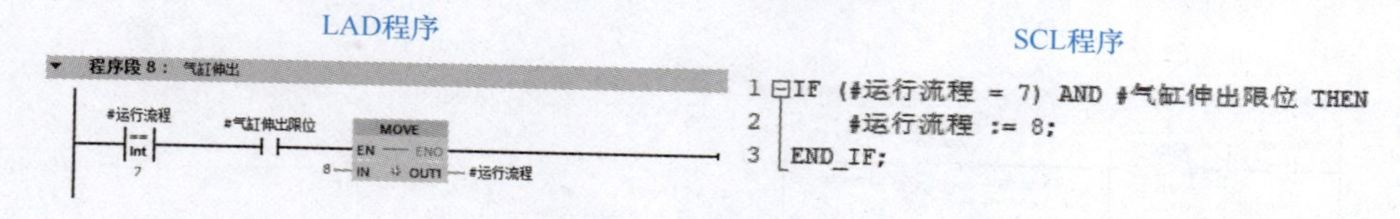

图 5-53　气缸伸出程序

（8）**程序段 9：Z 轴下降放置物料**　当气缸伸出位于缓冲区上方后则须下降 Z 轴到放置位置，以避免物料高空坠落而导致物料损坏，程序如图 5-54 所示。

（9）**程序段 10、11：放料控制程序**　入库气缸到达指定位置后松开夹紧手指气缸（程序段 10），然后缩回气缸（程序段 11），发送上料完成信号后则完成一次上料过程，程序如图 5-55 所示。

（10）**程序段 12~15：气缸及轴控制程序**　为避免出现双线圈并简化程序，将控制轴运动的步骤条件并联，程序如图 5-56 所示。将控制气缸运动的步骤按设定范围方式实现，程序如图 5-57 所示。

LAD程序

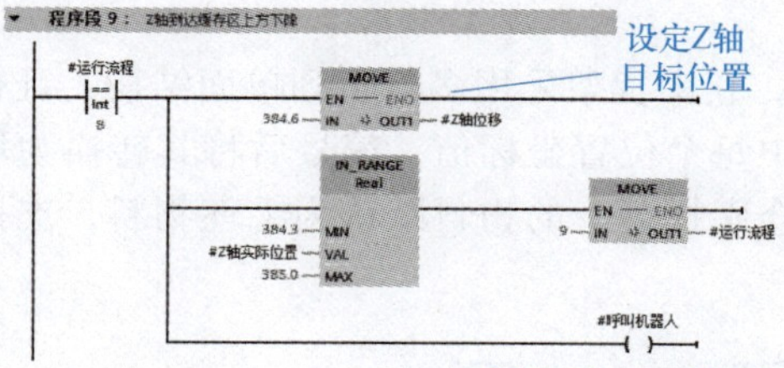

▼ 程序段 9： Z轴到达缓存区上方下降

#运行流程 == Int 8
MOVE EN ENO; 384.6 — IN OUT1 — #Z轴位移
IN_RANGE Real; 384.3 — MIN; #Z轴实际位置 — VAL; 385.0 — MAX
MOVE EN ENO; 9 — IN OUT1 — #运行流程
#呼叫机器人 ( )

设定Z轴目标位置

SCL程序

```
1 IF #运行流程 = 8 THEN
2     #Z轴位移 := 384.6;
3     #呼叫机器人 := 1;
4     IF (384.3 <= #Z轴实际位置) AND (#Z轴实际位置 <= 385.0) THEN
5         #运行流程 := 9;
6     END_IF;
7 ELSE
8     #呼叫机器人 := 0;
9 END_IF;
```

图 5-54　Z 轴下降放置物料程序

LAD程序

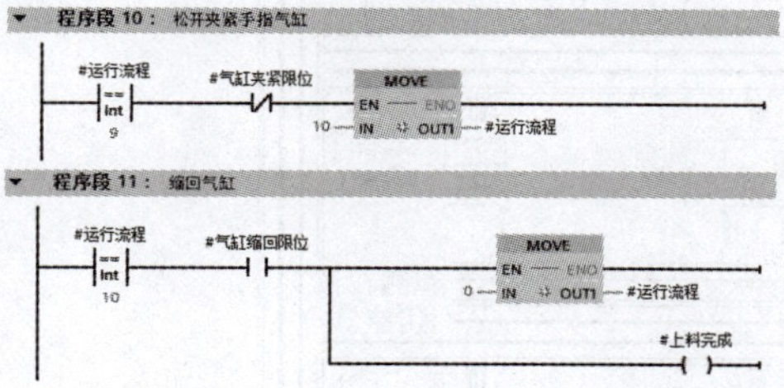

▼ 程序段 10： 松开夹紧手指气缸

#运行流程 == Int 9; #气缸夹紧限位 —/—
MOVE EN ENO; 10 — IN OUT1 — #运行流程

▼ 程序段 11： 缩回气缸

#运行流程 == Int 10; #气缸缩回限位 — —
MOVE EN ENO; 0 — IN OUT1 — #运行流程
#上料完成 ( )

SCL程序

```
1 IF (#运行流程 = 9) AND NOT #气缸伸出限位 THEN
2     #运行流程 := 10;
3 END_IF;
```

```
1 IF (#运行流程 = 10) AND #气缸缩回限位 THEN
2     #上料完成 := 1;
3     #运行流程 := 0;
4 ELSE
5     #上料完成 := 0;
6 END_IF;
```

图 5-55　放料控制程序

LAD程序

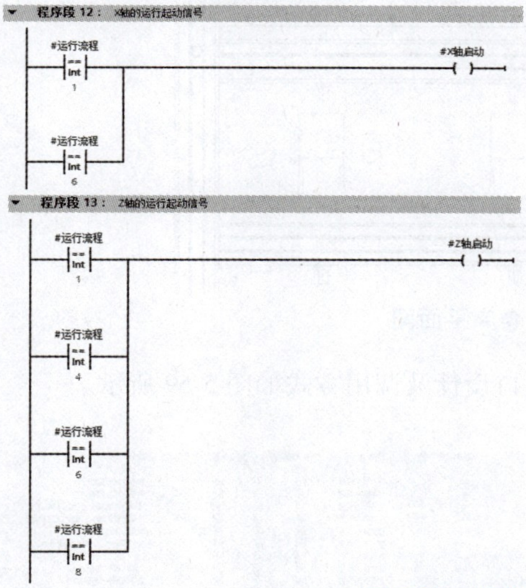

▼ 程序段 12： X轴的运行起动信号

#运行流程 == Int 1
#运行流程 == Int 6
#X轴启动 ( )

▼ 程序段 13： Z轴的运行起动信号

#运行流程 == Int 1
#运行流程 == Int 4
#运行流程 == Int 6
#运行流程 == Int 8
#Z轴启动 ( )

SCL程序

```
1 IF (#运行流程 = 1) OR (#运行流程 = 6) THEN
2     #X轴起动 := 1;
3 ELSE
4     #X轴起动 := 0;
5 END_IF;
```

```
1 IF (#运行流程 = 1) OR (#运行流程 = 4) OR
2     (#运行流程 = 6) OR (#运行流程 = 8)THEN
3     #Z轴起动 := 1;
4 ELSE
5     #Z轴起动 := 0;
6 END IF;
```

图 5-56　起动轴控制程序

LAD程序　　SCL程序

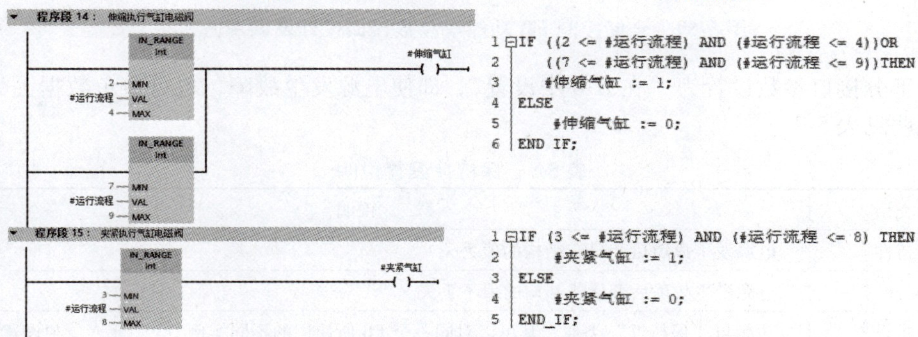
程序段 14： 伸缩执行气缸电磁阀
IN_RANGE Int
2 — MIN
#运行流程 — VAL
4 — MAX
#伸缩气缸
IN_RANGE Int
7 — MIN
#运行流程 — VAL
9 — MAX
程序段 15： 夹紧执行气缸电磁阀
IN_RANGE Int
3 — MIN
#运行流程 — VAL
8 — MAX
#夹紧气缸
1 IF ((2 <= #运行流程) AND (#运行流程 <= 4))OR
2 ((7 <= #运行流程) AND (#运行流程 <= 9))THEN
3 #伸缩气缸 := 1;
4 ELSE
5 #伸缩气缸 := 0;
6 END IF;
1 IF (3 <= #运行流程) AND (#运行流程 <= 8) THEN
2 #夹紧气缸 := 1;
3 ELSE
4 #夹紧气缸 := 0;
5 END_IF;

图 5-57　气缸控制程序

3. 设计仓储控制程序

（1）**仓储介绍**　仓库平面图如图 5-58 所示，仓库货架采用多行多列单面结构，且行间距和列间距相等。控制程序中以阵列方式计算仓库中每个位置坐标值，编号后将其转换为堆垛机运动目标位置输出，并在初始化程序中将放置在仓库托盘上的物料默认为毛坯物料，支持在 HMI 中修改物料状态。

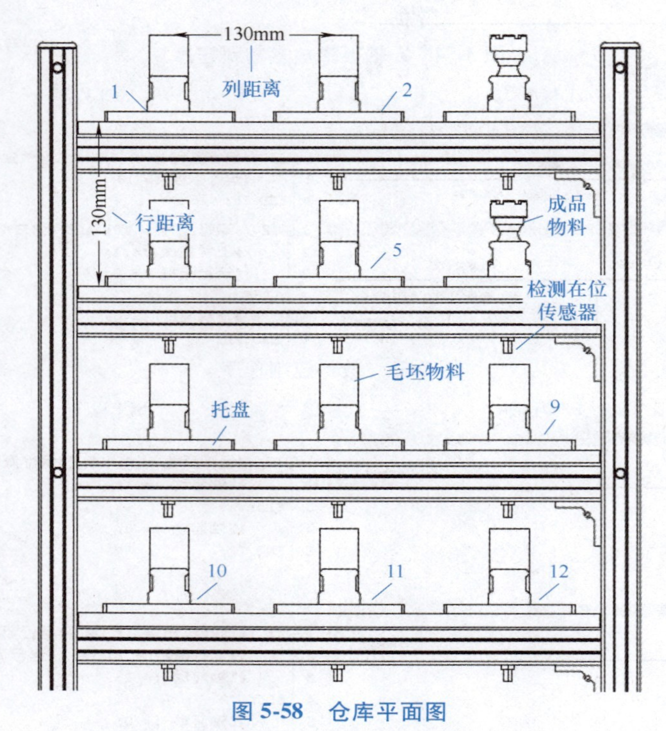

图 5-58　仓库平面图

根据上述要求，仓储控制 FB 功能块参数接口设计及调用方式如图 5-59 所示。

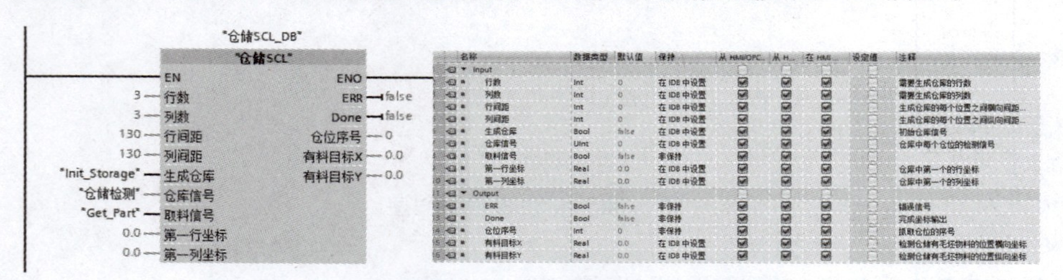

图 5-59　仓储控制 FB 功能块参数接口设计及调用方式

其中部分接口参数设置为“在 IDB 中设置”，即使电源发生故障，也可避免数据丢失，保持性设置说明见表 5-9。

表 5-9　保持性设置说明

保持类型	说明
非保持性	电源发生故障后变量或结构的值丢失
保持性	电源发生故障后变量或结构的值不丢失
在 IDB 中设置	功能与“保持性”类似，其可以对同一个 FB 所使用的不同实例 DB 中元素单独设置

（2）**初始化仓储位置信息程序**　如图 5-60 所示，以嵌套循环方式实现仓库行列信息初始化，即在内循环完成每列的参数设置，外循环完成每行的参数设置，直到完成仓库信息初始化。

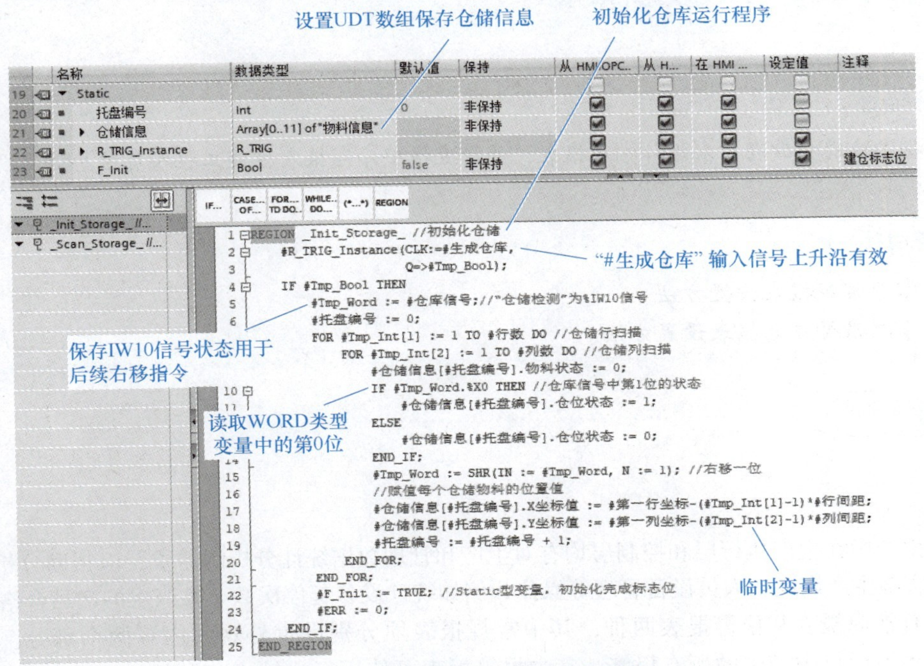

图 5-60　初始化仓储位置信息程序

SCL 程序中读写 Byte、Word、DWord 类型数据中某一位时，可使用“变量名称.%Xn”方式读写，其中 X 代表位，n 代表第几位。

（3）**毛坯物料位置坐标输出**　堆垛机取毛坯物料时须循环扫描仓位信息以确定其位置坐标值，且为节约扫描时间每次扫描到有料信息时使用“EXIT”指令退出当前循环，程序如图 5-61 所示。

```
27  REGION _Scan_Storage_ //扫描可抓取工件
28      #R_TRIG_Instance_1(CLK:=#取料信号, //取料信号上升沿有效
29                         Q=>#Tmp);
30      IF #F_Init AND #Tmp THEN //初始化完成后才可执行抓取
31          FOR #Tmp_Int[1] := 1 TO #托盘编号 DO
32              IF #仓储信息[#Tmp_Int[1]].仓位状态 THEN
33                  #有料目标X := #仓储信息[#Tmp_Int[1]].X坐标值;
34                  #有料目标Y := #仓储信息[#Tmp_Int[1]].Y坐标值;
35                  EXIT; //找到目标后立刻退出循环
36              END_IF;
37          END_FOR;
38          IF #Tmp_Int[1] > #托盘编号 THEN //全部扫描完后无工件则报错
39              #ERR := 1;
40              RETURN; //退出FB
41          ELSE
42              #ERR := 0;
43              #仓位序号 := #Tmp_Int[1];
44              #IEC_Timer_0_Instance(IN:=(#Tmp_Int[1] <= #托盘编号),
45                                    PT:=T#2S,
46                                    Q=>#Done);//发送2s完成信号
47          END_IF;
48      END_IF;
49  END_REGION
```

图 5-61　毛坯物料位置坐标输出程序

任务 3　HMI 报表设计

任务描述

根据工业现场管理需求设计常规报表，并设置报警序列报表方便工程人员维护调试设备。

任务目标

1. 掌握常规报表设置方法。
2. 掌握报警序列报表设置方法。

知识储备

报　表

工业生产中在生产执行层和控制层均有对生产和管理数据统计分析的需求，以帮助分析现场生产情况，实施生产调度、人员设备管理等操作，例如统计设备起停次数、某班次的产品合格率等。

报表有常规报表和报警报表两种，其中常规报表须分别设置外观和内容两个部分。触摸屏可以打印系统运行中产生的所有报警，其中报警报表可使用行式输出打印机实现连续打印报警，例如针式打印机。可在报表中组态报警报表，用于输出报警缓冲区或者报警记录中的报警。

任务实施

1. 设置常规报表

HMI 报表设计

（1）**布局报表**　不同的 HMI 设备及运行系统，报表编辑器及打印功能均有所差异。添加报表步骤如图 5-62 所示，根据项目要求添加“基本对象”和“元素”到“详细页面”中以输出打印项目相关信息。

右击报表进入“属性”选项后，可设置报表“常规”内容，如图 5-63

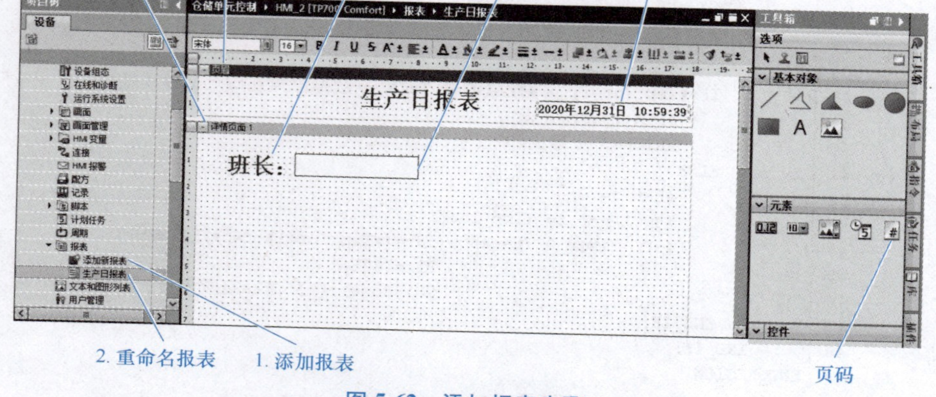

图 5-62　添加报表步骤

所示，详细说明见表 5-10。

表 5-10 报表常规选项说明

布局	功能
页眉	一般用于设置报表名称或时间等信息
详细页面	显示详细报表数据
页脚	一般用于显示页码
标题页	报表封面，默认禁用，一般用于显示项目标题等重要信息
封底	报表封底，默认禁用，一般用于显示值班人员或者技术人员联系信息

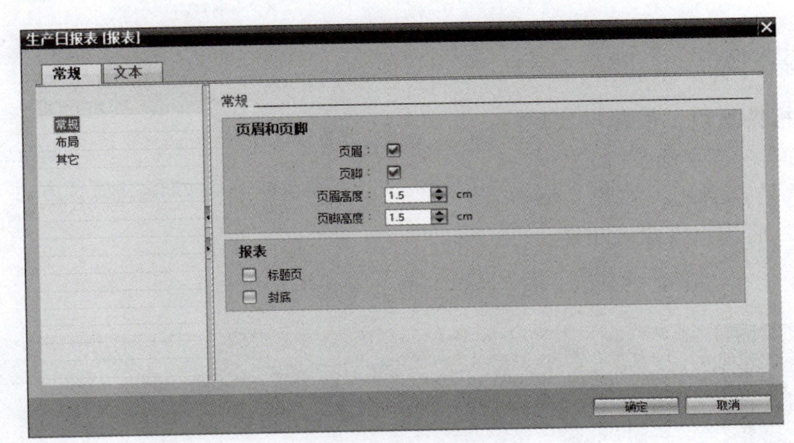

图 5-63 报表常规选项

在布局选项中可设置报表的页面格式及边距大小等。

（2）**设计报表** 报表添加元素方式与 HMI 页面添加元素方式相同，在此以添加 I/O 域为例做介绍，步骤如图 5-64 所示。

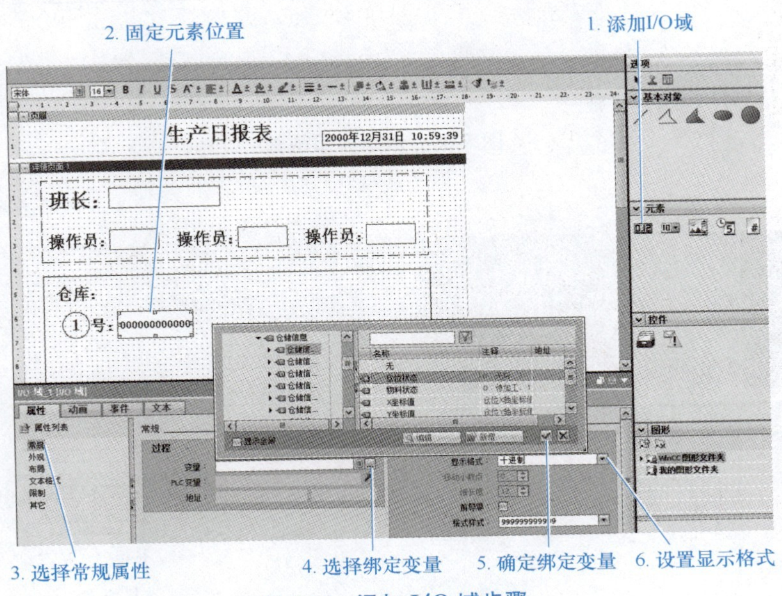

图 5-64 添加 I/O 域步骤

详细页面空间不足时可添加新详细页面，操作方式如图 5-65 所示。

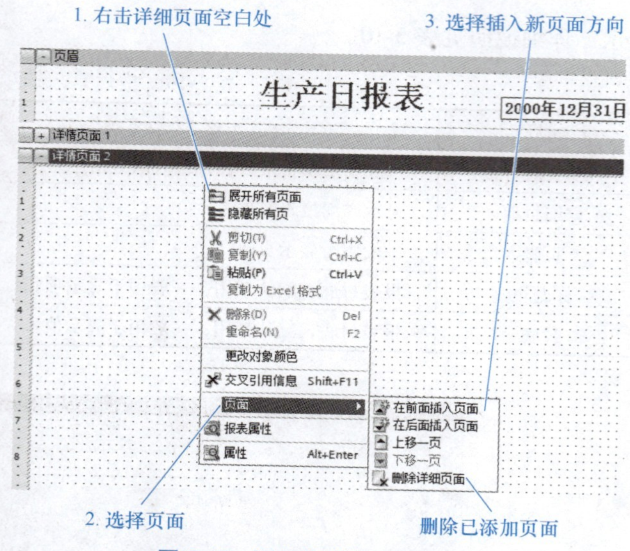

图 5-65　添加新详细页面方式

(3) **打印报表**　打印报表前需将打印机与触摸屏正确连接，并将打印机设置为默认打印设备。以按钮触发打印报表为例，操作步骤如图 5-66 和图 5-67 所示。

设置完毕后，单击“打印报表”按钮即可在默认打印机上打印所添加的报表。

2. 设置报警报表

(1) **启用报警报表**　报警报表默认为启用，在触摸屏“运行系统设置”→“报警”中确认是否启用，如图 5-68 所示勾选“报表”启用报警报表功能。

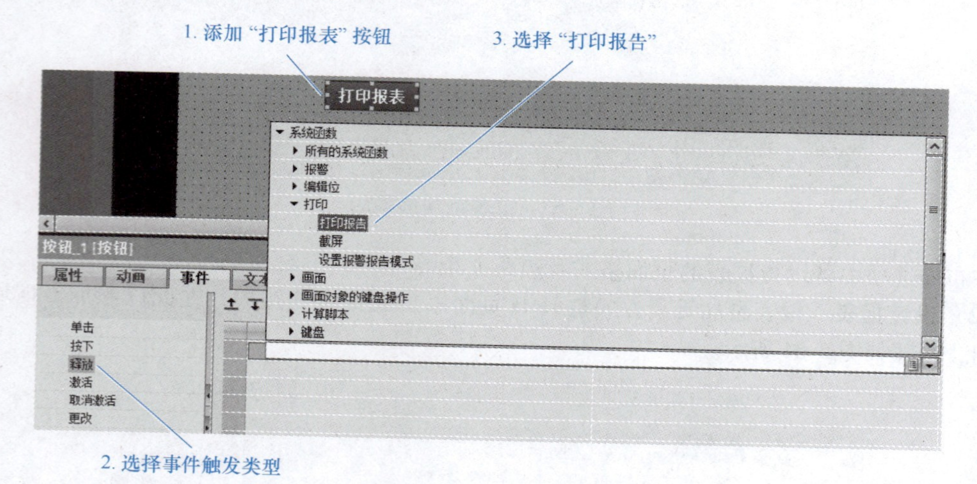

图 5-66　添加打印函数

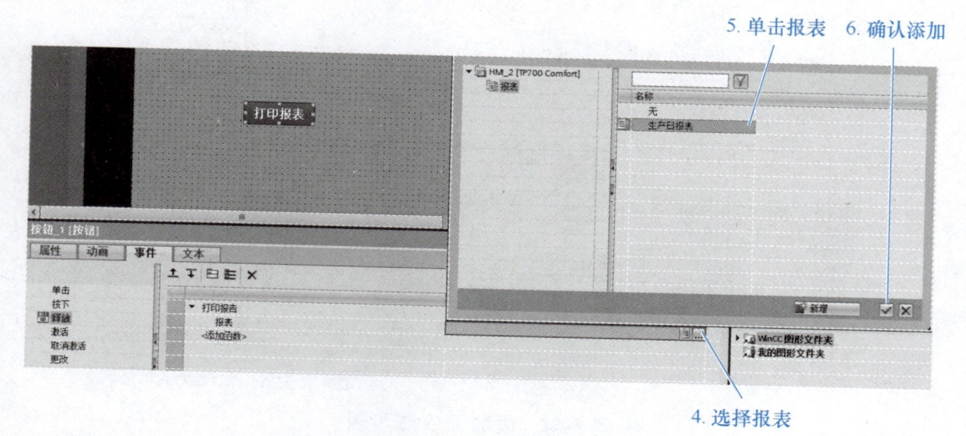

图 5-67　选择打印对象

（2）**在常规报表中设置报警报表**　报警报表控件可将所选报警从报警缓冲区或报警日志输出到报表中，设置步骤如图 5-69 所示。

添加报警控件后可使用默认输出设置，或根据项目要求设置相关参数。其中“设置”中“源”可选择“报警缓冲区”以打印当前正在显示的报警，若选择“报警记录”可打印报警记录，但该参数必须在“记录”中已设置。

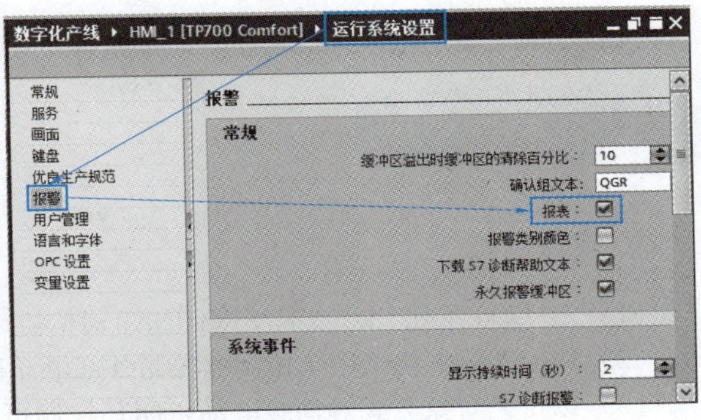

图 5-68　启用报警报表

“报警类别”中可设置输出报警类别，默认仅打印“Errors”类别。在“时间范围”内组态 Date Time 类型变量，在运行时输入指定时间用于过滤指定时间段内报警并输出到报表。

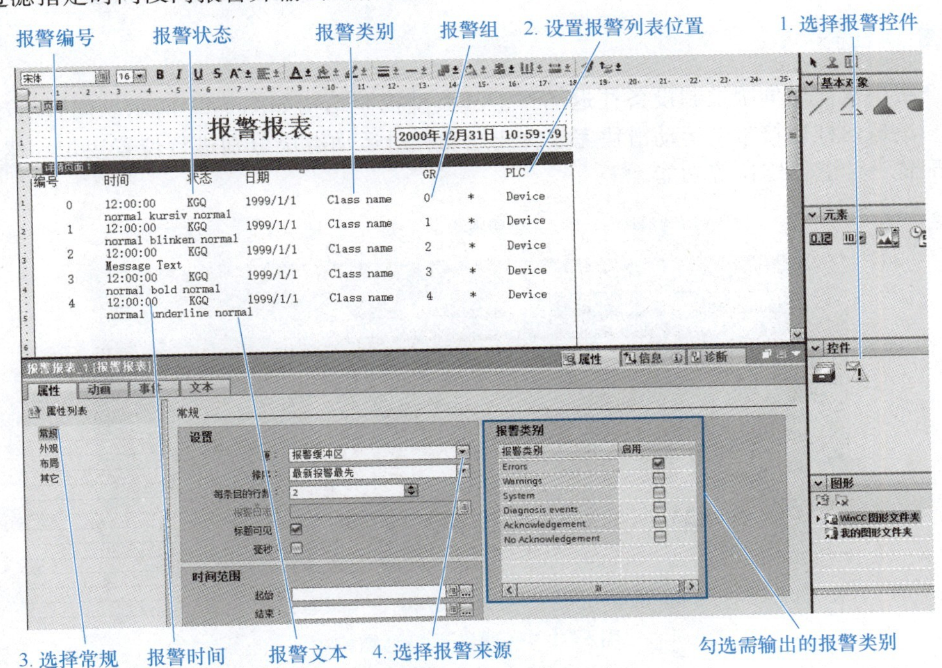

图 5-69　报警报表设置方式

每条报警需输出的信息在报警报表“布局”中勾选，如图 5-70 所示。

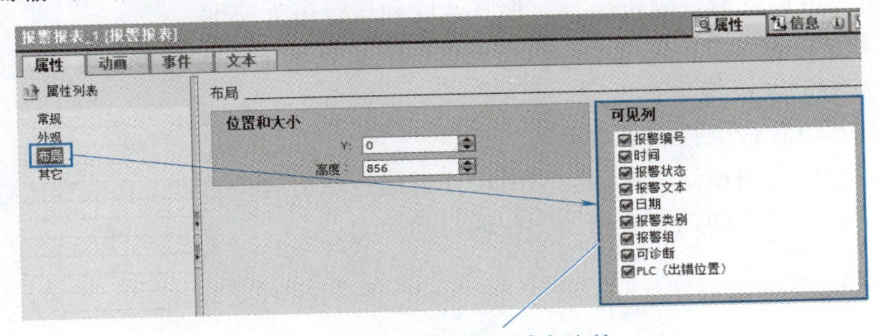

图 5-70　报警显示信息

设置完毕后使用与常规报表相似的按钮触发方式即可打印报警报表。

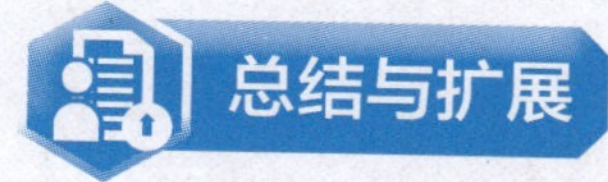

总结与扩展

1. 项目总结

（1）S7-1200 系列 PLC 支持 PROFINET 通信协议，并可通过安装 GSD 文件支持第三方设备。

（2）PROFIdrive 协议用于控制器控制外部电动机，需根据应用场景选择合适报文类型。

（3）以工艺对象方式对伺服电动机闭环控制可实现高精度控制，程序控制中需设置适当偏差范围。

（4）SCL 语言中 FOR 循环指令可实现有限次循环控制，并支持嵌套循环和增量控制，而 WHILE 循环指令用于条件判断循环。

（5）触摸屏报表打印功能可使用默认打印机打印分析和管理数据及报警信息。

2. 扩展任务

生产线中常使用伺服控制设备往返动作，其典型控制结构如图 5-71 所示。伺服电动机通过连接器与滚珠丝杠连接带动运动滑块完成直线运动，对运动滑块分别进行位置定位、速度调整、软限位配置、传感器定位等功能。

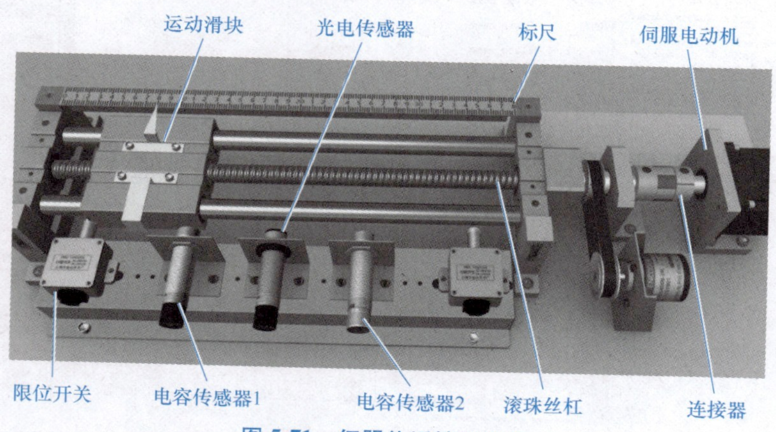

图 5-71　伺服往返控制结构

请完成控制系统机械部分安装，并根据如下要求完成项目电气及程序调试。

（1）组态伺服控制器，根据滚珠丝杠参数计算伺服电动机每旋转一周所对应的运动滑块位移距离，并在组态中设置滑块限位信号、加减速度和运行最大速度。

（2）设置急停功能以防止伺服电动机在调试中超速或超位置运行等，避免人员和设备损坏，同时在 HMI 设备中记录报警。

（3）设置绝对位置命令控制滑块运行位置。

（4）自动运行后使用预设速度使运动滑块往返运行在电容传感器 1 和电容传感器 2 之间。

（5）HMI 设备中可手动控制或切换为往返自动控制。

项目 6

PLC 网络数据通信

S7-1200 系列 PLC 集成的 RJ45 物理接口支持 10/100Mbit/s 交叉自适应，可使用标准或交叉以太网线与外部设备交换数据。根据工艺要求安装扩展通信模块后，还支持常用于西门子产品之间的 S7、MPI、PROFINET 等通信协议，以及开放的 PROFIBUS、TCP、UDP、MODBUS RTU、MODBUS TCP 等通信协议以兼容自动化现场设备。S7-1200 CPU V4.4 及以上固件版本所配备的 OPC UA 服务器可使用统一方式访问不同设备数据，具有强大的数据交换能力。

项目情景

在工业控制现场，一台设备或者一条生产线可能由多种控制单元组成，作为控制系统核心的 PLC 通过与外围设备交换数据来控制设备。受工业应用环境、通信稳定性、维护成本及开发成本等多方面影响，需要横向比较各种通信协议特点及开发方式，选择合适的通信协议及设备以组建智能化控制网络。

古语有云

“往而不来，非礼也；来而不往，亦非礼也。”其含义是礼仪上你来我往，相互尊重。犹如通信一样，稳定的通信方式必须遵守规定，有来有往才能确保通信质量，一厢情愿、来而不往的通信方式往往不可靠。

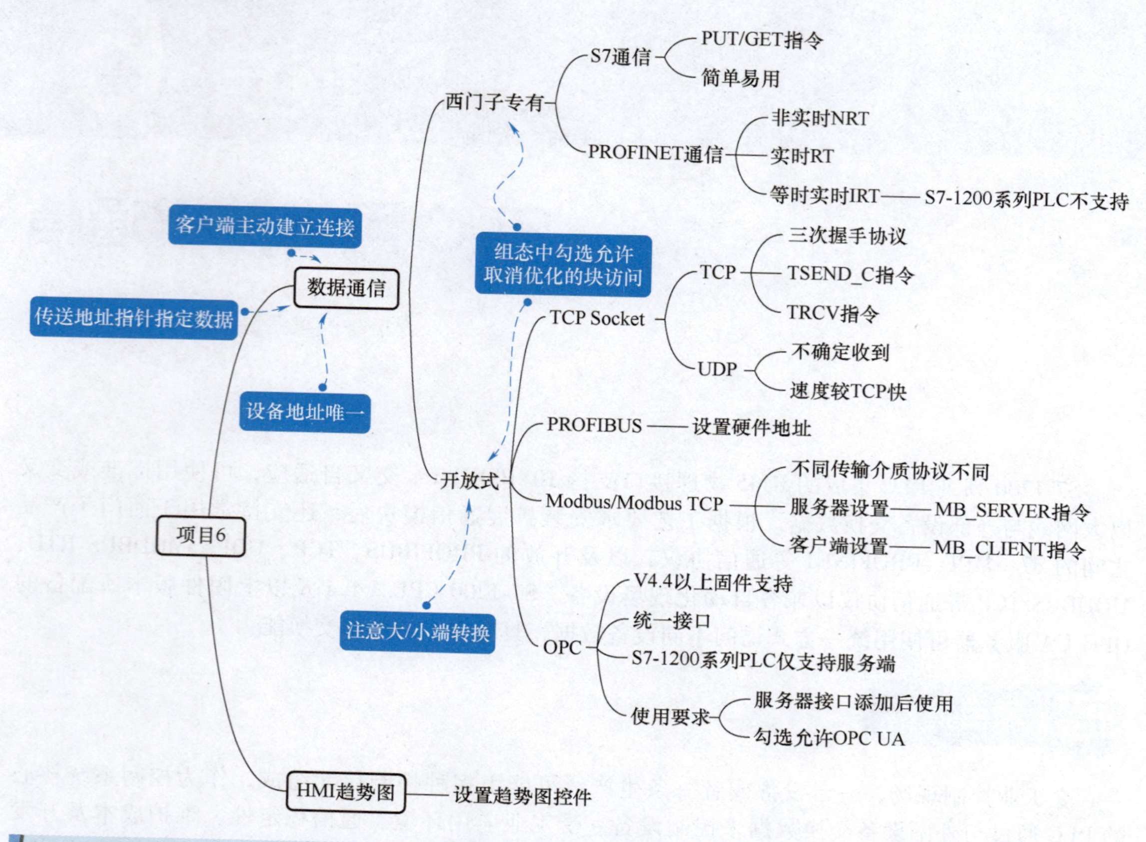

任务1 西门子 S7 通信

任务描述

了解网络通信特点并组态 S7 通信网络，实现 S7-1500 系列 PLC 与 S7-1200 系列 PLC 之间的数据通信。

任务目标

1. 了解不同网络通信协议特点及应用场景。
2. 掌握 S7 通信协议数据通信方法。

知识储备

网络通信协议

SIMATIC NET 是 Siemens 通信网络和产品整个系列的名称，包括 PROFIBUS 和工业以太网两种通信网络，可应用于单元级、管理级网络，以满足自动化全集成通信。

（1）**开放系统互联模型**　国际标准化组织（ISO）将开放系统互联（Open System Interconnect，OSI）模型作为通信网络国际标准化参考模型，如图 6-1 所示。

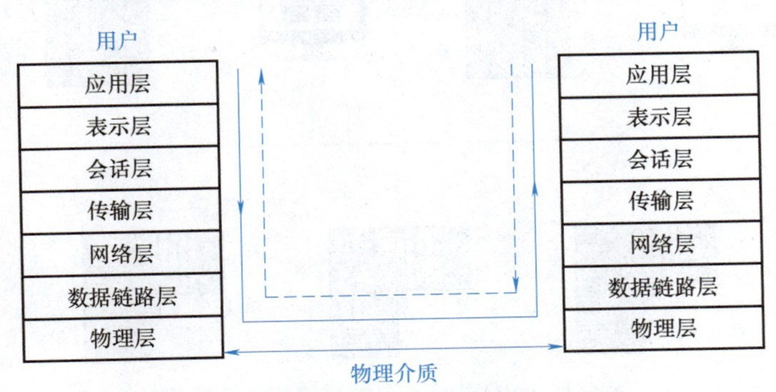

图 6-1　开放系统互联模型

通信中收发双方数据经过各层封装或拆封实现逐层传递，不同通信协议所用层级有所不同，尤其在工业现场通信中，为加快通信速度，在报文大小、通信层级上均有所减少，OSI 模型中各层功能见表 6-1。

表 6-1　OSI 模型中各层功能说明

级别	OSI	功能说明
应用级	应用层	为应用接口提供操作标准，例如文件传送协议和网络管理等
	表示层	应用进程协商数据表示，例如数据加密/解密和代码转换等
	会话层	进程间会话建立和结束管理，例如数据流的方向控制等
传输级	传输层	以报文（Message）为单位，实现流量控制、差错控制、连接支持等
	网络层	为数据包选择路由器、寻址等服务，将具体的物理传送对高层透明
硬件级	数据链路层	保证无差错的数据链路，实现差错控制和同步控制
	物理层	在物理媒体（机械或电气设备）上以二进制数据形式传输数据

（2）**PROFIBUS**　PROFIBUS 是开放式国际标准现场总线，采用主从（Master-Slave）通信模式，只有主站可主动发起与从站的通信，从站可响应主站但不能主动激活，典型网络拓扑示意图如图 6-2 所示。

当多个主站在总线上时，仅在周期内获得令牌的主站才可发送数据，在获得令牌的时间段内从站响应该主站轮询。该类总线最高传输速率为 12Mbit/s，典型响应时间为 1ms，支持至多 127 个从站。PROFIBUS 提供通信服务见表 6-2。

表 6-2　PROFIBUS 通信服务

协议名称	说明
PROFIBUS-DP	适用于 PLC 现场级分布式 I/O（如西门子 ET 200）设备之间通信，仅需硬件组态而不用编写通信程序即可实现主从通信
PROFIBUS-PA	适用于过程自动化现场传感器和执行器的低速数据传输，采用 IEC 1158-2 标准保证不同厂商现场设备的互换性和互操作性

（3）**工业以太网**　工业以太网为适应恶劣环境的通信，相较于商业/家用以太网，其硬件电缆、连接器具有更好的质量，尤其在密封性、抗干扰性等方面具有优势，软件通信控制方面则注

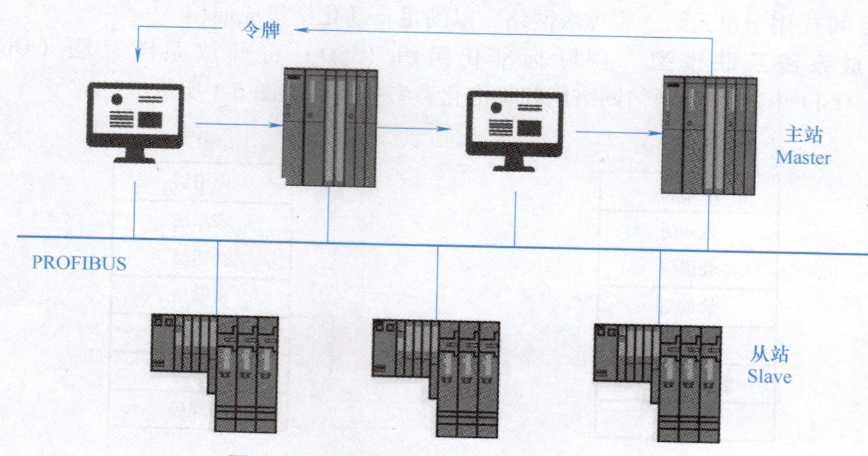

图 6-2 PROFIBUS 典型网络拓扑示意图

重数据收发时间的特定性、较好的实时性及可靠性等，其快速转发方式可实现以太网帧小于 1μs 的端口间延迟，常见拓扑结构包括星形结构、环形结构、分布式结构、树形结构、总线型结构。

（4）**PROFINET** PROFINET 是基于工业以太网的工业自动化开放式标准，可实现分布式 I/O 设备直连工业以太网，以及从管理层到现场层的直接、透明访问。PROFIBUS 总线丰富的设备诊断功能也适用于 PROFINET，其典型网络拓扑图如图 6-3 所示。

PROFINET 提供三种性能级别的数据通信功能，见表 6-3。

表 6-3 PROFINET 性能级别一览

功能	通信时间	应用场合	说明	应用举例
非实时（NRT）	100ms	用于项目监控和非实时性要求的数据传输	—	项目诊断、监控 HMI
实时（RT）	1~10ms	用于实时通信的过程数据，对信号传输有严格要求的场合	通过提高实时数据的优先级和优化数据堆栈实现实时通信，可使用标准网络元件执行高性能数据传输	传输传感器和执行器数据
等时实时（IRT）	0.25~1ms	用于对 I/O 处理性能要求极高的场合，以及高性能同步运动控制	提供了等时执行周期，确保数据在相等时间间隔传输数据	伺服运动控制系统

S7-1200 系列暂不支持 IRT，且 IRT 须使用支持标准通道和 IRT 通道的交换机，其中标准通道用于 NRT 和 RT 数据传输，IRT 通道用于 IRT 数据通信，以保证网络上其他通信不会影响 IRT 数据通信。

（5）**Modbus 协议** Modbus 协议是应用于工业通信领域的简单、经济和公开透明的应用层报文传输协议，可为不同类型总线或网络连接设备之间提供客户端/服务端通信。Modbus 采用主从（Master-Salve）通信模式，协议规定通信时需由主站（Master）先发送指令，从站（Salve）再响应，且从站之间不能直接通信，其报文结构如图 6-4 所示，其中 PDU 是与物理层无关的协议数据单元，ADU 是应用数据单元，即完整的数据包。

Modbus 协议根据使用不同的网络媒介，分为串行链路上的 Modbus RTU/ASCII 协议和 TCP/IP 上的 Modbus TCP。Modbus TCP 在 TCP 报文数据传输时包含 ADU，是 Modbus 协议在 TCP/IP 上的具体实现，其通信过程如图 6-5 所示。

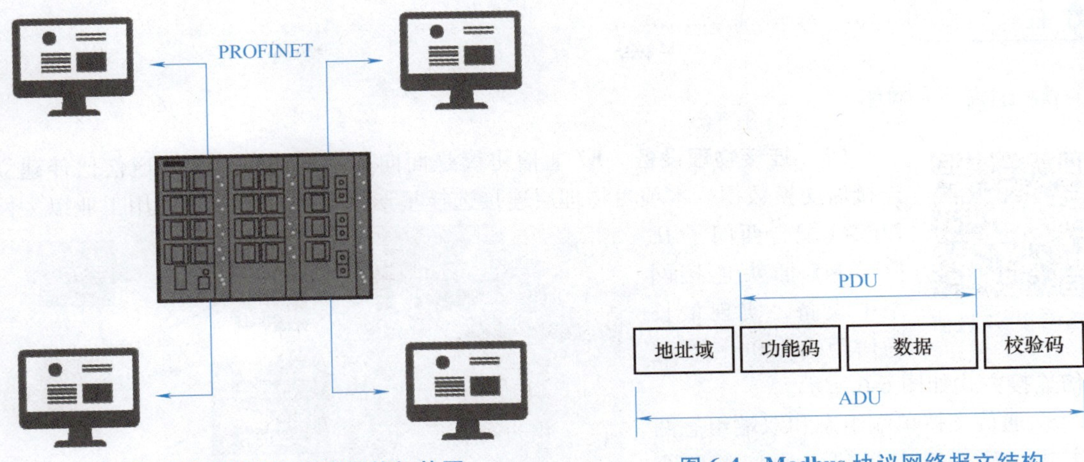

图 6-3　PROFINET 典型网络拓扑图

图 6-4　Modbus 协议网络报文结构

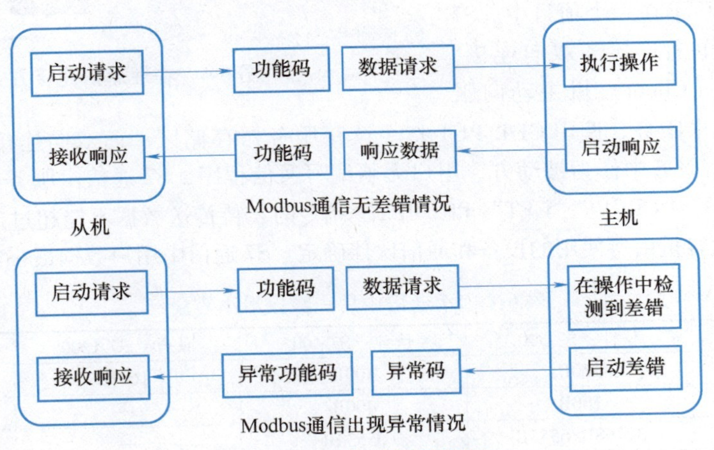

图 6-5　通信过程示意图

（6）**S7 通信协议**　S7 通信协议是专为西门子产品优化设计的通信协议，不能与其他品牌 PLC 通信，其支持基于服务器（Server）/客户（Client）端的单边通信和基于伙伴（Partner）/伙伴（Partner）的双边通信。相较于其他自动化协议，该协议在数据通信方面速度快，且 S7-1200 系列 PLC 在 S7 通信时仅需在客户端调用 PUT/GET 指令，服务器端不用调用任何指令。

（7）**开放式用户通信**　开放式用户通信（OUC）在传送数据结构方面具有高度的灵活性，实现 CPU 与任何通信设备间的开放式数据交换，例如 TCP、UDP、ISO-on-TCP 以及 OPC。

OPC 是自动化行业及其他行业用于数据安全交换时的互操作性标准。OPC 统一架构（UA）将各个经典 OPC（OPC Classic）规范的所有功能集成到一个可扩展框架中，独立于平台并且面向服务，以确保不同厂商设备之间无缝传输信息。同时其也为硬件供应商和软件开发商之间建立了一套完整的规则，双方只需按照这套规则开发软硬件，实现透明地交互数据，硬件供应商只须考虑通信协议和应用程序需求，软件开发商无须了解硬件底层。OPC UA 在工业 4.0 中通过面向对象技术，将物理设备、传感器、电机等描述成为对象，形成数字化模型，让不同软件以调用对象方式控制设备。

任务实施

1. 组态 S7 网络

西门子 S7 通信

（1）**连接物理设备** S7 通信协议是面向连接的协议，须与通信伙伴建立连接后交换数据。本项目物理层连接选择星形网络拓扑结构，采用工业以太网双绞线配合西门子 IE FC RJ45 插头连接网络中设备，实现最长通信距离 100m，物理通信连接方式如图 6-6 所示。

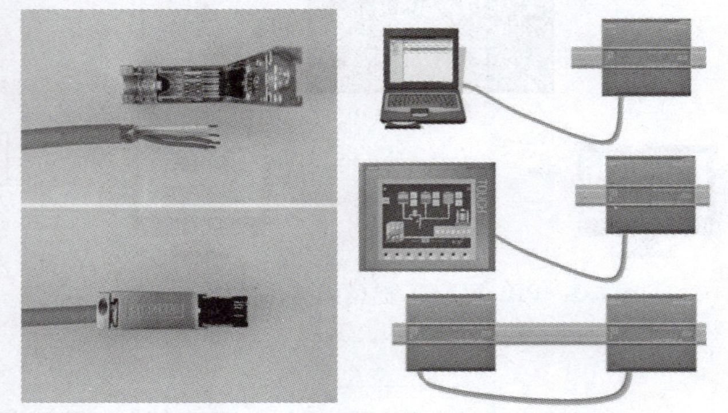

图 6-6 物理通信连接方式

S7 通信支持单端组态和双端组态两种方式，双端组态指建立通信的两个 CPU 模块在同一项目中，而单端组态则是通信的两个 CPU 不在一个项目中。S7 通信连接又分为单向连接和双向连接，单向连接中客户（Client）机主动向服务器（Server）请求服务，调用 GET/PUT 指令读写服务器存储区；而双向连接需在通信两端组态。服务器在通信服务中作为被动方，用户无须编写通信程序，S7 通信由服务器操作系统完成。

使用“USEND”“URCV”“GET”和“PUT”指令时，待传送数据不能超过定义的用户数据大小，用户数据最大容量由所使用的设备和通信伙伴确定。S7 通信中用户数据最小容量见表 6-4。

表 6-4 S7 通信中用户数据最小容量

指令	伙伴：S7-300	伙伴：S7-400	伙伴：S7-1200	伙伴：S7-1500
PUT/GET	160B	400B	160B	880B
USEND/URCV	160B	400B	—	920B
BSEND/BRCV	32768B/6553B	65534B	—	65534B

（2）**创建 S7 通信连接** 在以太网通信项目中通常以 S7-1500 系列 PLC 作为服务器，其他系列 PLC 作为客户机以完成现场生产线控制。根据系统要求和现场设备在项目中添加 CPU 和其他模块，并设置各个设备的组态参数（例如 IP 地址及子网掩码），本项目设备及模块组态如图 6-7 所示。

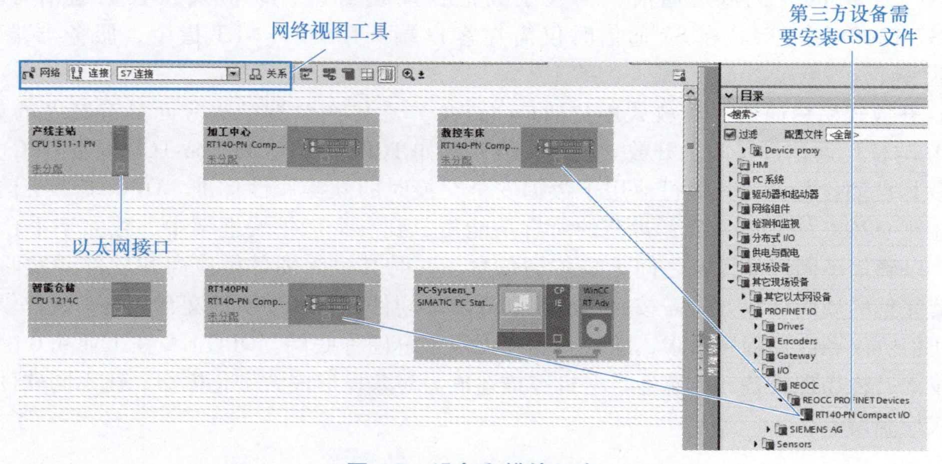

图 6-7 设备和模块组态

创建 S7 通信连接方式如图 6-8 所示，首先建立子网络连接，然后选择“S7 连接”创建 S7 通信链路。创建 S7 连接时须先选择主站以太网端口，然后再用鼠标拖拽连线到从站以太网端口以确定主/从站，即先选择的为主站（本地）。

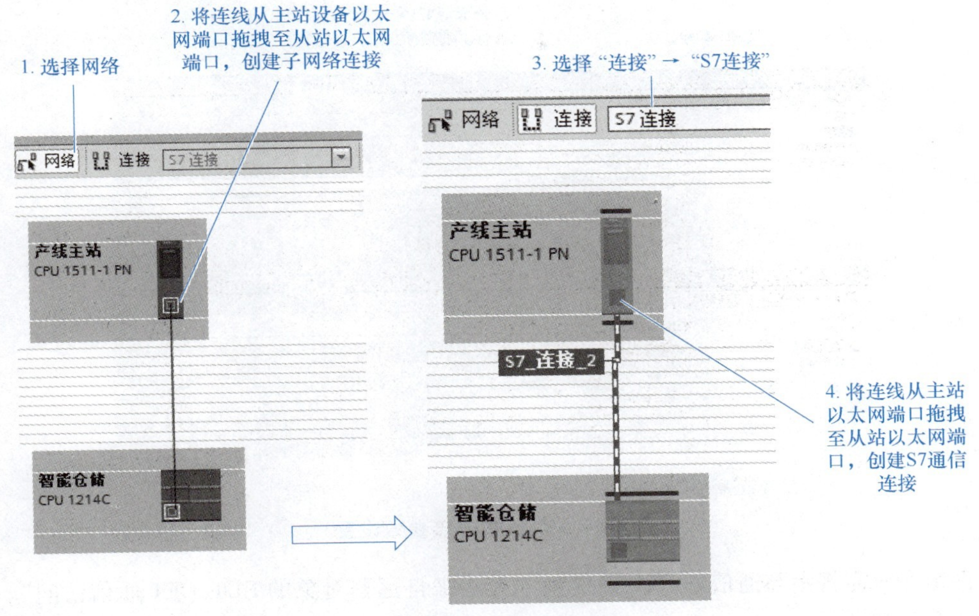

图 6-8　创建 S7 通信连接方式

创建连接后单击 S7 连接线路，在“常规”选项框中设置通信相关参数，如图 6-9 所示。

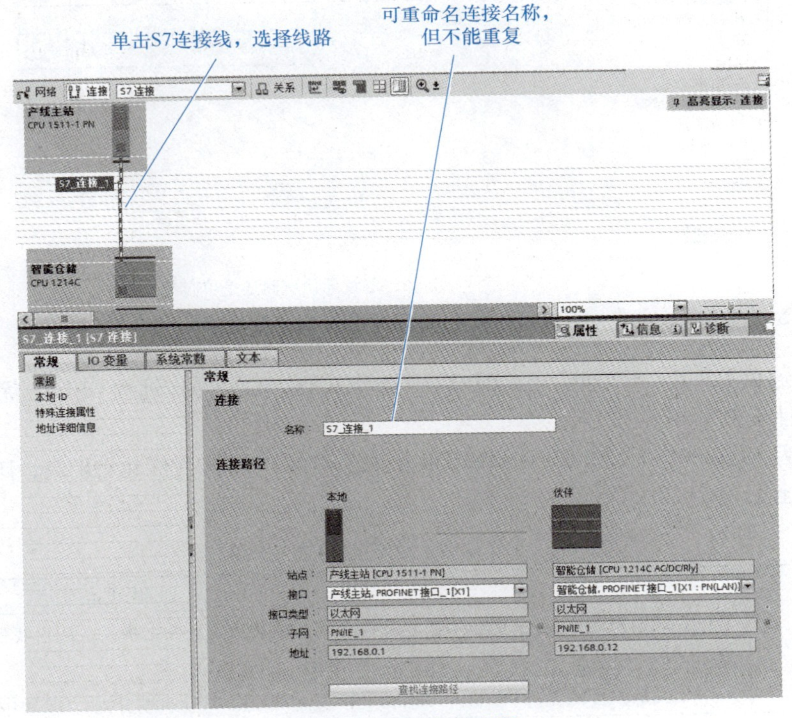

图 6-9　常规选项设置

如图 6-10 所示，“本地 ID”（本地伙伴）可手动修改，“特殊连接属性”中“主动建立连接”用于指定是否通过该设备建立连接，默认情况下若未指定连接伙伴则不勾选，若勾选则须指定伙伴地址。

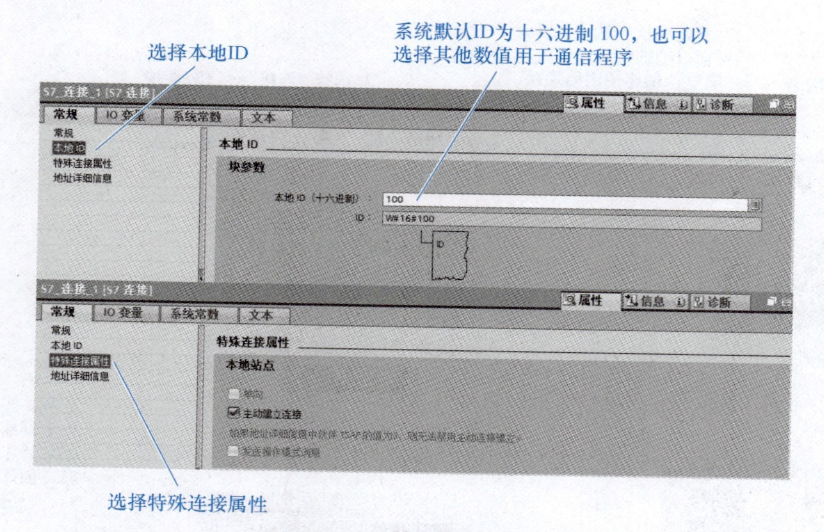

图 6-10　S7 通信连接参数设置

硬件组态时需将参与通信的 PLC 设置为“允许来自远程对象的 PUT/GET 通信访问”，设置方式如图 6-11 所示。

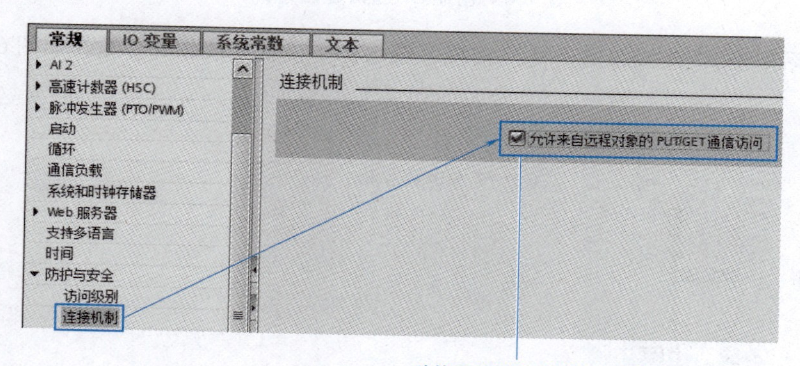

图 6-11　PLC 属性连接机制设置方式

（3）**创建通信 DB 块**　S7 通信中 GET/PUT 指令不支持读写操作远程 CPU 的优化 DB 块，DB 块的创建及属性设置如图 6-12 所示。

在 TIA 中为 S7-1200/S7-1500 CPU 添加 DB 块时，其属性默认为优化 DB 块，DB 块优化访问与标准访问对比见表 6-5。

表 6-5　DB 块优化访问和标准访问对比

比较项目	标准访问	优化访问
数据管理	可生成用户定义或一个内存优化的数据结构	可生成用户定义的结构，系统自我优化以节省内存空间
存储方式	每个变量偏移地址在 DB 块中可见	变量地址由 CPU 自动分配，DB 块中无偏移量地址

（续）

比较项目	标准访问	优化访问
访问方式	支持符号地址、绝对地址、指针方式寻址	仅支持符号地址访问
下载但不初始化	不支持	支持
访问速度	慢	快
数据保持性	统一设置整个 DB 块内变量保持性	DB 块内可单独设置变量保持性
兼容性	与 S7-300/400 系列 PLC 兼容	与 S7-300/400 系列 PLC 不兼容
出错概率	绝对地址访问（如 HMI 或间接寻址），声明修改后可能导致数据不一致	默认为符号访问，不会造成数据不一致，与 HMI 符号名称对应

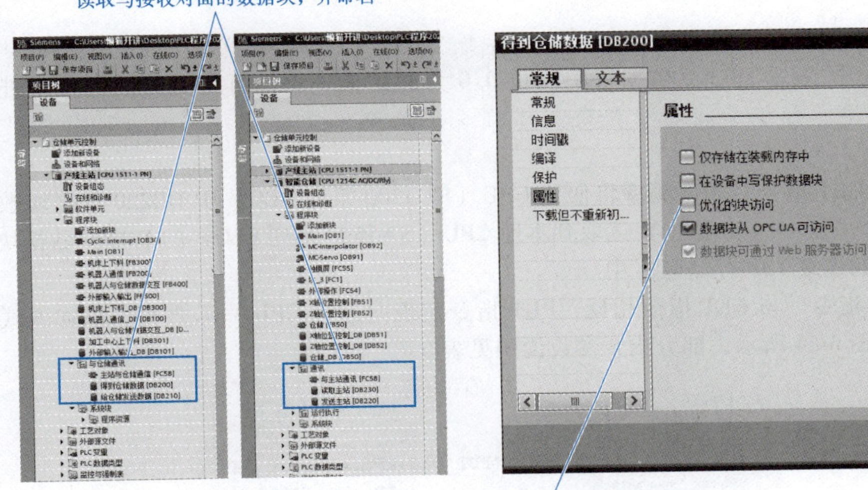

图 6-12　DB 块的创建及属性设置

2. 设计 S7 通信程序

本项目在 S7-1200 系列 PLC 中使用“GET/PUT”指令实现 S7 通信。

（1）**GET 指令从远程 CPU 读取数据**　GET 指令实现从远程 CPU 读取数据。在 FC 中以单个实例方式添加“S7 通信”文件夹下 GET 指令，如图 6-13 所示。GET 指令参数说明见表 6-6。

表 6-6　GET 指令参数说明

参数	声明	数据类型	说明
REQ	Input	BOOL	上升沿时激活数据交换功能
ID	Input	WORD	与伙伴 CPU 连接的寻址参数（S7 连接属性中的本地 ID）
NDR	Output	BOOL	状态参数 0：作业尚未开始或仍在运行 1：作业已成功完成
ERROR	Output	BOOL	状态参数，ERROR 和 STATUS 提供出错时的错误信息
STATUS	Output	WORD	
ADDR	InOut	REMOTE	指向伙伴 CPU 上读取区域指针形式，可支持四组参数
RD	InOut	VARIANT	指向本地 CPU 上存储区域指针形式，可支持四组参数

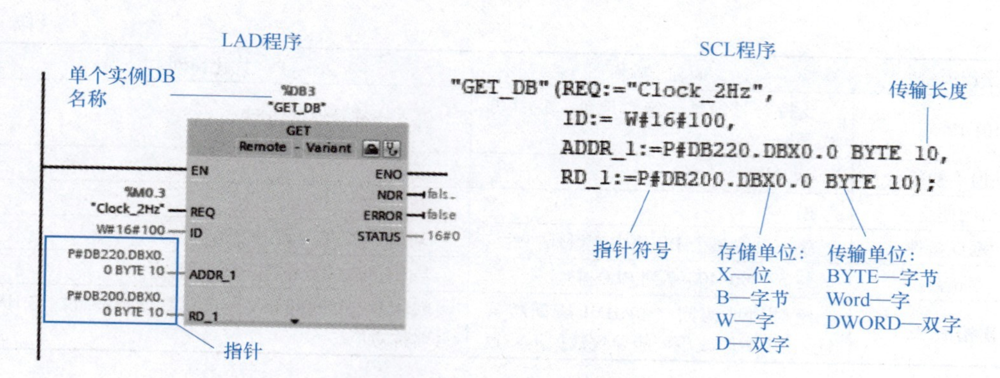

图 6-13　添加 GET 指令

指针以“P#起始地址 传输单位 传输长度”方式定义，例如图 6-13 中“P# DB200. DBX0. 0”表示 DB200 数据块中以位 0. 0 为起始地址，也可将此处的起始地址理解为“偏移量”。注意：数据交换时数据块大小定义不能小于交换的字节数，且数据结构须为 CHAR 型。

本项目中 GET 指令以 2Hz 频率将伙伴 CPU（S7-1200 系列 PLC）中 DB220 数据块数据（以偏移量 0. 0 开始的连续 10B 数据）读取到本地 CPU（S7-1500 系列 PLC）的 DB200 数据块（以偏移量 0. 0 开始的连续 10B 存储区）中。

（2）**PUT 指令**　与 GET 指令相反，PUT 指令实现向远程 CPU 写入数据，添加方式与 GET 指令类似，如图 6-14 所示，部分指令参数说明见表 6-7。

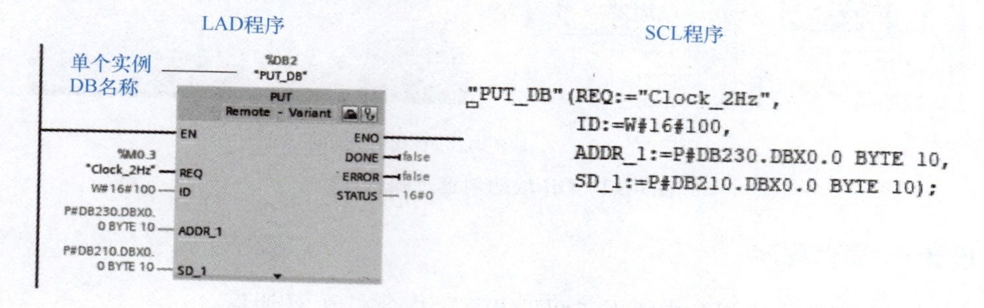

图 6-14　添加 PUT 指令

表 6-7　PUT 指令部分参数说明

参数	声明	数据类型	说明
ADDR_1	InOut	REMOTE	指向伙伴 CPU 上写入区域指针形式，可支持四组参数
SD_1	InOut	VARIANT	指向本地 CPU 上发送区域指针形式，可支持四组参数

写入对方数据时，同样以 2Hz 频率将本地 CPU 中 DB210 数据块数据（以偏移量 0. 0 开始的连续 10B 数据）发送到伙伴 CPU 的 DB230 数据块（以偏移量 0. 0 开始的 10B 存储区）中。注意：本地发送和接收的存储区地址不能重复，以免覆盖数据。

可采用同样方式，在主站 CPU 中添加 PUT/GET 指令以实现双向连接，程序如图 6-15 所示。

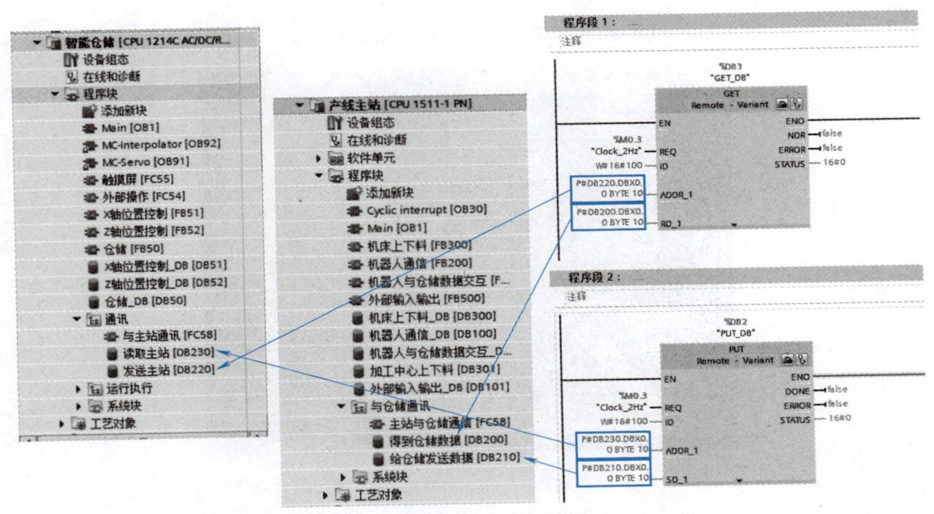

图 6-15　双向连接通信程序

任务 2　PLC 开放式用户通信

任务描述

使用工业现场网络设备实现 PLC 与工业机器人等第三方设备的数据收发。

任务目标

1. 掌握 S7-1200 系列 PLC Modbus TCP 数据通信设置方法。
2. 掌握 S7-1200 系列 PLC 标准 TCP Socket 数据通信设置方法。
3. 掌握 S7-1200 系列 PLC OPC 主站设置方法。

任务实施

1. 工业机器人 Modbus TCP 从站配置

FANUC 工业机器人控制柜安装 A05B-2600-R800 Modbus TCP Connection 或 A05B-2600-R581 Modbus TCP 软件包后，即可支持 Modbus TCP 通信，且仅支持以服务模式交换 I/O 数据。其设置方式如下。

工业机器人 Modbus TCP 从站设置

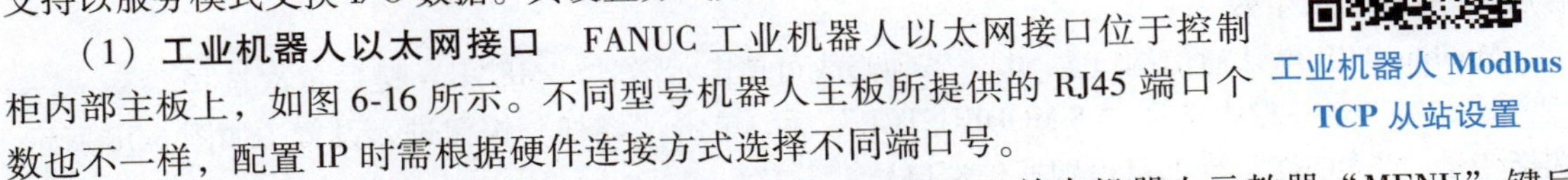

（1）**工业机器人以太网接口**　FANUC 工业机器人以太网接口位于控制柜内部主板上，如图 6-16 所示。不同型号机器人主板所提供的 RJ45 端口个数也不一样，配置 IP 时需根据硬件连接方式选择不同端口号。

（2）**配置工业机器人 IP 地址**　确认软硬件安装无误后，单击机器人示教器“MENU”键后依次选择“设置”→“主机通信”进入协议配置界面，然后再选择“TCP/IP”协议后单击“详细”进入 IP 配置界面，并根据实际情况按照如图 6-17 所示方法配置 IP 地址。

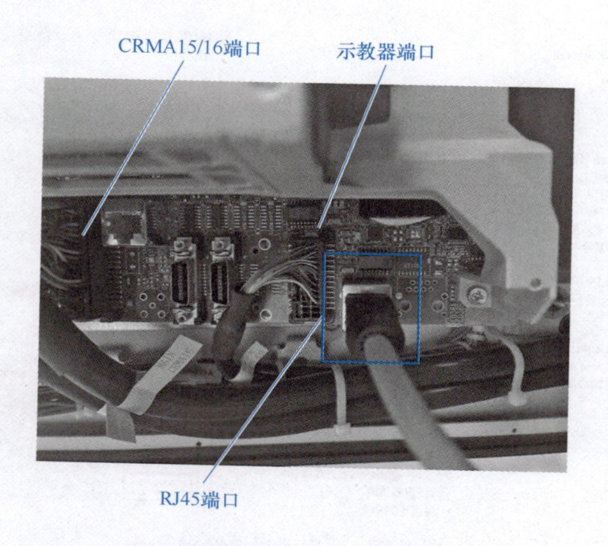

图 6-16　工业机器人以太网接口

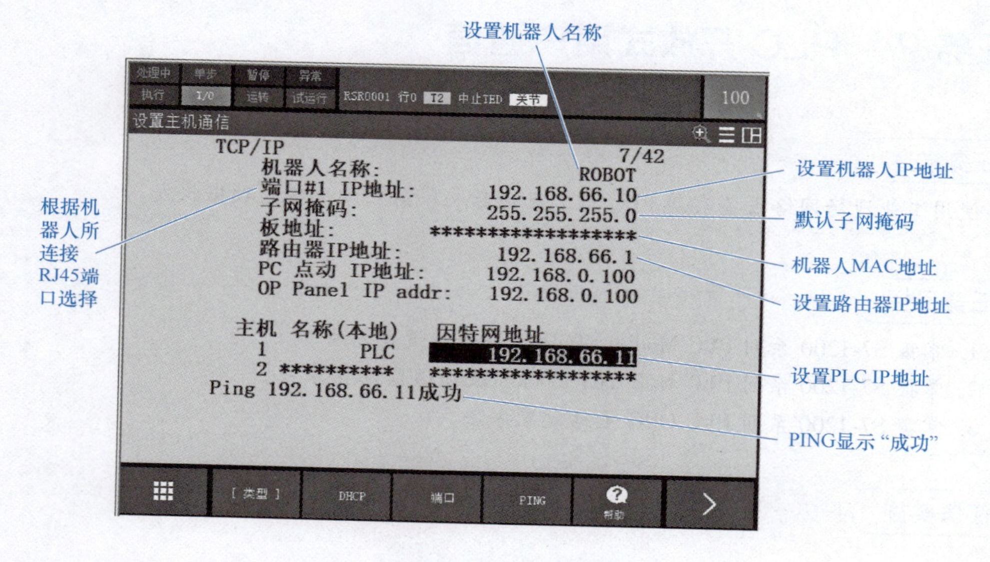

图 6-17　机器人 IP 地址配置界面

配置机器人及 PLC IP 地址后，单击机器人示教器“PING”按钮检查机器人与 PLC IP 通信是否成功，若通信成功则显示“成功”，否则显示“超时”。注意修改机器人侧 IP 地址后，须重启后 IP 地址才可生效。

Modbus TCP 默认通信端口为 502，若须修改可单击示教器“MENU”键后依次选择“系统”→“变量”，在变量一栏中选择“$MODBUSTCP”后，单击“详细”按钮进入设置，如图 6-18 所示，选择变量“$PORT”后即可设置通信端口号。

其中，变量“$PRI01”和“$PRI02”为两个以太网接口所连接的从站 IP 地址，可不做配置。

（3）**配置 Modbus TCP**　单击示教器“MENU”键后，依次选择“I/O”→“Modbus TCP”进入

“I/O Modbus”配置界面，如图 6-19 所示。

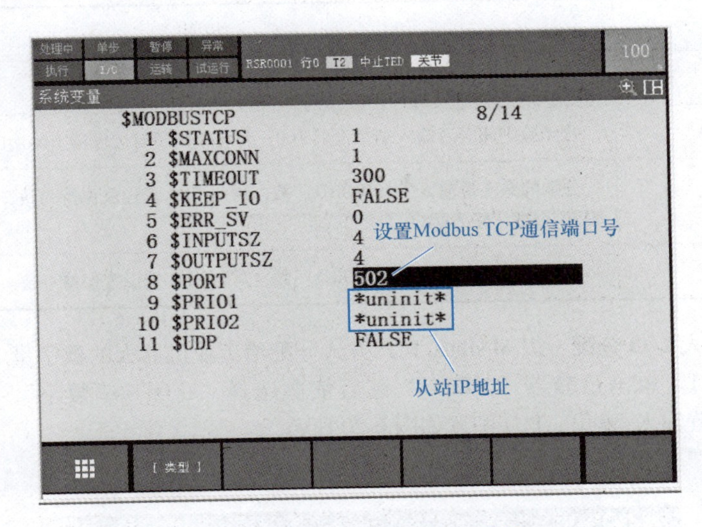

图 6-18　Modbus TCP 端口设置

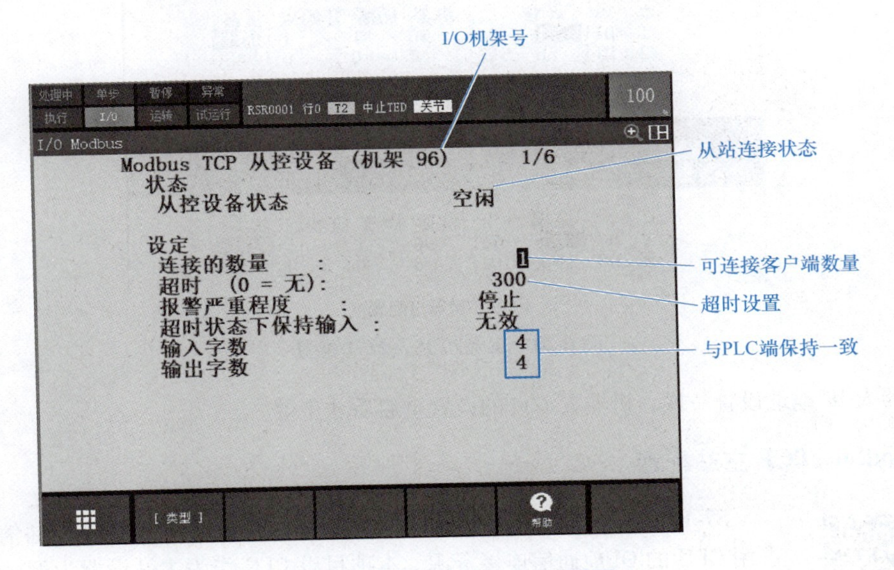

图 6-19　I/O Modbus 配置界面

机器人侧 Modbus TCP 设置说明见表 6-8。

表 6-8　机器人侧 Modbus TCP 设置说明

设置选项	说明
从控设备状态	空闲：无从控设备连接；运行中：有从控设备连接
连接的数量	可设置 0~4，0 代表关闭连接，最大可连接 4 个从站设备
超时	单位为 ms，超过设定值时则关闭从站连接，0 代表不检查连接状态

（续）

设置选项	说明
报警严重程度	可设置 STOP、WARN、PAUSE 三个级别的报警
超时状态下保持输入	若无效则超时后输入端口设置为 0，若有效则超时后保持上一次的值
输入字数	分配的数字量输入字（WORD）数，需与 PLC 端设置保持一致，例如设置为 4 时则代表 64 个数字输入端口
输出字数	分配的数字量输出字（WORD）数，需与 PLC 端设置保持一致

（4）**工业机器人 I/O 分配** 以 Modbus TCP 方式分配给工业机器人的数字量 I/O 只可设置机架号为 96，插槽号为 1。单击示教器“MENU”键后依次选择“I/O”→“数字”→分配”，可单击“IN/OUT”选择配置输入/输出，I/O 配置如图 6-20 所示。

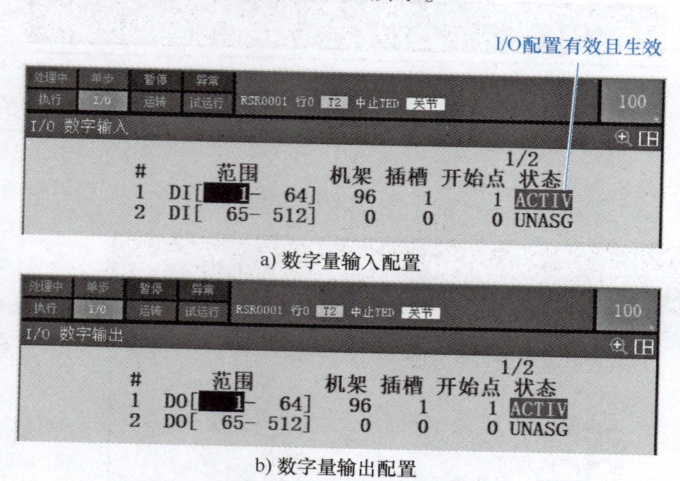

a) 数字量输入配置

b) 数字量输出配置

图 6-20 工业机器人 I/O 配置

与机器人 IP 地址设置一样，机器人 I/O 的设置重启后才生效。

2. Modbus TCP 主站配置

Modbus TCP 主站设置

S7-1200 CPU 集成的以太网接口支持 Modbus TCP 主站或从站通信，通信时占用 CPU 的 OUC 通信连接资源。本项目以 PLC 作为主站设置为例，设置过程如下。

（1）**设置 PLC 的 IP 地址** 以 Modbus TCP 方式通信时，硬件组态中只须设置 PLC 的 IP 地址。

（2）**通信“类”设计** 因 S7-1200 系列 PLC 以大端（Big-Endian）方式存储数据，即数据高字节保存在内存低地址中，而数据低字节保存在内存高地址中，类似于把数据当作字符串顺序处理，而 FANUC 工业机器人正好相反，是以小端（Little-Endian）方式存储通信数据。以存储 16 位数据 0x1234 为例，其存储方式如图 6-21 所示。

在 Modbus TCP 通信时，工业机器人每次以字（Word）为单位读取数据，所以 PLC 与工业机器人在通信时须转换两者的大小端存储方式。

FB 接口参数设计如图 6-22 所示，其中“Output”输出参数“ERROR”用于返回当前 FB 的工作状态，Static 类型及 Temp 类型变量定义如图 6-23 所示。

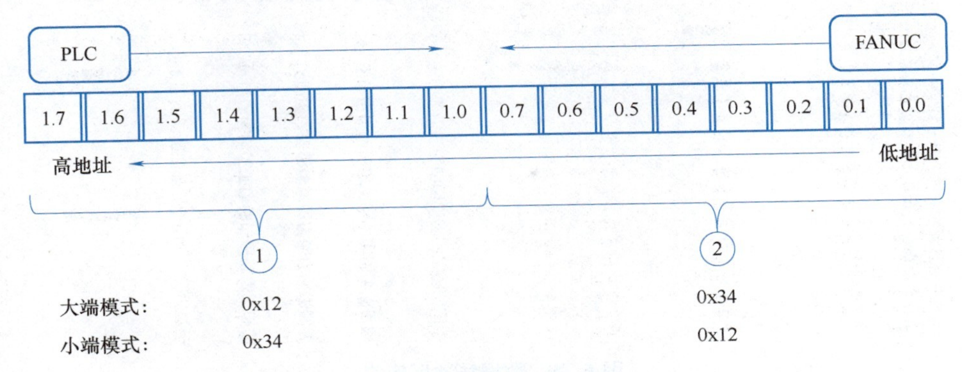

图 6-21　数据高低位读写

Modbus TCP

	名称	数据类型	默认值	保持	从 HMI/OPC..	从 H...	在 HMI ...	设定值
1	▼ Input				☐	☐	☐	☐
2	通信ID	Int	0	非保持	☑	☑	☑	☐
3	IP_ADDR[1]	Byte	16#0	非保持	☑	☑	☑	☐
4	IP_ADDR[2]	Byte	16#0	非保持	☑	☑	☑	☐
5	IP_ADDR[3]	Byte	16#0	非保持	☑	☑	☑	☐
6	IP_ADDR[4]	Byte	16#0	非保持	☑	☑	☑	☐
7	▼ Output				☐	☐	☐	☐
8	ERROR	Int	0	非保持	☑	☑	☑	☐
9	▼ InOut				☐	☐	☐	☐
10	Send_Data	Variant			☐	☐	☐	☐
11	Receive_Data	Variant			☐	☐	☐	☐

图 6-22　Modbus TCP 通信 FB 接口参数设计

12	▼ Static				☐	☐	☐	☐
13	▶ 通信参数	TCON_IP_v4		非保持	☑	☑	☑	☐
14	▶ MB_CLIENT	MB_CLIENT			☑	☑	☑	☑
15	▶ Buffer	Array[0..7] of Byte		非保持	☐	☐	☐	☐
16	Err	Int	0	非保持	☑	☑	☑	☐
17	POS	DInt	0	非保持	☑	☑	☑	☐
18	接收触发信号	Bool	false	非保持	☐	☐	☐	☐
19	接收完成信号	Bool	false	非保持	☐	☐	☐	☐
20	接收繁忙信号	Bool	false	非保持	☐	☐	☐	☐
21	接收错误信号	Bool	false	非保持	☐	☐	☐	☐
22	接收错误码	Word	16#0	非保持	☑	☑	☑	☐
23	发送触发信号	Bool	false	非保持	☐	☐	☐	☐
24	发送完成信号	Bool	false	非保持	☐	☐	☐	☐
25	发送繁忙信号	Bool	false	非保持	☐	☐	☐	☐
26	发送错误信号	Bool	false	非保持	☐	☐	☐	☐
27	发送错误码	Word	16#0	非保持	☑	☑	☑	☐
28	▼ Temp				☐	☐	☐	☐
29	Tmp_Byte	Byte			☐	☐	☐	☐
30	Send_Word_Num	UInt			☐	☐	☐	☐
31	Receive_Word_Num	UInt			☐	☐	☐	☐
32	Tmp	UInt			☐	☐	☐	☐

图 6-23　FB 中 Static 类型及 Temp 类型变量定义

发送/接收使用 DB 作为数据缓冲区。数据缓冲区定义如图 6-24 所示。在该 DB 属性中取消勾选“优化的块访问”选项，如图 6-25 所示。

FB 调用方式如图 6-26 所示。

信号

	名称	数据类型	偏移量	起始值	保持	从 HMI/OPC...	从 H...	在 HMI ...	设定值	注释
1	▼ Static				☐	☐	☐	☐	☐	
2	QB30	Byte	0.0	16#00	☐	☑	☑	☑	☐	发送数据缓冲区
3	QB31	Byte	1.0	16#0	☐	☑	☑	☑	☐	
4	QB32	Byte	2.0	16#0	☐	☑	☑	☑	☐	
5	QB33	Byte	3.0	16#0	☐	☑	☑	☑	☐	
6	QB34	Byte	4.0	16#0	☐	☑	☑	☑	☐	
7	QB35	Byte	5.0	16#0	☐	☑	☑	☑	☐	
8	QB36	Byte	6.0	16#0	☐	☑	☑	☑	☐	
9	QB37	Byte	7.0	16#0	☐	☑	☑	☑	☐	
10	IB30	Byte	8.0	16#0	☐	☑	☑	☑	☐	接收数据缓冲区
11	IB31	Byte	9.0	16#0	☐	☑	☑	☑	☐	
12	IB32	Byte	10.0	16#0	☐	☑	☑	☑	☐	
13	IB33	Byte	11.0	16#0	☐	☑	☑	☑	☐	
14	IB34	Byte	12.0	16#0	☐	☑	☑	☑	☐	
15	IB35	Byte	13.0	16#0	☐	☑	☑	☑	☐	
16	IB36	Byte	14.0	16#0	☐	☑	☑	☑	☐	
17	IB37	Byte	15.0	16#0	☐	☑	☑	☑	☐	

图 6-24 数据缓冲区定义

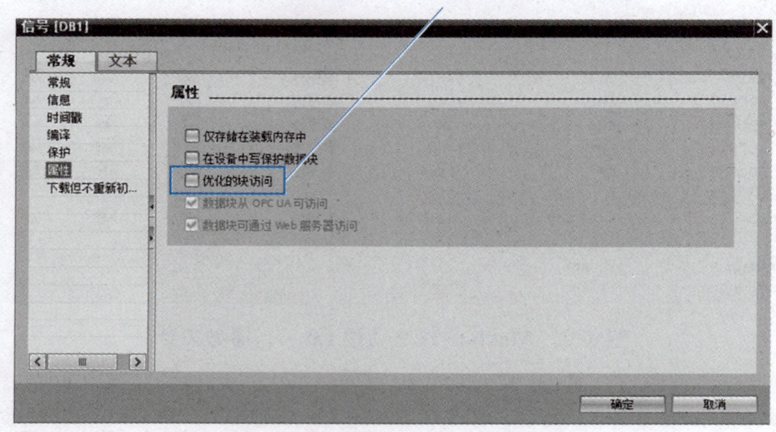

图 6-25 数据缓冲区 DB 属性设置

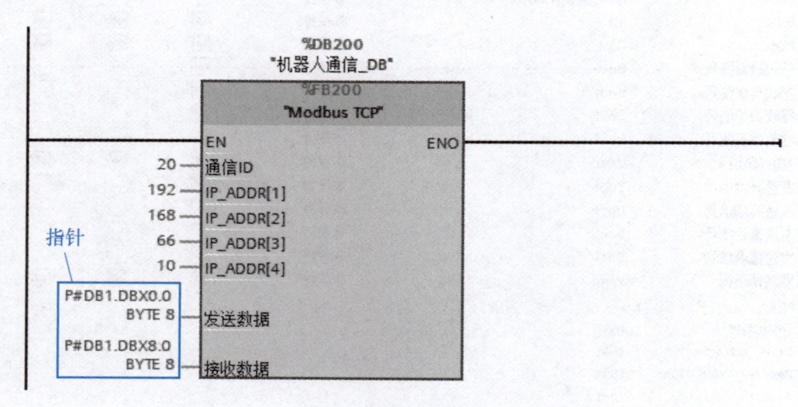

图 6-26 FB 调用方式

Modbus TCP 数据通信

（3）**Modbus TCP 主站通信**

1）**输入参数检查**。为避免参数输入错误导致的程序运行异常，需对输入参数类型进行检查，程序如图 6-27 所示。

其中 TypeOf( ) 函数用于检查括号内操作数所指向的变量数据类型，

```
▼ 程序段 1：输入参数检查
 1 ⊟IF NOT ((TypeOf(#Tmp_Byte) = TypeOfElements(#Send_Data)) AND
 2          (TypeOf(#Tmp_Byte) = TypeOfElements(#Receive_Data)))THEN
 3          #ERROR := -10;
 4          RETURN;
 5  END_IF;
 6
 7 ⊟IF (IS_ARRAY(#Send_Data) AND IS_ARRAY(#Receive_Data)) THEN
 8       #Send_Word_Num := UDINT_TO_UINT(CountOfElements(#Send_Data));
 9       #Receive_Word_Num := UDINT_TO_UINT(CountOfElements(#Receive_Data));
10  ELSE
11       #ERROR := -20;
12       RETURN;
13  END_IF;
```

Temp类型下定义的Byte数据类

图 6-27　输入参数检查程序

TypeOfElements( ) 函数则用于检查括号内 ARRAY 元素的变量数据类型，当两者数据类型不相同时则退出当前 FB 程序，并返回错误值-10，用于判断程序执行结果。

IS_ARRAY( ) 函数可检查操作数是否指向 ARRAY 数据类型的变量，本项目中若输入参数为非 ARRAY 类型，则 FB 停止继续运行并返回错误值-20。若输入参数为 ARRAY 数据类型，则使用 CountOfElements( ) 函数获取当前 ARRAY 元素个数，因该函数返回值为 DINT 类型，须使用数据类型转换函数 UDINT_TO_UINT( ) 将返回值转换为 UINT 类型，以统一数据类型方便后续计算。

2）**通信参数设置**。本项目使用“TCON_IP_v4”数据结构连接 MB_CLIENT 指令中“CONNECT”参数，其数据结构定义如图 6-28 所示。

▼ 通信参数	TCON_IP_v4		非保持	☑	☑	☑	☑	
InterfaceId	HW_ANY	0	非保持	☑	☑	☑	☐	HW-identifier of IE-interface submodule
ID	CONN_OUC	16#0	非保持	☑	☑	☑	☐	connection reference / identifier
ConnectionType	Byte	16#0B	非保持	☑	☑	☑	☐	type of connection: 11=TCP/IP, 19=UDP (1
ActiveEstablished	Bool	false	非保持	☑	☑	☑	☐	active/passive connection establishment
▼ RemoteAddress	IP_V4		非保持	☑	☑	☑	☑	remote IP address (IPv4)
▼ ADDR	Array[1..4] of Byte		非保持	☑	☑	☑	☐	IPv4 address
ADDR[1]	Byte	16#0	非保持	☑	☑	☑	☐	IPv4 address
ADDR[2]	Byte	16#0	非保持	☑	☑	☑	☐	IPv4 address
ADDR[3]	Byte	16#0	非保持	☑	☑	☑	☐	IPv4 address
ADDR[4]	Byte	16#0	非保持	☑	☑	☑	☐	IPv4 address
RemotePort	UInt	0	非保持	☑	☑	☑	☐	remote UDP/TCP port number
LocalPort	UInt	0	非保持	☑	☑	☑	☐	local UDP/TCP port number

图 6-28　TCON_IP_v4 数据结构定义

数据结构中各参数功能说明见表 6-9。

表 6-9　TCON_IP_v4 数据结构中各参数功能说明

参数	数据类型	初始值	说明
InterfaceID	HW_ANY	0	本地接口的硬件标识符，其值位于系统常量中，本项目设置为 64 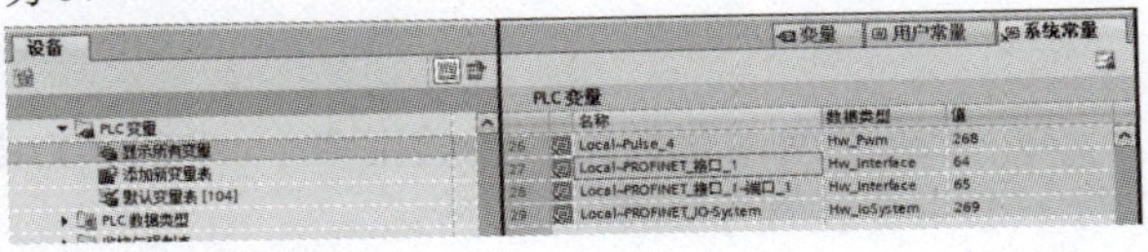
ID	CONN_OUC	16#0	MB_CLIENT 指令的每个实例都必须使用唯一 ID
ConnectionType	Byte	16#0B	11 设置为 TCP，19 设置为 UDP
ActiveEstablished	BOOL	false	true 为主动连接，false 为被动连接
RemoteAddress	ARRAY [1..4] OF BYTE		连接伙伴（Modbus 主站）IP 地址
RemotePort	UInt	0	远程连接伙伴端口号
LocalPort	UInt	0	本地连接伙伴端口号

通信参数数据设置程序如图 6-29 所示，程序采用了 LAD 和 SCL 混编方式。

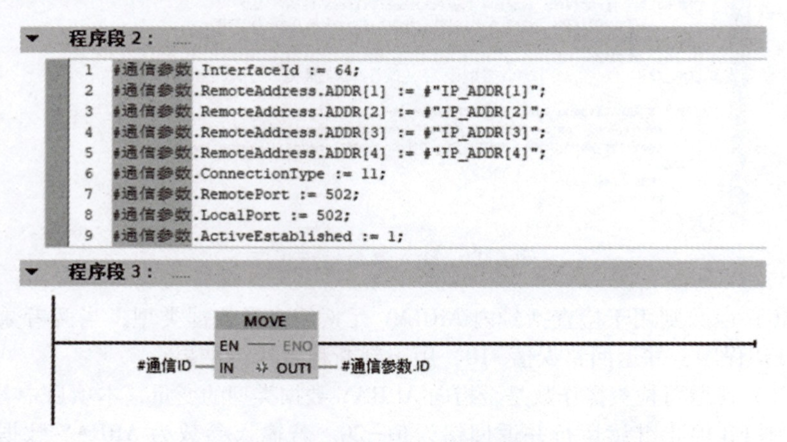

图 6-29　通信参数数据设置程序

因 FB 定义时输入参数“#通信 ID”为 BYTE 类型，而“#通信参数. ID”为硬件数据类型“CONN_OUC”，用于指定通过 PROFINET 进行开放式通信连接，而 SCL 中无法将其数据转换后赋值，只能使用 LAD 中“MOVE”指令实现隐式转换，且须取消 FB 中“IEC 检查”，否则程序无法编译，“IEC 检查”设置方式如图 6-30 所示。

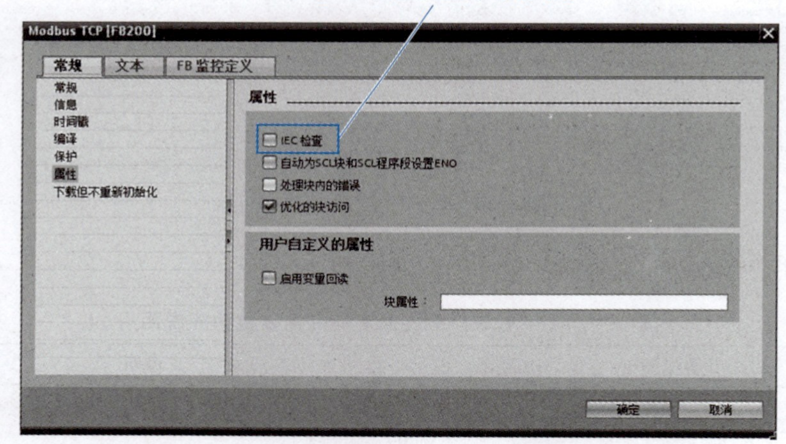

图 6-30　“IEC 检查”设置方式

3）**主机轮询读写数据**。当调用多个“MB_CLIENT”指令时需轮询执行，以保证同一时刻只执行一个指令，程序如图 6-31 所示。

PLC 上电后首先发送“#接收触发信号”，通过“程序段 5”读取主站状态（即接收工业机器人 DO 信号），当接收数据完成后才能触发“#发送触发信号”，“程序段 9”发送 PLC 状态到主站（即给予工业机器人 DI 信号）。当第一次收发数据轮询结束，即 Static 变量“#接收繁忙信号”“#发送繁忙信号”“#接收错误信号”“#发送错误信号”同时为状态 0 时再开始新一轮轮询，实现从站与主站间持续数据交换。

4）**MB_CLIENT 指令**。MB_CLIENT 指令可在 PROFINET 总线上以主站方式与从站之间建立多个 TCP 连接，其连接数量受限于 CPU 总连接数。主站可多次调用 MB_CLIENT 指令读写服务器的多个存储区，若多次调用都只针对同一服务器，则使用同一个实例数据块和通信 ID，若访问不同服务器，需要单独分配实例数据块和通信参数。从指令目录通信“其他”→“Modbus TCP”

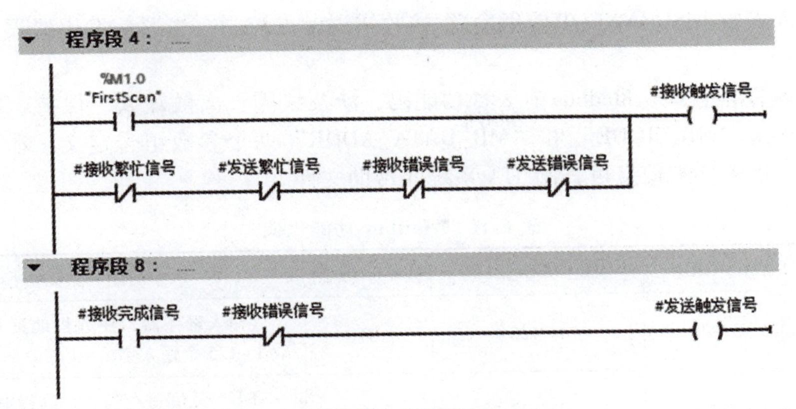

图 6-31　轮询程序

文件夹中添加该指令，调用程序如图 6-32 所示。

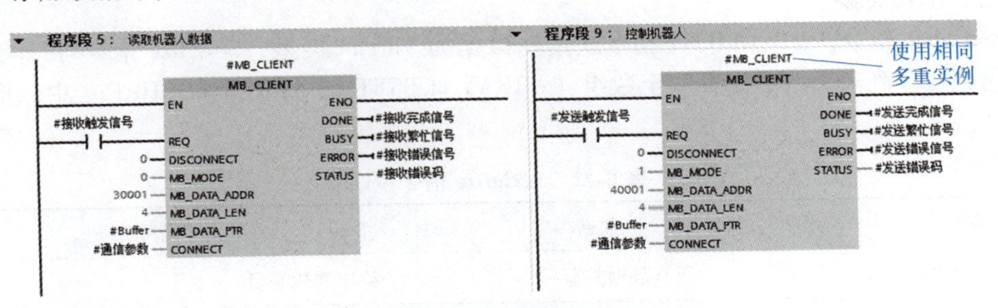

图 6-32　MB_CLIENT 指令调用程序

MB_CLIENT 指令相关参数说明见表 6-10。

表 6-10　MB_CLIENT 指令参数说明

参数	声明	数据类型	说明
REQ	Input	BOOL	输入状态为“1”时发送通信请求
DISCONNECT	Input	BOOL	输入状态为“0”时以 CONNECT 参数建立通信连接，输入状态为“1”时断开通信连接
MB_MODE	Input	USINT	功能码，选择 Modbus 的请求模式 MB_MODE＝0：读取 MB_MODE＝1 或 2：写入
MB_DATA_ADDR	Input	UDINT	地址值由 MB_MODE 决定
MB_DATA_LEN	Input	UINT	数据长度，其可选值和单位由模式和地址值确定。本项目中均设置为收发 8 个字节数据
MB_DATA_PTR	InOut	VARIANT	指向从 Modbus 服务器待发送或者待接收的数据缓冲区指针
CONNECT	InOut	VARIANT	指向连接描述结构指针 TCON_IP_v4：包含建立连接时所需的地址参数 TCON_Configured：连接配置参数
DONE	Out	BOOL	最后一个 Modbus 作业完成标志位，完成后置为“1”
BUSY	Out	BOOL	0：无 Modbus 请求；1：正在处理 Modbus 请求
ERROR	Out	BOOL	0：无错误；1：有错误，STAUS 显示该错误信息
STATUS	Out	WORD	指令状态详细信息

程序中输入参数 DISCONNECT 使用发送/接收错误触点控制，当通信发生错误后可重新建立连接。

5）**Modbus 功能代码**。Modbus 有 8 种功能码，涉及线圈、离散输入、保持、输入四种寄存器读写，功能码由“MB_MODE”和“MB_DATA_ADDR”两个参数组合定义，本项目相关参数说明见表 6-11，更多详细信息可查阅 TIA 系统的帮助文件。

表 6-11　Modbus 功能代码

MB_MODE	MB_DATA_ADDR	MB_DATA_LEN	Modbus 功能	功能和数据类型
0	30001~39999	1~125	04	读输入寄存器，在远程地址 0~9998 处，读取 1~125 个输入字
1	40001~49999	2~123	16	写多个线圈寄存器，在远程地址 0~9998 处，写入 2~123 个保持性寄存器

6）**大/小端转换**。

① Serialize 指令。MB_CLIENT 指令块传输数据为 Variant 类型，Serialize 指令可以将 PLC 数据类型转化成序列表示的数据存放至数组（ARRAY of BYTE 或 ARRAY of CHAR）中，指令说明见表 6-12。

表 6-12　Serialize 指令说明

参数	声明	数据类型	说明
SRC_VARIABLE	Input	所有数据类型	待序列化变量
DEST_ARRAY	InOut	ARRAY of BYTE 或 ARRAY of CHAR	用于存储所生成数据流的 ARRAY
POS	InOut	DINT	存储第一个字节的下标
RET_VAL	Output	INT	错误信息

② Deserialize 指令。Deserialize 指令将序列表示的数组转换成 Variant 数据类型，指令说明见表 6-13。

表 6-13　Deserialize 指令说明

参数	声明	数据类型	说明
SRC_ARRAY	Input	ARRAY of BYTE 或 ARRAY of CHAR	用于保存其数据流，将取消序列化的 ARRAY of BYTE 或 ARRAY of CHAR
DEST_VARIABLE	InOut	所有数据类型	已取消序列化数据待写入的目标变量
POS	InOut	DINT	存储第一个字节的下标
RET_VAL	Output	INT	错误信息

③ 大/小端转换程序。大/小端转换程序如图 6-33 所示，为防止缓冲区溢出，SCL 程序中所定义的用于大/小端转换的数据缓冲区须合理设置大小。

7）**MB_SERVER 指令**。使用 MB_SERVER 指令将处理 Modbus TCP 客户端的连接请求、接收并处理 Modbus 请求并发送响应，指令参数如图 6-34 所示，部分指令参数说明见表 6-14，其他指令参数参考 MB_CLIENT 指令。本项目不使用该指令。

程序段 6：……

```
1  IF #接收完成信号 THEN
2      FOR #Tmp := 0 TO (#Receive_Word_Num - 1) BY 2 DO
3          #Tmp_Byte := #Buffer[#Tmp + 1];
4          #Buffer[#Tmp + 1] := #Buffer[#Tmp];
5          #Buffer[#Tmp] := #Tmp_Byte;
6      END_FOR;
7      #POS := 0;
8      #Err := Deserialize(SRC_ARRAY := #Buffer, DEST_VARIABLE => #Receive_Data, POS := #POS);
9      IF (#Err <> 0) THEN
10         #ERROR := -30;
11         RETURN;
12     END_IF;
13 END_IF;
14
```

大小端转换

若转换失败则退出当前FB程

程序段 7：……

```
1  #POS := 0;
2  #Err := Serialize(SRC_VARIABLE := #Send_Data, DEST_ARRAY => #Buffer, POS := #POS);
3  IF (#Err <> 0) THEN
4      #ERROR := -40;
5      RETURN;
6  END_IF;
7
8  FOR #Tmp := 0 TO (#Send_Word_Num - 1) BY 2 DO
9      #Tmp_Byte := #Buffer[#Tmp + 1];
10     #Buffer[#Tmp + 1] := #Buffer[#Tmp];
11     #Buffer[#Tmp] := #Tmp_Byte;
12 END_FOR;
```

图 6-33　大/小端转换程序

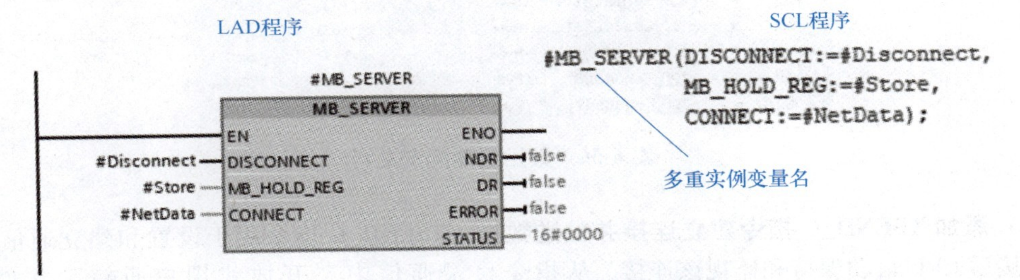

图 6-34　MB_SERVER 指令参数

表 6-14　MB_SERVER 部分参数说明

参数	声明	数据类型	说明
MB_HOLD_REG	Input	VARIANT	指向数据缓冲区的指针，该缓冲区用于存储从 Modbus 服务器读取或向 Modbus 服务器写入的数据。可使用全局数据块或位存储器（M）作为存储区
NDR	Output	BOOL	0：无新数据；1：从 Modbus 客户端写入的新数据
DR	Output	BOOL	0：未读取数据；1：从 Modbus 客户端读取的新数据

3. 标准 TCP SOCKET 通信

开放式标准 TCP 通信对第三方设备具有较好的兼容性，S7-1200 系列 PLC 可作为客户端或服务器与其他设备建立 TCP 通信，实现数据交互。以 S7-1200 系列 PLC 为服务器为例，通信设置方式如下。

标准 TCP Socket 通信

（1）**硬件组态**　S7-1200 系列 PLC 作为客户端或者服务器时都应先在硬件组态时设置 PLC 在项目中的 IP 地址和子网掩码。

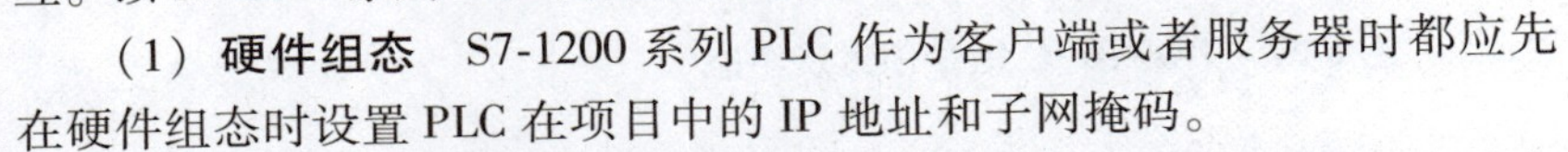

（2）**创建通信 FB 及数据缓存 DB**　添加自定义控制通信的 FB 及实例 DB，并将该 FB 命名为“TCP_SERVER”，调用方式及参数定义如图 6-35 所示。

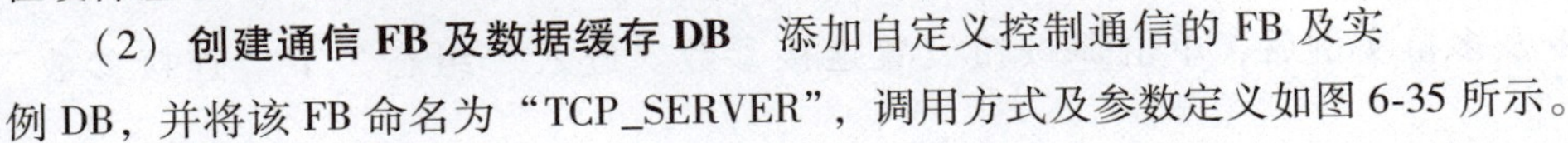

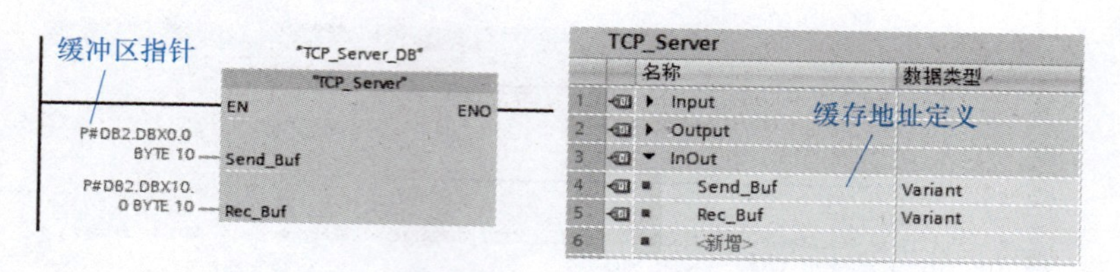

图 6-35　自定义通信 FB 的调用方式及参数定义

添加非优化 DB 数据块用于缓存通信数据，数据缓冲区定义如图 6-36 所示。

接收缓冲区　发送缓冲区

Buffer

	名称	数据类型	偏移量	起始值
1	▼ Static			
2	▶ TCP_RecBuf	Array[0..9] of Byte	0.0	
3	▼ TCP_SendBuf	Array[0..9] of Byte	10.0	
4	TCP_SendBuf[0]	Byte	10.0	16#0
5	TCP_SendBuf[1]	Byte	11.0	16#0
6	TCP_SendBuf[2]	Byte	12.0	16#0
7	TCP_SendBuf[3]	Byte	13.0	16#0
8	TCP_SendBuf[4]	Byte	14.0	16#0
9	TCP_SendBuf[5]	Byte	15.0	16#0
10	TCP_SendBuf[6]	Byte	16.0	16#0
11	TCP_SendBuf[7]	Byte	17.0	16#0
12	TCP_SendBuf[8]	Byte	18.0	16#0
13	TCP_SendBuf[9]	Byte	19.0	16#0

图 6-36　数据缓冲区定义

（3）**添加 TSEND_C 指令建立连接并发送数据**　TSEND_C 指令用于设置和建立通信连接，建立连接后 CPU 自动保持和监视该连接。从指令目录通信中“开放式用户通信”文件夹中添加该指令，其创建及组态如图 6-37 所示。

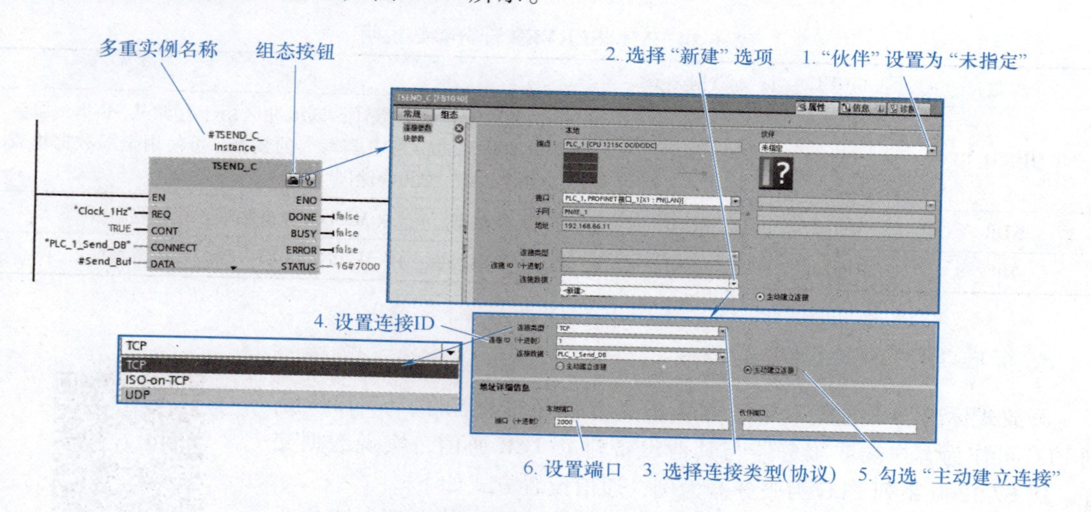

图 6-37　TSEND_C 指令创建及组态

添加该指令及多重实例后，单击按钮设置连接参数。进入“组态”下“连接参数”

界面后，若通信伙伴为第三方设备且未添加到网络中则设置为“未指定”。因 S7-1200 系列 PLC 作为服务器时支持任意 IP 地址的第三方设备的连接申请，所以伙伴 IP 地址可设置为空，然后选择“连接数据”中“新建”选项，系统自动根据当前配置创建连接参数，只有创建该参数后才可依次设置“连接类型”为“TCP”，“连接 ID”为“1”，并勾选“伙伴”为“主动建立连接”，即服务器只监听“地址详细信息”中的“本地端口”以等待伙伴连接。

TSEND_C 指令参数说明见表 6-15。

表 6-15　TSEND_C 指令参数说明

参数	声明	数据类型	说明
REQ	Input	BOOL	上升沿时执行发送数据动作
CONT	Input	BOOL	控制通信连接 0：断开通信连接；1：建立并保持通信连接
LEN	Input	UDINT	可选参数（隐藏），作业发送的最大字节数
CONNECT	InOut	VARIANT	指向连接描述结构的指针，使用组态方式设置后，自动引用该参数
DATA	InOut	VARIANT	指向发送区的指针，该发送区包含要发送数据的地址和长度。用于传送数据结构时，发送端和接收端的结构必须相同
DONE	Output	BOOL	状态参数，发送完成后置位 1 个周期，0 代表发送作业未启动或正在发送中
BUSY	Output	BOOL	状态参数，1 代表发送作业正在运行中，0 代表发送作业未启动或已完成
ERROR	Output	BOOL	状态参数，0 代表无错误，1 代表有错误
STATUS	Output	WORD	当前指令状态，详见系统帮助文件

（4）**添加 TRCV 指令接收数据**　TRCV 指令可异步通过现有通信连接接收数据，从指令目录通信中“开放式用户通信”文件夹中添加该指令，该指令使用方式如图 6-38 所示。

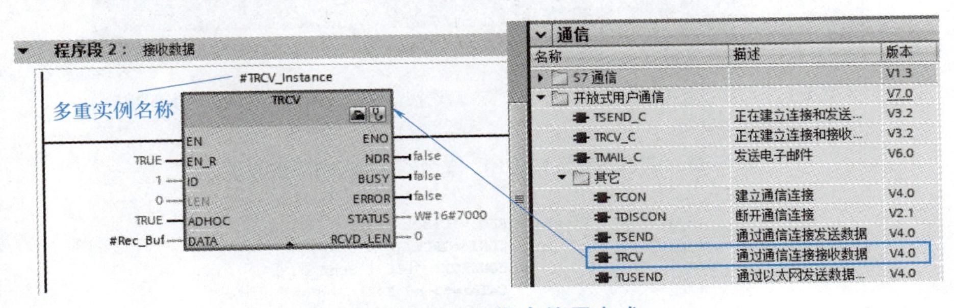

图 6-38　TRCV 指令使用方式

TRCV 指令参数说明见表 6-16。

表 6-16　TRCV 指令参数说明

参数	声明	数据类型	说明
EN_R	Input	BOOL	为状态“1”时，启动接收功能
ID	Input	BOOL	与 TSEND_C 指令组态所设置 ID 保持一致
LEN	Input	UDINT	可选参数（隐藏），作业接收的最大字节数
ADHOC	InOut	VARIANT	仅 TCP 时有效，Ad-hoc 模式下 TRCV 指令接收动态长度数据
DATA	InOut	VARIANT	指向接收区指针，用于传送数据结构时，发送端和接收端的结构必须相同
NDR	Output	BOOL	状态参数 0：作业未启动或执行过程中；1：接收到新数据

（续）

参数	声明	数据类型	说明
BUSY	Output	BOOL	状态参数，1 代表接收作业正在运行中，无法启动新作业；0 代表作业未启动或已完成
ERROR	Output	BOOL	状态参数，0 代表无错误，1 代表有错误
STATUS	Output	WORD	当前指令状态，详见系统帮助文件
RCVD_LEN	Output	UDINT	以字节为单位的实际接收到的数据量

（5）**设置 S7-1200 系列 PLC 为客户端** S7-1200 系列 PLC 设置为客户端时其通信程序与作为服务器时的程序相同，仅需在硬件组态中将作为客户端的 PLC 设置为“主动建立连接”并配置服务器的 IP 地址和端口号，硬件组态如图 6-39 所示，通信 SCL 程序如图 6-40 所示。

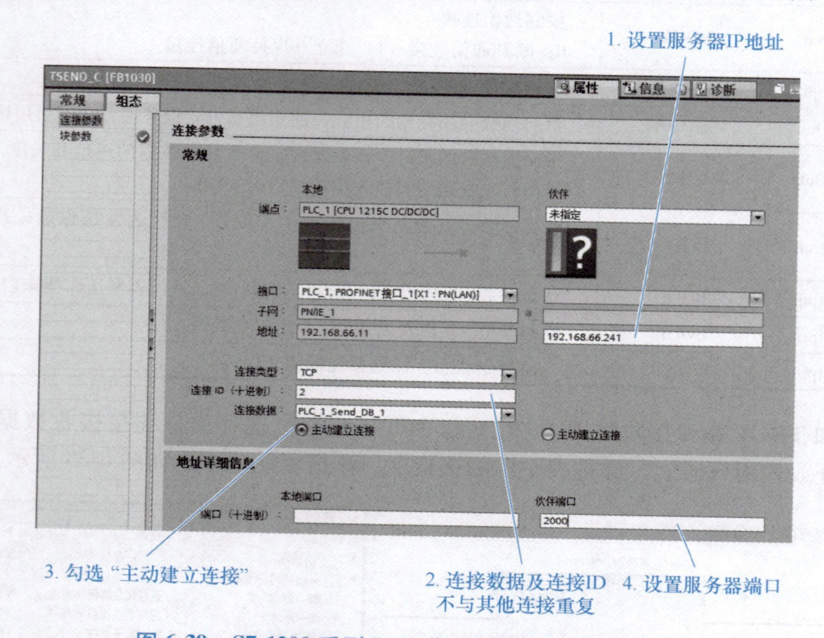

图 6-39 S7-1200 系列 PLC 作为客户端时的硬件组态

```
1 ⊟#TSEND_C_Instance(REQ:="Clock_1Hz",
2                    CONT:=TRUE,
3                    CONNECT:="PLC_1_Send_DB_1",
4                    DATA:=#Send_Buf);

1 ⊟#TRCV_Instance(EN_R:=TRUE,
2                 ID:=16#02,
3                 DATA:=#Rec_Buf);
```

多重实例DB名称

图 6-40 通信 SCL 程序

4. OPC 通信

OPC 通信

（1）**PLC OPC 组态** 采用与上述相似方式设置 PLC 的 IP 地址，且勾选“允许远程对象的 PUT/GET 数据访问”选项，并在如图 6-41 所示的“访问服务器”中勾选“激活 OPC UA 服务器”以启动该服务。

其中服务器地址是 OPC 客户端的访问地址，服务器 IP 地址为 PLC 的 IP

地址，访问端口号等参数按照表 6-17 依次单击“服务器”菜单下“选件”和“Security”等进行设置。

表 6-17　OPC 服务器参数设置

选项卡名称	参数名称	说明
常规	端口	服务器访问的默认端口号，可设置范围为 1024~49151
	最大会话超时时间	默认无数据交换情况下服务器关闭会话最大时间，运行范围为 1~600000s
	最大 OPC UA 会话数量	S7-1200 系列 PLC 最大支持 5 个并发会话数量
Subscriptions	最短采样间隔	服务器采样 CPU 变量值的时间间隔
	最短发布间隔	变量值变化后服务器发送新值到客户端的时间间隔
	已监视项的最大数量	服务器监视变量的最大数量

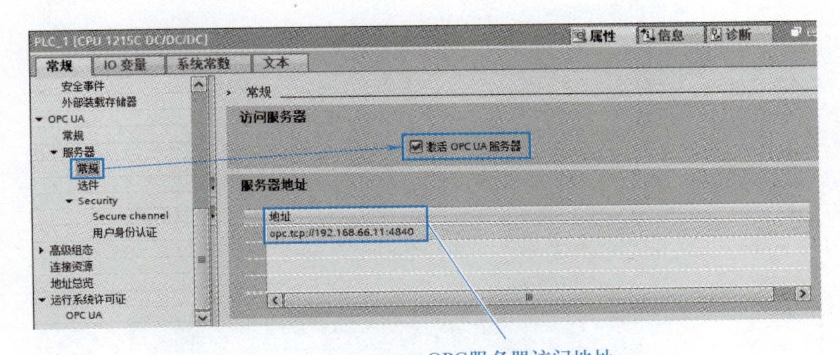

图 6-41　激活 OPC UA 服务器

（2）**OPC 服务器安全设置**　OPC 服务器采用逐层控制数据的方式给予访问权限，并通过证书证实服务器身份。

1）**建立服务器证书**。激活 OPC 服务器后，TIA 自动添加如图 6-42 所示的服务器证书，也可自行选择服务器证书。

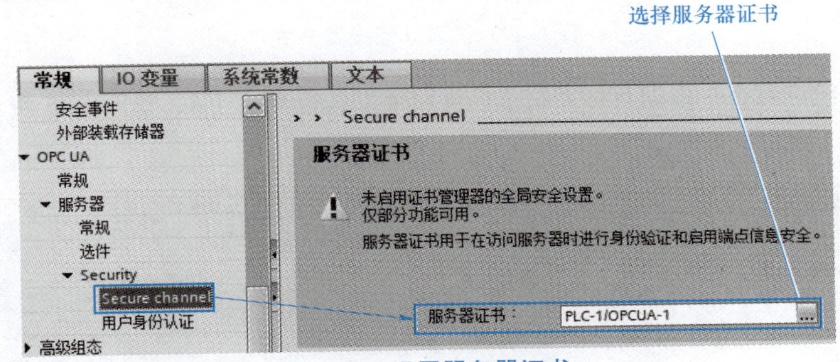

图 6-42　设置服务器证书

2）**设置服务器安全策略**。根据设备使用单位需求设置统一的安全策略，系统默认勾选“无安全设置”、“Basic256Sha256-签名”和“Basic256Sha256-签名和加密”，本项目增加“Basic256-签名”和“Basic256-签名和加密”两项，如图 6-43 所示。

图 6-43　设置安全策略

3）**设置可信客户端**。OPC UA 服务器支持访客认证和指定用户访问两种方式。其中采用访客认证方式时，服务器不检查客户端是否具有授权，S7-1200 系列 PLC 支持至多 12 个指定用户访问，建议调试期结束后关闭访客认证访问方式，访客认证设置方式如图 6-44 所示。

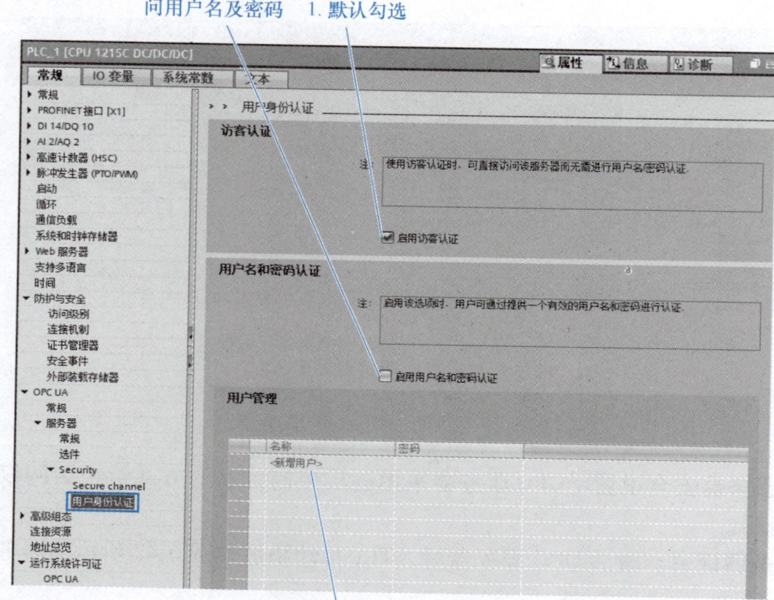

图 6-44　访客认证设置方式

4）**设置系统许可证**。根据目标系统选择许可证以运行 OPC UA，如图 6-45 所示。

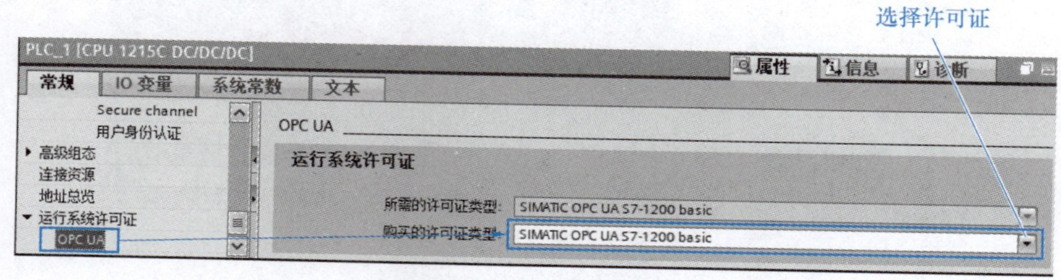

图 6-45　设置系统许可证

（3）**设置 OPC UA 服务器接口**　为保护被访问数据的安全性，S7-1200 系列 PLC 需在“OPC UA 通信”中至多添加两个服务器接口，仅接口所提供的变量可供客户端访问，设置方式如下所示。

1）**设置可访问数据**。与 HMI 设置可访问数据相类似，所有 OPC UA 可访问数据需在数据属性中勾选，如图 6-46 所示。

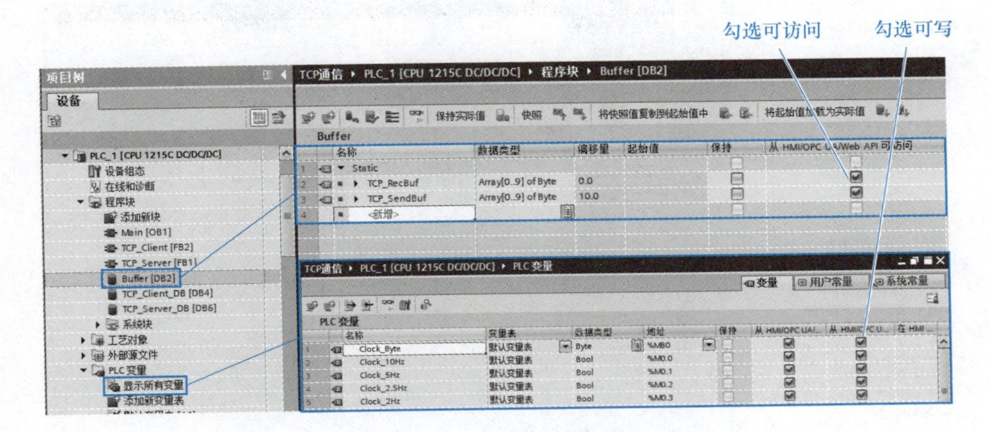

图 6-46　设置可访问数据

变量属性勾选时需根据项目要求选择“可访问”和“可写”权限，同时 OPC UA 仅支持符号名访问方式，可使用非优化 DB 块，可访问数据块属性设置如图 6-47 所示。

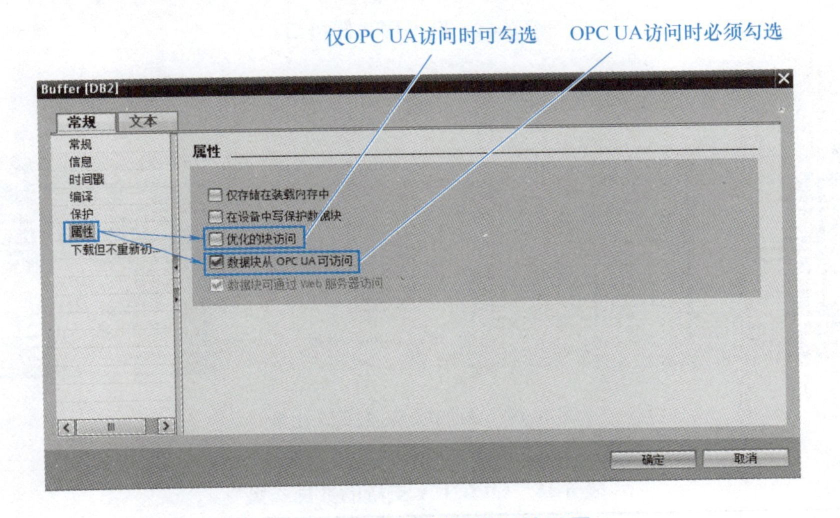

图 6-47　可访问数据块属性设置

2）**添加服务器接口**。单击“OPC UA 通信”→“新增服务器接口”选项，以创建通信接口，如图 6-48 所示。

3）**服务器接口添加可访问元素**。新增并打开服务器接口后，将需读写的数据从可访问“OPC UA 元素”中使用鼠标拖拽到“OPC UA 服务器接口”，如图 6-49 所示。

在“OPC UA 服务器接口”侧查看已添加元素的节点 ID，若该列未显示时，使用鼠标右键选择任意列名称后，在“显示/隐藏”菜单栏中勾选“节点 ID”选项以显示客户端访问地址。

S7-1200 系列 PLC 的 OPC UA 支持的数据类型见表 6-18，其中服务器接口不支持结构化数据类型、数组以及联合，但可在服务器接口中添加数组以单个元素方式访问本地数组中的元素。

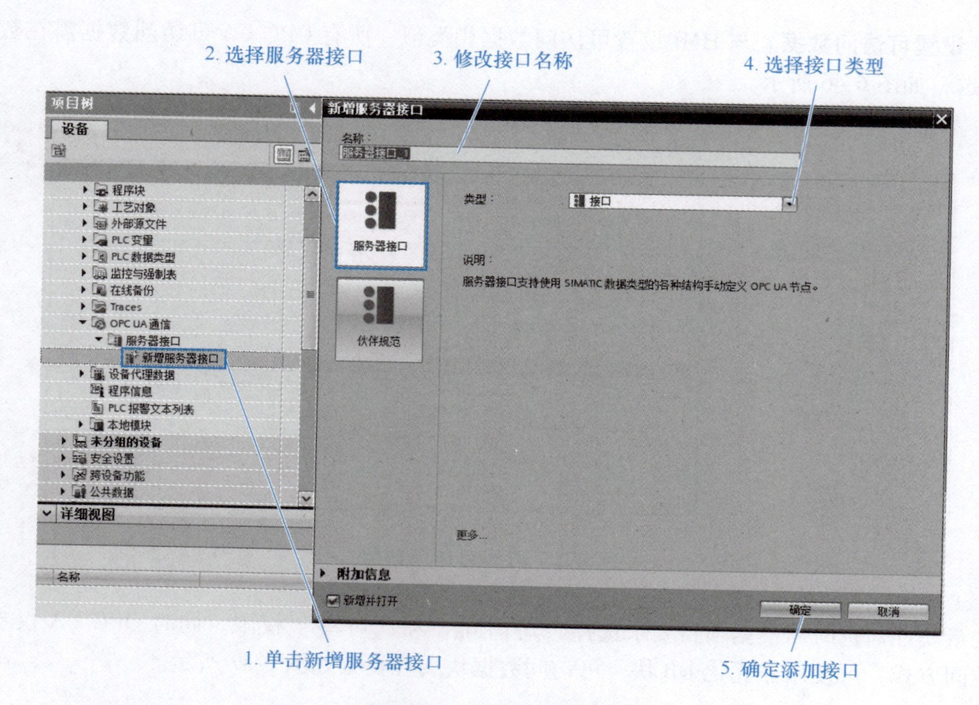

图 6-48　新增服务器接口

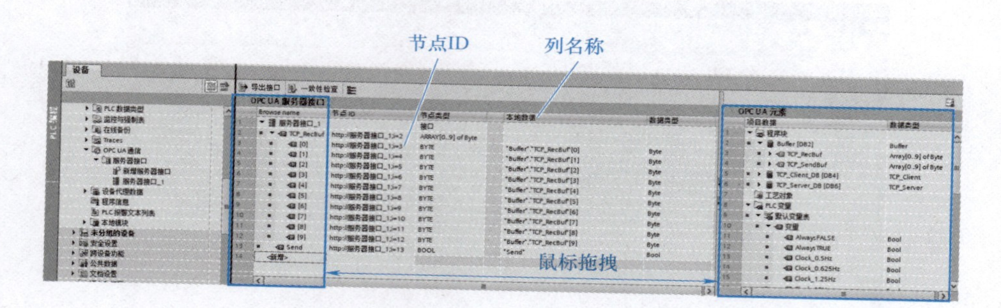

图 6-49　添加服务器接口元素

表 6-18　OPC UA 支持的数据类型

SIMATIC 类型	OPC UA 类型名称	SIMATIC 类型	OPC UA 类型名称
Bool	Boolean	UDInt	UInt32
SInt	SByte	Real	浮点型
USInt	Byte	LReal	双精度浮点型
Int	Int16	WString	字符串
UInt	UInt16	DWord	StatusCode
DInt	Int32		

（4）**OPC 客户端设置与调试**

1）**建立客户端通道**。PC 端使用 KEPServerEX 创建客户端辅助调试通道，如图 6-50 所示。打开软件后单击“连接性”→“单击添加通道”选项，以向导方式设置通道类型为“OPC UA Client”。

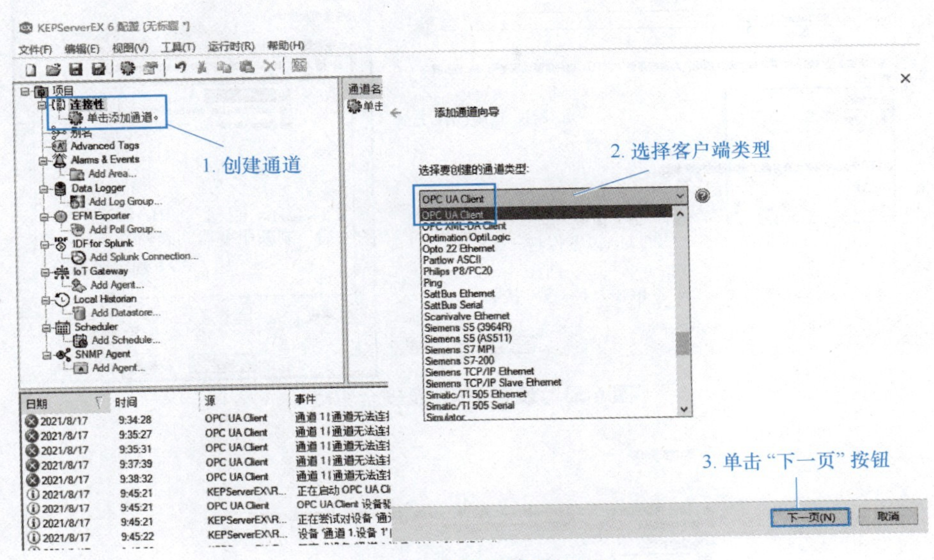

图 6-50　创建客户端通道

然后自定义通道名称，如图 6-51 所示，并使用默认参数设置写操作，如图 6-52 所示。

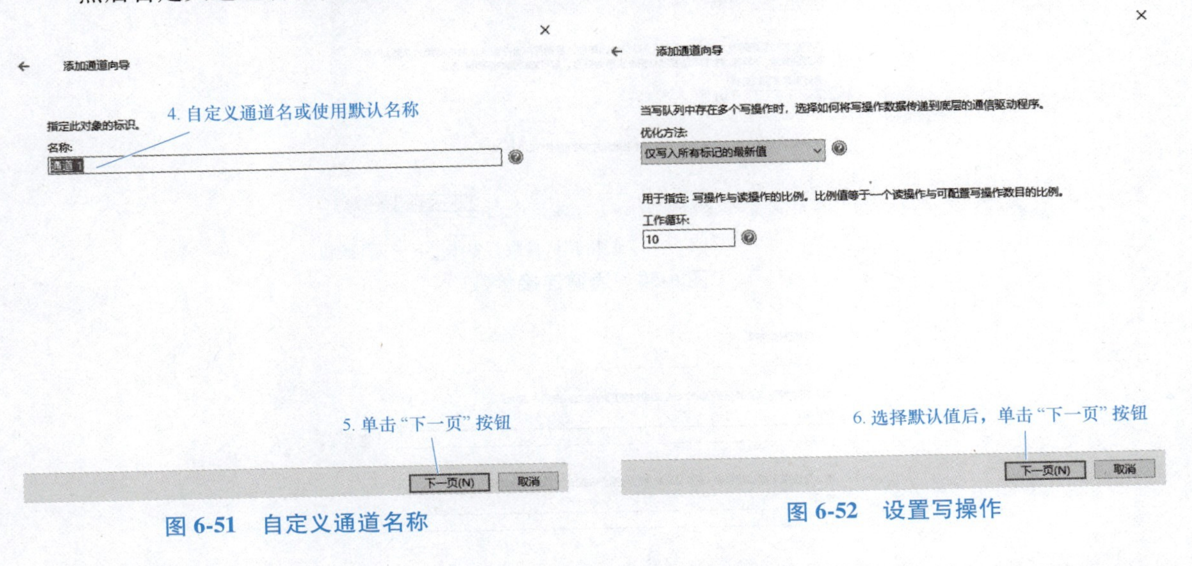

图 6-51　自定义通道名称

图 6-52　设置写操作

为保证可靠连接服务器，设置端点 URL 时建议勾选“使用发现 URL”，以该方式设置 OPC UA 服务器地址，并采用与 PLC OPC UA 服务器相同的安全策略，例如若 KEPServerEX 列表中未显示“Basic256Sha256”，则只能选择“None-None”等已列出的安全策略，如图 6-53所示。

通道连接参数使用系统默认值即可，如图 6-54 所示。

因 PLC OPC UA 中开启访客模式，用户名及密码设置为空，如图 6-55 所示。

添加通道向导
用于指定：OPC UA 端点的唯一 URL 目标。
端点 URL:
opc.tcp://192.168.66.11:4840
选择端点安全策略。如果选择非默认选项，则连接需要 OPC UA 客户端驱动程序和 UA 服务器交换证书。
安全策略:
Basic256
选择用于驱动程序和服务器之间消息的加密类型。
消息模式:
签名
下一页(N)
取消
UA 服务器浏览器
发现服务
发现 URL:
opc.tcp://192.168.66.11:4840
发现端口:
4840
使用发现 URL
UA 服务器
SIMATIC.S7-1200.OPC-UA.Application:PLC_1
opc.tcp://192.168.66.11:4840
Basic256 - Sign
Basic256 - Sign and Encrypt
None - None
刷新
确定
取消
帮助
7. 设置服务器地址
8. 勾选发现URL方式
9.设置PLC OPC地址
10. 选择安全策略
11.确定服务器
12. 单击“下一页”按钮
安全策略与PLC OPC UA设置保持一致
若未显示，可输入URL后，刷新服务器列表

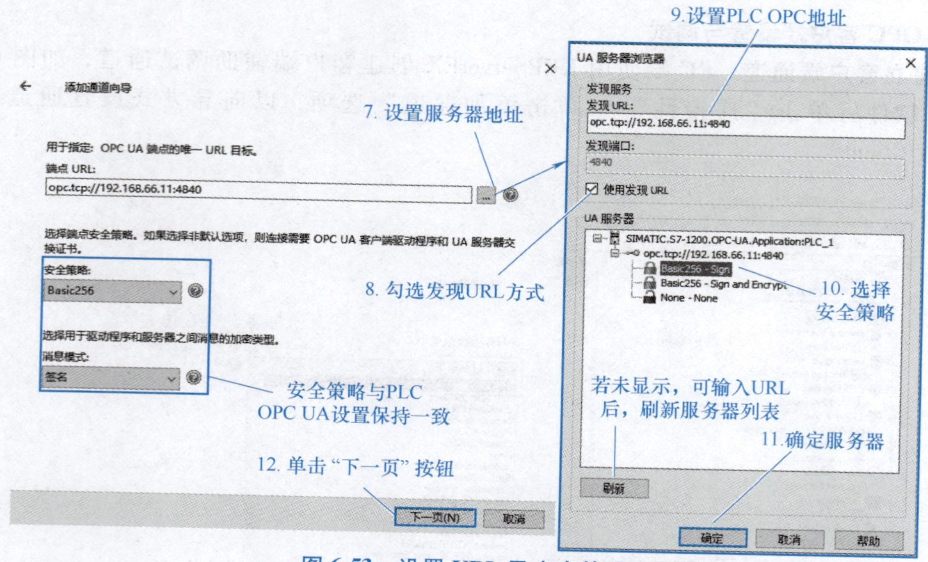

图 6-53　设置 URL 及安全策略

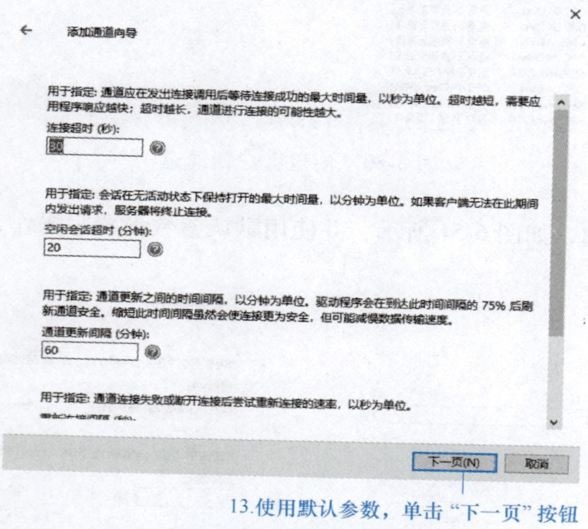

添加通道向导
用于指定：通道应在发出连接调用后等待连接成功的最大时间量，以秒为单位。超时越短，需要应用程序响应越快；超时越长，通道进行连接的可能性越大。
连接超时 (秒):
30
用于指定：会话在无活动状态下保持打开的最大时间量，以分钟为单位。如果客户端无法在此期间内发出请求，服务器将终止连接。
空闲会话超时 (分钟):
20
用于指定：通道更新之间的时间间隔，以分钟为单位。驱动程序会在到达此时间间隔的 75% 后刷新通道安全。缩短此时间间隔虽然会使连接更为安全，但可能减慢数据传输速度。
通道更新间隔 (分钟):
60
用于指定：通道连接失败或断开连接后尝试重新连接的速率，以秒为单位。
下一页(N)
取消
13.使用默认参数，单击“下一页”按钮

图 6-54　通道连接参数

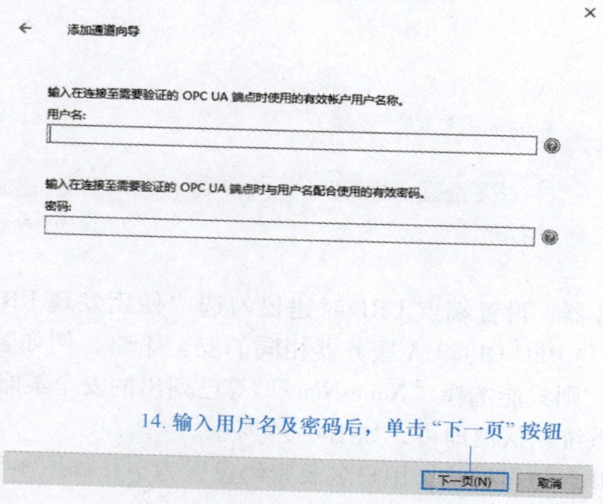

添加通道向导
输入在连接至需要验证的 OPC UA 端点时使用的有效帐户用户名称。
用户名:
输入在连接至需要验证的 OPC UA 端点时与用户名配合使用的有效密码。
密码:
14. 输入用户名及密码后，单击“下一页”按钮
下一页(N)
取消

图 6-55　用户及密码设置

在通道设置一览表界面中确认无误后，单击“完成”按钮以创建通道，如图 6-56 所示。

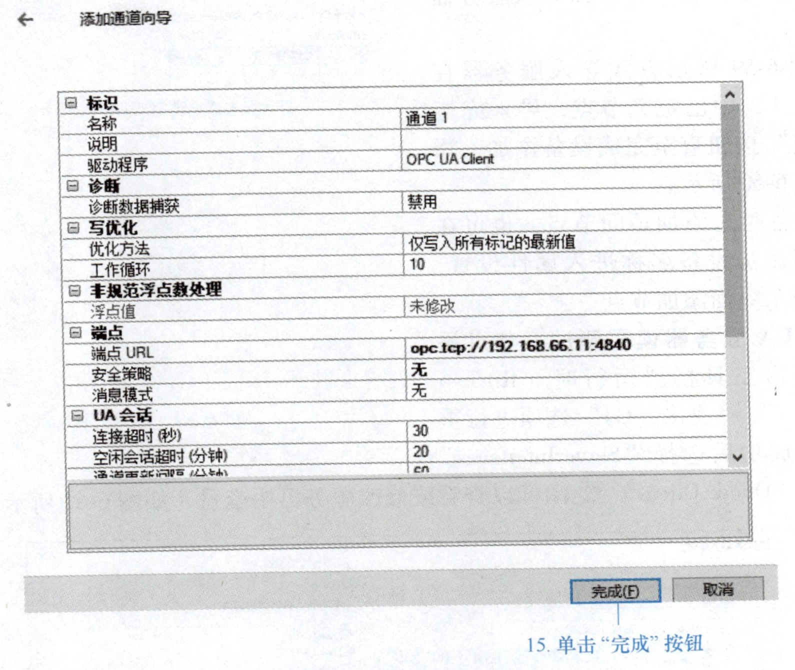

图 6-56　通道设置一览表

2）**添加设备**。添加设备时建议将软件连接 OPC UA 后再添加设备，以实现自动生成标记，如图 6-57 所示，单击“单击添加设备”选项后打开添加设备向导界面。

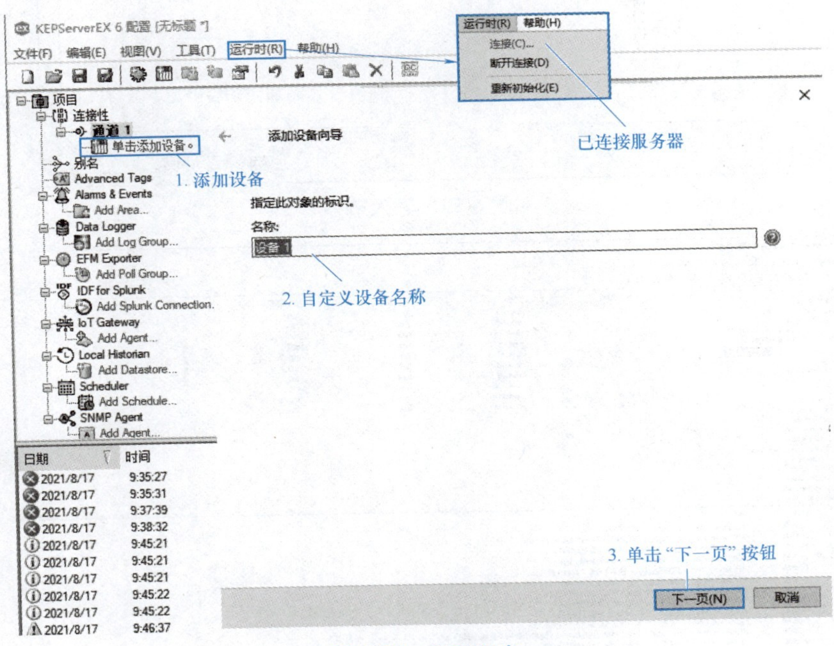

图 6-57　添加设备

添加设备过程中均采用默认值，可一直单击“下一页”直到显示如图 6-58 所示页面，单击“选择导入项”选项以导入服务器端的节点。

按照如图 6-59 所示方式导入服务器在“服务器接口_1”中已定义节点，导入完毕后单击“确定”按钮直至完成设备添加，添加完毕后如图 6-60 所示。

若添加设备时未添加访问节点，也可在添加后双击所添加设备名称进入属性设置，在如图 6-61 所示界面添加节点。

3）**OPC UA 服务器读写测试**。节点添加完毕后，单击工具栏“运行时（R）”→“断开连接（D）”→“连接（C）”选项进行重新连接。连接成功后选择“ServerInterfaces”文件夹，单击“Qucik Client” 图标以查看或修改服务器中变量，如图 6-62 所示。

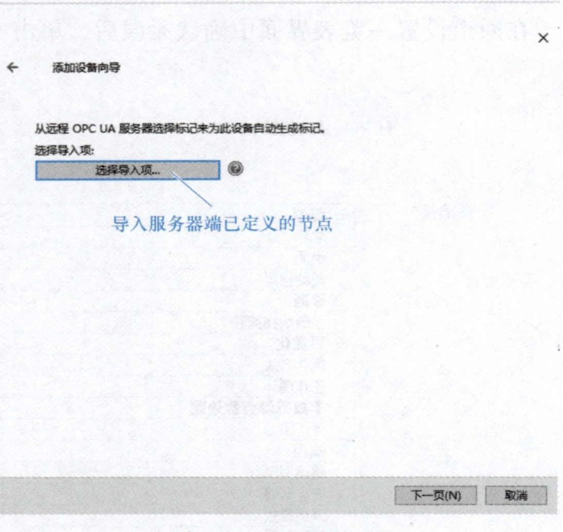

图 6-58　选择导入项

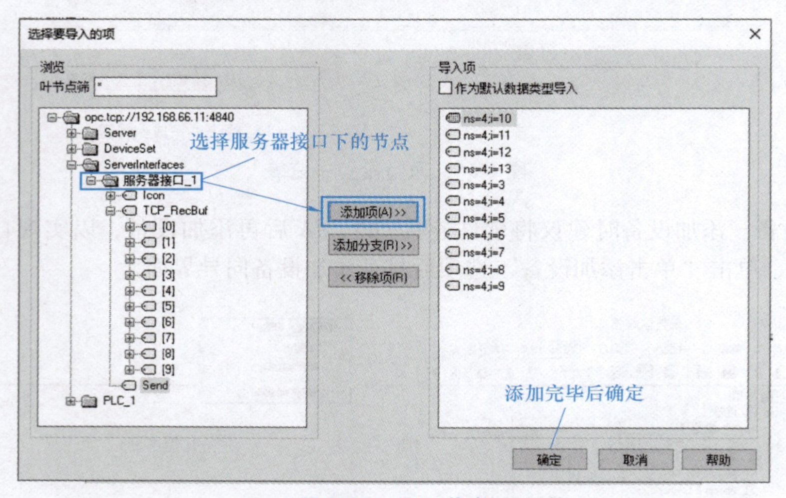

图 6-59　导入节点

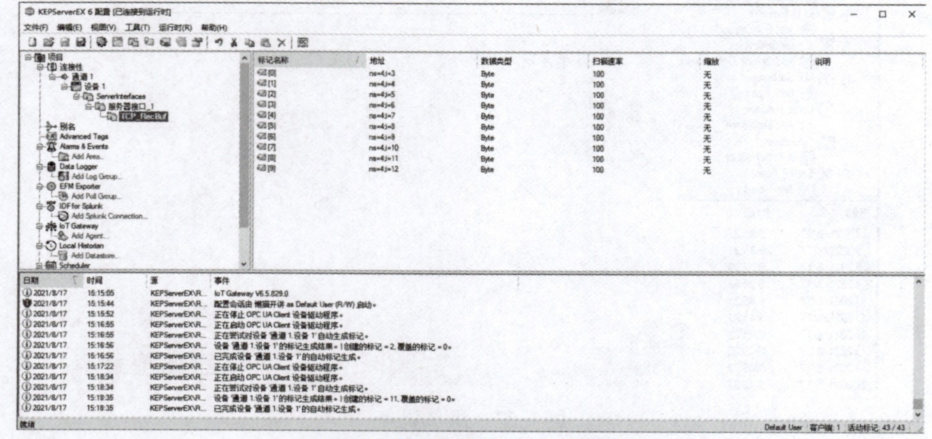

图 6-60　添加完毕后的全部节点

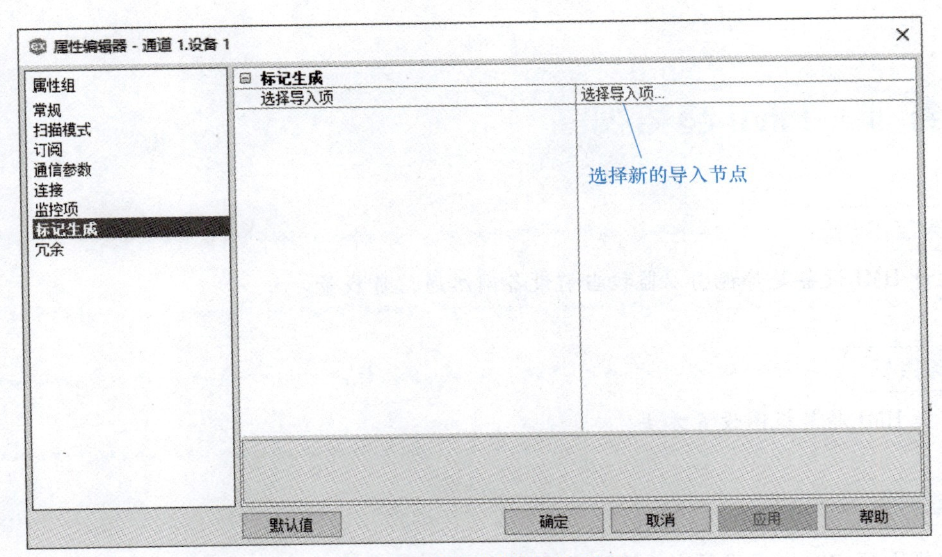

图 6-61　设备属性导入节点

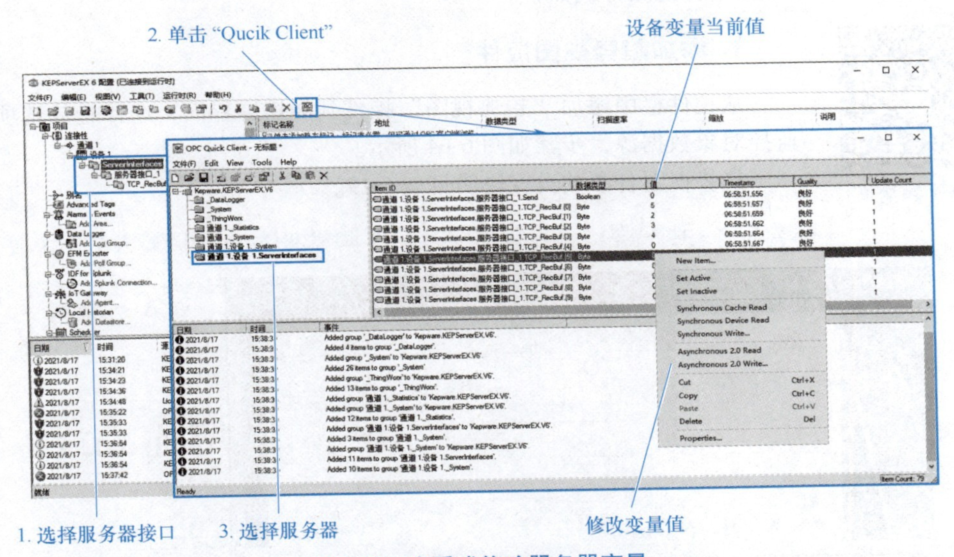

图 6-62　查看或修改服务器变量

在“Qucik Client”窗口下单击服务器可查看已添加到设备中的节点值，若须修改变量值可使用鼠标右键单击修改对象，然后选择“Synchronous 2.0 Write”选项进入如图 6-63 所示界面，在“写入值”中填写修改的变量值后单击“确定”或“Apply”按钮完成修改，若 PLC 中对应变量被同步修改，则说明 S7-1200 OPC UA 服务器配置正确。

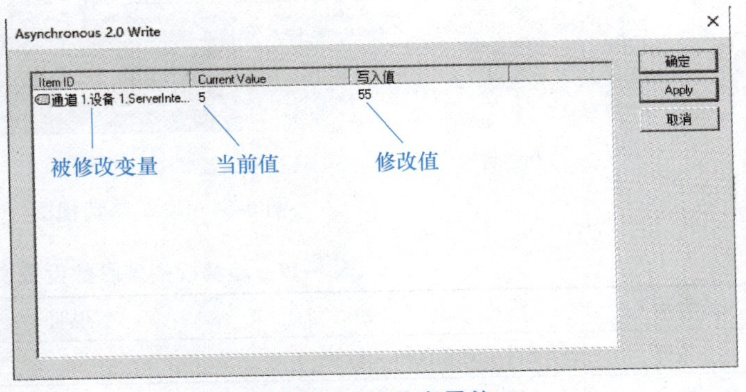

图 6-63　修改变量值

任务 3　HMI 趋势视图

任务描述

设计 HMI 设备趋势视图以监控当前设备网络通信负载量。

任务目标

掌握 HMI 趋势视图设置方法。

任务实施

趋势视图可实时直观显示当前多个变量的状态或者相互变化关系，以方便现场人员检查设备运行情况。HMI 中设置趋势视图方式如下。

HMI 趋势图

1. 添加趋势视图控件

从控件栏中添加“趋势视图”控件到触摸屏界面，选择趋势选项后添加监控对象数据源，步骤如图 6-64 所示。

趋势视图各参数设置说明见表 6-19。

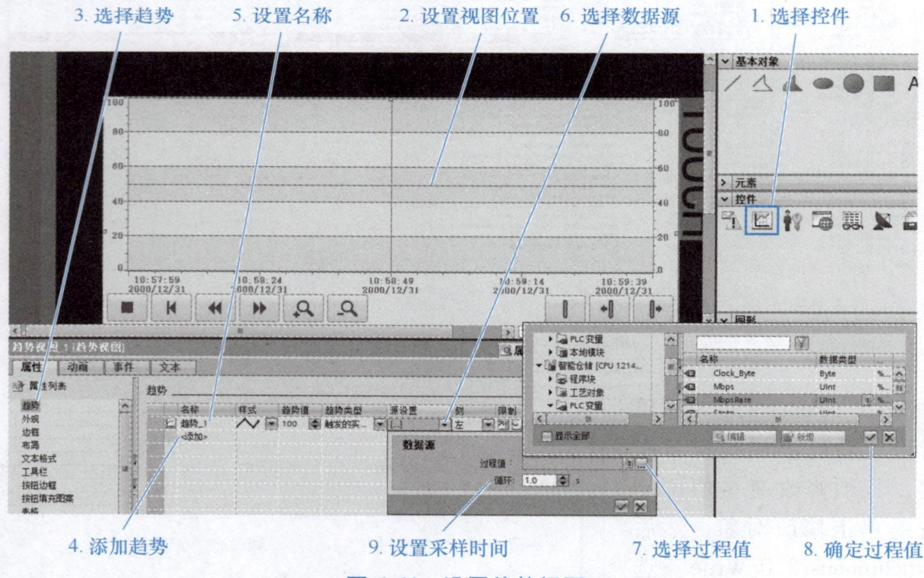

图 6-64　设置趋势视图

表 6-19　趋势视图各参数设置说明

类别	说明
名称	项目中对象的唯一标识
样式	设置趋势图显示样式，支持棒图、步进、点、线四种模式

（续）

类别	说明
趋势值	趋势图中可显示的最大值
趋势类型	支持触发的缓冲区、触发的实时循环、实时位触发、数据记录四种类型
源设置	绑定的数据变量
侧	趋势分配的轴侧，即数据显示线段的出现方向
限制	指定趋势的限制值

可依次单击属性中的“时间轴”“左侧值轴”和“右侧值轴”设置趋势视图的显示格式。时间轴设置如图 6-65 所示。

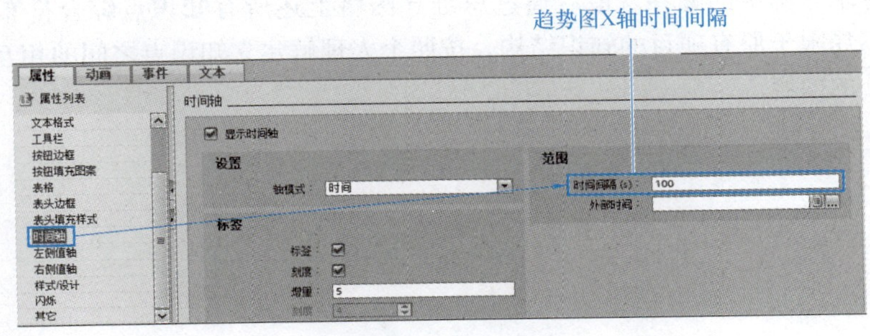

图 6-65　时间轴设置

2. 操作趋势视图

运行 HMI 设备后，可在趋势视图控件页面下调整视图的停止/运行、放大/缩小时间轴等操作，如图 6-66 所示。

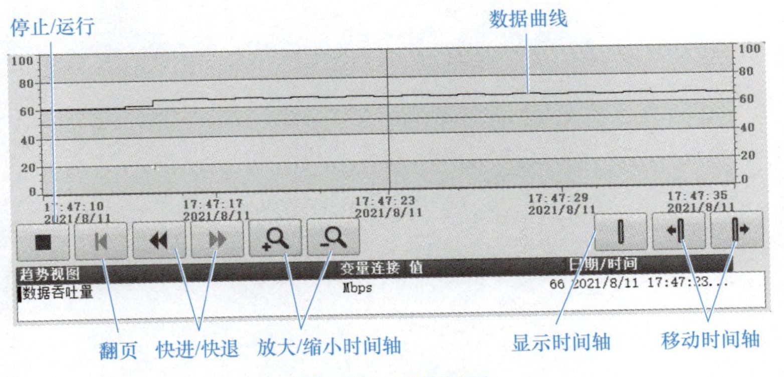

图 6-66　趋势视图

1. 项目总结

1）S7-1200 系列 PLC 集成 PROFINE 接口可实现以太网、Modbus TCP、S7 等通信，通过增加

通信模块（101-103 插槽）可扩展所支持的通信协议。

2）服务器/客户端通信协议中应将客户端设置为主动连接，若 PLC 为客户端还须设置被访问服务器 IP 地址和端口号。

3）OPC UA 通信双方须使用相同安全策略，只有定义在 PLC“服务器接口”中数据可由客户端访问。

2. 扩展任务

请将附录中知识技能点沿着边框剪成小纸条，然后将小纸条依据“是否知道其含义或者操作方法”分为两类，一类为“知道”，一类为“不知道”。随机由三、四位学员组合为一组，讨论各自“不知道”的纸条，若小组中有人知道该知识点，则讲解该知识点，小组成员均不知道的知识内容可寻求教师帮助解答。最后通过思维导图将上述所有知识点综合排布，形成认知地图。注意在此不局限于原有项目的知识结构，按照个人理解建立知识点之间的相互联系即可，允许增加附录以外的内容。

附　录

知识技能点

参考文献

[1] 黄维，余攀峰，等. FANUC 工业机器人离线编程与应用［M］. 北京：机械工业出版社，2020.
[2] 廖常初. S7-1200/1500 PLC 应用技术［M］. 2 版. 北京：机械工业出版社，2021.
[3] 陈丽，程德芳. PLC 应用技术（S7-1200）［M］. 北京：机械工业出版社，2020.
[4] 傅磊. PLC 结构化文本编程［M］. 北京：清华大学出版社，2021.